高等学校设计模式课程系列教材

C#设计模式
（第2版）

◎ 刘伟 胡志刚 编著

清華大學出版社
北京

内 容 简 介

本书使用C#语言详细讲解了24种设计模式。全书共分为26章，内容包括设计模式概述、面向对象设计原则、简单工厂模式、工厂方法模式、抽象工厂模式、建造者模式、原型模式、单例模式、适配器模式、桥接模式、组合模式、装饰模式、外观模式、享元模式、代理模式、职责链模式、命令模式、解释器模式、迭代器模式、中介者模式、备忘录模式、观察者模式、状态模式、策略模式、模板方法模式和访问者模式。

本书结合大量项目应用实例，对每一个设计模式都进行了细致的讲解。本书结构合理、条理清晰、内容丰富，且在每一章后面都配有大量的习题，在附录中还提供了对UML类图相关知识的介绍和三套设计模式模拟试题。

本书既可作为高等院校计算机及软件相关专业本科生和研究生软件设计模式、软件体系结构、面向对象分析与设计等课程教材，也可作为各软件培训机构培训教材及全国计算机技术与软件专业技术资格（水平）考试辅导教材，还可作为软件架构师、软件工程师及广大软件爱好者的自学读本和参考用书。

图书在版编目（CIP）数据

C#设计模式/刘伟，胡志刚编著. —2版. —北京：清华大学出版社，2018（2023.3重印）
（高等学校设计模式课程系列教材）
ISBN 978-7-302-48570-4

Ⅰ. ①C… Ⅱ. ①刘… ②胡… Ⅲ. ①C语言－程序设计 Ⅳ. ①TP312.8

中国版本图书馆CIP数据核字（2017）第241133号

责任编辑：魏江江
封面设计：刘 键
责任校对：白 蕾
责任印制：沈 露

出版发行：清华大学出版社
网 址：http://www.tup.com.cn，http://www.wqbook.com
地 址：北京清华大学学研大厦A座 **邮 编**：100084
社 总 机：010-83470000 **邮 购**：010-62786544
投稿与读者服务：010-62776969，c-service@tup.tsinghua.edu.cn
质量反馈：010-62772015，zhiliang@tup.tsinghua.edu.cn
课件下载：http://www.tup.com.cn，010-83470236
印 装 者：三河市龙大印装有限公司
经 销：全国新华书店
开 本：185mm×260mm **印 张**：27.25 **字 数**：662千字
版 次：2013年5月第1版 2018年1月第2版 **印 次**：2023年3月第7次印刷
印 数：16001～17000
定 价：69.50元

产品编号：072617-01

FOREWORD 前言

设计模式和敏捷开发方法的创始人之一 Erich Gamma 曾说过:“设计和开发面向对象软件是非常困难的,而设计和开发可复用的面向对象软件则更加困难”。正因为如此,在软件开发过程中,有经验的设计者往往会重复使用一些他们在以前的设计工作中曾经用到的成功而有效的解决方案,这些解决方案可以提高开发人员的开发效率与软件质量,并使所设计的软件更加灵活、易于扩展,可复用性也更高。这些解决方案即为设计模式,设计模式为实现可维护性复用而诞生,无论是面向对象编程的初学者还是有一定编程经验的程序员,都可以从设计模式的学习和使用中深入了解面向对象思想的精华,开发出可扩展性和可复用性俱佳的软件。

设计模式是前人经验的积累,它让我们的软件变得更像一个艺术品,而不是一堆难以维护和重用的代码,设计模式已经成功地应用于众多软件设计中,并且成为一名优秀的面向对象软件开发人员所必须掌握的知识和技能。本书编者在十多年的软件开发和计算机教育教学工作中积累了丰富的设计模式使用经验和教学经验,也深刻体会到学习设计模式的重要性。目前,国内外越来越多的高校在计算机及软件工程相关专业的本科生和研究生教学中开设了软件体系结构、面向对象分析与设计等课程,而设计模式是这些课程的核心组成部分;有的学校还将设计模式作为一门单独的课程来开设。此外,很多软件培训机构在软件工程师培训课程中也包含了设计模式的相关内容,在各类计算机考试和企业招聘笔试中,设计模式相关考题也占据了一定的比例。为此,编写一本适合教学所需的设计模式教材是一件非常有意义的事情。编者在成功完成《设计模式》《设计模式实训教程》等书籍的基础上,针对目前部分高校对 C# 设计模式教材的需求,特编写了本书。

本书的编写目的在于让读者通过大量的应用实例和习题,理论联系实际,以便更快、更好地理解和掌握每一个设计模式。本书共 26 章,可分为 4 个部分:

第 1 部分包含第 1 章和第 2 章,主要介绍与设计模式相关的一些基础知识,包括设计模式概述、7 个常用的面向对象设计原则等内容,为后续设计模式的学习奠定基础。

第 2 部分包含第 3~8 章,介绍 6 种常用的创建型设计模式,分别是简单工厂模式、工厂方法模式、抽象工厂模式、建造者模式、原型模式和单例模式。

第 3 部分包含第 9~15 章,介绍 7 种常用的结构型设计模式,分别是适配器模式、桥接模式、组合模式、装饰模式、外观模式、享元模式和代理模式。

第 4 部分包含第 16~26 章,介绍 11 种常用的行为型设计模式,分别是职责链模式、命令模式、解释器模式、迭代器模式、中介者模式、备忘录模式、观察者模式、状态模式、策略模式、模板方法模式和访问者模式。

本书结合大量的项目应用实例，对每一个设计模式都进行了细致的讲解。本书结构合理、条理清晰、内容丰富、讲解深入，且在每一章后面都配有大量的习题，很多习题都基于某个项目实例，让读者在学完相关知识后能够更好地消化和巩固所学知识。此外，在附录中还提供了对UML类图相关知识的介绍和三套设计模式模拟试题。

本书在编写过程中参考了大量已有的设计模式书籍，集各家之所长，并进行了适当的整理和扩展，将一些原本深奥并难以理解的设计思想通过一些简单的应用实例来解析，让读者能够轻松掌握面向对象设计思想的精髓。本书以"实例驱动教学"为整体编写原则，对于每一个模式的学习都至少基于一个应用实例，结合应用实例来分析和讲解每一个设计模式，力求通过最通俗易懂的方式让读者学习和理解设计模式，让读者在真实项目实例的引导下学会选择和合理运用设计模式。在设计模式讲解部分，每一章的基本结构如下：

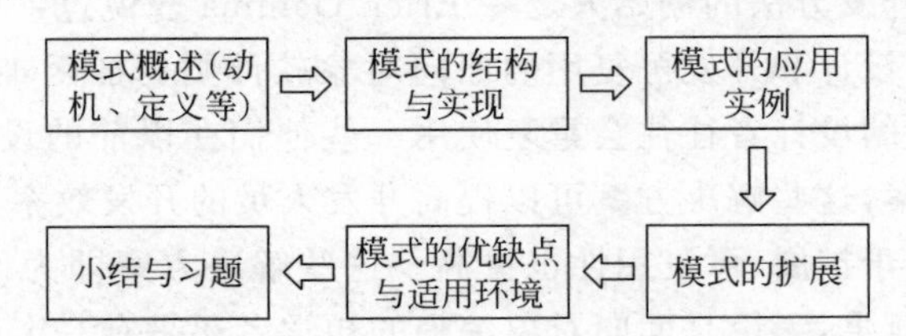

本书提供了完整的设计模式及应用实例的UML结构图(类图)和C#实现代码，所有类图均严格按照UML 2.X标准绘制，所有代码均在Microsoft Visual Studio 2010中通过测试且运行无误。本书提供了完整的配套教学资料，包括所有实例的源代码、PPT格式的电子课件、课后习题和模拟试题答案等，这些教学资料形成一个完整的体系，为教学和学习提供便利。

本书既可作为高等院校计算机及软件相关专业本科生和研究生软件设计模式、软件体系结构、面向对象分析与设计等课程教材，也可作为各软件培训机构培训教材及全国计算机技术与软件专业技术资格(水平)考试辅导教材，还可作为软件架构师、软件工程师及广大软件爱好者的自学读本和参考用书。

本书在第一版的基础上进行了修订和完善，修改了第一版中存在的一些问题，并在附录中增加了一套全新的模拟试题。在此，向所有对本书第一版提出宝贵意见和建议的同仁们表示感谢。

由于时间仓促、编者学识有限，虽经多次审阅与校稿，但书中仍可能存在不足和疏漏之处，恳请广大读者将意见和建议通过清华大学出版社反馈给我们。

编　者

2017年10月

CONTENTS 目录

第1章

设计模式概述

本章导学

随着面向对象技术的发展和广泛应用，设计模式已逐渐成为系统架构人员、设计人员、分析人员、维护人员及实现系统的一线程序员所需掌握的基本技能之一。设计模式广泛应用于面向对象系统的设计和开发，已成为面向对象技术的一个重要组成部分。当人们在特定的环境下遇到特定类型的问题时，可以采用他人已使用过的一些成功的解决方案，一方面降低了分析、设计和实现的难度，另一方面可以使系统具有更好的可维护性和可复用性。

本章将学习设计模式的定义、基本要素和分类，以及 GoF 的 23 种设计模式和设计模式的优点。

本章知识点

- 设计模式的诞生与发展。
- 设计模式的定义。
- 设计模式的基本要素。
- 设计模式的分类。
- 设计模式的优点。

1.1 设计模式的诞生与发展

与很多其他软件工程技术一样，设计模式起源于建筑领域，它是对前人经验的总结，为后人设计与开发基于面向对象的软件提供指导方针和成熟的解决方案。

1.1.1 模式的诞生与定义

模式(Pattern)起源于建筑业而非软件业，模式之父——美国加利佛尼亚大学环境结构中心研究所所长 Christopher Alexander 博士用了约 20 年的时间，对舒适住宅和周边环境进行了大量的调查和资料收集工作，发现人们对舒适住宅和城市环境存在一些共同的认同规律。他在其经典著作《A Pattern Language：Towns，Buildings，Construction》(中译本名为《建筑模式语言：城镇·建筑·构造》)中把这些认同规律归纳为253个模式，对每一个模式都从Context(模式可适用的前提条件)、Theme或Problem(在特定条件下要解决的目标问题)、Solution(对目标问题求解过程中各种物理关系的记述)3个侧面进行描述，并给出了从用户需求分析到建筑环境结构设计直至经典实例的过程模型。

在Alexander的另一部经典著作《The Timeless Way of Building》(中译本名为《建筑的永恒之道》)中，他提到"每个建筑、每个城市都是由称作模式的一定整体组成的，而且一旦我们以建筑的模式来理解建筑，我们就有了考察它们的方法，这一方法产生了所有的建筑，产生了一个城市的所有相似部分以及所有同类物理结构中的各部分"，"每一模式就是一个规则，它描述了它所限定的整体以及你所必须要做的事情"，"模式以成千上万次的重复进入世界，因为成千上万的人们共同使用具有这些模式的语言"，"在哥特式教堂中，中殿侧面与平行于它的侧廊相连"，等等。Christopher Alexander及其著作封面如图1-1所示。在对建筑模式进行了系统的分析与整理之后，Alexander给出了关于模式的经典定义：每个模式都描述了一个在我们的环境中不断出现的问题，然后描述了该问题的解决方案的核心，通过这种方式，人们可以无数次地重用那些已有的解决方案，无须再重复相同的工作。这个定义可以简单地用一句话表示：

> 模式是在特定环境下人们解决某类重复出现问题的一套成功或有效的解决方案。
>
> **A pattern is a successful or efficient solution to a recurring problem within a context.**

图1-1 Christopher Alexander及其著作封面

在Alexander研究模式以前，人们注重研究的是高质量、高效率、低成本的开发方案，而Alexander的模式注重"什么是最好的、成功的"系统。为了找出最优解决方案，Alexander用了约20年对现存物进行比较分析，他的贡献主要体现在两方面：其一是集既往之大成——概括归纳了迄今为止各种风格建筑师的共同设计规则，给东西方、古代派、现代派建筑设计与城市规划提供了共同的语言和准则；其二是不仅给出了方法，还给出了最优解决方案。

模式可以应用于不同的领域，建筑领域有建筑模式，桥梁领域也有桥梁模式等。当一个领域逐渐成熟的时候，自然会出现很多模式。模式是一种指导，在一个良好的指导下，有助于设计一个优良的解决方案，达到事半功倍的效果，而且会得到解决问题的最佳办法。

1.1.2 软件模式概述

20 世纪 80 年代末，软件工程界开始关注 Christopher Alexander 等在这一住宅、公共建筑与城市规划领域的重大突破，最早将该模式的思想引入软件工程方法学的是以"四人组(Gang of Four，GoF，分别是 Erich Gamma、Richard Helm、Ralph Johnson 和 John Vlissides)"自称的 4 位著名的软件工程学者，他们在 1994 年归纳发表了 23 种在软件开发中使用频率较高的设计模式，旨在用模式来统一沟通面向对象方法在分析、设计和实现间的鸿沟。

GoF 将模式的概念引入软件工程领域，这标志着软件模式的诞生。软件模式是将模式的一般概念应用于软件开发领域，即软件开发的总体指导思路或参照样板。软件模式并非仅限于设计模式，还包括架构模式、分析模式和过程模式等，实际上，在软件生存期的每一个阶段都存在着一些被认同的模式。

软件模式可以认为是对软件开发这一特定"问题"的"解法"的某种统一表示，它和 Alexander 所描述的模式定义完全相同，即软件模式是在一定条件下的软件开发问题及其解法。软件模式的基本结构由 4 个部分构成，即问题描述、前提条件(环境或约束条件)、解法和效果，如图 1-2 所示。

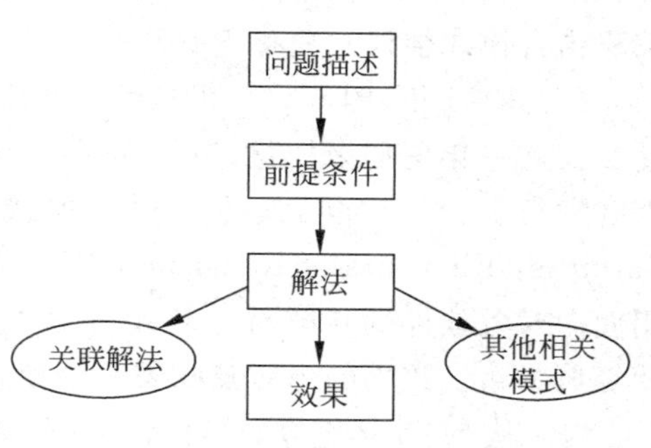

图 1-2 软件模式基本结构

软件模式与具体的应用领域无关，在模式发现过程中需要遵循大三律(Rule of Three)，即只有经过 3 个以上不同类型(或不同领域)的系统的校验，一个解决方案才能从候选模式升格为模式。

1.1.3 设计模式的发展

在软件模式领域，目前研究最为深入的是设计模式，下面是软件设计模式的简单发展史：

(1) 1987 年，Kent Beck 和 Ward Cunningham 借鉴 Alexander 的模式思想在程序开发中开始应用一些模式，并且在 1987 年的 OOPSLA(Object-Oriented Programming，Systems，Languages & Applications，面向对象编程、系统、语言和应用大会)会议上发表了他们的成果，不过，他们的研究在当时并没有引起热潮。

(2) 1990 年，OOPSLA 与 ECOOP(European Conference on Object-Oriented Programming，欧洲面向对象编程大会)在加拿大的渥太华联合举办，在由 Bruce Anderson 主持的"Architectural Handbook"研讨会中，Erich Gamma 和 Richard Helm 等人开始讨论有关模式的话题。"四人组"(GoF，Erich Gamma、Richard Helm、Ralph Johnson 和 John Vlissides)正式成立，并开始着手进行设计模式的分类整理工作。

(3) 在 1991 年的 OOPSLA 中，Bruce Anderson 主持了首次针对设计模式的研讨会，Gamma 和 Johnson 等人再次就设计模式展开讨论。同年，Erich Gamma 完成了他在瑞士苏黎世大学的博士学位，其论文题目为《Object-Oriented Software Development based on ET++：Design Patterns，Class Library，Tools》，Peter Coad 和 James Coplien 等人也开始进行有关模式的研究。

(4) 在1992年的OOPSLA上，Anderson再度主持研讨会，模式已经逐渐成为人们讨论的话题之一。在研讨会中，伊利诺伊大学教授Ralph Johnson发表了模式与应用框架关系的论文《Documenting Framework Using Patterns》，同年，Peter Coad在国际权威计算机期刊《Communications of ACM》上发表文章《Object-Oriented Patterns》，该文包含了与OOAD相关的7个模式。

(5) 1993年，Kent Beck和Grady Booch赞助了第一次关于设计模式的会议，这次会议邀请了Richard Helm、Ralph Johnson、Ward Cunningham、James Coplien等人参加，会议在美国中部科罗拉多(Colorado)州的落基山(Rocky Mountain)下举行，共同讨论如何将Alexander的模式思想与OO(面向对象技术)结合起来。他们决定以Gamma的研究成果为基础继续努力研究下去，这个设计模式研究组织发展成为著名的Hillside Group(山边小组)研究组。

(6) 1994年，由Hillside Group发起，在美国伊利诺伊州(Illinois)的Allerton Park召开了第1届关于面向对象模式的世界性会议，名为PLoP(Pattern Languages of Programs，编程语言模式会议)，简称PLoP'94。

(7) 1995年，PLoP'95仍在伊利诺伊州的Allerton Park举行，共有70多人参加，论文题目比前一年更加多样化，包括Web界面模式等，其论文由John Vlissides等人负责编辑成书并发行上市。同年，发生了设计模式领域里程碑性的事件，"四人组"出版了《Design Patterns: Elements of Reusable Object-Oriented Software》(中译本名为《设计模式：可复用面向对象软件的基础》)一书，该书成为1995年最抢手的面向对象书籍，也成为设计模式的经典书籍。该书的出版意味着设计模式正式成为软件工程领域一个重要的研究分支。

(8) 从1995年至今，设计模式在软件开发中得以广泛应用，在Sun的Java SE/Java EE平台和Microsoft的.NET平台设计中就应用了大量的设计模式，同时诞生了越来越多的与设计模式相关的书籍和网站，设计模式也作为一门独立的课程或作为软件体系结构等课程的核心组成部分出现在国内外研究生和大学教育的课堂上。

在设计模式领域，狭义的设计模式就是指GoF的《设计模式：可复用面向对象软件的基础》一书中包含的23种经典设计模式。事实上，设计模式不仅仅只有这23种，随着软件开发技术的发展，越来越多的新模式不断诞生并得以广泛应用。本书将主要围绕GoF的23种模式进行讲解。

1.2 设计模式的定义与分类

设计模式的出现可以让开发人员站在前人的肩膀上，通过一些成熟的设计方案来指导新项目的设计和开发，以便于开发出具有更好的灵活性和可扩展性，也更易于复用的软件系统。

1.2.1 设计模式的定义

设计模式(Design Pattern)是一套被反复使用的、多数人知晓的、经过分类编目的、代码设计经验的总结，使用设计模式是为了可重用代码、让代码更容易被他人理解并且提高代码的可靠性。设计模式是一种用于对软件系统中不断重现的设计问题的解决方案进行文档化的技术，也是一种共享专家设计经验的技术。

GoF对设计模式的定义如下：

> **设计模式**是在特定环境下为解决某一通用软件设计问题提供的一套定制的解决方案，该方案描述了对象和类之间的相互作用。
>
> **Design patterns** are descriptions of communicating objects and classes that are customized to solve a general design problem in a particular context.

1.2.2 设计模式的基本要素

设计模式一般包含模式名称、问题、目的、解决方案、效果、实例代码和相关设计模式等基本要素，下面介绍其中4个最关键的要素。

1. 模式名称

模式名称(Pattern Name)通过一两个词来描述模式的问题、解决方案和效果，以便用户更好地理解模式并方便开发人员之间的交流，绝大多数模式都是根据其功能或模式结构来命名的。在学习设计模式时，首先应该准确记忆该模式的中英文模式名，在已有的类库中，很多使用了设计模式的类名通常包含了所使用的设计模式的模式名称，如果一个类名称为XXXAdapter，则该类是一个适配器类，在设计时使用了适配器模式；如果一个类名称为XXXFactory，则该类是一个工厂类，一定包含了一个工厂方法用于返回一个类的实例对象。

2. 问题

问题(Problem)描述了应该在何时使用模式，包含了原始设计中存在的问题以及问题存在的原因。这些问题有些是特定的设计问题，如怎样使用对象封装状态或者使用对象表示算法等，也可能是系统中存在不灵活的类或对象结构，导致系统的可维护性较差。有时在模式的问题描述部分可能会包含使用该模式时必须满足的一系列先决条件。如在使用桥接模式时系统中的类必须存在两个独立变化的维度，在使用组合模式时系统中必须存在整体和部分的层次结构等。在对问题进行描述的同时实际上确定了模式所对应的使用环境以及模式的使用动机。

3. 解决方案

解决方案(Solution)描述了设计模式的组成成分，以及这些组成成分之间的相互关系，各自的职责和协作方式。模式是一个通用的模板，它们可以应用于各种不同的场合，解决方案并不描述一个特定而具体的设计或实现，而是提供设计问题的抽象描述和怎样用一个具有一般意义的元素组合(类或对象组合)来解决这个问题。在学习设计模式时，解决方案通过类图和核心代码来加以说明，对于每一个设计模式，必须掌握其类图，理解类图中每一个角色的意义以及它们之间的关系，并且需要掌握实现该模式的一些核心代码，以便于在实际开发中合理应用设计模式。

4. 效果

效果(Consequences)描述了模式的应用情况以及在使用模式时应权衡的问题。效果主要包含模式的优缺点分析，必须知道，没有任何一个解决方案是百分之百完美的，在使用设计模式时需要进行合理的评价和选择。一个模式在某些方面具有优点的同时可能在另一方面存在缺陷，因此需要综合考虑模式的效果。在评价效果时，通过结合第 2 章将要学习的面向对象设计原则来进行分析，如判断一个模式是否符合单一职责原则，是否符合开闭原则等。

除了上述 4 个基本要素外，完整的设计模式描述中通常还包含该模式的别名(其他名称)、模式的分类(模式所属类别)、模式的适用性(在什么情况下可以使用该设计模式)、模式角色(即模式参与者，模式中的类和对象，以及它们之间的职责)、模式实例(通过实例来进一步加深对模式的理解)、模式应用(在已有系统中该模式的使用)、模式扩展(该模式的一些改进、与之相关的其他模式及其他扩展知识)等。

在本书中，将按照以下顺序学习每一个设计模式。

(1) 模式概述：通过一些简单的问题引出一个设计模式，介绍模式的动机与意图，以及模式的定义(包括中文定义和英文定义)。

(2) 模式的结构与实现：分析模式结构图(类图)及相关角色，介绍模式解决方案的构成以及各组成部分之间的关系，并结合实例代码对模式结构和角色进行进一步说明。

(3) 模式的应用实例：通过一个来源于软件开发领域的实例对模式进行深入解析，学习如何在实际开发中应用模式。

(4) 模式的扩展：该部分包括模式的一些改进方案，例如模式功能的增强和简化，还包括与其他模式的联用、模式的变异和其他扩展内容。

(5) 模式的优缺点与适用环境：分析模式的优缺点，了解模式的适用环境。

1.2.3 设计模式的分类

设计模式一般有以下两种分类方式。

1. 根据目的分类

根据目的(模式是用来做什么的)，模式可分为创建型(Creational)、结构型(Structural)和行为型(Behavioral)三类。

(1) 创建型模式：此类模式主要用于创建对象，GoF 提供了 5 种创建型模式，分别是工厂方法模式(Factory Method Pattern)、抽象工厂模式(Abstract Factory Pattern)、建造者模式(Builder Pattern)、原型模式(Prototype Pattern)和单例模式(Singleton Pattern)。

(2) 结构型模式：此类模式主要用于处理类或对象的组合，GoF 提供了 7 种结构型模式，分别是适配器模式(Adapter Pattern)、桥接模式(Bridge Pattern)、组合模式(Composite Pattern)、装饰模式(Decorator Pattern)、外观模式(Facade Pattern)、享元模式(Flyweight Pattern)和代理模式(Proxy Pattern)。

(3) 行为型模式：此类模式主要用于描述类或对象如何交互和怎样分配职责，GoF 提供了 11 种行为型模式，分别是职责链模式(Chain of Responsibility Pattern)、命令模式(Command Pattern)、解释器模式(Interpreter Pattern)、迭代器模式(Iterator Pattern)、中介者模式(Mediator Pattern)、备忘录模式(Memento Pattern)、观察者模式(Observer Pattern)、状态模式(State Pattern)、策略模式(Strategy Pattern)、模板方法模式(Template Method Pattern)和访问者模式(Visitor Pattern)。

2. 根据范围分类

根据范围，即模式主要是处理类之间的关系还是处理对象之间的关系，模式可分为类模式和对象模式两种类型。

(1) 类模式：此类模式处理类和子类之间的关系，这些关系通过继承建立，在编译时就被确定下来，是一种静态关系。

(2) 对象模式：此类模式处理对象间的关系，这些关系在运行时变化，更具动态性。

1.3　GoF 设计模式简介

在 GoF 的经典著作《设计模式：可复用面向对象软件的基础》一书中共描述了 23 种设计模式，这 23 种模式分别如表 1-1 所示。

表 1-1　GoF 的 23 种模式一览表

范围＼目的	创建型模式	结构型模式	行为型模式
类模式	工厂方法模式	(类)适配器模式	解释器模式 模板方法模式
对象模式	抽象工厂模式 建造者模式 原型模式 单例模式	(对象)适配器模式 桥接模式 组合模式 装饰模式 外观模式 享元模式 代理模式	职责链模式 命令模式 迭代器模式 中介者模式 备忘录模式 观察者模式 状态模式 策略模式 访问者模式

下面简单地对 GoF 的 23 种设计模式进行说明，如表 1-2 所示。

表 1-2　GoF 的 23 种模式的简要说明

模式类别	模式名称	模式说明
创建型模式 (Creational Pattern)	抽象工厂模式 (Abstract Factory Pattern)	提供一个创建一系列相关或相互依赖对象的接口，而无须指定它们具体的类
	建造者模式 (Builder Pattern)	将一个复杂对象的构建与它的表示分离，使得同样的构建过程可以创建不同的表示
	工厂方法模式 (Factory Method Pattern)	定义一个用于创建对象的接口，但是让子类决定将哪一个类实例化。工厂方法模式让一个类的实例化延迟到其子类
	原型模式 (Prototype Pattern)	使用原型实例指定待创建对象的类型，并且通过复制这个原型来创建新的对象
	单例模式 (Singleton Pattern)	确保一个类只有一个实例，并提供一个全局访问点来访问这个唯一实例

续表

模式类别	模式名称	模式说明
结构型模式 (Structural Pattern)	适配器模式 (Adapter Pattern)	将一个类的接口转换成客户希望的另一个接口。适配器模式让那些接口不兼容的类可以一起工作
	桥接模式 (Bridge Pattern)	将抽象部分与它的实现部分解耦,使得两者都能够独立变化
	组合模式 (Composite Pattern)	组合多个对象形成树形结构以表示具有部分—整体关系的层次结构。组合模式让客户端可以统一对待单个对象和组合对象
	装饰模式 (Decorator Pattern)	动态地给一个对象增加一些额外的职责。就扩展功能而言,装饰模式提供了一种比使用子类更加灵活的替代方案
	外观模式 (Facade Pattern)	为子系统中的一组接口提供一个统一的入口。外观模式定义了一个高层接口,这个接口使得这一子系统更加容易使用
	享元模式 (Flyweight Pattern)	运用共享技术有效地支持大量细粒度对象的复用
	代理模式 (Proxy Pattern)	给某一个对象提供一个代理或占位符,并由代理对象来控制对原对象的访问
行为型模式 (Behavioral Pattern)	职责链模式 (Chain of Responsibility Pattern)	避免将一个请求的发送者与接收者耦合在一起,让多个对象都有机会处理请求;将接收请求的对象连接成一条链,并且沿着这条链传递请求,直到有一个对象能够处理它为止
	命令模式 (Command Pattern)	将一个请求封装为一个对象,从而可用不同的请求对客户进行参数化,对请求排队或者记录请求日志,以及支持可撤销的操作
	解释器模式 (Interpreter Pattern)	给定一个语言,定义它的文法的一种表示,并定义一个解释器,这个解释器使用该表示来解释语言中的句子
	迭代器模式 (Iterator Pattern)	提供一种方法顺序访问一个聚合对象中的各个元素,而又不用暴露该对象的内部表示
	中介者模式 (Mediator Pattern)	定义一个对象来封装一系列对象的交互。中介者模式使各对象之间不需要显式地相互引用,从而使其耦合松散,而且让你可以独立地改变它们之间的交互
	备忘录模式 (Memento Pattern)	在不破坏封装的前提下,捕获一个对象的内部状态,并在该对象之外保存这个状态,这样可以在以后将对象恢复到原先保存的状态
	观察者模式 (Observer Pattern)	定义对象之间的一种一对多依赖关系,使得每当一个对象状态发生改变时,其相关依赖对象皆得到通知并被自动更新
	状态模式 (State Pattern)	允许一个对象在其内部状态改变时改变它的行为,对象看起来似乎修改了它的类

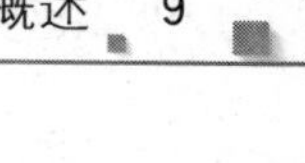

续表

模式类别	模式名称	模式说明
行为型模式 (Behavioral Pattern)	策略模式 (Strategy Pattern)	定义一系列算法,将每一个算法封装起来,并让它们可以相互替换,策略模式让算法可以独立于使用它的客户变化
	模板方法模式 (Template Method Pattern)	定义一个操作中算法的框架,而将一些步骤延迟到子类中。模板方法模式使得子类可以不改变一个算法的结构即可重定义该算法的某些特定步骤
	访问者模式 (Visitor Pattern)	表示一个作用于某对象结构中的各个元素的操作。访问者模式让你可以在不改变各元素的类的前提下定义作用于这些元素的新操作

需要注意的是,这 23 种设计模式并不是孤立存在的,很多模式彼此之间存在联系,例如在访问者模式中操作对象结构中的元素时通常需要使用迭代器模式,在解释器模式中定义终结符表达式和非终结符表达式时可以使用组合模式。此外,还可以通过组合两个或者多个模式来设计同一个系统,在充分发挥每一个模式优势的同时使它们可以协同工作,完成一些更复杂的设计。

1.4 设计模式的优点

设计模式是从许多优秀的软件系统中总结出来的、成功的、能够实现可维护性复用的设计方案,开发人员使用这些方案能够避免做一些重复性的工作,而且可以设计出高质量的软件系统。具体来说,设计模式的主要优点如下:

(1) 设计模式融合了众多专家的经验,并以一种标准的形式供广大开发人员所用,它提供了一套通用的设计词汇和一种通用的语言,以方便开发人员之间进行沟通和交流,使得设计方案更加通俗易懂。使用不同编程语言的开发和设计人员可以通过设计模式来交流系统设计方案,每一个模式都对应一个标准的解决方案,设计模式可以降低开发人员理解系统的复杂度。

(2) 设计模式让人们可以更加简单方便地复用成功的设计和体系结构,将已证实的技术表述成设计模式也可使新系统开发者更加容易理解其设计思路。设计模式使得重用成功的设计更加容易,并避免导致不可重用的设计方案。

(3) 设计模式使得设计方案更加灵活,且易于修改。在很多设计模式中广泛使用了开闭原则、依赖倒转原则、迪米特法则等面向对象设计原则,使得系统具有较好的可维护性,真正实现了可维护性的复用。在软件开发中合理使用设计模式,可以使系统中的一些组成部分在其他系统中得以重用,而且在此基础上进行二次开发很方便。正因为设计模式具有该优点,因此,在.NET Framework SDK、ASP.NET、NHibernate、NUnit 等类库和框架的设计中大量使用了设计模式。

(4) 设计模式的使用将提高软件系统的开发效率和软件质量,且在一定程度上节约设计成本。设计模式是一些通过多次实践得以证明的行之有效的解决方案,这些解决方案通常是针对某一类问题的最佳设计方案,因此,可以帮助设计人员构造优秀的软件系统,并可直接重用这些设计经验,降低系统设计成本。

(5) 设计模式有助于初学者更深入地理解面向对象思想,一方面可以帮助初学者更加方便地阅读和学习现有类库与其他系统中的源代码,另一方面还可以提高软件的设计水平和代码质量。

1.5 本章小结

(1) 模式是在特定环境下人们解决某类重复出现问题的一套成功或有效的解决方案。

(2) GoF(Erich Gamma、Richard Helm、Ralph Johnson 和 John Vlissides)最先将模式的概念引入软件工程领域,他们归纳发表了 23 种在软件开发中使用频率较高的设计模式,旨在用模式来统一沟通面向对象方法在分析、设计和实现间的鸿沟。

(3) 软件模式是将模式的一般概念应用于软件开发领域,即软件开发的总体指导思路或参照样板。软件模式可以认为是对软件开发这一特定"问题"的"解法"的某种统一表示,即软件模式是在一定条件下的软件开发问题及其解法。

(4) 设计模式是在特定环境下为解决某一通用软件设计问题提供的一套定制的解决方案,该方案描述了对象和类之间的相互作用。

(5) 设计模式一般包括模式名称、问题、目的、解决方案、效果、实例代码和相关设计模式等基本要素,其中最关键的要素是模式名称、问题、解决方案和效果。

(6) 设计模式根据目的分类可分为创建型、结构型和行为型模式 3 种,根据范围分类可分为类模式和对象模式两种。

(7) 设计模式是从许多优秀的软件系统中总结出来的、成功的、能够实现可维护性复用的设计方案,开发人员使用这些方案能够避免做一些重复性的工作,而且可以设计出高质量的软件系统。

1.6 习题

1. 设计模式具有(　　)的优点。

   A. 提高系统性能　　B. 降低软件规模和复杂度

   C. 减少代码开发工作量　　D. 提升软件设计的质量

2. 在面向对象软件的开发过程中,采用设计模式(　　)。

   A. 可以减少在设计和实现过程中需要创建的实例对象的数量

   B. 可以保证程序的运行速度达到最优值

   C. 可以复用相似问题的相同解决方案

   D. 允许在非面向对象程序设计语言中使用面向对象的概念

3. (　　)都是行为型设计模式。

   A. 组合模式、适配器模式和代理模式　　B. 观察者模式、职责链模式和策略模式

   C. 原型模式、建造者模式和单例模式　　D. 迭代器模式、命令模式和桥接模式

4. 什么是设计模式,它包含哪些基本要素?

5. 设计模式如何分类,每一类设计模式有何特点?

6. 设计模式具有哪些优点?

7. 除了设计模式之外,目前有不少人在从事“反模式”的研究,查阅相关资料,了解何谓“反模式”以及研究“反模式”的意义。

8. 查阅相关资料,了解在微软的示例项目 PetShop 4.0 系统的设计中使用了哪些设计模式,在何处使用了何种模式,至少列举两个。

第2章

面向对象设计原则

本章导学

对于面向对象软件系统设计而言，在支持可维护性的同时，提高系统的可复用性是一个至关重要的问题，如何同时提高一个软件系统的可维护性和可复用性是面向对象设计需要解决的核心问题之一。在面向对象设计中，可维护性的复用是以设计原则为基础的，每一个原则都蕴含一些面向对象设计的思想，可以从不同的角度提升一个软件结构的设计水平。

本章将学习 7 个重要的面向对象设计原则，结合实例分析 7 个原则的特点，这 7 个原则分别是单一职责原则、开闭原则、里氏代换原则、依赖倒转原则、接口隔离原则、合成复用原则和迪米特法则。

本章知识点

- 单一职责原则。
- 开闭原则。
- 里氏代换原则。
- 依赖倒转原则。
- 接口隔离原则。
- 合成复用原则。
- 迪米特法则。

2.1　面向对象设计原则概述

软件的可维护性(Maintainability)和可复用性(Reusability)是两个非常重要的用于衡量软件质量的质量属性，软件的可维护性是指软件能够被理解、改正、适应及扩展的难易程度，软件的可复用性是指软件能够被重复使用的难易程度。

面向对象设计的目标之一在于支持可维护性复用，一方面需要实现设计方案或者源代码的复用，另一方面要确保系统能够易于扩展和修改，具有良好的可维护性。面向对象设计原则为支持可维护性复用而诞生，这些原则蕴含在很多设计模式中，它们是从许多设计方案中总结出的指导性原则，但并不是强制性的。

面向对象设计原则也是后续学习设计模式的基础，每一个设计模式都符合一个或多个面向对象设计原则，面向对象设计原则是用于评价一个设计模式的使用效果的重要指标之一。通过在软件开发中使用这些原则可以提高软件的可维护性和可复用性，以便设计出兼具良好的可维护性和可复用性的软件系统，实现可维护性复用的目标。

最常见的 7 个面向对象设计原则如表 2-1 所示。

表 2-1　7 个常用的面向对象设计原则

设计原则名称	定　义	使用频率
单一职责原则 (Single Responsibility Principle, SRP)	一个对象应该只包含单一的职责，并且该职责被完整地封装在一个类中	★★★★☆
开闭原则 (Open-Closed Principle, OCP)	软件实体应当对扩展开放，对修改关闭	★★★★★
里氏代换原则 (Liskov Substitution Principle, LSP)	所有引用基类的地方必须能透明地使用其子类的对象	★★★★★
依赖倒转原则 (Dependence Inversion Principle, DIP)	高层模块不应该依赖低层模块，它们都应该依赖抽象。抽象不应该依赖于细节，细节应该依赖于抽象	★★★★★
接口隔离原则 (Interface Segregation Principle, ISP)	客户端不应该依赖那些它不需要的接口	★★☆☆☆
合成复用原则 (Composite Reuse Principle, CRP)	优先使用对象组合，而不是继承来达到复用的目的	★★★★☆
迪米特法则 (Law of Demeter, LoD)	每一个软件单位对其他的单位都只有最少的知识，而且局限于那些与本单位密切相关的软件单位	★★★☆☆

2.2　单一职责原则

单一职责原则是最简单的面向对象设计原则，用于控制类的粒度大小。

单一职责原则的定义如下：

> **单一职责原则**：一个对象应该只包含单一的职责，并且该职责被完整地封装在一个类中。
>
> **Single Responsibility Principle(SRP)**: Every object should have a single responsibility, and that responsibility should be entirely encapsulated by the class.

单一职责原则的另一种定义方式：就一个类而言，应该仅有一个引起它变化的原因。(There should never be more than one reason for a class to change.)

在软件系统中，一个类(大到模块，小到方法)承担的职责越多，它被复用的可能性就越小，而且一个类承担的职责过多，就相当于将这些职责耦合在一起，当其中一个职责变化时，可能会影响其他职责的运作。因此，要将这些职责进行分离，将不同的职责封装在不同的类中，即将不同的变化原因封装在不同的类中，如果多个职责总是同时发生改变则可以将它们封装在同一类中。

单一职责原则是实现高内聚、低耦合的指导方针，是最简单却最难运用的原则，需要设计人员发现类的不同职责并将其分离，而发现类的多重职责需要设计人员具有较强的分析设计能力和相关实践经验。

下面通过一个简单实例来进一步分析单一职责原则：

> 某软件公司开发人员针对 CRM(Customer Relationship Management，客户关系管理)系统中的客户信息图表统计模块提出了如图 2-1 所示的初始设计方案。 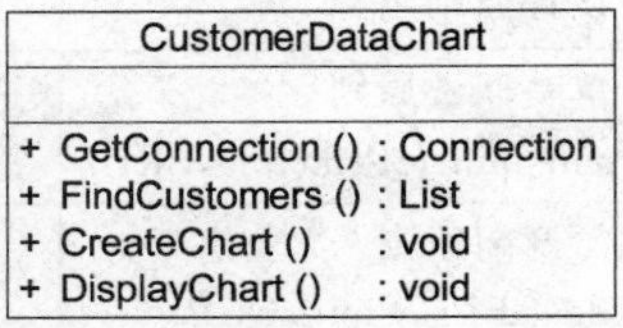
>
> CustomerDataChart
> + GetConnection () : Connection
> + FindCustomers () : List
> + CreateChart () : void
> + DisplayChart () : void
>
> 图 2-1　初始设计方案结构图
>
> 在图 2-1 中，GetConnection()方法用于连接数据库，FindCustomers()方法用于查询所有的客户信息，CreateChart()方法用于创建图表，DisplayChart()方法用于显示图表。
>
> 现使用单一职责原则对其进行重构。

在图 2-1 中，CustomerDataChart 类承担了太多的职责，既包含与数据库相关的方法，又包含与图表生成和显示相关的方法。如果在其他类中也需要连接数据库或者使用 FindCustomers()方法查询客户信息，则难以实现代码的重用。无论是修改数据库连接方式还是修改图表显示方式都需要修改该类，它拥有不止一个引起变化的原因，违背了单一职责原则。因此，需要对该类进行拆分，使其满足单一职责原则，CustomerDataChart 类可拆分为以下 3 个类。

(1) DBUtil：负责连接数据库，包含数据库连接方法 GetConnection()。

(2) CustomerDAO：负责操作数据库中的 Customer 表，包含对 Customer 表的增、删、改、查等方法，例如 FindCustomers()。

(3) CustomerDataChart：负责图表的生成和显示，包含方法 CreateChart()和 DisplayChart()。

使用单一职责原则重构后的结构如图 2-2 所示。

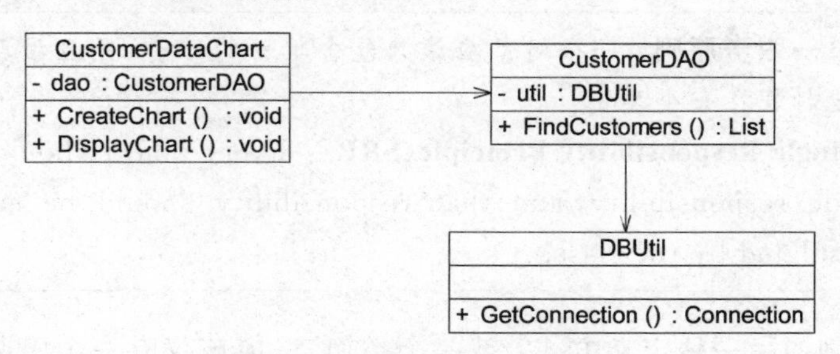

图 2-2　重构后的结构图

2.3 开闭原则

开闭原则是面向对象的可复用设计的第一块基石，是最重要的面向对象设计原则。

开闭原则由 Bertrand Meyer 于 1988 年提出，其定义如下：

> 开闭原则：软件实体应当对扩展开放，对修改关闭。
>
> **Open-Closed Principle(OCP)**：Software entities should be open for extension，but closed for modification.

在开闭原则的定义中，软件实体可以是一个软件模块、一个由多个类组成的局部结构或一个独立的类。开闭原则是指软件实体应尽量在不修改原有代码的情况下进行扩展。

任何软件都需要面临一个很重要的问题，即它们的需求会随时间的推移而发生变化。当软件系统需要面对新的需求时，应该尽量保证系统的设计框架是稳定的。如果一个软件设计符合开闭原则，那么可以非常方便地对系统进行扩展，而且在扩展时无须修改现有代码，使得软件系统在拥有适应性和灵活性的同时具备较好的稳定性和延续性。随着软件规模越来越大，软件寿命越来越长，软件维护成本越来越高，设计满足开闭原则的软件系统也变得越来越重要。

为了满足开闭原则，需要对系统进行抽象化设计，抽象化是开闭原则的关键。在 C#、Java 等编程语言中，可以为系统定义一个相对稳定的抽象层，而将不同的实现行为移至具体的实现层中完成。在很多面向对象编程语言中都提供了接口、抽象类等机制，可以通过它们定义系统的抽象层，再通过具体类来进行扩展。如果需要修改系统的行为，无须对抽象层进行任何改动，只需要增加新的具体类来实现新的业务，实现在不修改已有代码的基础上扩展系统的功能，达到开闭原则的要求。

在 GoF 23 种设计模式中，大部分设计模式都符合开闭原则，在对每一个模式进行优缺点评价时都会将开闭原则作为一个重要的评价依据，以判断基于该模式设计的系统是否具备良好的灵活性和可扩展性。

2.4 里氏代换原则

里氏代换原则由 2008 年图灵奖得主、美国第一位计算机科学女博士、麻省理工学院的 Barbara Liskov（芭芭拉·利斯科夫）教授和卡内基·梅隆大学的 Jeannette Wing 教授于 1994 年提出，里氏代换原则以 Barbara Liskov 教授的姓氏命名，其严格表述为：如果对每一个类型为 S 的对象 o1，都有类型为 T 的对象 o2，使得以 T 定义的所有程序 P 在所有的对象 o1 都代换 o2 时，程序 P 的行为没有变化，那么类型 S 是类型 T 的子类型。（If for each object o1 of type S there is an object o2 of type T such that for all programs P defined in terms of T，the behavior of P is unchanged when o1 is substituted for o2 then S is a subtype of T.）

这个原始的定义不太容易理解，因此，一般使用它的通俗版定义：

> **里氏代换原则**：所有引用基类的地方必须能透明地使用其子类的对象。
>
> **Liskov Substitution Principle(LSP)**：Functions that use pointers or references to base classes must be able to use objects of derived classes without knowing it.

里氏代换原则表明，在软件中将一个基类对象替换成它的子类对象，程序将不会产生任何错误和异常，反过来则不成立。如果一个软件实体使用的是一个子类对象，那么它不一定能够使用基类对象。例如，我喜欢动物，那我一定喜欢狗，因为狗是动物的子类；但是我喜欢狗，不能据此断定我喜欢所有的动物。

里氏代换原则是实现开闭原则的基础，由于使用基类对象的地方都可以使用子类对象，因此在程序中尽量使用基类类型对对象进行定义，而在运行时再确定其子类类型，用子类对象来替换父类对象。

在运用里氏代换原则时，应该将父类设计为抽象类或者接口，让子类继承父类或实现父接口，并实现在父类中声明的方法。运行时，子类实例替换父类实例，可以很方便地扩展系统的功能，无须修改原有子类的代码，增加新的功能可以通过增加一个新的子类来实现。

2.5 依赖倒转原则

如果说开闭原则是面向对象设计的目标，那么依赖倒转原则就是面向对象设计的主要实现机制之一，它是系统抽象化的具体实现。依赖倒转原则是 Robert C. Martin 在 1996 年为“C++ Reporter”所写的专栏 Engineering Notebook 的第三篇，后来加入到他在 2002 年出版的经典著作 *Agile Software Development，Principles，Patterns，and Practices* 一书中。

依赖倒转原则的定义如下：

> **依赖倒转原则**：高层模块不应该依赖低层模块，它们都应该依赖抽象。抽象不应该依赖于细节，细节应该依赖于抽象。
>
> **Dependency Inversion Principle(DIP)**：High level modules should not depend upon low level modules，both should depend upon abstractions. Abstractions should not depend upon details，details should depend upon abstractions.

简单来说，依赖倒转原则要求：要针对接口编程，不要针对实现编程。(Program to an interface，not an implementation.)

依赖倒转原则要求，在程序代码中传递参数时或在关联关系中尽量引用层次高的抽象层类，即使用接口和抽象类进行变量类型声明、参数类型声明、方法返回类型声明，以及数据类型的转换等，而不要用具体类来做这些事情。为了确保该原则的应用，一个具体类应当只实现接口或抽象类中声明过的方法，而不要给出多余的方法，否则将无法调用到在子类中增加的新方法。

在引入抽象层后，系统将具有很好的灵活性，在程序中应该尽量使用抽象层进行编程，而将具体类写在配置文件中。这样一来，如果系统行为发生变化，只需要对抽象层进行扩展，并修改配置文件，而无须修改原有系统的源代码，在不修改的情况下来扩展系统的功能，满足开闭原则的要求。

在实现依赖倒转原则时，需要针对抽象层进行编程，而将具体类的对象通过依赖注入(Dependency Injection,DI)的方式注入其他对象中。依赖注入是指当一个对象要与其他对象发生依赖关系时，通过方法参数来注入所依赖的对象。常用的注入方式有3种，分别是构造注入、设值(Setter)注入和接口注入。构造注入是指通过构造函数来传入具体类的对象，设值注入是指通过Setter方法来传入具体类的对象，而接口注入是指通过在接口中声明的业务方法来传入具体类的对象。这些方法在定义时使用的是抽象类型，在运行时再传入具体类型的对象，由子类对象来覆盖父类对象。

下面通过一个简单实例来加深对开闭原则、里氏代换原则和依赖倒转原则的理解：

某软件公司开发人员在开发CRM系统时发现：该系统经常需要将存储在TXT或Excel文件中的客户信息转存到数据库中，因此需要进行数据格式转换。在客户数据操作类CustomerDAO中将调用数据格式转换类的方法来实现格式转换，初始设计方案结构如图2-3所示。

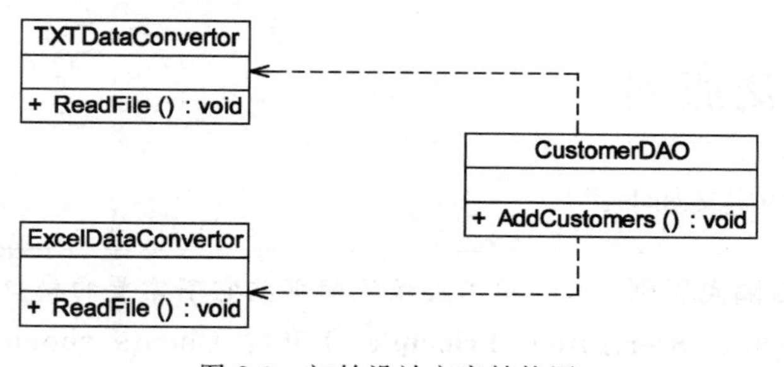

图2-3　初始设计方案结构图

在编码实现图2-3所示的结构时，该软件公司开发人员发现该设计方案存在一个非常严重的问题，由于每次转换数据时数据来源不一定相同，因此需要经常更换数据转换类。例如有时候需要将TXTDataConvertor改为ExcelDataConvertor，此时，需要修改CustomerDAO的源代码，而且在引入并使用新的数据转换类时也不得不修改CustomerDAO的源代码，系统扩展性较差，违背了开闭原则，需要对该方案进行重构。

在本实例中，由于CustomerDAO针对具体数据转换类编程，所以在增加新的数据转换类或者更换数据转换类时不得不修改CustomerDAO的源代码。可以通过引入抽象数据转换类解决该问题，在引入抽象数据转换类DataConvertor之后，CustomerDAO针对抽象类DataConvertor编程，而将具体数据转换类名存储在配置文件中，符合依赖倒转原则。根据里氏代换原则，程序运行时，具体数据转换类对象将替换DataConvertor类型的对象，程序不会产生任何异常。更换具体数据转换类时无须修改源代码，只需要修改配置文件；如果需要增加新的具体数据转换类，只要将新增数据转换类作为 DataConvertor 的子类并修改配置文件即可，原有代码无须做任何修改，满足开闭原则。重构后的结构如图 2-4 所示。

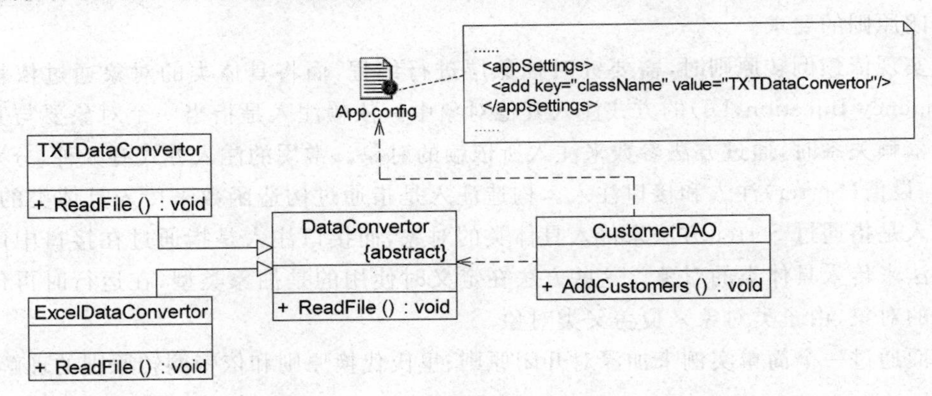

图 2-4　重构后的结构图

在上述重构过程中，同时使用了开闭原则、里氏代换原则和依赖倒转原则。在大多数情况下，这 3 个设计原则会同时出现，开闭原则是目标，里氏代换原则是基础，依赖倒转原则是手段，它们相辅相成，相互补充，目标一致，只是分析问题时所站角度不同而已。

2.6　接口隔离原则

接口隔离原则的定义如下：

> **接口隔离原则**：客户端不应该依赖那些它不需要的接口。
>
> **Interface Segregation Principle (ISP)**: Clients should not be forced to depend upon interfaces that they do not use.

根据接口隔离原则，当一个接口太大时，需要将它分割成一些更细小的接口，使用该接口的客户端仅需知道与之相关的方法即可。每一个接口应该承担一种相对独立的角色，不干不该干的事，该干的事都要干。这里的“接口”往往有两种不同的含义：一种是指一个类型所具有的方法特征的集合，仅仅是一种逻辑上的抽象；另外一种是指某种语言具体的“接口”，有严格的定义和结构，例如 C# 和 Java 语言中的 interface。对于这两种不同的含义，ISP 的表达方式以及含义也有所不同。

(1) 当把“接口”理解成一个类型所提供的所有方法特征的集合的时候，这就是一种逻辑上的概念，接口的划分将直接带来类型的划分。可以把接口理解成角色，一个接口只能代表一个角色，每个角色都有它特定的一个接口，此时，这个原则可以称为“角色隔离原则”。

(2) 如果把“接口”理解成狭义的特定语言的接口，那么 ISP 表达的意思是指接口仅仅提供客户端需要的行为，对于客户端不需要的行为则隐藏起来，应当为客户端提供尽可能小的单独的接口，而不要提供大的总接口。在面向对象编程语言中，实现一个接口就需要实现该接口中定义的所有方法，因此大的总接口使用起来不一定很方便，为了使接口的职责单一，需要将大接口中的方法根据其职责分别放在不同的小接口中，以确保每个接口使用起来都较为方便，并都承担某一单一角色。接口应该尽量细化，同时接口中的方法应该尽量少，每个接口中只包含一个客户端(如子模块或业务逻辑类)所需的方法即可，这种机制也称为“定制服务”，即为不同的客户端提供宽窄不同的接口。

下面通过一个简单实例来加深对接口隔离原则的理解：

某软件公司开发人员针对 CRM 系统的客户数据显示模块设计了图 2-5 所示的接口，其中，方法 DataRead()用于从文件中读取数据，方法 TransformToXML()用于将数据转换成 XML 格式，方法 CreateChart()用于创建图表，方法 DisplayChart()用于显示图表，方法 CreateReport()用于创建文字报表，方法 DisplayReport()用于显示文字报表。

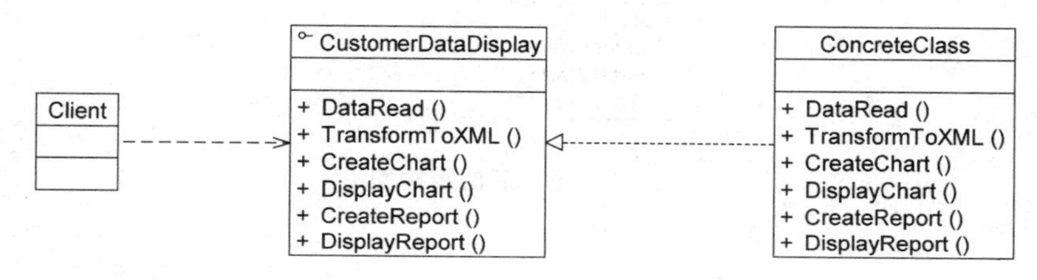

图 2-5　初始设计方案结构图

在实际使用过程中开发人员发现该接口很不灵活，例如，一个具体的数据显示类无须进行数据转换(源文件本身就是 XML 格式)，但由于实现了该接口，不得不实现其中声明的 TransformToXML()方法(至少需要提供一个空实现)；如果需要创建和显示图表，除了需要实现与图表相关的方法外，还需要实现创建和显示文字报表的方法，否则程序在编译时将报错。

现使用接口隔离原则对其进行重构。

在图 2-5 中，由于在接口 CustomerDataDisplay 中定义了太多方法，即该接口承担了太多职责，一方面导致该接口的实现类很庞大，在不同的实现类中不得不实现接口中定义的所有方法，灵活性较差，如果出现大量的空方法，将导致系统中产生大量的无用代码，影响代码质量；另一方面由于客户端针对大接口编程，将在一定程度上破坏程序的封装性，客户端看到了不应该看到的方法，没有为客户端定制接口。因此，需要将该接口按照接口隔离原则和单一职责原则进行重构，将其中的一些方法封装在不同的小接口中，确保每一个接口使用起来都较为方便，并都承担某一单一角色，每个接口中只包含一个客户端所需的方法即可。

通过使用接口隔离原则，本实例重构后的结构如图 2-6 所示。

在使用接口隔离原则时，需要注意控制接口的粒度，接口不能太小，如果太小会导致系统中接口泛滥，不利于维护；接口也不能太大，太大的接口将违背接口隔离原则，灵活性较差，使用起来很不方便。一般而言，接口中仅包含为某一类用户定制的方法即可，不应该强迫客户依赖于那些他们不用的方法。

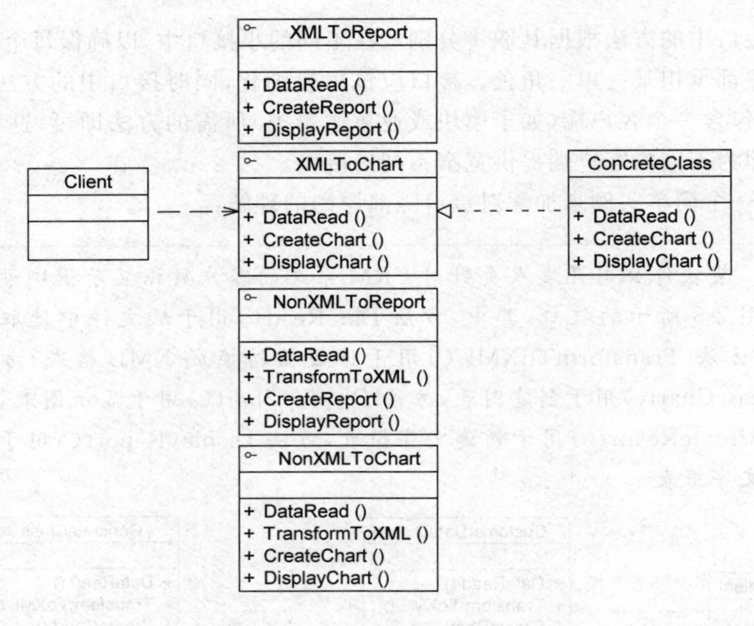

图 2-6 重构后的结构图

2.7 合成复用原则

合成复用原则又称为组合/聚合复用原则(Composition/Aggregate Reuse Principle, CARP),其定义如下:

> **合成复用原则**:优先使用对象组合,而不是继承来达到复用的目的。
> **Composite Reuse Principle(CRP)**: Favor composition of objects over inheritance as a reuse mechanism.

合成复用原则就是在一个新的对象里通过关联关系(包括组合关系和聚合关系)来使用一些已有的对象,使之成为新对象的一部分,新对象通过委派调用已有对象的方法达到复用功能的目的。简而言之,复用时要尽量使用组合/聚合关系(关联关系),少用继承。

在面向对象设计中,可以通过两种方法在不同的环境中复用已有的设计和实现,即通过组合/聚合关系或通过继承,但首先应该考虑使用组合/聚合,因为组合/聚合可以使系统更加灵活,降低类与类之间的耦合度,一个类的变化对其他类造成的影响相对较少;其次才考虑继承,在使用继承时,需要严格遵循里氏代换原则,有效使用继承有助于对问题的理解,降低复杂度,而滥用继承反而会增加系统构建和维护的难度以及系统的复杂度,因此开发人员需要慎重使用继承复用。

通过继承来进行复用的主要问题在于继承复用会破坏系统的封装性,因为继承会将基类的实现细节暴露给子类,由于基类的某些内部细节对子类来说是可见的,所以这种复用又称为"白箱"复用,如果基类发生改变,那么子类的实现也不得不发生改变;从基类继承而来的实现是静态的,不可能在运行时发生改变,没有足够的灵活性;而且继承只能在有限的环境中使用(如类没有声明为不能被继承)。

由于组合或聚合关系可以将已有的对象(也可称为成员对象)纳入到新对象中,使之成为新对象的一部分,因此新对象可以调用已有对象的功能,这样做可以使成员对象的内部实现细节对于新对象不可见,所以这种复用又称为“黑箱”复用。相对继承关系而言,其耦合度相对较低,成员对象的变化对新对象的影响不大,可以在新对象中根据实际需要有选择性地调用成员对象的操作;合成复用可以在运行时动态进行,新对象可以动态地引用与成员对象类型相同的其他对象。

一般而言,如果两个类之间是“Has-A”关系应使用组合或聚合,如果是“Is-A”关系可使用继承。“Is-A”是严格的分类学意义上的定义,意思是一个类是另一个类的一种;而“Has-A”则不同,它表示某一个角色具有某一项责任。

下面通过一个简单实例来加深对合成复用原则的理解:

某软件公司开发人员在初期的CRM系统设计中,考虑到客户数量不多,系统采用Access作为数据库,与数据库操作有关的类,例如CustomerDAO类等都需要连接数据库,连接数据库的方法GetConnection()封装在DBUtil类中,由于需要重用DBUtil类的GetConnection()方法,设计人员将CustomerDAO作为DBUtil类的子类,初始设计方案结构如图2-7所示。

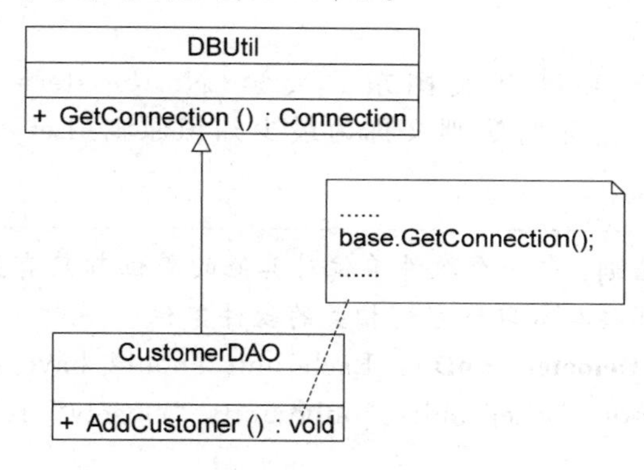

图2-7 初始设计方案结构图

随着客户数量的增加,系统决定升级为Oracle数据库,因此需要增加一个新的OracleDBUtil类来连接Oracle数据库,由于在初始设计方案中CustomerDAO和DBUtil之间是继承关系,因此在更换数据库连接方式时需要修改CustomerDAO类的源代码,将CustomerDAO作为OracleDBUtil的子类,这将违背开闭原则。当然也可以直接修改DBUtil类的源代码,这同样也违背了开闭原则。

现使用合成复用原则对其进行重构。

根据合成复用原则,在实现复用时应该多用关联,少用继承。因此在本实例中可以使用关联复用来取代继承复用,重构后的结构如图2-8所示。

在图2-8中,CustomerDAO和DBUtil之间的关系由继承关系变为关联关系,采用依赖注

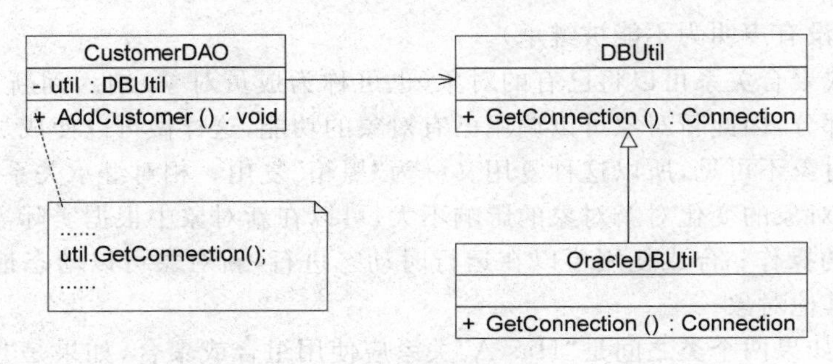

图 2-8 重构后的结构图

入的方式将 DBUtil 对象注入到 CustomerDAO 中,可以使用构造注入,也可以使用设值注入。如果需要对 DBUtil 的功能进行扩展,可以通过其子类来实现,例如通过子类 OracleDBUtil 来连接 Oracle 数据库。由于 CustomerDAO 针对 DBUtil 编程,根据里氏代换原则,DBUtil 子类的对象可以覆盖 DBUtil 对象,只需在 CustomerDAO 中注入子类对象即可使用子类所扩展的方法。例如在 CustomerDAO 中注入 OracleDBUtil 对象,即可实现 Oracle 数据库连接,原有代码无须修改,而且还可以很灵活地增加新的数据库连接方式,符合开闭原则。

2.8 迪米特法则

迪米特法则来自于 1987 年美国东北大学(Northeastern University)一个名为"Demeter"的研究项目。迪米特法则又称为最少知识原则(Least Knowledge Principle, LKP),其定义如下:

> **迪米特法则**:每一个软件单位对其他的单位都只有最少的知识,而且局限于那些与本单位密切相关的软件单位。
>
> **Law of Demeter(LoD)**: Each unit should have only limited knowledge about other units: only units "closely" related to the current unit.

迪米特法则要求一个软件实体应当尽可能少地与其他实体发生相互作用。如果一个系统符合迪米特法则,那么当其中某一个模块发生修改时,就会尽量少地影响其他模块,扩展会相对容易,这是对软件实体之间通信的限制,迪米特法则要求限制软件实体之间通信的宽度和深度。应用迪米特法则可降低系统的耦合度,使类与类之间保持松散的耦合关系。

迪米特法则还有几种定义形式,包括不要和"陌生人"说话(Don't talk to strangers)、只与你的直接朋友通信(Talk only to your immediate friends)等,在迪米特法则中,对于一个对象,其朋友包括以下几类:

(1) 当前对象本身(this)。

(2) 以参数形式传入到当前对象方法中的对象。

(3) 当前对象的成员对象。

(4) 如果当前对象的成员对象是一个集合,那么集合中的元素也都是朋友。

(5) 当前对象所创建的对象。

任何一个对象，如果满足上面的条件之一，就是当前对象的"朋友"，否则就是"陌生人"。在应用迪米特法则时，一个对象只能与直接朋友发生交互，不要和"陌生人"发生直接交互，这样做可以降低系统的耦合度，一个对象的改变不会给太多其他对象带来影响。

迪米特法则要求在设计系统时，应该尽量减少对象之间的交互，如果两个对象之间不必彼此直接通信，那么这两个对象就不应该发生任何直接的相互作用，如果其中一个对象需要调用另一个对象的方法，可以通过"第三者"转发这个调用。简而言之，就是通过引入一个合理的"第三者"来降低现有对象之间的耦合度。

在将迪米特法则运用到系统设计中时，要注意几点：在类的划分上，应当尽量创建松耦合的类，类之间的耦合度越低，越有利于复用，一个处在松耦合中的类一旦被修改，不会对关联的类造成太大影响；在类的结构设计上，每一个类都应当尽量降低其成员变量和成员函数的访问权限；在类的设计上，只要有可能，一个类型应当设计成不变类；在对其他类的引用上，一个对象对其他对象的引用应当降到最低。

下面通过一个简单实例来加深对迪米特法则的理解：

某软件公司所开发的CRM系统包含很多业务操作窗口，在这些窗口中，某些界面控件之间存在复杂的交互关系，一个控件事件的触发将导致多个其他界面控件产生响应。例如，当一个按钮(Button)被单击时，对应的列表框(List)、组合框(ComboBox)、文本框(TextBox)、文本标签(Label)等都将发生改变，在初始设计方案中，界面控件之间的交互关系可以简化为图2-9所示的结构。

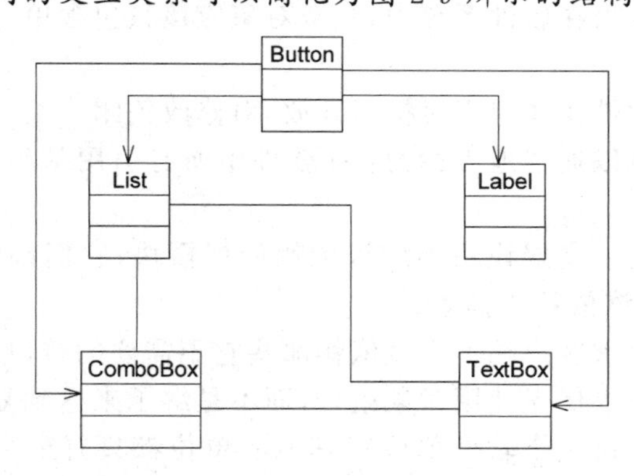

图2-9　初始设计方案结构图

在图2-9中，由于界面控件之间的交互关系复杂，导致在该窗口中增加新的界面控件时需要修改与之交互的其他控件的源代码，系统扩展性较差，也不便于增加和删除控件。

现使用迪米特法则对其进行重构。

在本实例中，可以通过引入一个专门用于控制界面控件交互的中间类(Mediator)来降低界面控件之间的耦合度。引入中间类之后，界面控件之间不再发生直接引用，而是将请求先转发给中间类，再由中间类来完成对其他控件的调用。当需要增加或删除新的控件时，只需修改中间类即可，无须修改新增控件或已有控件的源代码，重构后的结构如图 2-10 所示。

在图 2-10 中，省略了中间类以及控件的属性和方法定义，在第 20 章中将进一步对该实例进行讲解，详细说明中间类 Mediator 的设计和实现。

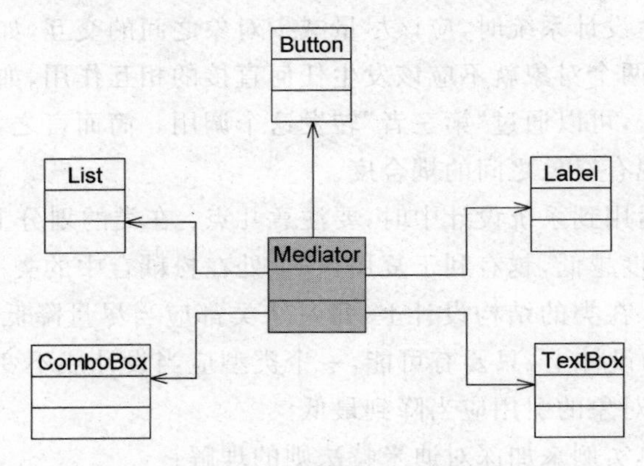

图 2-10 重构后的结构图

2.9 本章小结

(1) 在软件开发中使用面向对象设计原则可以提高软件的可维护性和可复用性，以便设计出兼具良好的可维护性和可复用性的软件系统，实现可维护性复用的目标。

(2) 单一职责原则要求在软件系统中，一个对象应该只包含单一的职责，并且该职责被完整地封装在一个类中。

(3) 开闭原则要求软件实体应当对扩展开放，对修改关闭。

(4) 里氏代换原则可以通俗地表述为：在软件中所有引用基类的地方必须能透明地使用其子类的对象。

(5) 依赖倒转原则要求高层模块不应该依赖低层模块，它们都应该依赖抽象。抽象不应该依赖于细节，细节应该依赖于抽象。

(6) 接口隔离原则要求客户端不应该依赖那些它不需要的接口。

(7) 合成复用原则要求优先使用对象组合，而不是继承来达到复用的目的。

(8) 迪米特法则要求每一个软件单位对其他的单位都只有最少的知识，而且局限于那些与本单位密切相关的软件单位。

2.10 习题

1. 开闭原则是面向对象的可复用设计的基石，开闭原则是指一个软件实体应当对(①)开放，对(②)关闭；里氏代换原则是指任何(③)可以出现的地方，(④)一定可以出现；依赖倒转原则就是要依赖于(⑤)，而不要依赖于(⑥)，或者说要针对接口编程，不要针对实现编程。

① A. 修改　　B. 扩展　　C. 分析　　D. 设计

② A. 修改　　B. 扩展　　C. 分析　　D. 设计

③ A. 变量　　B. 常量　　C. 基类对象　　D. 子类对象

④ A. 变量　　B. 常量　　C. 基类对象　　D. 子类对象

⑤ A. 程序设计语言　　B. 建模语言　　C. 实现　　D. 抽象

⑥ A. 程序设计语言　　B. 建模语言　　C. 实现　　D. 抽象

2. 关于单一职责原则，以下叙述错误的是(　　)。

A. 一个类只负责一个功能领域中的相应职责

B. 就一个类而言，应该有且仅有一个引起它变化的原因

C. 一个类承担的职责越多，越容易复用，被复用的可能性越大

D. 当一个类承担的职责过多时，需要将职责进行分离，将不同的职责封装在不同的类中

3. 以下关于面向对象设计的叙述中，错误的是(　　)。

A. 高层模块不应该依赖于低层模块

B. 抽象不应该依赖于细节

C. 细节可以依赖于抽象

D. 高层模块无法不依赖于低层模块

4. 在系统设计中应用迪米特法则，以下叙述有误的是(　　)。

A. 在类的划分上，应该尽量创建松耦合的类，类的耦合度越低，复用越容易

B. 如果两个类之间不必彼此直接通信，那么这两个类就不应该发生直接的相互作用

C. 在对其他类的引用上，一个对象对其他对象的引用应该降到最低

D. 在类的设计上，只要有可能，一个类型应该尽量设计成抽象类或接口，且成员变量和成员函数的访问权限最好设置为公开的(public)

5. 有人将面向对象设计原则简单地归纳为 3 条：①封装变化点；②对接口进行编程；③多使用组合，而不是继承。查阅相关资料并结合本章所学内容，谈谈对这 3 条原则的理解。

6. 结合本章所学的面向对象设计原则，谈谈对类和接口"粒度"的理解。

7. 结合面向对象设计原则分析：正方形是否是长方形的子类。

8. 在某绘图软件中提供了多种大小不同的画笔(Pen)，并且可以给画笔指定不同的颜色，某设计人员针对画笔的结构设计了图 2-11 所示的初始类图。

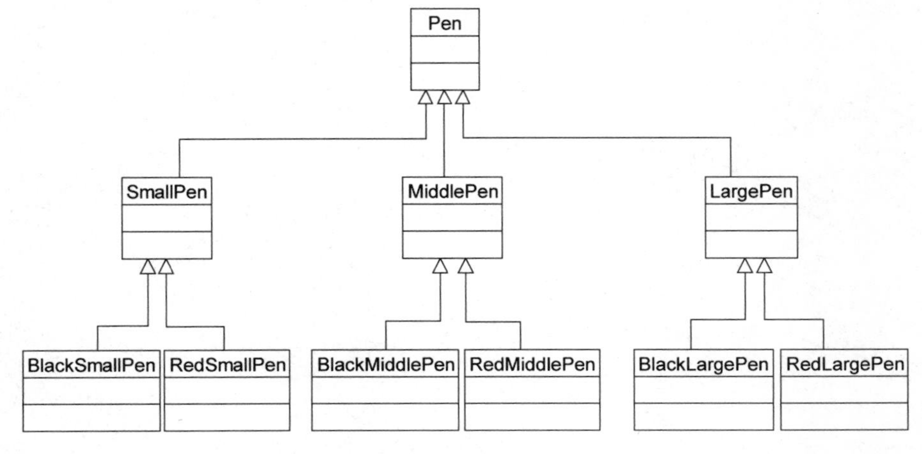

图 2-11　画笔初始类图

通过仔细分析，设计人员发现该类图存在非常严重的问题，如果增加一种新的大小的笔或者增加一种新的颜色，需要增加很多子类，例如增加一种绿色，则对应每一种大小的笔都需要增加一支绿色笔，系统中类的个数急剧增加。

试根据依赖倒转原则和合成复用原则对该设计方案进行重构，使得增加新的大小的笔和增加新的颜色都较为方便。

第3章

简单工厂模式

本章导学

创建型模式关注对象的创建过程，是一类最常见的设计模式，在软件开发中的应用非常广泛。创建型模式描述如何将对象的创建和使用分离，让用户在使用对象时无须关心对象的创建细节，从而降低系统的耦合度，让设计方案更易于修改和扩展。

简单工厂模式是最简单的设计模式之一，它虽然不属于 GoF 的 23 种设计模式，但是应用也较为频繁，同时它也是学习其他创建型模式的基础。在简单工厂模式中，只需要记住一个简单的参数即可获得所需的对象实例，它提供专门的核心工厂类来负责对象的创建，实现对象的创建和使用分离。

本章将对 6 种创建型模式进行简要的介绍，并通过实例来学习简单工厂模式，理解简单工厂模式的结构及特点，学习如何在实际软件项目开发中合理地使用简单工厂模式。

本章知识点

- 创建型模式。
- 简单工厂模式的定义。
- 简单工厂模式的结构。
- 简单工厂模式的实现。
- 简单工厂模式的应用。
- 简单工厂模式的优缺点。
- 简单工厂模式的适用环境。

3.1 创建型模式

软件系统在运行时，类将实例化成对象，并由这些对象协作完成各项业务功能。创建型模式(Creational Pattern)关注对象的创建过程，是一类最常用的设计模式，在软件开发中的应用非常广泛。创建型模式对类的实例化过程进行了抽象，能够将软件模块中对象的创建和对象的使用分离,对用户隐藏了类的实例创建细节。

创建型模式描述如何将对象的创建和使用分离,让用户在使用对象时无须关心对象的创建细节,从而降低系统的耦合度,让设计方案更易于修改和扩展。每一个创建型模式都通过采用不同的解决方案来回答 3 个问题:创建什么(What),由谁创建(Who)和何时创建(When)。

在 GoF 设计模式中,包含 5 种创建型模式,通常将一种非 GoF 设计模式——简单工厂模式作为学习其他工厂模式的基础,这 6 种设计模式的名称、定义、学习难度和使用频率如表 3-1 所示。

表 3-1 创建型模式一览表

模式名称	定义	学习难度	使用频率
简单工厂模式 (Simple Factory Pattern)	定义一个工厂类,它可以根据参数的不同返回不同类的实例,被创建的实例通常都具有共同的父类	★★☆☆☆	★★★☆☆
工厂方法模式 (Factory Method Pattern)	定义一个用于创建对象的接口,但是让子类决定将哪一个类实例化。工厂方法模式让一个类的实例化延迟到其子类	★★☆☆☆	★★★★★
抽象工厂模式 (Abstract Factory Pattern)	提供一个创建一系列相关或相互依赖对象的接口,而无须指定它们具体的类	★★★★☆	★★★★★
建造者模式 (Builder Pattern)	将一个复杂对象的构建与它的表示分离,使得同样的构建过程可以创建不同的表示	★★★★☆	★★☆☆☆
原型模式 (Prototype Pattern)	使用原型实例指定待创建对象的类型,并且通过复制这个原型来创建新的对象	★★★☆☆	★★★☆☆
单例模式 (Singleton Pattern)	确保一个类只有一个实例,并提供一个全局访问点来访问这个唯一实例	★☆☆☆☆	★★★★☆

3.2 简单工厂模式概述

简单工厂模式并不属于 GoF 的 23 种经典设计模式,但通常将它作为学习其他工厂模式的基础,下面通过一个简单实例来引出简单工厂模式。

考虑一个水果农场,当用户需要某一种水果时,该农场能够根据用户所提供的水果名称返回该水果。在此,水果农场被称为工厂(Factory),而生产出的水果被称为产品(Product),水果的名称则被称为参数,工厂可以根据参数的不同返回不同的产品,这就是简单工厂模式的动机。该过程的示意图如图 3-1 所示,用户无须知道苹果(Apple)、橙(Orange)、香蕉(Banana)如何创建,只需要知道水果的名称即可得到对应的水果。

图 3-1 简单工厂模式示意图

作为最简单的设计模式之一，简单工厂模式的设计思想和实现过程都比较简单，其基本实现流程如下：

首先将需要创建的各种不同产品对象的相关代码封装到不同的类中，这些类称为具体产品类，而将它们公共的代码进行抽象和提取后封装在一个抽象产品类中，每一个具体产品类都是抽象产品类的子类；然后提供一个工厂类用于创建各种产品，在工厂类中提供一个创建产品的工厂方法，该方法可以根据所传入参数的不同创建不同的具体产品对象；客户端只需调用工厂类的工厂方法并传入相应的参数即可得到一个产品对象。

简单工厂模式的定义如下：

> **简单工厂模式(Simple Factory Pattern)**：定义一个工厂类，它可以根据参数的不同返回不同类的实例，被创建的实例通常都具有共同的父类。

由于在简单工厂模式中用于创建实例的方法通常是静态(static)方法，所以简单工厂模式又被称为静态工厂方法(Static Factory Method)模式，它是一种类创建型模式。简单工厂模式的要点在于：如果需要什么，只需要传入一个正确的参数，就可以获取所需要的对象，而无须知道其创建细节。

3.3　简单工厂模式的结构与实现

3.3.1　简单工厂模式的结构

简单工厂模式的结构比较简单，其核心是工厂类的设计，其结构如图 3-2 所示。

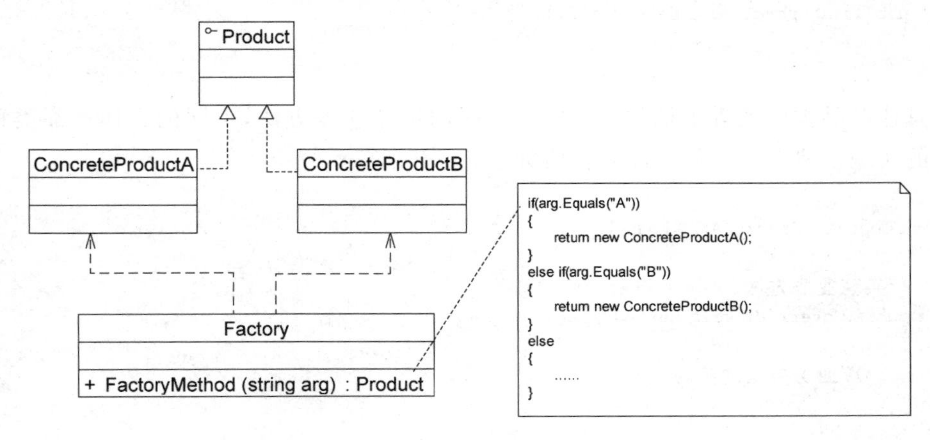

图 3-2　简单工厂模式结构图

由图 3-2 可知，简单工厂模式包含以下 3 个角色。

(1) **Factory(工厂角色)**：工厂角色即工厂类，它是简单工厂模式的核心，负责实现创建所有产品实例的内部逻辑；工厂类可以被外界直接调用，创建所需的产品对象；在工厂类中提供了静态的工厂方法 FactoryMethod(),它的返回类型为抽象产品类型 Product。

(2) **Product(抽象产品角色)**:它是工厂类所创建的所有对象的父类,封装了各种产品对象的公共方法,它的引入将提高系统的灵活性,使得在工厂类中只需定义一个通用的工厂方法,因为所有创建的具体产品对象都是其子类对象。

(3) **ConcreteProduct(具体产品角色)**:它是简单工厂模式的创建目标,所有被创建的对象都充当这个角色的某个具体类的实例。每一个具体产品角色都继承了抽象产品角色,需要实现在抽象产品中声明的抽象方法。

3.3.2 简单工厂模式的实现

在简单工厂模式中,客户端通过工厂类来创建一个产品类的实例,而无须直接使用 new 关键字来创建对象,它是工厂模式家族中最简单的一员。

在使用简单工厂模式时,首先需要对产品类进行重构,不能设计一个包罗万象的产品类,而需要根据实际情况设计一个产品层次结构,将所有产品类公共的代码移至抽象产品类,并在抽象产品类中声明一些抽象方法,以供不同的具体产品类来实现。典型的抽象产品类代码如下:

```
abstract class Product
{
    //所有产品类的公共业务方法
    public void MethodSame()
    {
        //公共方法的实现
    }

    //声明抽象业务方法
    public abstract void MethodDiff();
}
```

在具体产品类中实现了抽象产品类中声明的抽象业务方法,不同的具体产品类可以提供不同的实现。典型的具体产品类代码如下:

```
class ConcreteProductA : Product
{
    //实现业务方法
    public override void MethodDiff()
    {
        //业务方法的实现
    }
}
```

简单工厂模式的核心是工厂类,在没有工厂类之前,客户端一般会使用 new 关键字来直接创建产品对象,而在引入工厂类之后,客户端可以通过工厂类来创建产品。在简单工厂模式中,工厂类提供了一个静态工厂方法供客户端使用,根据所传入参数的不同可以创建不同的产品对象。典型的工厂类代码如下:

```
class Factory
{
    //静态工厂方法
    public static Product GetProduct(string arg)
    {
        Product product = null;
        if (arg.Equals("A"))
        {
            product = new ConcreteProductA();
            //初始化设置 product
        }
        else if (arg.Equals("B"))
        {
            product = new ConcreteProductB();
            //初始化设置 product
        }
        return product;
    }
}
```

在客户端代码中，通过调用工厂类的工厂方法即可得到产品对象。其典型代码如下：

```
class Program
{
    static void Main(string[] args)
    {
        Product product;
        product = Factory.GetProduct("A");  //通过工厂类创建产品对象
        product.MethodSame();
        product.MethodDiff();
    }
}
```

3.4 简单工厂模式的应用实例

下面通过一个应用实例来进一步学习和理解简单工厂模式。

1. 实例说明

> 某软件公司要基于C#语言开发一套图表库，该图表库可以为应用系统提供多种不同外观的图表，例如柱状图(HistogramChart)、饼状图(PieChart)、折线图(LineChart)等。该软件公司图表库设计人员希望为应用系统开发人员提供一套灵活易用的图表库，通过设置不同的参数即可得到不同类型的图表，而且可以较为方便地对图表库进行扩展，以便能够在将来增加一些新类型的图表。
>
> 现使用简单工厂模式来设计该图表库。

2. 实例类图

通过分析，本实例的结构如图 3-3 所示。

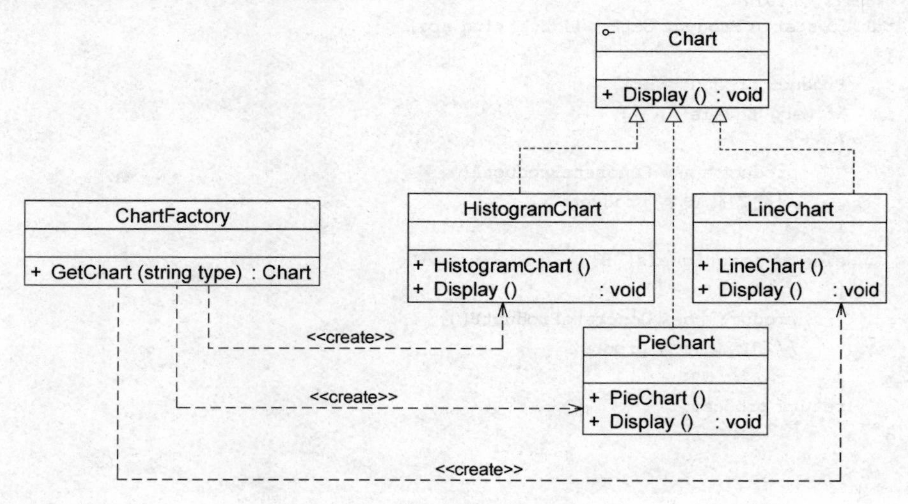

图 3-3 图表库结构图

在图 3-3 中，Chart 接口充当抽象产品类，其子类 HistogramChart、PieChart 和 LineChart 充当具体产品类，ChartFactory 充当工厂类。

3. 实例代码

(1) Chart：抽象图表接口，充当抽象产品类。

```
//Chart.cs
namespace SimpleFactorySample
{
    interface Chart
    {
        void Display();
    }
}
```

(2) HistogramChart：柱状图类，充当具体产品类。

```
//HistogramChart.cs
using System;

namespace SimpleFactorySample
{
    class HistogramChart : Chart
    {
        public HistogramChart()
        {
            Console.WriteLine("创建柱状图!");
        }
```

```
        public void Display()
        {
            Console.WriteLine("显示柱状图!");
        }
    }
}
```

（3）PieChart：饼状图类，充当具体产品类。

```
//PieChart.cs
using System;

namespace SimpleFactorySample
{
    class PieChart : Chart
    {
        public PieChart()
        {
            Console.WriteLine("创建饼状图!");
        }

        public void Display()
        {
            Console.WriteLine("显示饼状图!");
        }
    }
}
```

（4）LineChart：折线图类，充当具体产品类。

```
//LineChart.cs
using System;

namespace SimpleFactorySample
{
    class LineChart : Chart
    {
        public LineChart()
        {
            Console.WriteLine("创建折线图!");
        }

        public void Display()
        {
            Console.WriteLine("显示折线图!");
        }
    }
}
```

(5) ChartFactory：图表工厂类，充当工厂类。

```
//ChartFactory.cs
using System;

namespace SimpleFactorySample
{
    class ChartFactory
    {
        //静态工厂方法
        public static Chart GetChart(string type)
        {
            Chart chart = null;
            if (type.Equals("histogram"))
            {
                chart = new HistogramChart();
                Console.WriteLine("初始化设置柱状图!");
            }
            else if (type.Equals("pie"))
            {
                chart = new PieChart();
                Console.WriteLine("初始化设置饼状图!");
            }
            else if (type.Equals("line"))
            {
                chart = new LineChart();
                Console.WriteLine("初始化设置折线图!");
            }
            return chart;
        }
    }
}
```

(6) Program：客户端测试类。

```
//Program.cs
using System;

namespace SimpleFactorySample
{
    class Program
    {
        static void Main(string[] args)
        {
            Chart chart;
            chart = ChartFactory.GetChart("histogram"); //通过静态工厂方法创建产品
            chart.Display();

            Console.Read();
        }
    }
}
```

4. 结果及分析

编译并运行程序,输出结果如下:

```
创建柱状图!
初始化设置柱状图!
显示柱状图!
```

在客户端测试类中,使用工厂类 ChartFactory 的静态工厂方法创建产品对象,如果需要更换产品,只需修改静态工厂方法中的参数即可。例如将柱状图改为饼状图,只需将代码:

```
chart = ChartFactory.GetChart("histogram");
```

改为:

```
chart = ChartFactory.GetChart("pie");
```

编译并运行程序,输出结果如下:

```
创建饼状图!
初始化设置饼状图!
显示饼状图!
```

不难发现,本实例在创建具体 Chart 对象时,必须通过修改客户端代码中静态工厂方法的参数来更换具体产品对象,客户端代码需要重新编译,这对于客户端而言,违背了开闭原则。

下面介绍一种常用的解决方案,可以实现在不修改客户端代码的前提下让客户端能够更换具体产品对象。

首先将静态工厂方法的参数存储在 XML 格式的配置文件 App.config 中,如下所示:

```
<?xml version = "1.0" encoding = "utf-8" ?>
<configuration>
  <appSettings>
    <add key = "chartType" value = "histogram"/>
  </appSettings>
</configuration>
```

然后将客户端代码修改如下:

```
using System;
using System.Configuration;

namespace SimpleFactorySample
{
    class Program
    {
```

```
        static void Main(string[] args)
        {
            Chart chart;
            //读取配置文件
            string chartStr = ConfigurationManager.AppSettings["chartType"];
            chart = ChartFactory.GetChart(chartStr); //通过静态工厂方法创建产品
            chart.Display();

            Console.Read();
        }
    }
}
```

编译并运行程序,输出结果如下:

```
创建柱状图!
初始化设置柱状图!
显示柱状图!
```

在上述客户端代码中,通过使用 ConfigurationManager 类的 AppSettings 属性可以获取存储在配置文件(例如 App.config)中的字符串,在 C# 源代码中不包含任何与具体图表对象相关的信息,如果需要更换具体图表对象,只需修改配置文件 App.config 即可,无须修改任何源代码,符合开闭原则。

需要注意的是,在某些版本的 Visual Studio 中需要手动引入组件"System.Configuration",否则无法使用 ConfigurationManager 类。步骤如下:

在"解决方案资源管理器"项目树形结构中的"引用"结点上右击,在快捷菜单中选择"添加引用"命令,在弹出的对话框中选择".NET"选项卡,选中名称为"System.Configuration"的组件,即可添加该组件,并使用其中的 ConfigurationManager 等类。

3.5 创建对象与使用对象

本节将讨论工厂类的作用以及如何通过工厂类来创建对象。在一个面向对象软件系统中,与一个对象相关的职责通常有 3 种:对象本身所具有的职责、创建对象的职责和使用对象的职责。对象本身的职责比较容易理解,就是对象自身所具有的一些数据和行为,可通过一些公开的(public)方法来实现。本节将重点讨论创建对象的职责和使用对象的职责。

在 C# 语言中,通常有以下几种创建对象的方式:

(1) 使用 new 关键字直接创建对象。

(2) 通过反射机制创建对象(第 4 章将学习此方式)。

(3) 通过克隆方法创建对象(第 7 章将学习此方式)。

(4) 通过工厂类创建对象。

毫无疑问,在客户端代码中直接使用 new 关键字是最简单的创建对象的方式,但是它的灵活性较差,下面通过一个简单的实例来加以说明:

```
class Login
{
    private UserDAO udao;

    public Login()
    {
        udao = new OracleUserDAO();              //创建对象
    }

    public void Execute()
    {
        //其他代码
        udao.FindUserById();                     //使用对象
        //其他代码
    }
}
```

以上代码中，在 Login 类中定义了一个 UserDAO 类型的对象 udao，在 Login 的构造函数中创建了 OracleUserDAO 类型的 udao 对象，并在 Execute()方法中调用了 udao 对象的 FindUserById()方法。Login 类负责创建一个 UserDAO 子类的对象并使用该对象的方法来完成相应的业务处理，也就是说，Login 既负责 udao 的创建又负责 udao 的使用，创建对象和使用对象的职责耦合在一起，这样的设计会导致一个很严重的问题：如果在 Login 中希望能够使用 UserDAO 的另一个子类，例如 SQLServerUserDAO 类型的对象，必须修改 Login 类的源代码，这将违背开闭原则。

当遇到这种情况时，最常用的一种解决方法是将 udao 对象的创建职责从 Login 类中移除，在 Login 类之外创建对象，由专门的工厂类来负责 udao 对象的创建。通过引入工厂类，让客户类(例如 Login)不涉及对象的创建，对象的创建者也不会涉及对象的使用。引入工厂类 UserDAOFactory 之后的结构如图 3-4 所示。

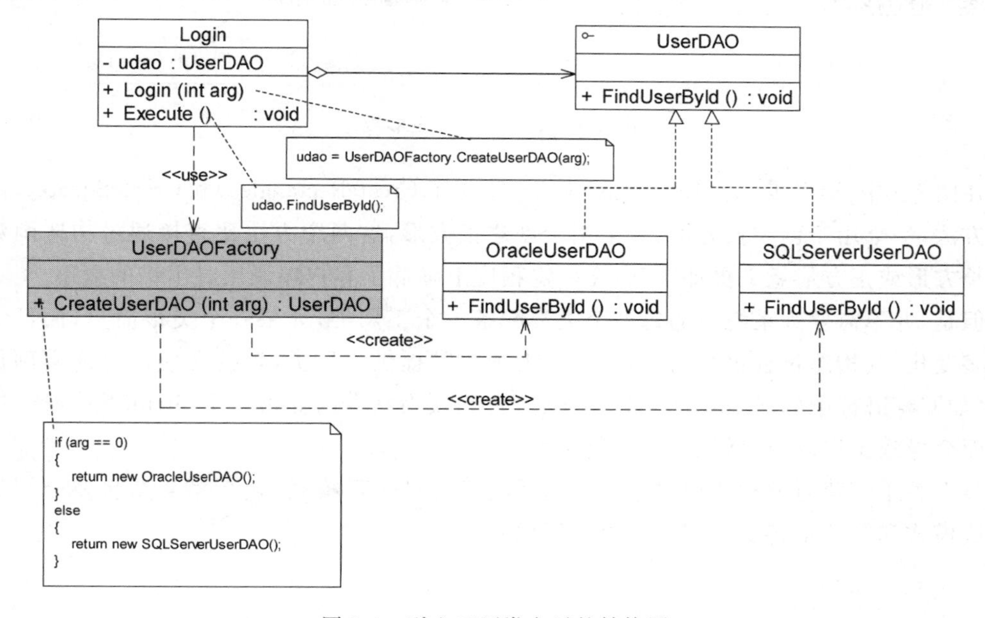

图 3-4 引入工厂类之后的结构图

工厂类的引入将降低因为产品或工厂类改变所造成的维护工作量。如果 UserDAO 的某个子类的构造函数发生改变或者需要添加或移除不同的子类，只要维护 UserDAOFactory 的代码，不会影响到 Login；如果 UserDAO 接口发生改变，例如添加、移除方法或改变方法名，只需要修改 Login，不会给 UserDAOFactory 带来任何影响。

所有的工厂模式都强调一点：两个类 A 和 B 之间的关系应该仅仅是 A 创建 B 或者是 A 使用 B，而不能两种关系都有。将对象的创建和使用分离，使得系统更加符合单一职责原则，有利于对功能的复用和系统的维护。

此外，将对象的创建和使用分离还有一个好处：防止用来实例化一个类的数据和代码在多个类中到处都是，可以将有关创建的知识搬移到一个工厂类中。因为有时创建一个对象不只是简单调用其构造函数，还需要设置一些参数，可能还需要配置环境，如果将这些代码散落在每一个创建对象的客户类中，势必会出现代码重复、创建蔓延的问题，而这些客户类其实无须承担对象的创建工作，它们只需使用已创建好的对象就可以了。此时，可以引入工厂类来封装对象的创建逻辑和客户代码的实例化配置选项。

使用工厂类还有一个优点，一个类可能拥有多个构造函数，而在 C#、Java 等语言中构造函数的名称都与类名相同，客户端只能通过传入不同的参数来调用不同的构造函数创建对象，从构造函数和参数列表中大家很难了解不同构造函数所构造的产品的差异。如果将对象的创建过程封装在工厂类中，可以提供一系列名称完全不同的工厂方法，每一个工厂方法对应一个构造函数，客户端就可以以一种更加可读、易懂的方式来创建对象，而且，从一组工厂方法中选择一个意义明确的工厂方法，比从一组名称相同参数不同的构造函数中选择一个构造函数要方便很多，如图 3-5 所示。

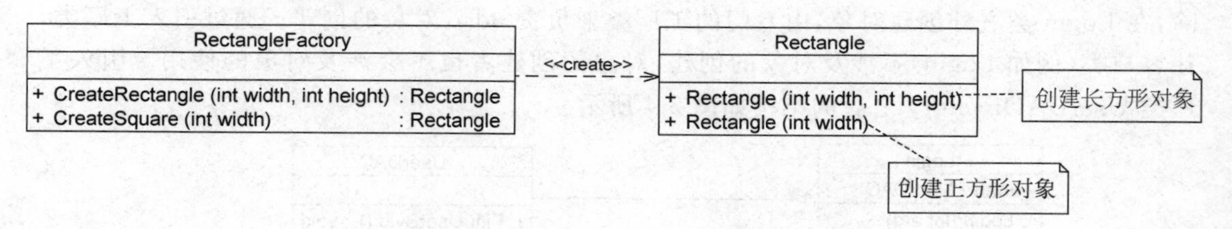

图 3-5 矩形工厂与矩形类

在图 3-5 中，矩形工厂类 RectangleFactory 提供了 CreateRectangle()和 CreateSquare()两个工厂方法，一个用于创建长方形，一个用于创建正方形，这两个方法比直接通过构造函数来创建长方形或正方形意义更加明确，在一定程度上降低了客户端调用时出错的概率。

但是，并不需要为系统中的每一个类都配备一个工厂类，如果一个类很简单，而且不存在太多变化，其构造过程也很简单，此时就无须为其提供工厂类，直接在使用之前实例化即可，例如 C# 语言中的 String 类(或 string)，就无须为它专门提供一个 StringFactory，这样做反而会导致工厂泛滥，增加系统的复杂度。

以上关于创建对象和使用对象的讨论适用于各种工厂模式，包括第 4 章将要介绍的工厂方法模式和第 5 章将要介绍的抽象工厂模式。

3.6　简单工厂模式的简化

有时为了简化简单工厂模式，可以将抽象产品类和工厂类合并，将静态工厂方法移到抽象产品类中，如图 3-6 所示。

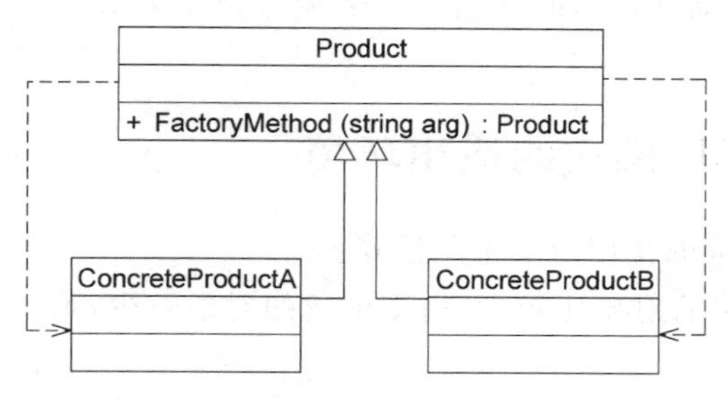

图 3-6　简化的简单工厂模式

在图 3-6 中，客户端可以通过调用产品父类的静态工厂方法，根据不同参数创建不同类型的产品子类对象，这种方法在很多类库和框架中也广泛存在。

3.7　简单工厂模式的优缺点与适用环境

简单工厂模式提供了专门的工厂类用于创建对象，将对象的创建和对象的使用分离开，它作为一种最简单的工厂模式在软件开发中得到了较为广泛的应用。

3.7.1　简单工厂模式的优点

简单工厂模式的主要优点如下：

(1) 工厂类包含必要的判断逻辑，可以决定在什么时候创建哪一个产品类的实例，客户端可以免除直接创建产品对象的职责，而仅仅"消费"产品，简单工厂模式实现了对象创建和使用的分离。

(2) 客户端无须知道所创建的具体产品类的类名，只需知道具体产品类所对应的参数即可，对于一些复杂的类名，通过简单工厂模式可以在一定程度上减少使用者的记忆量。

(3) 通过引入配置文件，可以在不修改任何客户端代码的情况下更换和增加新的具体产品类，在一定程度上提高了系统的灵活性。

3.7.2　简单工厂模式的缺点

简单工厂模式的主要缺点如下：

(1) 由于工厂类集中了所有产品的创建逻辑，职责过重，一旦不能正常工作，整个系统都要受到影响。

(2) 使用简单工厂模式势必会增加系统中类的个数(引入了新的工厂类)，增加了系统的复杂度和理解难度。

(3) 系统扩展困难,一旦添加新产品不得不修改工厂逻辑,在产品类型较多时,有可能造成工厂逻辑过于复杂,不利于系统的扩展和维护。

(4) 简单工厂模式由于使用了静态工厂方法,造成工厂角色无法形成基于继承的等级结构。在C#语言中,不能通过类的实例对象来访问静态方法和静态变量,无法在客户端代码中针对工厂父类编程,而在运行时使用工厂子类对象来覆盖父类,因此,工厂类不能得到很好的扩展。

3.7.3 简单工厂模式的适用环境

在以下情况下可以考虑使用简单工厂模式:

(1) 工厂类负责创建的对象比较少,由于创建的对象较少,不会造成工厂方法中的业务逻辑过于复杂。

(2) 客户端只知道传入工厂类的参数,对于如何创建对象并不关心。

3.8 本章小结

(1) 创建型模式关注对象的创建过程,它对类的实例化过程进行了抽象,能够将软件模块中对象的创建和对象的使用分离,对用户隐藏了类的实例创建细节。在GoF设计模式中一共包含5种创建型模式,通常将简单工厂模式作为学习其他工厂模式的基础,简单工厂模式不是GoF设计模式。

(2) 在简单工厂模式中,定义一个工厂类,它可以根据参数的不同返回不同类的实例,被创建的实例通常都具有共同的父类。简单工厂模式是一种类创建型模式。

(3) 简单工厂模式包含工厂角色、抽象产品角色和具体产品角色3个角色。其中,工厂角色是简单工厂模式的核心,负责实现创建所有产品实例的内部逻辑;抽象产品角色是工厂类所创建的所有对象的父类,封装了各种产品对象的公共方法;具体产品角色是简单工厂模式的创建目标,所有被创建的对象都充当这个角色的某个具体类的实例。

(4) 简单工厂模式的主要优点在于实现了对象创建和使用的分离;客户端无须知道所创建的具体产品类的类名,只需知道具体产品类所对应的参数即可;通过引入配置文件,可以在不修改任何客户端代码的情况下更换和增加新的具体产品类,在一定程度上提高了系统的灵活性。其主要缺点在于工厂类集中了所有产品的创建逻辑,职责过重,一旦不能正常工作,整个系统都要受到影响;增加了系统中类的个数且增加了系统的复杂度和理解难度;系统扩展困难,一旦添加新产品不得不修改工厂逻辑,且工厂角色无法形成基于继承的等级结构。

(5) 简单工厂模式适用的环境:工厂类负责创建的对象比较少,由于创建的对象较少,不会造成工厂方法中的业务逻辑太过复杂;客户端只知道传入工厂类的参数,对于如何创建对象并不关心。

(6) 将对象的创建和使用分离,使得系统更加符合单一职责原则,有利于对功能的复用和系统的维护。

3.9 习题

1. 在简单工厂模式中,如果需要增加新的具体产品,通常需要修改(　　)的源代码。
   A. 抽象产品类　　B. 其他具体产品类
   C. 工厂类　　D. 客户类
2. 以下关于简单工厂模式叙述错误的是(　　)。
   A. 简单工厂模式可以根据参数的不同返回不同的产品类的实例
   B. 简单工厂模式专门定义一个类来负责创建其他类的实例,被创建的实例通常都具有共同的父类
   C. 简单工厂模式可以减少系统中类的个数,简化系统的设计,使得系统更易于理解
   D. 系统的扩展困难,在添加新的产品时需要修改工厂的业务逻辑,违背了开闭原则
3. 以下代码使用了(　　)模式。

```
abstract class Product
{
    public abstract void Process();
}

class ConcreteProductA : Product
{
    public override void Process()
    {…}
}

class ConcreteProductB : Product
{
    public override void Process()
    {…}
}

class Factory
{
    public static Product CreateProduct (char type)
    {
      switch(type)
      {
        case 'A':
        return new ConcreteProductA(); break;
        case 'B':
        return new ConcreteProductB(); break;
        …
      }
    }
}
```

   A. Simple Factory　　B. Factory Method
   C. Abstract Factory　　D. 未用任何设计模式

4. 使用简单工厂模式模拟女娲(Nvwa)造人(Person),如果向造人的工厂方法传入参数"M",则返回一个男人(Man)对象,如果传入参数"W",则返回一个女人(Woman)对象,绘制相应的类图并使用C#语言模拟实现该场景。现需要增加一个新的机器人(Robot)类,如果传入参数"R",则返回一个机器人对象,对代码进行修改并注意"女娲"类的变化。

5. 使用简单工厂模式设计一个可以创建不同几何形状(Shape),如圆形(Circle)、矩形(Rectangle)和三角形(Triangle)等绘图工具类,每个几何图形均具有绘制Draw()和擦除Erase()两个方法,要求在绘制不支持的几何图形时,抛出一个UnsupportedShapeException异常,绘制类图并使用C#语言编程模拟实现。

第4章

工厂方法模式

本章导学

工厂方法模式是简单工厂模式的延伸，它继承了简单工厂模式的优点，同时还弥补了简单工厂模式的缺陷，能更好地符合开闭原则的要求，在增加新的具体产品对象时不需要对已有系统做任何修改。

本章将通过克服简单工厂模式的不足来引出工厂方法模式，并通过实例来学习工厂方法模式，理解工厂方法模式的结构及特点，学习如何在实际软件项目开发中合理地使用工厂方法模式。

本章知识点

- 工厂方法模式的定义。
- 工厂方法模式的结构。
- 工厂方法模式的实现。
- 工厂方法模式的应用。
- 工厂方法模式的优缺点。
- 工厂方法模式的适用环境。
- 配置文件与反射。
- 工厂方法的重载。
- 工厂方法的隐藏。

4.1 工厂方法模式概述

考虑这样一个系统，使用简单工厂模式设计的按钮工厂类可以返回一个具体类型的按钮实例，例如矩形按钮、圆形按钮、菱形按钮等。在这个系统中，如果需要增加一种新类型的按钮，例如椭圆形按钮，那么除了增加一个新的具体产品类之外，还需要修改工厂类的代码，这就使得整个设计在一定程度上违背了开闭原则，如图 4-1 所示。

下面对该系统进行修改，不再提供一个按钮工厂类来统一负责所有产品的创建，而是将具体按钮的创建过程交给专门的工厂子类去完成。先定义一个抽象的按钮工厂类，再定义具体的工厂类来生产矩形按钮、圆形按钮、菱形按钮等，它们实现了在抽象按钮工厂类中声明的方法。这种抽象化的结果是使这种结构可以在不修改具体工厂类的情况下引进新的产品，如果出现新的按钮类型，只需要为这种新类型的按钮定义一个具体的工厂类就可以创建该新按钮的实例，这种改进的设计方案即为工厂方法模式。工厂方法模式通过引入抽象的工厂类，使得它具有超越简单工厂模式的优越性，让系统更加符合开闭原则，改进后的按钮工厂如图 4-2 所示。

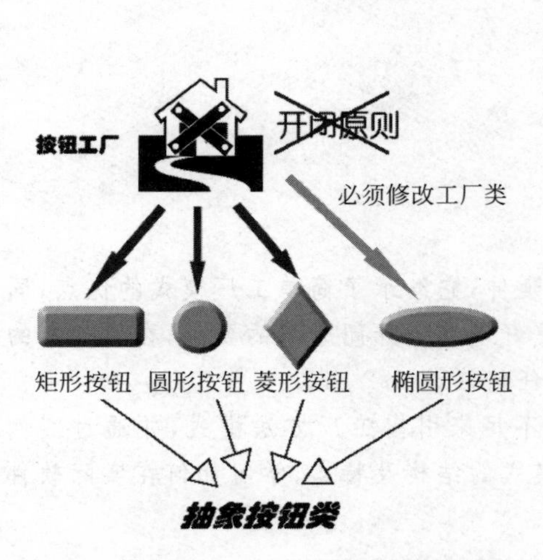

图 4-1 使用简单工厂模式设计的按钮工厂

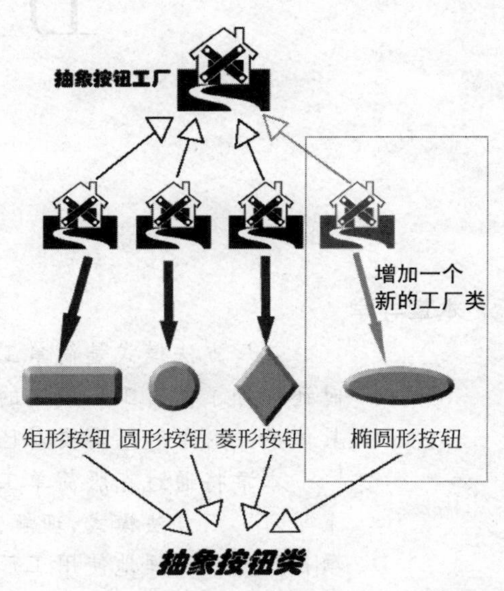

图 4-2 使用工厂方法模式改进后的按钮工厂

在工厂方法模式中，不再提供一个统一的工厂类来创建所有的产品对象，而是针对不同的产品提供不同的工厂，系统提供了一个与产品等级结构对应的工厂等级结构。

工厂方法模式的定义如下：

> **工厂方法模式**：定义一个用于创建对象的接口，但是让子类决定将哪一个类实例化。工厂方法模式让一个类的实例化延迟到其子类。
>
> **Factory Method Pattern**: Define an interface for creating an object, but let subclasses decide which class to instantiate. Factory Method lets a class defer instantiation to subclasses.

工厂方法模式简称为工厂模式(Factory Pattern)，又可称为虚拟构造器模式(Virtual Constructor Pattern)或多态工厂模式(Polymorphic Factory Pattern)。工厂方法模式是一种类创建型模式。在工厂方法模式中，工厂父类负责定义创建产品对象的公共接口，而工厂子类则负责生成具体的产品对象，这样做的目的是将产品类的实例化操作延迟到工厂子类中完成，即通过工厂子类来确定究竟应该实例化哪一个具体产品类。

4.2　工厂方法模式的结构与实现

4.2.1　工厂方法模式的结构

工厂方法模式提供一个抽象工厂接口来声明抽象工厂方法，而由其子类来具体实现工厂方法，创建具体的产品对象。工厂方法模式的结构如图 4-3 所示。

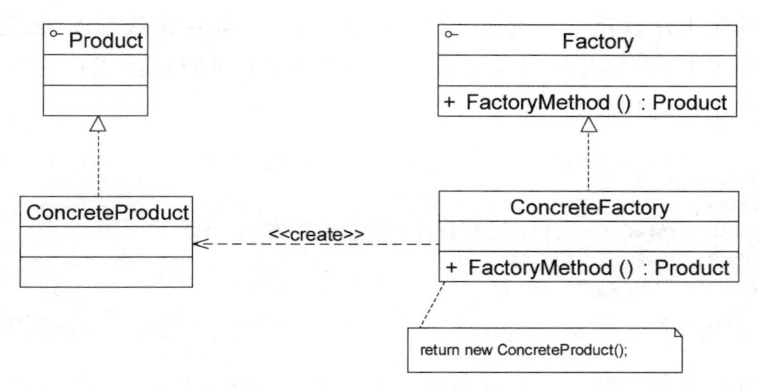

图 4-3　工厂方法模式结构图

由图 4-3 可知，工厂方法模式包含以下 4 个角色。

（1）**Product（抽象产品）**：它是定义产品的接口，是工厂方法模式所创建对象的超类型，也就是产品对象的公共父类。

（2）**ConcreteProduct（具体产品）**：它实现了抽象产品接口，某种类型的具体产品由专门的具体工厂创建，具体工厂和具体产品之间一一对应。

（3）**Factory（抽象工厂）**：在抽象工厂类中，声明了工厂方法（Factory Method），用于返回一个产品。抽象工厂是工厂方法模式的核心，所有创建对象的工厂类都必须实现该接口。

（4）**ConcreteFactory（具体工厂）**：它是抽象工厂类的子类，实现了在抽象工厂中声明的工厂方法，由客户端调用，返回一个具体产品类的实例。

4.2.2　工厂方法模式的实现

与简单工厂模式相比，工厂方法模式最重要的特点是引入了抽象工厂角色，抽象工厂可以是接口，也可以是抽象类或者具体类。其典型代码如下：

```
interface Factory
{
    Product FactoryMethod();
}
```

在抽象工厂中声明了工厂方法但并未实现工厂方法，具体产品对象的创建由其子类负责，客户端针对抽象工厂编程，可在运行时指定具体工厂类，具体工厂类实现了工厂方法，不同的具体工厂可以创建不同的具体产品。其典型代码如下：

```
class ConcreteFactory : Factory
{
    public Product FactoryMethod()
    {
        return new ConcreteProduct();
    }
}
```

在实际使用时,具体工厂类在实现工厂方法时除了创建具体产品对象之外,还可以负责产品对象的初始化工作以及一些资源和环境配置工作,例如连接数据库、创建文件等。

在客户端代码中,开发人员只需关心工厂类即可,不同的具体工厂可以创建不同的产品。典型的客户端代码片段如下:

```
…
Factory factory;
factory = new ConcreteFactory();    //可通过配置文件实现
Product product;
product = factory.FactoryMethod();
…
```

开发人员可以通过配置文件来存储具体工厂类 ConcreteFactory 的类名,更换新的具体工厂时无须修改源代码,系统扩展更为方便。

4.3 工厂方法模式的应用实例

下面通过一个应用实例来进一步学习和理解工厂方法模式。

1. 实例说明

> 某系统运行日志记录器(Logger)可以通过多种途径保存系统的运行日志,例如通过文件记录或数据库记录,用户可以通过修改配置文件灵活地更换日志记录方式。在设计各类日志记录器时,开发人员发现需要对日志记录器进行一些初始化工作,初始化参数的设置过程较为复杂,而且某些参数的设置有严格的先后次序,否则可能会发生记录失败。
>
> 为了更好地封装记录器的初始化过程并保证多种记录器切换的灵活性,现使用工厂方法模式设计该系统(在.NET 平台下常用的日志记录工具有 Log4net、NLog 等,.NET Framework 也提供了一些用于记录日志的类,例如 Debug、Trace、TraceSource 等)。

2. 实例类图

通过分析,本实例的结构如图 4-4 所示。

在图 4-4 中,Logger 接口充当抽象产品,其子类 FileLogger 和 DatabaseLogger 充当具

体产品,LoggerFactory 接口充当抽象工厂,其子类 FileLoggerFactory 和 DatabaseLoggerFactory 充当具体工厂。

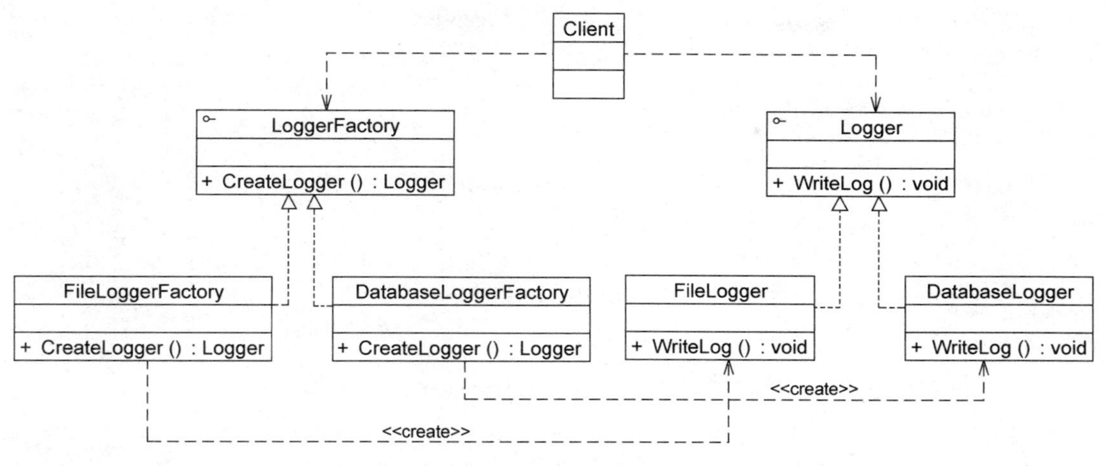

图 4-4 日志记录器结构图

3. 实例代码

(1) Logger：日志记录器接口,充当抽象产品角色。

```
//Logger.cs
namespace FactoryMethodSample
{
    interface Logger
    {
        void WriteLog();
    }
}
```

(2) DatabaseLogger：数据库日志记录器,充当具体产品角色。

```
//DatabaseLogger.cs
using System;

namespace FactoryMethodSample
{
    class DatabaseLogger : Logger
    {
        public void WriteLog()
        {
            Console.WriteLine("数据库日志记录。");
        }
    }
}
```

(3) FileLogger：文件日志记录器，充当具体产品角色。

```
//FileLogger.cs
using System;
namespace FactoryMethodSample
{
    class FileLogger : Logger
    {
        public void WriteLog()
        {
            Console.WriteLine("文件日志记录。");
        }
    }
}
```

(4) LoggerFactory：日志记录器工厂接口，充当抽象工厂角色。

```
//LoggerFactory.cs
namespace FactoryMethodSample
{
    interface LoggerFactory
    {
        Logger CreateLogger();    //抽象工厂方法
    }
}
```

(5) DatabaseLoggerFactory：数据库日志记录器工厂类，充当具体工厂角色。

```
//DatabaseLoggerFactory.cs
namespace FactoryMethodSample
{
    class DatabaseLoggerFactory : LoggerFactory
    {
        public Logger CreateLogger()
        {
            //连接数据库，代码省略
            //创建数据库日志记录器对象
            Logger logger = new DatabaseLogger();
            //初始化数据库日志记录器，代码省略
            return logger;
        }
    }
}
```

(6) FileLoggerFactory：文件日志记录器工厂类，充当具体工厂角色。

```
//FileLoggerFactory.cs
namespace FactoryMethodSample
{
    class FileLoggerFactory : LoggerFactory
    {
```

```
            public Logger CreateLogger()
            {
                //创建文件日志记录器对象
                Logger logger = new FileLogger();
                //创建文件,代码省略
                return logger;
            }
        }
    }
```

(7) Program：客户端测试类。

```
//Program.cs
using System;

namespace FactoryMethodSample
{
    class Program
    {
        static void Main(string[] args)
        {
            LoggerFactory factory;
            Logger logger;
            factory = new FileLoggerFactory();    //可引入配置文件实现
            logger = factory.CreateLogger();
            logger.WriteLog();

            Console.Read();
        }
    }
}
```

4. 结果及分析

编译并运行程序,输出结果如下：

```
文件日志记录。
```

如果需要更换日志记录器,只需修改客户端代码中的具体工厂类类名即可。例如将 FileLoggerFactory 改为 DatabaseLoggerFactory,则输出结果如下：

```
数据库日志记录。
```

如果需要增加并使用新的日志记录器,只需要对应增加一个新的具体工厂类,再在客户端代码中修改具体工厂类类名,原有类库的源代码无须做任何修改。

通过引入配置文件并使用反射机制,可以实现在不修改客户端代码的基础上更换具体工厂类,在4.4节将详细说明其实现过程,让系统更加符合开闭原则,具备更好的灵活性和可扩展性。

4.4 配置文件与反射

在 4.3 节中的日志记录器实例中，在更换日志记录器时需要修改客户端代码，对于客户端而言并不符合开闭原则，本节将介绍如何在不修改任何客户端代码的基础上更换或增加新的日志记录方式。

在实际应用开发中，可以对具体工厂类的实例化过程进行改进，在客户端代码中不直接使用 new 关键字来创建工厂对象，而是将具体工厂类的类名存储在配置文件(例如 XML 文件)中，再通过程序集的反射机制，读取配置文件中存储的类名字符串生成对象。

例如将 4.3 节的具体日志记录器工厂类类名 FileLoggerFactory，存储在以下 XML 格式的文档中：

```
<?xml version = "1.0" encoding = "utf - 8" ?>
<configuration>
  <appSettings>
    <add key = "factory" value = "FactoryMethodSample.FileLoggerFactory"/>
  </appSettings>
</configuration>
```

在该文件中，FactoryMethodSample 为工厂类所在命名空间的名称，FileLoggerFactory 为具体工厂类类名。在.NET 中，配置文件一般以 config 作为扩展名，例如 App.config、Web.config 等。

下面对.NET 反射机制做一个简单的介绍：

反射(Reflection)是.NET 的重要机制之一，通过反射，可以在运行时获得.NET 中每一个类型(包括类、结构、委托、接口和枚举等)的成员，包括方法、属性、事件，以及构造函数等，还可以获得每个成员的名称、限定符和参数等。由于获取了构造函数的信息，因此可以通过类名来直接创建对象，即使这个对象的类型在编译时是未知的。

由于在.NET 的程序集(Assembly)中封装了类型元数据信息，因此可以先通过 Assembly 的 Load("程序集名称")方法加载一个程序集，再通过其 CreateInstance("命名空间.类")方法根据类名创建一个 object 类型的对象，用户可以根据需要将其转换为所需类型。示意代码如下：

```
//导入命名空间
using System.Reflection;
object obj = Assembly.Load("程序集名称").CreateInstance("命名空间.类");
```

在上述代码中，"命名空间.类"可以存储在配置文件中，使用 ConfigurationManager 类的 AppSettings 属性可以获取存储在配置文件中的类名字符串。

引入配置文件和反射机制后，在客户端测试代码中，无须直接使用 new 关键字来创建具体的工厂类，而是将具体工厂类的类名放在配置文件中，再通过读取配置文件和反射机制来动态创建对象。客户端代码修改如下：

```
using System;
using System.Configuration;
using System.Reflection;

namespace FactoryMethodSample
{
    class Program
    {
        static void Main(string[] args)
        {
            LoggerFactory factory;    //针对抽象工厂类编程
            Logger logger;            //针对抽象产品类编程
            //读取配置文件
            string factoryString = ConfigurationManager.AppSettings["factory"];
            //反射生成对象
            factory = (LoggerFactory)Assembly.Load("FactoryMethodSample").CreateInstance
(factoryString);
            logger = factory.CreateLogger();
            logger.WriteLog();
            Console.Read();
        }
    }
}
```

需要注意的是，在使用配置文件和反射机制生成对象时，首先需要导入 System.Configuration 和 System.Reflection 两个命名空间，否则无法使用 ConfigurationManager 类来读取配置文件，也无法使用 Assembly 类来反射创建对象；其次，在客户端代码中要遵循依赖倒转原则，针对抽象工厂和抽象产品编程，否则无法保证系统的可扩展性。

在引入配置文件和反射机制后，如果需要增加一种新类型的日志记录方式，只需以下 4 个步骤：

(1) 新的日志记录器类需要继承抽象日志器类 Logger。

(2) 增加一个新的具体日志记录器工厂，继承抽象日志记录器工厂类 LoggerFactory，并实现其中的工厂方法 CreateLogger()，返回具体的日志记录器对象。

(3) 修改配置文件 App.config，以新增的具体日志记录器工厂类的类名字符串替换原有工厂类的类名字符串。

(4) 编译新增的具体日志记录器类和具体日志记录器工厂类，运行客户端测试类即可使用新的日志记录方式，而原有类库代码无须做任何修改，完全符合开闭原则。

通过上述重构可以使系统更加灵活，由于很多设计模式都关注系统的可扩展性和灵活性，因此都定义了抽象层，在抽象层中声明业务方法，而将具体业务方法的实现放在实现层中。为了更好地体现这些设计模式的特点，本书在很多设计模式中都使用配置文件和反射机制来创建对象。

4.5 工厂方法的重载

在某些情况下，可以通过多种方式来初始化同一个产品类。例如 4.3 节所提到的日志记录器类，可以为各种日志记录器提供默认实现；还可以为数据库日志记录器提供数据库连接字符串,为文件日志记录器提供文件路径;也可以将相关参数封装在一个 object 类型的对象中,通过 object 对象将配置参数传入工厂类。此时,可以提供一组重载的工厂方法,以不同的方式对产品对象进行创建。当然,对于同一个具体工厂而言,无论使用哪种工厂方法,所创建的产品类型均要相同。图 4-5 所示为重载的工厂方法结构图。

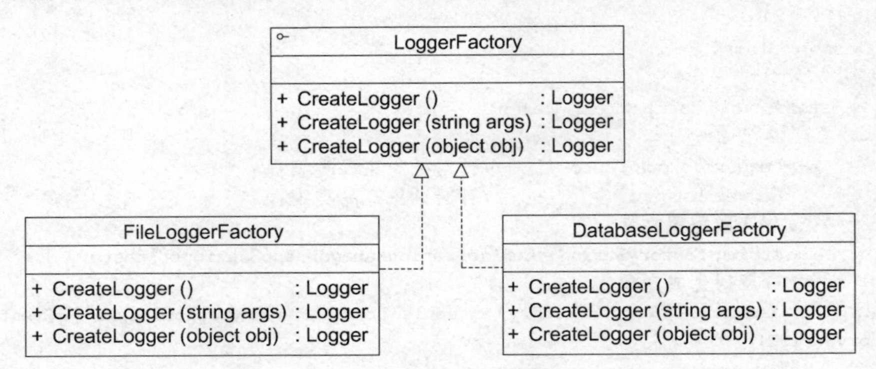

图 4-5 重载的工厂方法结构图

引入重载方法后,抽象工厂类 LoggerFactory 的代码修改如下:

```
interface LoggerFactory
{
    Logger CreateLogger();
    Logger CreateLogger(string args);
    Logger CreateLogger(object obj);
}
```

具体工厂类 DatabaseLoggerFactory 的代码修改如下:

```
class DatabaseLoggerFactory : LoggerFactory
{
    public Logger CreateLogger()
    {
        //使用默认方式连接数据库,代码省略
        Logger logger = new DatabaseLogger();
        //初始化数据库日志记录器,代码省略
        return logger;
    }

    public Logger CreateLogger(string args)
    {
        //使用参数 args 作为连接字符串来连接数据库,代码省略
        Logger logger = new DatabaseLogger();
        //初始化数据库日志记录器,代码省略
        return logger;
    }

    public Logger CreateLogger(object obj)
    {
        //使用封装在参数 obj 中的连接字符串来连接数据库,代码省略
        Logger logger = new DatabaseLogger();
```

```
            //使用封装在参数 obj 中的数据来初始化数据库日志记录器,代码省略
            return logger;
        }
    }

    //其他具体工厂类代码省略
```

在抽象工厂中声明了多个重载的工厂方法,在具体工厂中实现了这些工厂方法,这些方法可以包含不同的业务逻辑,以满足产品对象的多样化创建需求。

4.6 工厂方法的隐藏

有时为了进一步简化客户端的使用,还可以对客户端隐藏工厂方法,此时,在工厂类中直接调用产品类的业务方法,在客户端无须调用工厂方法创建产品对象,直接使用工厂对象即可调用所创建的产品对象中的业务方法。

如果对客户端隐藏工厂方法,那么图 4-4 所示的日志记录器的结构图可修改为图 4-6 所示。

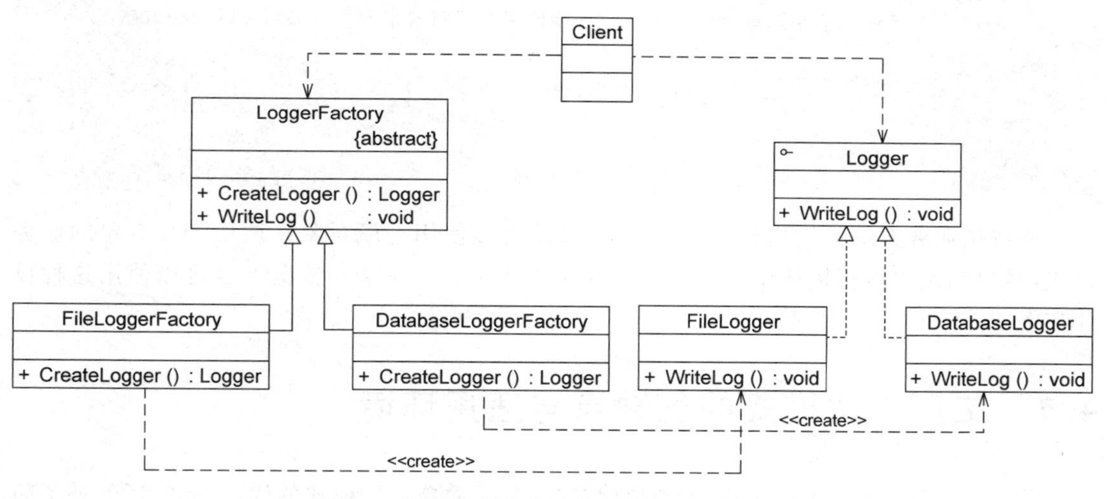

图 4-6 隐藏工厂方法后的日志记录器结构图

在图 4-6 中,抽象工厂类 LoggerFactory 的代码修改如下:

```
//将接口改为抽象类
abstract class LoggerFactory
{
    //在工厂类中直接调用日志记录器类的业务方法 WriteLog()
    public void WriteLog()
    {
        Logger logger = this.CreateLogger();
        logger.WriteLog();
    }
```

```
    public abstract Logger CreateLogger();
}
```

客户端代码修改如下：

```
using System;
using System.Configuration;
using System.Reflection;

namespace FactoryMethodSample
{
    class Program
    {
        static void Main(string[] args)
        {
            LoggerFactory factory;   //针对抽象工厂类编程
            //读取配置文件
            string factoryString = ConfigurationManager.AppSettings["factory"];
            //反射生成对象
            factory = (LoggerFactory)Assembly.Load("FactoryMethodSample").CreateInstance
(factoryString);
            factory.WriteLog();      //直接使用工厂对象来调用产品对象的业务方法

            Console.Read();
        }
    }
}
```

通过把业务方法的调用移至工厂类中，可以直接使用工厂对象来调用产品对象的业务方法，客户端无须再直接使用工厂方法来创建产品对象。在某些情况下也可以使用这种设计方案。

4.7 工厂方法模式的优缺点与适用环境

工厂方法模式是简单工厂模式的延伸，它继承了简单工厂模式的优点，同时还弥补了简单工厂模式的不足。工厂方法模式是使用频率最高的设计模式之一，是很多开源框架和API类库的核心模式。

4.7.1 工厂方法模式的优点

工厂方法模式的主要优点如下：

(1) 在工厂方法模式中，工厂方法用来创建客户所需要的产品，同时还向客户隐藏了哪种具体产品类将被实例化这一细节，用户只需要关心所需产品对应的工厂即可，无须关心创建细节，甚至无须知道具体产品类的类名。

(2) 基于工厂角色和产品角色的多态性设计是工厂方法模式的关键。它能够让工厂自主确定创建何种产品对象，而如何创建这个对象的细节则完全封装在具体工厂内部。工厂方法模式之所以被称为多态工厂模式，就是因为所有的具体工厂类都具有同一抽象父类。

（3）使用工厂方法模式的另一个优点是在系统中加入新产品时，无须修改抽象工厂和抽象产品提供的接口，无须修改客户端，也无须修改其他的具体工厂和具体产品，而只要添加一个具体工厂和具体产品即可，这样，系统的可扩展性也就变得非常好，完全符合开闭原则。

4.7.2　工厂方法模式的缺点

工厂方法模式的主要缺点如下：

（1）在添加新产品时，需要编写新的具体产品类，而且要提供与之对应的具体工厂类，系统中类的个数将成对增加，在一定程度上增加了系统的复杂度，有更多的类需要编译和运行，会给系统带来一些额外的开销。

（2）由于考虑到系统的可扩展性，需要引入抽象层，在客户端代码中均使用抽象层进行定义，增加了系统的抽象性和理解难度。

4.7.3　工厂方法模式的适用环境

在以下情况下可以考虑使用工厂方法模式：

（1）客户端不知道它所需要的对象的类。在工厂方法模式中，客户端不需要知道具体产品类的类名，只需知道所对应的工厂即可，具体产品对象由具体工厂类创建，可将具体工厂类的类名存储在配置文件或数据库中。

（2）抽象工厂类通过其子类来指定创建哪个对象。在工厂方法模式中，对于抽象工厂类只需要提供一个创建产品的接口，而由其子类来确定具体要创建的对象，利用面向对象的多态性和里氏代换原则，在程序运行时，子类对象将覆盖父类对象，从而使系统更容易扩展。

4.8　本章小结

（1）在工厂方法模式中，定义一个用于创建对象的接口，但是让子类决定将哪一个类实例化。工厂方法模式让一个类的实例化延迟到其子类，它是一种类创建型模式。

（2）工厂方法模式包含抽象产品、具体产品、抽象工厂和具体工厂4个角色。其中，抽象产品是定义产品的接口；具体产品实现了抽象产品接口，某种类型的具体产品由专门的具体工厂创建；抽象工厂声明了工厂方法，用于返回一个产品；具体工厂是抽象工厂类的子类，实现了在抽象工厂中声明的工厂方法，返回一个具体产品类的实例。

（3）工厂方法模式的主要优点是提供了专门的工厂方法用来创建客户所需要的产品，同时还向客户隐藏了哪种具体产品类将被实例化这一细节；能够让工厂自主确定创建何种产品对象，而如何创建这个对象的细节则完全封装在具体工厂内部；在系统中加入新产品时，完全符合开闭原则。其主要缺点是系统中类的个数将成对增加，在一定程度上增加了系统的复杂度，会给系统带来一些额外的开销；增加了系统的抽象性和理解难度。

（4）工厂方法模式适用的环境：客户端不知道它所需要的对象的类；抽象工厂类通过其子类来指定创建哪个对象。

(5) 通过引入配置文件和反射机制，将具体工厂类类名存储在配置文件中，然后使用反射机制生成工厂对象，使得系统可以在不修改任何已有代码的基础上增加新的产品类，完全符合开闭原则。

(6) 在抽象工厂中可以声明多个重载的工厂方法，在具体工厂中实现了这些工厂方法，这些方法可以包含不同的业务逻辑，以满足产品对象的多样化创建需求。

(7) 在工厂类中可以直接调用产品类的业务方法，客户端无须调用工厂方法创建产品对象，直接使用工厂对象即可调用所创建的产品对象中的业务方法，实现对工厂方法的隐藏。

4.9　习题

1. 不同品牌的手机应该由不同的公司制造，例如 Motorola 公司生产 Motorola 手机，Nokia 公司生产 Nokia 手机。该场景蕴含了(　　)模式。

A. Simple Factory　　B. Factory Method
C. Abstract Factory　　D. Builder

2. 以下关于工厂方法模式的叙述错误的是(　　)。

A. 在工厂方法模式中引入了抽象工厂类，而具体产品的创建延迟到具体工厂中实现
B. 使用工厂方法模式添加新的产品对象很容易，无须对原有系统进行修改，符合开闭原则
C. 工厂方法模式存在的问题是在添加新产品时，需要编写新的具体产品类，而且要提供与之对应的具体工厂类，随着类个数的增加，会给系统带来一些额外开销
D. 工厂方法模式是所有形式的工厂模式中最为抽象和最具一般性的一种形态，工厂方法模式退化后可以演变成抽象工厂模式

3. 某银行系统采用工厂模式描述其不同账户之间的关系，设计出的类图如图 4-7 所示。其中，与工厂模式中的"Creator"角色相对应的类是(　①　)；与"Product"角色相对应的类是(　②　)。

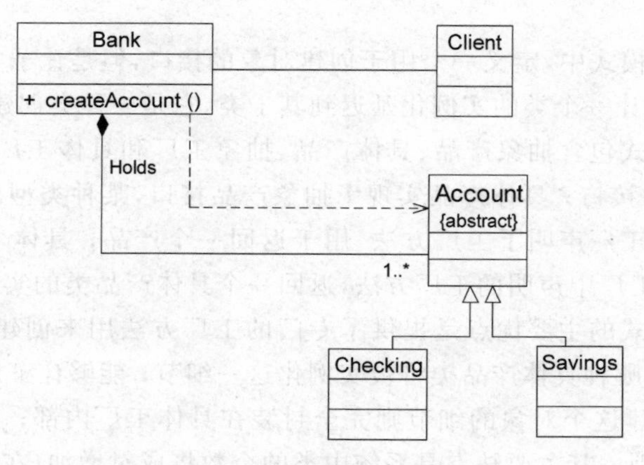

图 4-7　某银行系统类图

① A. Bank　　B. Account　　C. Checking　　D. Savings
② A. Bank　　B. Account　　C. Checking　　D. Savings

4. 宝马(BMW)工厂制造宝马汽车,奔驰(Benz)工厂制造奔驰汽车。使用工厂方法模式模拟该场景,要求绘制相应的类图并用 C#语言模拟实现。

5. 在某数据统计系统中,曲线图创建器生成曲线图,柱状图创建器生成柱状图。试使用工厂方法模式设计该系统,要求绘制相应的类图并使用 C#语言编程模拟实现。

6. 某软件公司要开发一个数据格式转换工具,可以将不同数据源,如 TXT 文件、数据库、Excel 表格中的数据转换成 XML 格式。为了让系统具有更好的扩展性,在未来支持新类型的数据源,开发人员决定使用工厂方法模式设计该工具。在工厂类中封装了具体转换类的初始化和创建过程,客户端只需使用工厂类即可获得具体的转换类对象,再调用其相应方法实现数据转换操作。绘制该工具的类图并使用 C#语言编程模拟实现,要求在实现时引入配置文件。

7. 使用工厂方法模式设计一个程序用来读取各种不同类型的图片格式,针对每一种图片格式都设计一个图片读取器(ImageReader),例如 GIF 图片读取器(GifReader)用于读取 GIF 格式的图片、JPG 图片读取器(JpgReader)用于读取 JPG 格式的图片,在设计时,要充分考虑系统的灵活性和可扩展性。

第5章

抽象工厂模式

本章导学

抽象工厂模式是常用的创建型设计模式之一,它比工厂方法模式的抽象程度更高。在工厂方法模式中,每一个具体工厂只需要生产一种具体产品,但是在抽象工厂模式中,一个具体工厂可以生产一组相关的具体产品,这样的一组产品称为产品族,产品族中的每一个产品都分属于某一个产品继承等级结构。

本章将通过实例来学习抽象工厂模式,分析抽象工厂模式的结构及特点,并学习如何在实际软件项目开发中合理地使用抽象工厂模式。

本章知识点

- 产品等级结构与产品族。
- 抽象工厂模式的定义。
- 抽象工厂模式的结构。
- 抽象工厂模式的实现。
- 抽象工厂模式的应用。
- 抽象工厂模式的优缺点。
- 抽象工厂模式的适用环境。
- 开闭原则的倾斜性。

5.1 产品等级结构与产品族

工厂方法模式通过引入工厂等级结构,解决了简单工厂模式中工厂类职责太重的问题,但由于工厂方法模式中的每个具体工厂只有一个或者一组重载的工厂方法,只能生产一种产品,可能会导致系统中存在大量的工厂类,势必会增加系统的开销。有时可能需要一个工厂能够提供多种产品对象,而不是单一的产品对象,例如一个电器工厂,它可以生产电视机、电冰箱、空调等多种电器,而不是只生产某一种电器。此时,可以考虑将一些相关的产品组成一个“产品族”，由同一个工厂来统一生产，这就是本章将要学习的抽象工厂模式的基本思想。

为了更好地理解抽象工厂模式，先引入以下两个概念。

(1) 产品等级结构：产品等级结构即产品的继承结构，例如一个抽象类是电视机，其子类包括海尔电视机、海信电视机、TCL 电视机，则抽象电视机与具体品牌的电视机之间构成了一个产品等级结构，抽象电视机是父类，而具体品牌的电视机是其子类。

(2) 产品族：在抽象工厂模式中，产品族是指由同一个工厂生产的，位于不同产品等级结构中的一组产品。例如海尔电器工厂生产的海尔电视机、海尔电冰箱，海尔电视机位于电视机产品等级结构中，海尔电冰箱位于电冰箱产品等级结构中，海尔电视机、海尔电冰箱构成了一个产品族。

产品等级结构与产品族示意图如图 5-1 所示。

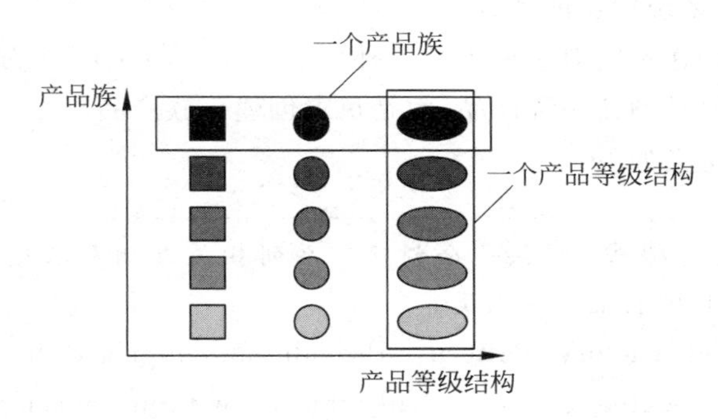

图 5-1 产品等级结构与产品族示意图

在图 5-1 中，不同颜色的多个正方形、圆形和椭圆形分别构成了 3 个不同的产品等级结构，而相同颜色的正方形、圆形和椭圆形构成了一个产品族，每一个形状对象都位于某个产品族，并属于某个产品等级结构。在图 5-1 中共有 5 个产品族，分属于 3 个不同的产品等级结构，只要指明一个产品所处的产品族以及它所属的等级结构，就可以唯一地确定这个产品。

5.2 抽象工厂模式概述

当系统所提供的工厂生产的具体产品并不是一个简单的对象，而是多个位于不同产品等级结构、属于不同类型的具体产品时就可以使用抽象工厂模式。

抽象工厂模式是所有形式的工厂模式中最为抽象和最具一般性的一种形式。抽象工厂模式与工厂方法模式最大的区别在于，工厂方法模式针对的是一个产品等级结构，而抽象工厂模式需要面对多个产品等级结构，一个工厂等级结构可以负责多个不同产品等级结构中的产品对象的创建。当一个工厂等级结构可以创建出分属于不同产品等级结构的一个产品族中的所有对象时，抽象工厂模式比工厂方法模式更为简单、更有效率。抽象工厂模式示意图如图 5-2 所示。

在图 5-2 中，每一个具体工厂可以生产属于一个产品族的所有产品，例如生产颜色相同的正方形、圆形和椭圆形，所生产的产品又位于不同的产品等级结构中。如果使用工厂方法

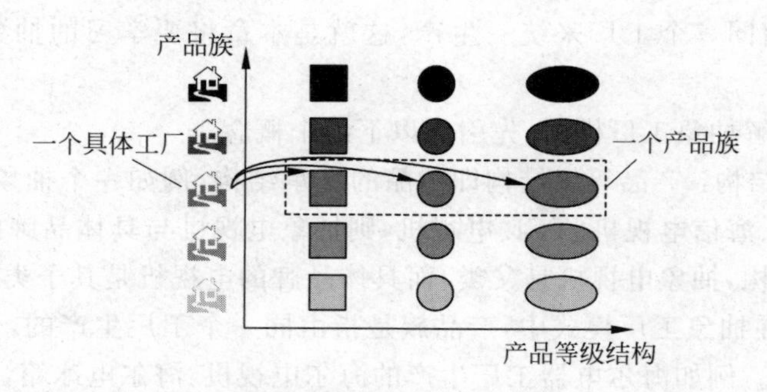

图 5-2 抽象工厂模式示意图

模式，图 5-2 所示的结构需要提供 15 个具体工厂，而使用抽象工厂模式只需要提供 5 个具体工厂，极大地减少了系统中类的个数。

抽象工厂模式为创建一组对象提供了一种解决方案。与工厂方法模式相比，抽象工厂模式中的具体工厂不只是创建一种产品，而是负责创建一族产品。

抽象工厂模式的定义如下：

> **抽象工厂模式**：提供一个创建一系列相关或相互依赖对象的接口，而无须指定它们具体的类。
>
> **Abstract Factory Pattern**: Provide an interface for creating families of related or dependent objects without specifying their concrete classes.

抽象工厂模式又称为工具(Kit)模式，它是一种对象创建型模式。

5.3 抽象工厂模式的结构与实现

5.3.1 抽象工厂模式的结构

在抽象工厂模式中，每一个具体工厂都提供了多个工厂方法用于产生多种不同类型的产品，这些产品构成了一个产品族。抽象工厂模式的结构如图 5-3 所示。

由图 5-3 可知，抽象工厂模式包含以下 4 个角色。

(1) **AbstractFactory(抽象工厂)**：它声明了一组用于创建一族产品的方法，每一个方法对应一种产品。

(2) **ConcreteFactory(具体工厂)**：它实现了在抽象工厂中声明的创建产品的方法，生成一组具体产品，这些产品构成了一个产品族，每一个产品都位于某个产品等级结构中。

(3) **AbstractProduct(抽象产品)**：它为每种产品声明接口，在抽象产品中声明了产品所具有的业务方法。

(4) **ConcreteProduct(具体产品)**：它定义具体工厂生产的具体产品对象，实现抽象产品接口中声明的业务方法。

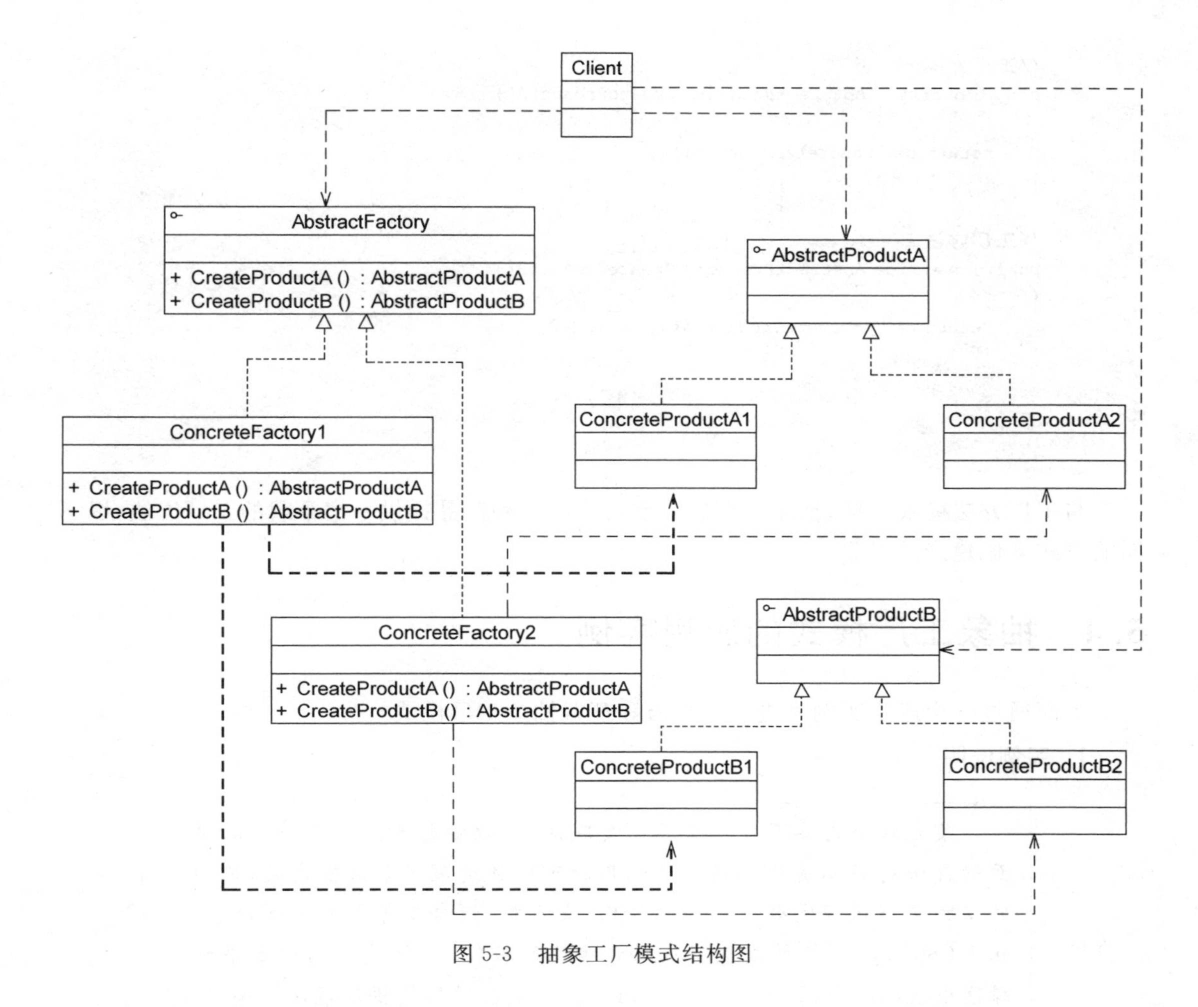

图 5-3 抽象工厂模式结构图

5.3.2 抽象工厂模式的实现

在抽象工厂中声明了多个工厂方法，用于创建不同类型的产品，抽象工厂可以是接口，也可以是抽象类或者具体类。其典型代码如下：

```
abstract class AbstractFactory
{
    public abstract AbstractProductA CreateProductA();    //工厂方法一
    public abstract AbstractProductB CreateProductB();    //工厂方法二
    ...
}
```

具体工厂实现了抽象工厂，每一个具体的工厂方法创建一个特定的产品对象，而同一个具体工厂所创建的产品对象构成了一个产品族。对于每一个具体工厂类，其典型代码如下：

```
class ConcreteFactory1 : AbstractFactory
{
```

```
    //工厂方法一
    public override AbstractProductA CreateProductA()
    {
        return new ConcreteProductA1();
    }

    //工厂方法二
    public override AbstractProductB CreateProductB()
    {
        return new ConcreteProductB1();
    }

    …
}
```

与工厂方法模式一样,抽象工厂模式也可为每一种产品提供一组重载的工厂方法,以不同的方式来创建产品对象。

5.4　抽象工厂模式的应用实例

下面通过一个应用实例来进一步学习和理解抽象工厂模式。

1. 实例说明

某软件公司要开发一套界面皮肤库,可以对基于.NET平台的桌面软件进行界面美化。用户在使用时可以通过菜单来选择皮肤,不同的皮肤将提供视觉效果不同的按钮、文本框、组合框等界面元素,例如春天(Spring)风格的皮肤将提供浅绿色的按钮、绿色边框的文本框和绿色边框的组合框,而夏天(Summer)风格的皮肤则提供浅蓝色的按钮、蓝色边框的文本框和蓝色边框的组合框,其结构示意图如图5-4所示。

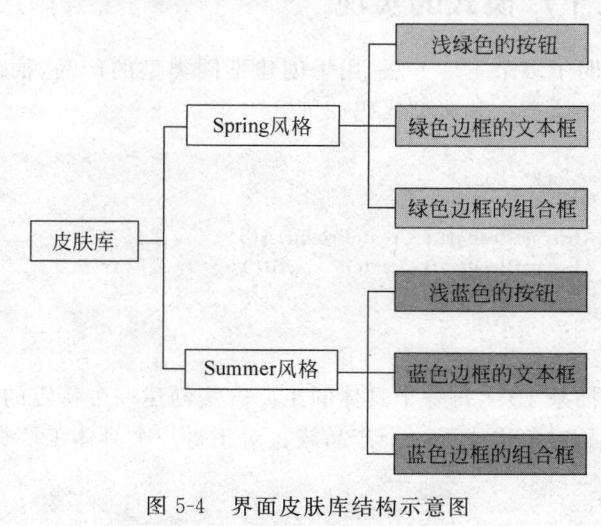

图5-4　界面皮肤库结构示意图

> 该皮肤库需要具备良好的灵活性和可扩展性，用户可以自由选择不同的皮肤，开发人员可以在不修改既有代码的基础上增加新的皮肤。
>
> 现使用抽象工厂模式来设计该界面皮肤库。

2. 实例类图

通过分析，本实例的结构如图5-5所示。

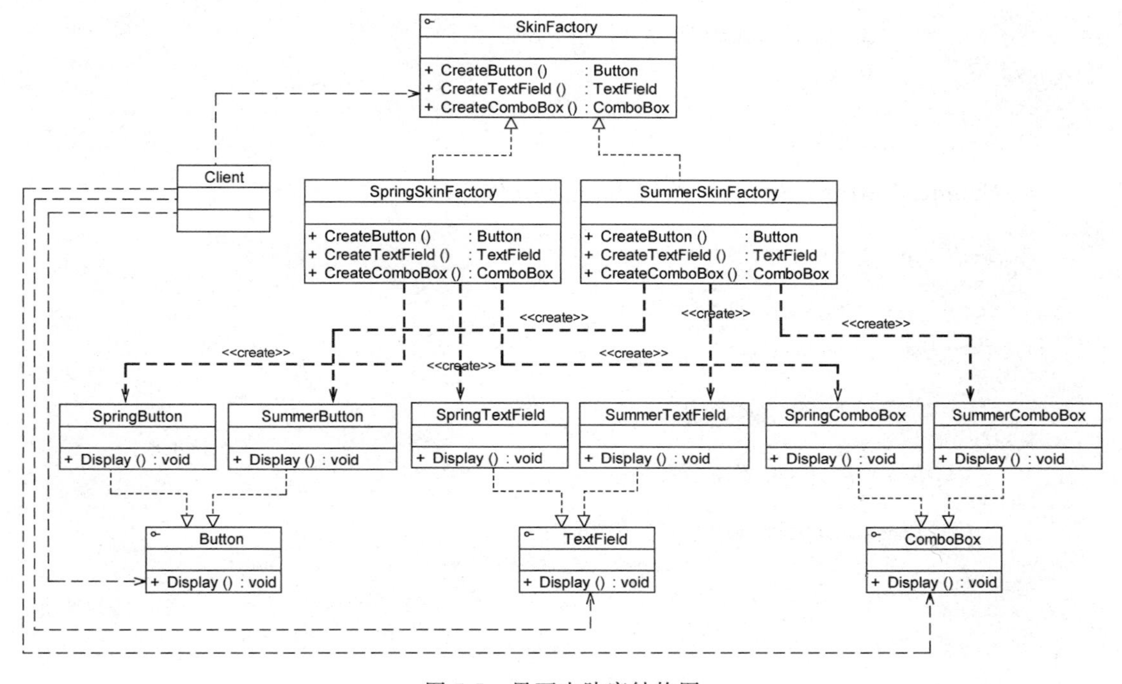

图5-5　界面皮肤库结构图

在图5-5中，SkinFactory接口充当抽象工厂，其子类SpringSkinFactory和SummerSkinFactory充当具体工厂，接口Button、TextField和ComboBox充当抽象产品，其子类SpringButton、SpringTextField、SpringComboBox和SummerButton、SummerTextField、SummerComboBox充当具体产品。

3. 实例代码

(1) Button：按钮接口，充当抽象产品。

```
//Button.cs
namespace AbstractFactorySample
{
    interface Button
    {
        void Display();
    }
}
```

(2) SpringButton：Spring 按钮类，充当具体产品。

```
//SpringButton.cs
using System;

namespace AbstractFactorySample
{
    class SpringButton : Button
    {
        public void Display()
        {
            Console.WriteLine("显示浅绿色的按钮。");
        }
    }
}
```

(3) SummerButton：Summer 按钮类，充当具体产品。

```
//SummerButton.cs
using System;

namespace AbstractFactorySample
{
    class SummerButton : Button
    {
        public void Display()
        {
            Console.WriteLine("显示浅蓝色的按钮。");
        }
    }
}
```

(4) TextField：文本框接口，充当抽象产品。

```
//TextField.cs
namespace AbstractFactorySample
{
    interface TextField
    {
        void Display();
    }
}
```

(5) SpringTextField：Spring 文本框类，充当具体产品。

```
//SpringTextField.cs
using System;

namespace AbstractFactorySample
{
```

```
    class SpringTextField : TextField
    {
        public void Display()
        {
            Console.WriteLine("显示绿色边框的文本框。");
        }
    }
}
```

(6) SummerTextField：Summer 文本框类，充当具体产品。

```
//SummerTextField.cs
using System;

namespace AbstractFactorySample
{
    class SummerTextField : TextField
    {
        public void Display()
        {
            Console.WriteLine("显示蓝色边框的文本框。");
        }
    }
}
```

(7) ComboBox：组合框接口，充当抽象产品。

```
//ComboBox.cs
namespace AbstractFactorySample
{
    interface ComboBox
    {
        void Display();
    }
}
```

(8) SpringComboBox：Spring 组合框类，充当具体产品。

```
//SpringComboBox.cs
using System;

namespace AbstractFactorySample
{
    class SpringComboBox : ComboBox
    {
        public void Display()
        {
            Console.WriteLine("显示绿色边框的组合框。");
        }
    }
}
```

(9) SummerComboBox：Summer 组合框类，充当具体产品。

```
//SummerComboBox.cs
using System;

namespace AbstractFactorySample
{
    class SummerComboBox : ComboBox
    {
        public void Display()
        {
            Console.WriteLine("显示蓝色边框的组合框。");
        }
    }
}
```

(10) SkinFactory：界面皮肤工厂接口，充当抽象工厂。

```
//SkinFactory.cs
namespace AbstractFactorySample
{
    interface SkinFactory
    {
        Button CreateButton();
        TextField CreateTextField();
        ComboBox CreateComboBox();
    }
}
```

(11) SpringSkinFactory：Spring 皮肤工厂，充当具体工厂。

```
//SpringSkinFactory.cs
namespace AbstractFactorySample
{
    class SpringSkinFactory : SkinFactory
    {
        public Button CreateButton()
        {
            return new SpringButton();
        }

        public TextField CreateTextField()
        {
            return new SpringTextField();
        }

        public ComboBox CreateComboBox()
        {
            return new SpringComboBox();
        }
    }
}
```

(12) SummerSkinFactory：Summer 皮肤工厂，充当具体工厂。

```
//SummerSkinFactory.cs
namespace AbstractFactorySample
{
    class SummerSkinFactory : SkinFactory
    {
        public Button CreateButton()
        {
            return new SummerButton();
        }

        public TextField CreateTextField()
        {
            return new SummerTextField();
        }

        public ComboBox CreateComboBox()
        {
            return new SummerComboBox();
        }
    }
}
```

(13) 配置文件 App. config：在配置文件中存储了具体工厂类类名。

```
<?xml version = "1.0" encoding = "utf - 8" ?>
<configuration>
  <appSettings>
    <add key = "factory" value = "AbstractFactorySample.SpringSkinFactory"/>
  </appSettings>
</configuration>
```

(14) Program：客户端测试类。

```
//Program.cs
using System;
using System.Configuration;
using System.Reflection;

namespace AbstractFactorySample
{
    class Program
    {
        static void Main(string[] args)
        {
            //使用抽象层定义
            SkinFactory factory;
            Button bt;
            TextField tf;
            ComboBox cb;
```

```
            //读取配置文件
            string factoryType = ConfigurationManager.AppSettings["factory"];

            //反射生成对象
            factory = (SkinFactory)Assembly.Load("AbstractFactorySample").CreateInstance
(factoryType);
            bt = factory.CreateButton();
            tf = factory.CreateTextField();
            cb = factory.CreateComboBox();
            bt.Display();
            tf.Display();
            cb.Display();

            Console.Read();
        }
    }
}
```

4. 结果及分析

编译并运行程序,输出结果如下:

```
显示浅绿色的按钮。
显示绿色边框的文本框。
显示绿色边框的组合框。
```

如果需要更换皮肤,只需修改配置文件即可,例如将春天风格的皮肤改为夏天风格的皮肤,只需将存储在配置文件中的具体工厂类 SpringSkinFactory 改为 SummerSkinFactory 即可,代码如下:

```
<?xml version = "1.0" encoding = "utf-8" ?>
<configuration>
  <appSettings>
    <add key = "factory" value = "AbstractFactorySample.SummerSkinFactory"/>
  </appSettings>
</configuration>
```

重新运行客户端程序,输出结果如下:

```
显示浅蓝色的按钮。
显示蓝色边框的文本框。
显示蓝色边框的组合框。
```

在实际环境中,可以提供一个可视化界面,例如菜单或者窗口来修改配置文件,用户无须直接修改配置文件。如果需要增加新的皮肤,只需增加一族新的具体组件并对应提供一个新的具体工厂,修改配置文件中的具体工厂类的类名即可使用新的皮肤,原有代码无须修改,符合开闭原则。

5.5 开闭原则的倾斜性

在5.4节设计的界面皮肤库中可以较为方便地增加新类型的皮肤，但是该设计方案存在一个非常严重的问题：如果在设计之初因为考虑不全面，忘记为某种类型的界面组件（以单选按钮RadioButton为例）提供不同皮肤下的风格化显示，那么在向系统中增加单选按钮时将非常麻烦，无法在满足开闭原则的前提下增加单选按钮，原因是抽象工厂SkinFactory中根本没有提供创建单选按钮的方法，如果需要增加单选按钮，首先要修改抽象工厂接口SkinFactory，在其中增加声明创建单选按钮的方法，然后逐个修改具体工厂类，增加相应方法，以便在不同的皮肤库中创建单选按钮，此外还需要修改客户端，否则单选按钮无法应用于现有系统。

抽象工厂模式无法很好地解决此类问题，这也是抽象工厂模式的最大缺点所在。在抽象工厂模式中，增加新的产品族很方便，但是增加新的产品等级结构很麻烦，抽象工厂模式的这种特性称为开闭原则的倾斜性。开闭原则要求系统对扩展开放，对修改关闭，通过扩展达到增强其功能的目的，对于涉及多个产品族与多个产品等级结构的系统，其功能增强包括以下两个方面。

（1）增加产品族：对于增加新的产品族，抽象工厂模式很好地支持了开闭原则，只需增加具体产品并对应增加一个新的具体工厂即可，对已有代码无须做任何修改。

（2）增加新的产品等级结构：对于增加新的产品等级结构，需要修改所有的工厂角色，包括抽象工厂类，在所有的工厂类中都需要增加生产新产品的方法，违背了开闭原则。

正因为抽象工厂模式存在开闭原则的倾斜性，它以一种倾斜的方式来满足开闭原则，为增加新产品族提供方便，但不能为增加新产品结构提供这样的方便，因此要求设计人员在设计之初就要全面考虑，不要在设计完成之后再向系统中增加新的产品等级结构，也不要删除已有的产品等级结构，否则将会导致系统出现较大的修改，为后续的维护工作带来诸多麻烦。

5.6 抽象工厂模式的优缺点与适用环境

抽象工厂模式是工厂方法模式的进一步延伸，由于它提供了功能更为强大的工厂类并且具备较好的可扩展性，在软件开发中得以广泛应用，尤其是在一些框架和API类库的设计中。抽象工厂模式是软件开发中最常用的设计模式之一。

5.6.1 抽象工厂模式的优点

抽象工厂模式的主要优点如下：

（1）抽象工厂模式隔离了具体类的生成，使得客户端并不需要知道什么被创建。由于这种隔离，更换一个具体工厂就变得相对容易，所有的具体工厂都实现了抽象工厂中定义的公共接口，因此只需改变具体工厂的实例，就可以在某种程度上改变整个软件系统的行为。

（2）当一个产品族中的多个对象被设计成一起工作时，它能够保证客户端始终只使用同一个产品族中的对象。

（3）抽象工厂模式增加新的产品族很方便，无须修改已有系统，符合开闭原则。

5.6.2　抽象工厂模式的缺点

抽象工厂模式的主要缺点如下：

增加新的产品等级结构麻烦，需要对原有系统进行较大的修改，甚至需要修改抽象层代码，这显然会带来较大的不便，违背了开闭原则。

5.6.3　抽象工厂模式的适用环境

在以下情况下可以考虑使用抽象工厂模式：

(1) 一个系统不应当依赖于产品类实例如何被创建、组合和表达的细节，这对于所有类型的工厂模式都是很重要的，用户无须关心对象的创建过程，将对象的创建和使用解耦。

(2) 系统中有多于一个的产品族，但每次只使用其中某一产品族，可以通过配置文件等方式使用户能够动态地改变产品族，也可以很方便地增加新的产品族。

(3) 属于同一个产品族的产品将在一起使用，这一约束必须在系统的设计中体现出来。同一个产品族中的产品可以是没有任何关系的对象，但是它们都具有一些共同的约束，如同一操作系统下的按钮和文本框，按钮与文本框之间没有直接关系，但它们都是属于某一操作系统的，此时具有一个共同的约束条件：操作系统的类型。

(4) 产品等级结构稳定，设计完成之后，不会向系统中增加新的产品等级结构或者删除已有的产品等级结构。

5.7　本章小结

(1) 在抽象工厂模式中，产品等级结构即产品的继承结构，产品族是指由同一个工厂生产的，位于不同产品等级结构中的一组产品。

(2) 抽象工厂模式提供了一个创建一系列相关或相互依赖对象的接口，开发人员无须指定具体的类。抽象工厂模式是一种对象创建型模式。

(3) 抽象工厂模式包含抽象工厂、具体工厂、抽象产品和具体产品 4 个角色。其中，抽象工厂声明了一组用于创建一族产品的方法，每一个方法对应一种产品；具体工厂实现了在抽象工厂中声明的创建产品的方法，生成一组具体产品，这些产品构成了一个产品族，每一个产品都位于某个产品等级结构中；抽象产品为每种产品声明接口，在抽象产品中声明了产品所具有的业务方法；具体产品定义具体工厂生产的具体产品对象，实现抽象产品接口中声明的业务方法。

(4) 抽象工厂模式的主要优点是隔离了具体类的生成，使得客户端不需要知道什么被创建；当一个产品族中的多个对象被设计成一起工作时，它能够保证客户端始终只使用同一个产品族中的对象；增加新的产品族很方便，无须修改已有系统，符合开闭原则。其主要缺点是增加新的产品等级结构麻烦，需要对原有系统进行较大的修改，甚至需要修改抽象层代码，违背了开闭原则。

(5) 抽象工厂模式适用的环境：一个系统不应当依赖于产品类实例如何被创建、组合和表达的细节；系统中有多于一个的产品族，但每次只使用其中某一产品族；属于同一个产品族的产品将在一起使用，这一约束必须在系统的设计中体现出来；产品等级结构稳定，在设计完成后，不会向系统中增加新的产品等级结构或者删除已有的产品等级结构。

(6) 抽象工厂模式以一种倾斜的方式来满足开闭原则。对于增加新的产品族，抽象工厂模式很好地支持了开闭原则；对于增加新的产品等级结构，需要修改所有的工厂角色，违背了开闭原则。

5.8 习题

1. 某公司要开发一个图表显示系统，在该系统中，曲线图生成器可以创建曲线图、曲线图图例和曲线图数据标签，柱状图生成器可以创建柱状图、柱状图图例和柱状图数据标签。用户要求可以很方便地增加新类型的图形，系统需具备较好的可扩展能力。针对这种需求，公司采用(　　)最为恰当。

A. 桥接模式　　B. 适配器模式　　C. 策略模式　　D. 抽象工厂模式

2. 以下关于抽象工厂模式的叙述错误的是(　　)。

A. 抽象工厂模式提供了一个创建一系列相关或相互依赖对象的接口，而无须指定它们具体的类

B. 当系统中有多于一个产品族时可以考虑使用抽象工厂模式

C. 当一个工厂等级结构可以创建出分属于不同产品等级结构的一个产品族中的所有对象时，抽象工厂模式比工厂方法模式更为简单、更有效率

D. 抽象工厂模式符合开闭原则，增加新的产品族和新的产品等级结构都很方便

3. 下列关于抽象工厂模式中的产品族和产品等级结构的叙述，错误的是(　　)。

A. 产品等级结构是从不同的产品族中任意选取产品组成的层次结构

B. 产品族是指由位于不同产品等级结构、功能相关的产品组成的家族

C. 抽象工厂是指一个工厂等级结构可以创建出分属于不同产品等级结构的一个产品族中的所有对象

D. 工厂方法模式对应唯一一个产品等级结构，而抽象工厂模式则需要对应多个产品等级结构

4. 计算机包含内存(RAM)、CPU 等硬件设备，根据图 5-6“产品等级结构-产品族”所示，使用抽象工厂模式实现计算机硬件设备的创建过程，绘制相应的类图并使用 C# 语言编程模拟实现。

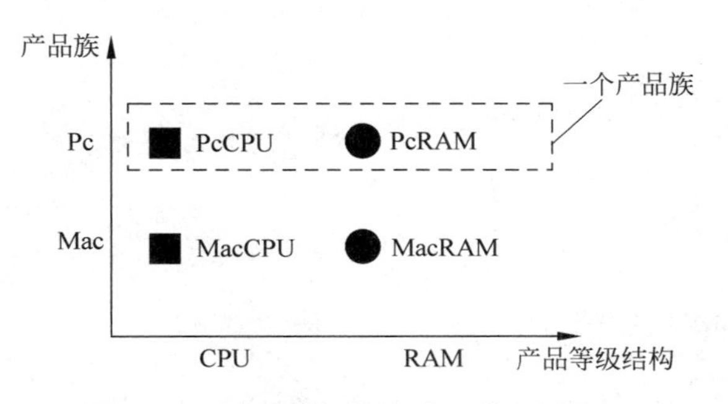

图 5-6 “产品等级结构-产品族”示意图

5. 一个电器工厂可以生产多种类型的电器,如海尔工厂可以生产海尔电视机、海尔空调等,TCL 工厂可以生产 TCL 电视机、TCL 空调等,相同品牌的电器构成了一个产品族,而相同类型的电器构成了一个产品等级结构,试使用抽象工厂模式模拟该场景。

6. 某基于.NET 平台的系统需改进数据库操作的性能,使用户可以自定义数据库连接对象 Connection 和数据命令对象 Command,针对不同类型的数据库提供不同的连接对象和命令对象,例如提供 Oracle 或 MySQL 专用连接类和命令类,而且用户可以通过配置文件等方式根据实际需要动态更换系统数据库以及增加新的数据连接类和数据命令类。使用抽象工厂模式设计该系统,要求绘制对应的类图并使用 C#语言编程模拟实现。

7. 抽象工厂模式最早的应用之一是用来创建在不同操作系统的图形环境下都能够运行的应用程序,例如同时支持 Windows 与 Linux 操作系统。在每一个操作系统中,都有一个由图形构件组成的构件家族,可以通过一个抽象角色给出功能定义,而由具体子类给出不同操作系统下的具体实现,例如系统中包含两个产品等级结构,分别是 Button 与 Text,同时包含 3 个产品族,即 UNIX 产品族、Linux 产品族与 Windows 产品族,如图 5-7 所示。

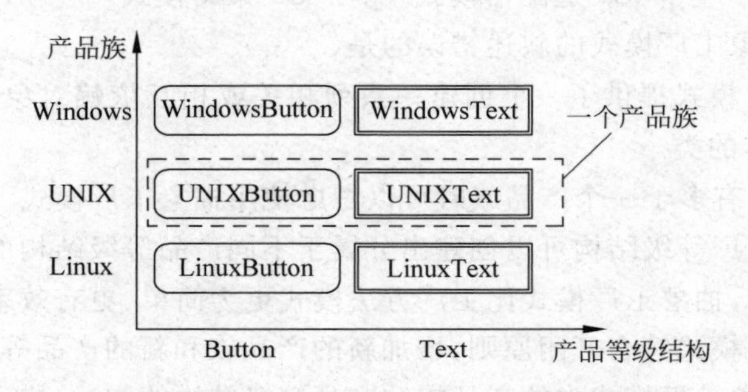

图 5-7 不同操作系统下不同构件的“产品等级结构-产品族”示意图

在图 5-7 中,Windows 中的 Button 和 Text 构成了一个 Windows 产品族,而不同操作系统下的 Button 构成了一个产品等级结构。试使用抽象工厂模式来设计并模拟实现该结构。

8. 某软件公司要推出一款新的手机游戏软件,该软件支持 iOS、Android 和 Windows Phone 等多个智能手机操作系统平台,针对不同的手机操作系统,该游戏软件提供了不同的游戏操作控制(OperationController)类和游戏界面控制(InterfaceController)类,并提供了相应的工厂类来封装这些类的初始化过程。该软件要求具有较好的扩展性,以支持新的操作系统平台,为了满足上述需求,试采用抽象工厂模式对其进行设计。

第6章

建造者模式

本章导学

建造者模式是一种较为复杂的创建型模式，它将客户端与包含多个组成部分的复杂对象的创建过程分离，客户端无须知道复杂对象的内部组成部分与装配方式，只需知道所需建造者的类型即可。建造者模式关注如何逐步创建一个复杂的对象，不同的具体建造者定义了不同的创建过程，且具体建造者相互独立，更换建造者或增加新的建造者非常方便，系统具有较好的扩展性。

本章将学习建造者模式的定义与结构，理解建造者模式中各个组成元素的作用，并通过实例来学习如何实现建造者模式。

本章知识点

- 建造者模式的定义。
- 建造者模式的结构。
- 建造者模式的实现。
- 建造者模式的应用。
- 建造者模式的优缺点。
- 建造者模式的适用环境。
- 指挥者类的作用与变化。

6.1 建造者模式概述

无论是在现实世界中还是在软件系统中，都存在一些复杂的对象，它们拥有多个组成部分(部件)，例如汽车，它包括车轮、方向盘、发动机等多种部件。对于大多数用户而言，并不知道这些部件的装配细节，也几乎不会使用单独某个部件，而是使用一辆完整的汽车，如图6-1所示。

如何将这些部件组装成一辆完整的汽车并返回给用户，是建造者模式需要解决的问题。

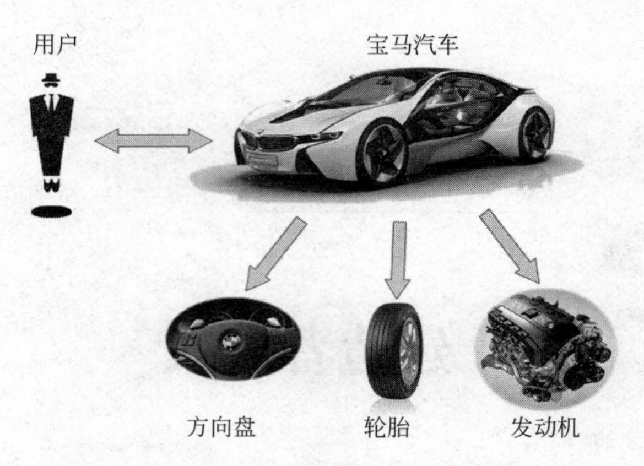

图 6-1 复杂对象(汽车)示意图

建造者模式可以将部件本身和它们的组装过程分开,关注如何一步步创建一个包含多个组成部分的复杂对象,用户只需要指定复杂对象的类型即可得到该对象,而无须知道其内部的具体构造细节。

建造者模式的定义如下:

> **建造者模式**:将一个复杂对象的构建与它的表示分离,使得同样的构建过程可以创建不同的表示。
>
> **Builder Pattern**: Separate the construction of a complex object from its representation so that the same construction process can create different representations.

建造者模式是一种对象创建型模式,它将客户端与包含多个部件的复杂对象的创建过程分离,客户端无须知道复杂对象的内部组成部分与装配方式,只需知道所需建造者的类型即可。建造者模式关注如何逐步创建一个复杂的对象,不同的建造者定义了不同的创建过程。

6.2 建造者模式的结构与实现

6.2.1 建造者模式的结构

建造者模式的结构如图 6-2 所示。

由图 6-2 可知,建造者模式包含以下 4 个角色。

(1) **Builder(抽象建造者)**:它为创建一个产品 Product 对象的各个部件指定抽象接口,在该接口中一般声明两类方法,一类方法是 BuildPartX()(例如图 6-2 中的 BuildPartA()、BuildPartB()等),它们用于创建复杂对象的各个部件;另一类方法是 GetResult(),它们用于返回复杂对象。Builder 既可以是抽象类,也可以是接口。

(2) **ConcreteBuilder(具体建造者)**:它实现了 Builder 接口,实现各个部件的具体构造和装配方法,定义并明确所创建的复杂对象,还可以提供一个方法返回创建好的复杂产品对象(该方法也可由抽象建造者实现)。

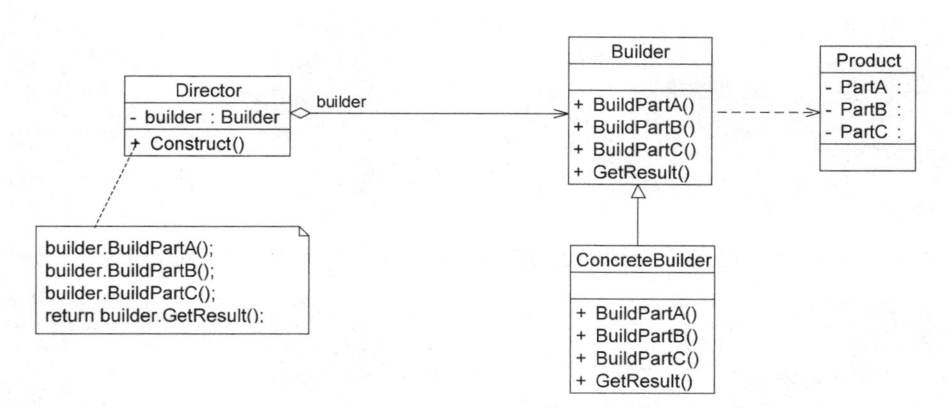

图 6-2 建造者模式结构图

(3) **Product(产品)**：它是被构建的复杂对象，包含多个组成部件，具体建造者创建该产品的内部表示并定义它的装配过程。

(4) **Director(指挥者)**：指挥者又称为导演类，它负责安排复杂对象的建造次序，指挥者与抽象建造者之间存在关联关系，可以在其 Construct()建造方法中调用建造者对象的部件构造与装配方法，完成复杂对象的建造。客户端一般只需要与指挥者进行交互，在客户端确定具体建造者的类型，并实例化具体建造者对象(也可以通过配置文件和反射机制)，然后通过指挥者类的构造函数或者 Setter 方法将该对象传入指挥者类中。

6.2.2 建造者模式的实现

在建造者模式的定义中提到了复杂对象，那么什么是复杂对象，简单来说，复杂对象是指包含多个成员变量的对象，这些成员变量也称为部件或零件。如汽车包括方向盘、发动机、轮胎等部件，电子邮件包括发件人、收件人、主题、内容、附件等部件。一个典型的复杂对象类示例的代码如下：

```
class Product
{
    private string partA;   //定义部件,部件可以是任意类型,包括值类型和引用类型
    private string partB;
    private string partC;

    public string PartA
    {
        get { return partA; }
        set { partA = value; }
    }

    public string PartB
    {
        get { return partB; }
        set { partB = value; }
    }
```

```
    public string PartC
    {
        get { return partC; }
        set { partC = value; }
    }
}
```

在抽象建造者类中定义了产品的创建方法和返回方法，其典型代码如下：

```
abstract class Builder
{
    //创建产品对象
    protected Product product = new Product();

    public abstract void BuildPartA();
    public abstract void BuildPartB();
    public abstract void BuildPartC();

    //返回产品对象
    public Product GetResult()
    {
        return product;
    }
}
```

在抽象类 Builder 中声明了一系列抽象的 BuildPartX()方法用于创建复杂产品的各个部件，具体建造过程在 ConcreteBuilder 中实现，此外，Builder 还提供了一个 GetResult()方法用于返回一个已创建好的完整产品对象。

在 ConcreteBuilder 中实现了这些 BuildPartX()方法，通过调用 Product 的 Setter 方法可以给产品对象的成员变量设值，不同的具体建造者在实现 BuildPartX()方法时将有所区别。典型的具体建造者类代码如下：

```
class ConcreteBuilder1 : Builder
{
    public override void BuildPartA()
    {
        product.PartA = "A1";
    }

    public override void BuildPartB()
    {
        product.PartB = "B1";
    }

    public override void BuildPartC()
    {
        product.PartC = "C1";
    }
}
```

此外，在建造者模式中还引入了一个指挥者类 Director，该类主要有两个作用：一方面隔离了客户端与创建过程；另一方面控制产品对象的创建过程，包括某个 BuildPartX()方法是否被调用以及多个 BuildPartX()方法调用的先后次序等。指挥者针对抽象建造者编程，客户端只需要知道具体建造者的类型，便可通过指挥者类调用建造者的相关方法，返回一个完整的产品对象。在实际生活中也存在类似指挥者一样的角色，如一个客户去购买计算机，计算机销售人员相当于指挥者，只要客户确定计算机的类型，计算机销售人员就可以通知计算机组装人员给客户组装一台计算机。指挥者类的示例代码如下：

```
class Director
{
    private Builder builder;

    public Director(Builder builder)
    {
        this.builder = builder;
    }

    public void SetBuilder(Builder builder)
    {
        this.builder = builder;
    }

    //产品构建与组装方法
    public Product Construct()
    {
        builder.BuildPartA();
        builder.BuildPartB();
        builder.BuildPartC();
        return builder.GetResult();
    }
}
```

在指挥者类中可以注入一个抽象建造者类型的对象，它提供了一个建造方法 Construct()，在该方法中调用了 builder 对象的构造部件的方法，最后返回一个产品对象。

对于客户端而言，只需关心具体建造者的类型，无须关心产品对象的具体组装过程。通常，客户类代码片段如下：

```
...
Builder builder = new ConcreteBuilder1();    //可通过配置文件实现
Director director = new Director(builder);
Product product = director.Construct();
...
```

用户可以通过配置文件来存储具体建造者类 ConcreteBuilder1 的类名，使得在更换新的建造者时无须修改源代码，系统扩展更为方便。

建造者模式与抽象工厂模式都是较为复杂的创建型模式，建造者模式返回一个完整的复杂产品，抽象工厂模式返回一系列相关的产品；在抽象工厂模式中，客户端通过选择具体工厂来生成所需对象，而在建造者模式中，客户端通过指定具体建造者类型来指导 Director 类如何去生成对象，侧重逐步构造一个复杂对象，然后将结果返回。如果将抽象工厂模式看成一个汽车配件生产厂，生成不同类型的汽车配件，那么建造者模式就是一个汽车组装厂，通过对配件进行组装返回一辆完整的汽车。

6.3 建造者模式的应用实例

下面通过一个应用实例来进一步学习和理解建造者模式。

1. 实例说明

> 某游戏软件公司决定开发一款基于角色扮演的多人在线网络游戏，玩家可以在游戏中扮演虚拟世界中的一个特定角色，角色根据不同的游戏情节和统计数据(例如力量、魔法、技能等)具有不同的能力，角色也会随着不断升级而拥有更加强大的能力。
>
> 作为该游戏的一个重要组成部分，需要对游戏角色进行设计，而且随着该游戏的升级将不断增加新的角色。通过分析发现，游戏角色是一个复杂对象，它包含性别、面容等多个组成部分，不同类型的游戏角色，其性别、面容、服装、发型等外部特性有所差异，例如"天使"拥有美丽的面容和披肩的长发，并身穿一袭白裙；而"恶魔"极其丑陋，留着光头并穿一件刺眼的黑衣。
>
> 无论是何种造型的游戏角色，它的创建步骤都大同小异，都需要逐步创建其组成部分，再将各组成部分装配成一个完整的游戏角色。现使用建造者模式来实现游戏角色的创建。

2. 实例类图

通过分析，本实例的结构如图 6-3 所示。

在图 6-3 中，ActorController 充当指挥者，ActorBuilder 充当抽象建造者，HeroBuilder、AngelBuilder 和 DevilBuilder 充当具体建造者，Actor 充当复杂产品。

3. 实例代码

(1) Actor：游戏角色类，充当复杂产品对象。考虑到代码的可读性，在此只列出了部分成员变量，且成员变量的类型均为 string，真实情况下，有些成员变量的类型需用户自定义。

```
//Actor.cs
namespace BuilderSample
{
    class Actor
    {
        private string type;           //角色类型
        private string sex;            //性别
        private string face;           //面容
```

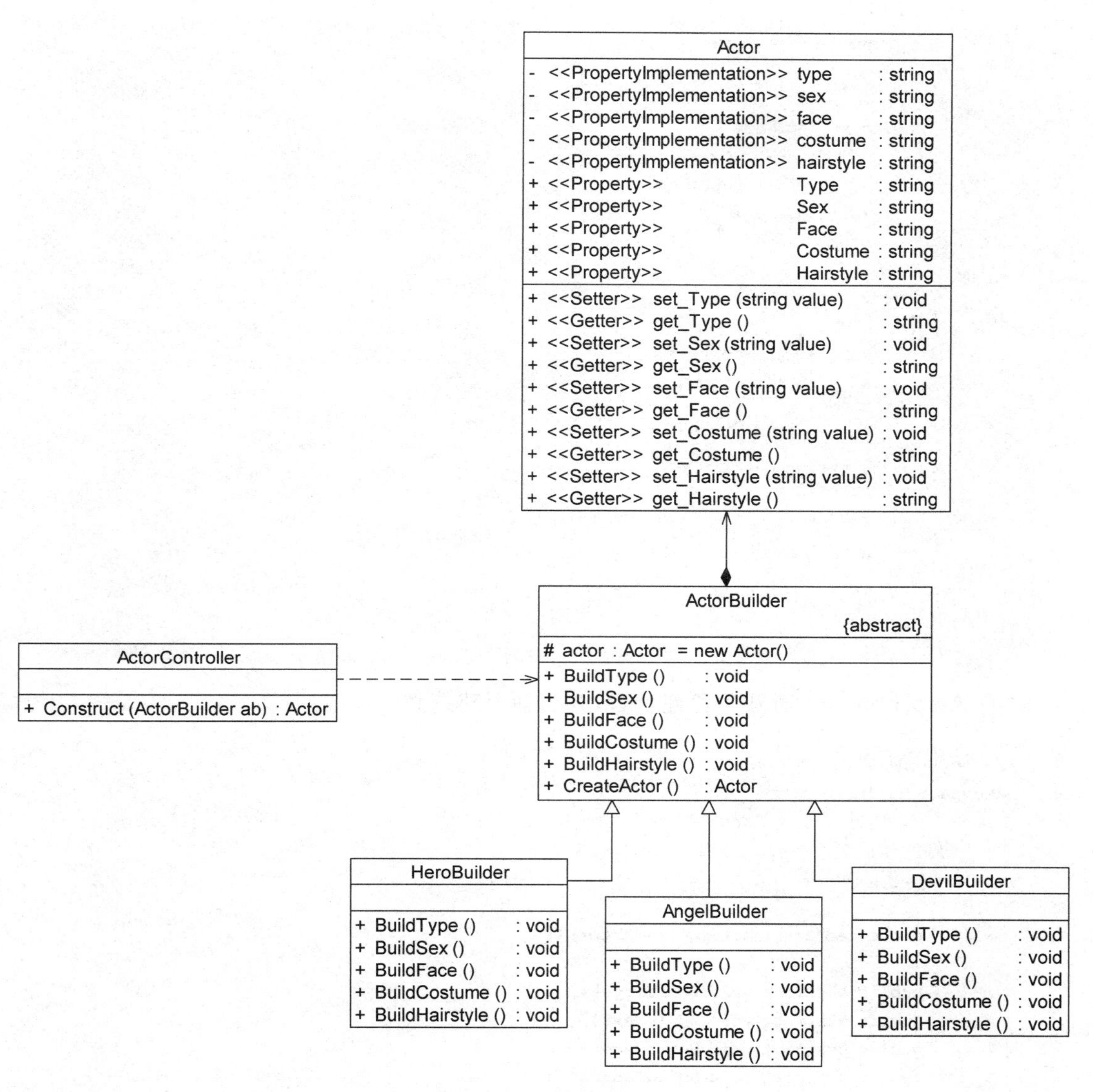

图 6-3　游戏角色创建结构图

```
        private string costume;      //服装
        private string hairstyle;    //发型

        public string Type
        {
            get { return type; }
            set { type = value; }
        }

        public string Sex
        {
            get { return sex; }
```

```
            set { sex = value; }
        }

        public string Face
        {
            get { return face; }
            set { face = value; }
        }

        public string Costume
        {
            get { return costume; }
            set { costume = value; }
        }

        public string Hairstyle
        {
            get { return hairstyle; }
            set { hairstyle = value; }
        }
    }
}
```

(2) ActorBuilder：游戏角色建造者，充当抽象建造者。

```
//ActorBuilder.cs
namespace BuilderSample
{
    //角色建造者：抽象建造者
    abstract class ActorBuilder
    {
        protected Actor actor = new Actor();

        public abstract void BuildType();
        public abstract void BuildSex();
        public abstract void BuildFace();
        public abstract void BuildCostume();
        public abstract void BuildHairstyle();

        //工厂方法，返回一个完整的游戏角色对象
        public Actor CreateActor()
        {
            return actor;
        }
    }
}
```

(3) HeroBuilder：英雄角色建造者，充当具体建造者。

```
//HeroBuilder.cs
namespace BuilderSample
{
```

```
    class HeroBuilder : ActorBuilder
    {
        public override void BuildType()
        {
            actor.Type = "英雄";
        }

        public override void BuildSex()
        {
            actor.Sex = "男";
        }
        public override void BuildFace()
        {
            actor.Face = "英俊";
        }

        public override void BuildCostume()
        {
            actor.Costume = "盔甲";
        }

        public override void BuildHairstyle()
        {
            actor.Hairstyle = "飘逸";
        }
    }
}
```

(4) AngelBuilder：天使角色建造者，充当具体建造者。

```
//AngelBuilder.cs
namespace BuilderSample
{
    class AngelBuilder : ActorBuilder
    {
        public override void BuildType()
        {
            actor.Type = "天使";
        }

        public override void BuildSex()
        {
            actor.Sex = "女";
        }

        public override void BuildFace()
        {
            actor.Face = "漂亮";
        }

        public override void BuildCostume()
        {
```

```
                actor.Costume = "白裙";
            }

            public override void BuildHairstyle()
            {
                actor.Hairstyle = "披肩长发";
            }
        }
}
```

(5) DevilBuilder：恶魔角色建造者，充当具体建造者。

```
//DevilBuilder.cs
namespace BuilderSample
{
    class DevilBuilder : ActorBuilder
    {
        public override void BuildType()
        {
            actor.Type = "恶魔";
        }

        public override void BuildSex()
        {
            actor.Sex = "妖";
        }

        public override void BuildFace()
        {
            actor.Face = "丑陋";
        }

        public override void BuildCostume()
        {
            actor.Costume = "黑衣";
        }

        public override void BuildHairstyle()
        {
            actor.Hairstyle = "光头";
        }
    }
}
```

(6) ActorController：角色控制器，充当指挥者。

```
//ActorController.cs
namespace BuilderSample
{
    class ActorController
    {
```

```
        //逐步构建复杂产品对象
        public Actor Construct(ActorBuilder ab)
        {
            Actor actor;
            ab.BuildType();
            ab.BuildSex();
            ab.BuildFace();
            ab.BuildCostume();
            ab.BuildHairstyle();
            actor = ab.CreateActor();
            return actor;
        }
    }
}
```

(7) 配置文件 App.config：在配置文件中存储了具体建造者类的类名。

```
<?xml version = "1.0" encoding = "utf-8" ?>
<configuration>
  <appSettings>
    <add key = "builder" value = "BuilderSample.AngelBuilder"/>
  </appSettings>
</configuration>
```

(8) Program：客户端测试类。

```
// Program.cs
using System;
using System.Configuration;
using System.Reflection;

namespace BuilderSample
{
    class Program
    {
        static void Main(string[] args)
        {
            ActorBuilder ab;            //针对抽象建造者编程
            //读取配置文件
            string builderType = ConfigurationManager.AppSettings["builder"];
            //反射生成对象
            ab = (ActorBuilder)Assembly.Load("BuilderSample").CreateInstance (builderType);
            ActorController ac = new ActorController();
            Actor actor;
            actor = ac.Construct(ab); //通过指挥者创建完整的建造者对象

            Console.WriteLine("{0}的外观：",actor.Type);
            Console.WriteLine("性别：{0}",actor.Sex);
            Console.WriteLine("面容：{0}",actor.Face);
            Console.WriteLine("服装：{0}",actor.Costume);
            Console.WriteLine("发型：{0}",actor.Hairstyle);
            Console.Read();
```

```
            }
        }
    }
```

4. 结果及分析

编译并运行程序，输出结果如下：

```
天使的外观:
性别: 女
面容: 漂亮
服装: 白裙
发型: 披肩长发
```

如果需要更换具体角色建造者，只需修改配置文件即可，例如将配置文件中 key 为"builder"的键值对的 value 值改为"BuilderSample. HeroBuilder"，再次运行程序，输出结果如下：

```
英雄的外观:
性别: 男
面容: 英俊
服装: 盔甲
发型: 飘逸
```

当需要增加新的具体角色建造者时，只需将新增具体角色建造者作为抽象角色建造者的子类，然后修改配置文件即可，原有代码无须修改，完全符合开闭原则。

6.4 指挥者类的深入讨论

指挥者类 Director 是建造者模式的重要组成部分，简单的 Director 类用于指导具体建造者构建产品，它按一定次序调用 Builder 的 BuildPartX()方法，控制调用的先后次序，并向客户端返回一个完整的产品对象。下面讨论几种 Director 的变化形式。

1. 省略 Director

在有些情况下，为了简化系统结构，可以将 Director 和抽象建造者 Builder 进行合并，在 Builder 中提供了逐步构建复杂产品对象的 Construct()方法。由于 Builder 类通常为抽象类，因此可以将 Construct()方法定义为静态(static)方法，以便客户端能够直接调用。如果将游戏角色实例中的指挥者类 ActorController 省略，ActorBuilder 类的代码修改如下：

```
abstract class ActorBuilder
{
    protected static Actor actor = new Actor();

    public abstract void BuildType();
    public abstract void BuildSex();
```

```
        public abstract void BuildFace();
        public abstract void BuildCostume();
        public abstract void BuildHairstyle();

        public static Actor Construct(ActorBuilder ab)
        {
            ab.BuildType();
            ab.BuildSex();
            ab.BuildFace();
            ab.BuildCostume();
            ab.BuildHairstyle();
            return actor;
        }
    }
```

此时对应的客户端代码也将发生修改，代码片段如下：

```
    …
    ActorBuilder ab;
    string builderType = ConfigurationManager.AppSettings["builder"];
    ab = (ActorBuilder)Assembly.Load("BuilderExtend").CreateInstance(builderType);
    Actor actor;
    actor = ActorBuilder.Construct(ab);
    …
```

除此之外，还有一种更简单的处理方法，可以将Construct()方法中的参数去掉，直接在Construct()方法中调用BuildPartX()方法，代码如下：

```
    abstract class ActorBuilder
    {
        protected Actor actor = new Actor();

        public abstract void BuildType();
        public abstract void BuildSex();
        public abstract void BuildFace();
        public abstract void BuildCostume();
        public abstract void BuildHairstyle();

        public Actor Construct()
        {
            this.BuildType();
            this.BuildSex();
            this.BuildFace();
            this.BuildCostume();
            this.BuildHairstyle();
            return actor;
        }
    }
```

客户端代码片段如下：

```
…
ActorBuilder ab;
string builderType = ConfigurationManager.AppSettings["builder"];
ab = (ActorBuilder)Assembly.Load("BuilderExtend").CreateInstance(builderType);
Actor actor;
actor = ab.Construct();
…
```

此时，Construct()方法定义了 BuildPartX()方法的调用次序，为 BuildPartX()方法的执行提供了一个流程模板，这与后面将要学习的模板方法模式非常类似。

以上两种对 Director 类的省略方式都不影响系统的灵活性和可扩展性，同时还简化了系统结构，但加重了抽象建造者类的职责。如果 Construct()方法较为复杂，待构建产品的组成部分较多，建议将 Construct()方法单独封装在 Director 中，这样更符合单一职责原则。

2. 钩子方法的引入

建造者模式除了逐步构建一个复杂产品对象外，还可以通过 Director 类来更加精细地控制产品的创建过程，例如增加一类称为钩子方法(Hook Method)的特殊方法来控制是否调用某个 BuildPartX()方法。

钩子方法的返回类型通常为 bool 类型，方法名一般为 IsXXX()，钩子方法定义在抽象建造者类中。例如可以在游戏角色的抽象建造者类 ActorBuilder 中定义一个方法 IsBareheaded()，用于判断某个角色是否为"光头(Bareheaded)"，在 ActorBuilder 中为之提供一个默认实现，其返回值为 false，代码如下：

```
abstract class ActorBuilder
{
    protected Actor actor = new Actor();

    public abstract void BuildType();
    public abstract void BuildSex();
    public abstract void BuildFace();
    public abstract void BuildCostume();
    public abstract void BuildHairstyle();

    //钩子方法，需要使用 virtual 关键字
    public virtual bool IsBareheaded()
    {
        return false;
    }

    public Actor CreateActor()
    {
        return actor;
    }
}
```

如果某个角色无须构建头发部件，例如"恶魔(Devil)"，则对应的具体建造者 DevilBuilder 将覆盖 IsBareheaded()方法，并将返回值改为 true，代码如下：

```
class DevilBuilder : ActorBuilder
{
    public override void BuildType()
    {
        actor.Type = "恶魔";
    }

    public override void BuildSex()
    {
        actor.Sex = "妖";
    }

    public override void BuildFace()
    {
        actor.Face = "丑陋";
    }
    public override void BuildCostume()
    {
        actor.Costume = "黑衣";
    }

    public override void BuildHairstyle()
    {
        actor.Hairstyle = "光头";
    }

    //覆盖钩子方法
    public override bool IsBareheaded()
    {
        return true;
    }
}
```

同时，指挥者类 ActorController 的代码修改如下：

```
class ActorController
{
    public Actor Construct(ActorBuilder ab)
    {
        Actor actor;
        ab.BuildType();
        ab.BuildSex();
        ab.BuildFace();
        ab.BuildCostume();
        //通过钩子方法来控制产品的构建
        if(!ab.IsBareheaded())
        {
            ab.BuildHairstyle();
        }
        actor = ab.CreateActor();
        return actor;
    }
}
```

当在客户端代码中指定具体建造者类型并通过指挥者来实现产品的逐步构建时，将调用钩子方法 IsBareheaded()来判断游戏角色是否有头发，如果 IsBareheaded()方法返回 true，即没有头发，将跳过构建发型的方法 BuildHairstyle()，否则执行 BuildHairstyle()方法。通过引入钩子方法，可以在 Director 中对复杂产品的构建进行精细的控制，不仅指定 BuildPartX()方法的执行顺序，还可以控制是否需要执行某个 BuildPartX()方法。

6.5 建造者模式的优缺点与适用环境

建造者模式的核心在于如何逐步构建一个包含多个组成部件的完整对象，使用相同的构建过程构建不同的产品。在软件开发中，如果需要创建复杂对象并希望系统具备很好的灵活性和可扩展性，可以考虑使用建造者模式。

6.5.1 建造者模式的优点

建造者模式的主要优点如下：

(1) 在建造者模式中，客户端不必知道产品内部组成的细节，将产品本身与产品的创建过程解耦，使得相同的创建过程可以创建不同的产品对象。

(2) 每一个具体建造者都相对独立，与其他的具体建造者无关，因此可以很方便地替换具体建造者或增加新的具体建造者，用户使用不同的具体建造者即可得到不同的产品对象。由于指挥者类针对抽象建造者编程，增加新的具体建造者无须修改原有类库的代码，系统扩展方便，符合开闭原则。

(3) 用户可以更加精细地控制产品的创建过程，将复杂产品的创建步骤分解在不同的方法中，使得创建过程更加清晰，也更方便使用程序来控制创建过程。

6.5.2 建造者模式的缺点

建造者模式的主要缺点如下：

(1) 建造者模式所创建的产品一般具有较多的共同点，其组成部分相似，如果产品之间的差异性很大，例如很多组成部分不相同，则不适合使用建造者模式，因此其使用范围受到一定的限制。

(2) 如果产品的内部变化复杂，可能会需要定义很多具体建造者类来实现这种变化，导致系统变得很庞大，增加了系统的理解难度和运行成本。

6.5.3 建造者模式的适用环境

在以下情况下可以考虑使用建造者模式：

(1) 需要生成的产品对象有复杂的内部结构，这些产品对象通常包含多个成员变量。

(2) 需要生成的产品对象的属性相互依赖，需要指定其生成顺序。

(3) 对象的创建过程独立于创建该对象的类。在建造者模式中通过引入指挥者类，将创建过程封装在指挥者类中，而不在建造者类和客户类中。

(4) 隔离复杂对象的创建和使用，并使得相同的创建过程创建不同的产品。

6.6 本章小结

(1) 建造者模式将一个复杂对象的构建与它的表示分离，使得同样的构建过程可以创建不同的表示。建造者模式是一种对象创建型模式。

(2) 建造者模式包含抽象建造者、具体建造者、产品和指挥者 4 个角色。其中，抽象建造者为创建一个产品对象的各个部件声明抽象接口；具体建造者实现了抽象建造者接口，实现各个部件的构造和装配方法，定义并明确它所创建的复杂对象，还可以提供一个方法返回创建好的复杂产品对象；产品角色是被构建的复杂对象，包含多个组成部件；指挥者负责安排复杂对象的建造次序，在其 Construct()建造方法中调用建造者对象的部件构造与装配方法，完成复杂对象的建造。

(3) 在建造者模式中引入了一个指挥者角色，它主要有两个作用：一方面可以隔离客户端与创建过程；另一方面可以控制产品对象的创建过程。

(4) 建造者模式的主要优点在于客户端不必知道产品内部组成的细节，将产品本身与产品的创建过程解耦，使得相同的创建过程可以创建不同的产品对象；可以很方便地替换具体建造者或增加新的具体建造者；还可以更加精细地控制产品的创建过程。其主要缺点在于建造者模式所创建的产品一般具有较多的共同点，其组成部分相似，如果产品之间的差异性很大，并不适合使用建造者模式；此外，如果产品的内部变化复杂，可能会需要定义很多具体建造者类来实现这种变化，导致系统变得很庞大，增加了系统的理解难度和运行成本。

(5) 建造者模式适用的环境：需要生成的产品对象有复杂的内部结构，这些产品对象通常包含多个成员变量；需要生成的产品对象的属性相互依赖，需要指定其生成顺序；对象的创建过程独立于创建该对象的类；隔离复杂对象的创建和使用，并使相同的创建过程可以创建不同的产品。

6.7 习题

1. 以下关于建造者模式的叙述错误的是(　　)。
   A. 建造者模式将一个复杂对象的构建与它的表示分离，使得同样的构建过程可以创建不同的表示
   B. 建造者模式允许用户只通过指定复杂对象的类型和内容就可以创建它们，而不需要知道内部的具体构建细节
   C. 当需要创建的产品对象有复杂的内部结构时可以考虑使用建造者模式
   D. 在建造者模式中，各个具体的建造者相互之间通常具有较强的依赖关系，可通过指挥者类组装成一个完整的产品对象返回给客户

2. 当需要创建的产品具有复杂的内部结构时，为了逐步构造完整的对象，并使得对象的创建更具灵活性，可以使用(　　)。
   A. 抽象工厂模式　　B. 原型模式　　C. 建造者模式　　D. 单例模式

3. 关于建造者模式中的 Director 类描述错误的是(　　)。

A. Director 类隔离了客户类及创建过程

B. 在建造者模式中，客户类指导 Director 类去生成对象或者合成一些类，并逐步构造一个复杂对象

C. Director 类构建一个抽象建造者 Builder 子类的对象

D. Director 与抽象工厂模式中的工厂类类似，负责返回一个产品族中的所有产品

4. 计算机组装工厂可以将 CPU、内存、硬盘、主机、显示器等硬件设备组装在一起构成一台完整的计算机，且构成的计算机可以是笔记本，也可以是台式机，还可以是不提供显示器的服务器主机。对于用户而言，无须关心计算机的组成设备和组装过程，工厂返回给用户的是完整的计算机对象。使用建造者模式实现计算机组装过程，要求绘制类图并使用 C# 代码编程模拟实现。

5. 某软件公司要开发一个视频播放软件，为了给用户使用提供方便，该播放软件提供多种界面显示模式，如完整模式、精简模式、记忆模式、网络模式等。在不同的显示模式下主界面的组成元素有所差异，如在完整模式下将显示菜单、播放列表、主窗口、控制条等，在精简模式下只显示主窗口和控制条，而在记忆模式下将显示主窗口、控制条、收藏列表等。试使用建造者模式设计该软件。

第7章

原型模式

本章导学

原型模式是一种特殊的创建型模式，它通过复制一个已有对象来获取更多相同或者相似的对象。原型模式可以提高相同类型对象的创建效率，简化创建过程。

本章将学习原型模式的工作原理和结构，学习如何通过C#语言来实现原型模式，理解浅克隆和深克隆两种机制的异同，并通过实例学习如何实现浅克隆和深克隆。

本章知识点

- 原型模式的定义。
- 原型模式的结构。
- 浅克隆与深克隆。
- 原型模式的实现。
- 原型模式的应用。
- 原型模式的优缺点。
- 原型模式的适用环境。
- 原型管理器。

7.1 原型模式概述

《西游记》中“孙悟空拔毛变小猴”的故事几乎人人皆知，孙悟空可以用毫毛根据自己的形象，复制出很多和自己长得一模一样的“身外身”来，如图7-1所示。

孙悟空这种根据自己的形象复制（克隆）出多个身外身的技巧，在面向对象软件设计领域被称为原型模式，孙悟空则被称为原型对象。在面向对象系统中，也可以通过复制一个原型对象得到多个与原型对象一模一样的新对象，这就是原型模式的动机。

原型模式的定义如下：

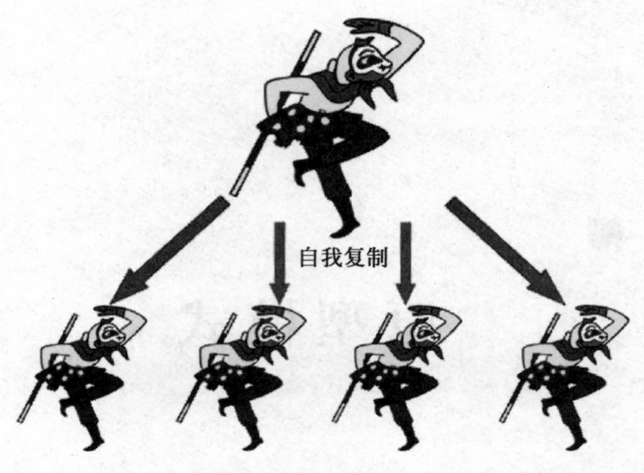

图 7-1 孙悟空拔毛变小猴

> **原型模式**：使用原型实例指定待创建对象的类型，并且通过复制这个原型来创建新的对象。
>
> **Prototype Pattern**: Specify the kinds of objects to create using a prototypical instance, and create new objects by copying this prototype.

原型模式是一种对象创建型模式，它的工作原理很简单：将一个原型对象传给要发动创建的对象(即客户端对象)，这个要发动创建的对象通过请求原型对象复制自己来实现创建过程。由于在软件系统中经常会遇到需要创建多个相同或者相似对象的情况，因此原型模式在软件开发中具有较高的使用频率。原型模式是一种“另类”的创建型模式，创建新对象(也称为克隆对象)的工厂就是原型类自身，工厂方法由负责复制原型对象的克隆方法来实现。

需要注意的是，通过克隆方法所创建的对象是全新的对象，它们在内存中拥有新的地址，通常，对克隆所产生的对象进行修改对原型对象不会造成任何影响，每一个克隆对象都是相互独立的。通过不同的方式对克隆对象进行修改以后，可以得到一系列相似但不完全相同的对象。

7.2 原型模式的结构与实现

7.2.1 原型模式的结构

原型模式的结构如图 7-2 所示。

由图 7-2 可知，原型模式包含以下 3 个角色。

(1) **Prototype(抽象原型类)**：它是声明克隆方法的接口，是所有具体原型类的公共父类，它可以是抽象类也可以是接口，甚至可以是具体实现类。

(2) **ConcretePrototype(具体原型类)**：它实现在抽象原型类中声明的克隆方法，在克隆方法中返回自己的一个克隆对象。

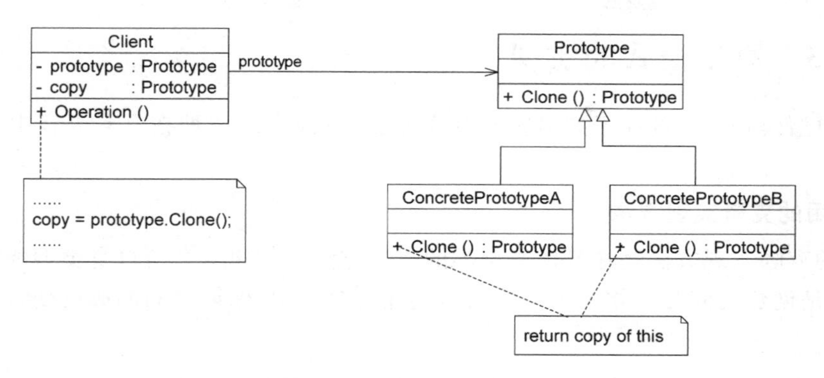

图 7-2　原型模式结构图

(3) **Client(客户类)**：在客户类中，让一个原型对象克隆自身从而创建一个新的对象，只需要直接实例化或通过工厂方法等方式创建一个原型对象，再通过调用该对象的克隆方法即可得到多个相同的对象。由于客户类针对抽象原型类 Prototype 编程，因此，用户可以根据需要选择具体原型类，系统具有较好的可扩展性，增加或更换具体原型类都很方便。

7.2.2　浅克隆与深克隆

根据在复制原型对象的同时是否复制包含在原型对象中引用类型的成员变量，原型模式的克隆机制分为两种：浅克隆(Shallow Clone)和深克隆(Deep Clone)。

1. 浅克隆

在浅克隆中，如果原型对象的成员变量是值类型(如 int、double、byte、bool、char 等基本数据类型)，将复制一份给克隆对象；如果原型对象的成员变量是引用类型(如类、接口、数组等复杂数据类型)，则将引用对象的地址复制一份给克隆对象，也就是说，原型对象和克隆对象的成员变量指向相同的内存地址。简单来说，在浅克隆中，当原型对象被复制时，只复制它本身和其中包含的值类型的成员变量，而引用类型的成员变量并没有复制，如图 7-3 所示。

2. 深克隆

在深克隆中，无论原型对象的成员变量是值类型还是引用类型，都将复制一份给克隆对象，深克隆将原型对象的所有引用对象也复制一份给克隆对象。简单来说，在深克隆中，除了对象本身被复制外，对象所包含的所有成员变量也将被复制，如图 7-4 所示。

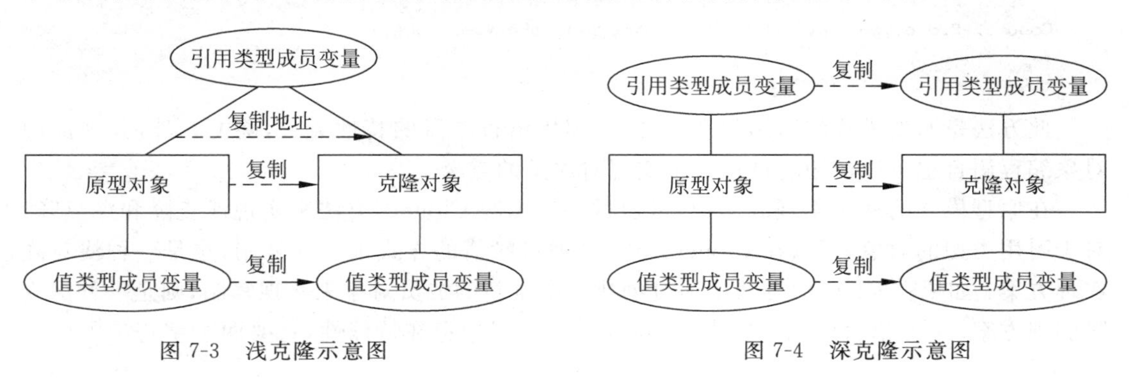

图 7-3　浅克隆示意图　　　　图 7-4　深克隆示意图

7.2.3 原型模式的实现

实现原型模式的关键在于如何实现克隆方法,下面介绍两种在C#语言中常用的克隆实现方法。

1. 通用的克隆实现方法

通用的克隆实现方法是在具体原型类的克隆方法中创建一个与自身类型相同的对象并将其返回,是创建的同时将相关参数传入新创建的对象中,保证它们的成员变量相同。示意代码如下:

```
abstract class Prototype
{
    public abstract Prototype Clone();
}

class ConcretePrototype : Prototype
{
    private string attr;    //成员变量

    public string Attr
    {
        get { return attr; }
        set { attr = value; }
    }

    //克隆方法
    public override Prototype Clone()
    {
        ConcretePrototype prototype = new ConcretePrototype();
        prototype.Attr = attr;
        return prototype;
    }
}
```

在客户类中只需要创建一个ConcretePrototype对象作为原型对象,然后调用其Clone()方法即可得到对应的克隆对象,如下面的代码片段所示:

```
...
ConcretePrototype prototype = new ConcretePrototype();
ConcretePrototype copy = (ConcretePrototype)prototype.Clone();
...
```

此方法是原型模式的通用实现方法,与编程语言本身的特性无关,除C#外,其他面向对象编程语言也可以使用这种形式来实现对原型的克隆。

在原型模式的通用实现方法中,可通过手工编写Clone()方法来实现浅克隆和深克隆。对于引用类型的对象,可以在Clone()方法中通过赋值的方式来实现复制,这是一种浅克隆实现方案;如果在Clone()方法中通过创建一个全新的成员对象来实现复制,则是一种深克隆实现方案。C#语言中的字符串(string/String)对象存在特殊性,只要两个字符串的内容相同，无论是直接赋值还是创建新对象，它们在内存中始终只有一份。如需进一步了解，大家可查阅"C#字符串驻留机制"相关资料。

2. C#中的 MemberwiseClone()方法和 ICloneable 接口

在 C#语言中，提供了一个 MemberwiseClone()方法用于实现浅克隆，该方法使用起来很方便，直接调用一个已有对象的 MemberwiseClone()方法即可实现克隆。如下面的代码所示：

```
//成员类
class Member
{

}

class ConcretePrototypeA
{
    private Member member;                                          //成员对象

    public Member Member
    {
        get { return member; }
        set { member = value; }
    }

    //克隆方法
    public ConcretePrototypeA Clone()
    {
        return (ConcretePrototypeA)this.MemberwiseClone();      //浅克隆
    }
}
```

在客户类中可以直接调用原型对象的 Clone()方法来创建新的对象，如下面的代码片段所示：

```
...
ConcretePrototypeA prototype, copy;
prototype = new ConcretePrototypeA();
copy = prototype.Clone();
Console.WriteLine(prototype == copy);
Console.WriteLine(prototype.Member == copy.Member);
...
```

在上述客户类代码片段中，输出语句"Console.WriteLine(prototype==copy);"的输出结果为"False"，输出语句"Console.WriteLine(prototype.Member==copy.Member);"的输出结果为"True"，表明此处的克隆方法为浅克隆。

除了 MemberwiseClone()方法以外，在 C#语言中还提供了一个 ICloneable 接口，它也可以用来创建当前对象的副本，其代码如下：

```
public interface ICloneable
{
    object Clone();
}
```

ICloneable 接口充当了抽象原型类的角色，具体原型类通常作为实现该接口的子类，如下面的代码所示：

```
class ConcretePrototypeB : ICloneable   //实现 ICloneable 接口
{
    private Member member;

    public Member Member
    {
        get { return member; }
        set { member = value; }
    }

    //实现深克隆
    public object Clone()
    {
        ConcretePrototypeB copy = (ConcretePrototypeB)this.MemberwiseClone();
        Member newMember = new Member();
        copy.Member = newMember;
        return copy;
    }
}
```

客户类代码片段如下：

```
…
ConcretePrototypeB prototype, copy;
prototype = new ConcretePrototypeB();
copy = (ConcretePrototypeB) prototype.Clone();
Console.WriteLine(prototype == copy);
Console.WriteLine(prototype.Member == copy.Member);
…
```

在此客户类代码片段中，输出语句“Console.WriteLine(prototype==copy);”的输出结果为“False”，输出语句“Console.WriteLine(prototype.Member==copy.Member);”的输出结果也为“False”，表明此处的克隆方法为深克隆。

在实现 ICloneable 接口时，通常提供的是除 MemberwiseClone()以外的深克隆方法。除了通过直接创建新的成员对象来手工实现深克隆外，还可以通过反射、序列化等方式来实现深克隆，在使用序列化实现时要求所有被引用的对象都必须是可序列化的(Serializable)。在 7.3 节的应用实例中将学习如何使用序列化来实现深克隆。

7.3 原型模式的应用实例

下面通过一个应用实例来进一步学习和理解原型模式。

1. 实例说明

> 在使用某 OA 系统时，有些岗位的员工发现他们每周的工作都大同小异，因此在填写工作周报时很多内容都是重复的，为了提高工作周报的创建效率，大家迫切地希望有一种机制能够快速创建相同或者相似的周报，包括创建周报的附件。试使用原型模式对该 OA 系统中的工作周报创建模块进行改进。

2. 实例类图

通过分析，本实例的结构如图 7-5 所示。

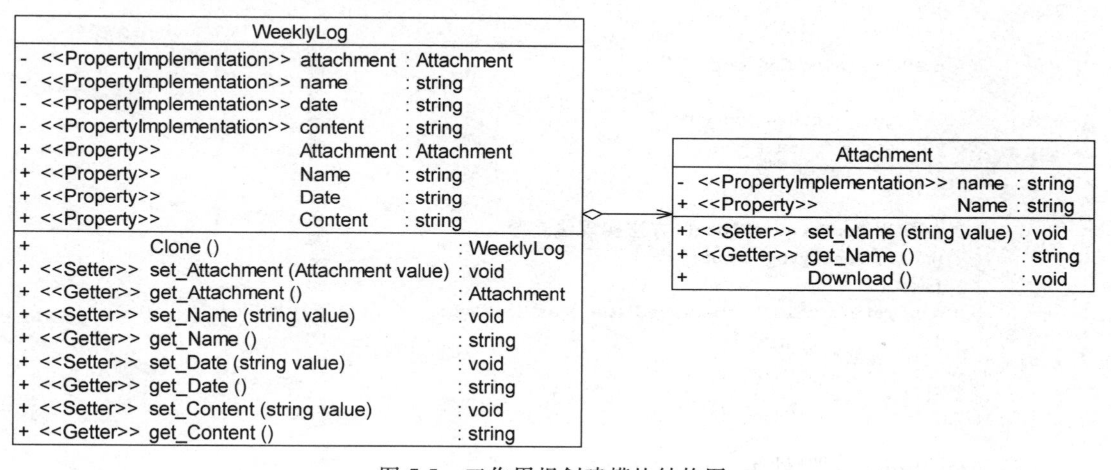

图 7-5 工作周报创建模块结构图

在图 7-5 中，WeeklyLog 充当原型角色，Clone()方法为克隆方法，用于实现原型对象的克隆，Attachment 充当成员类。

3. 实例代码

(1) WeeklyLog：周报类，充当原型角色。在真实环境下该类比较复杂，考虑到代码的可读性，在此只列出部分与模式相关的核心代码。

```
//WeeklyLog.cs
namespace PrototypeSample
{
    class WeeklyLog
    {
        //为了简化设计和实现,假设一份工作周报中只有一个附件,在实际情况下可以包含多个
        //附件,可通过集合来实现
        private Attachment attachment;
```

```
        private string name;
        private string date;
        private string content;

        public Attachment Attachment
        {
            get { return attachment; }
            set { attachment = value; }
        }

        public string Name
        {
            get { return name; }
            set { name = value; }
        }

        public string Date
        {
            get { return date; }
            set { date = value; }
        }

        public string Content
        {
            get { return content; }
            set { content = value; }
        }

        //使用 MemberwiseClone()方法实现浅克隆
        public WeeklyLog Clone()
        {
            return this.MemberwiseClone() as WeeklyLog;    //类型转换
        }
    }
}
```

(2) Attachment：附件类。

```
//Attachment.cs
using System;

namespace PrototypeSample
{
    class Attachment
    {
        private string name;

        public string Name
        {
            get { return name; }
            set { name = value; }
        }

        public void Download()
```

```
            {
                Console.WriteLine("下载附件,文件名为{0}.",name);
            }
        }
    }
```

(3) Program：客户端测试类。

```
// Program.cs
using System;

namespace PrototypeSample
{
    class Program
    {
        static void Main(string[] args)
        {
            WeeklyLog log_previous,log_new;
            log_previous = new WeeklyLog();
            Attachment attachment = new Attachment();
            log_previous.Attachment = attachment;
            log_new = log_previous.Clone();
            Console.WriteLine("周报是否相同?{0}",(log_previous == log_new)?"是":"否");
            Console.WriteLine("附件是否相同?{0}",(log_previous.Attachment == log_new.
Attachment)?"是":"否");
            Console.Read();
        }
    }
}
```

4. 结果及分析

编译并运行程序,输出结果如下：

```
周报是否相同?否
附件是否相同?是
```

从输出结果可以得知,在本实例中周报对象被成功复制,但是附件对象并没有被复制,实现了浅克隆。

5. 深克隆解决方案

为了能够在复制周报的同时复制附件对象,需要采用深克隆机制。本节将介绍如何通过序列化的方式来实现深克隆,使用序列化实现深克隆包含两个步骤。

首先必须将周报类 WeeklyLog 和附件类 Attachment 标记为可序列化(Serializable),如下所示：

```
[Serializable]
class WeeklyLog
{
    private Attachment attachment;
```

```
    …
}

[Serializable]
class Attachment
{
    …
}
```

然后将周报类 WeeklyLog 的 Clone()方法修改如下：

```
//使用序列化方式实现深克隆
public WeeklyLog Clone()
{
    WeeklyLog clone = null;
    FileStream fs = new FileStream("Temp.dat",FileMode.Create);
    BinaryFormatter formatter = new BinaryFormatter();
    try
    {
        formatter.Serialize(fs,this);                          //序列化
    }
    catch (SerializationException e)
    {
        Console.WriteLine("Failed to serialize. Reason: " + e.Message);
        throw;
    }
    finally
    {
        fs.Close();
    }

    FileStream fs1 = new FileStream("Temp.dat",FileMode.Open);
    BinaryFormatter formatter1 = new BinaryFormatter();
    try
    {
        clone = (WeeklyLog)formatter1.Deserialize(fs1);        //反序列化
    }
    catch (SerializationException e)
    {
        Console.WriteLine("Failed to deserialize. Reason: " + e.Message);
        throw;
    }
    finally
    {
        fs1.Close();
    }

    return clone;
}
```

重新执行客户端类 Program，输出结果如下：

```
周报是否相同?否
附件是否相同?否
```

从输出结果可以得知，本实例中，在成功复制周报对象的同时附件对象也被复制，实现了深克隆。

在上述深克隆实现代码中，通过使用 FileStream 类和 BinaryFormatter 类可实现对象的序列化和反序列化操作，首先使用序列化将当前对象写入流中，然后使用反序列化从流中获取对象。由于在序列化时一个对象的成员对象将伴随该对象一起被写入流中，在反序列化时将得到一个包含成员对象的新对象，因此可采用序列化和反序列化联用来实现深克隆。

7.4 原型管理器

原型管理器(Prototype Manager)将多个原型对象存储在一个集合中供客户端使用，它是一个专门负责克隆对象的工厂，其中定义了一个集合用于存储原型对象，如果需要某个原型对象的一个克隆，可以通过复制集合中对应的原型对象来获得。在原型管理器中针对抽象原型类进行编程，以便于扩展，其结构如图 7-6 所示。

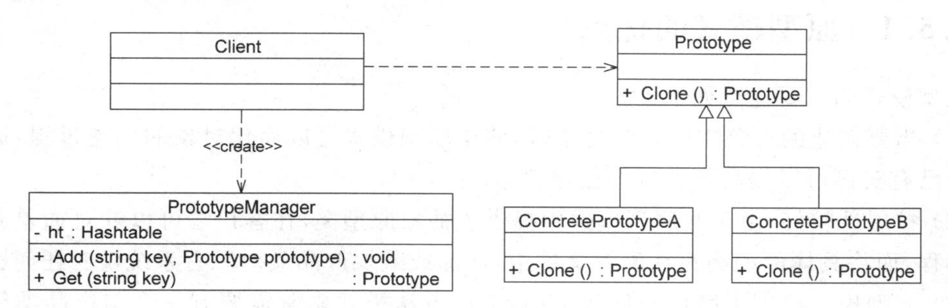

图 7-6 带原型管理器的原型模式

图 7-6 中典型的原型管理器 PrototypeManager 类的实现代码片段如下：

```
using System.Collections;

class PrototypeManager
{
    Hashtable ht = new Hashtable();                    //使用 Hashtable 存储原型对象

    public PrototypeManager()
    {
        ht.Add("A",new ConcretePrototypeA());
        ht.Add("B",new ConcretePrototypeB());
    }

    public void Add(string key,Prototype prototype)
    {
        ht.Add(key,prototype);
    }

    public Prototype Get(string key)
    {
        Prototype clone = null;
```

```
            clone = ((Prototype)ht[key]).Clone();  //通过克隆方法创建新对象
            return clone;
        }
    }
```

在实际开发中,可以将 PrototypeManager 设计为单例类(第 8 章将学习如何设计单例类),确保系统中有且仅有一个 PrototypeManager 对象,既有利于节省系统资源,还可以更好地对原型管理器对象进行控制。

7.5 原型模式的优缺点与适用环境

原型模式作为一种快速创建大量相同或相似对象的方式,在软件开发中的应用较为广泛,很多软件提供的复制(Ctrl+C)和粘贴(Ctrl+V)操作就是原型模式的典型应用。

7.5.1 原型模式的优点

原型模式的主要优点如下:

(1) 当要创建的对象实例较为复杂时,使用原型模式可以简化对象的创建过程,通过复制一个已有实例可以提高新实例的创建效率。

(2) 扩展性较好,由于在原型模式中提供了抽象原型类,在客户端可以针对抽象原型类进行编程,而将具体原型类写在配置文件中,增加或减少产品类对原有系统没有任何影响。

(3) 原型模式提供了简化的创建结构,工厂方法模式常常需要有一个与产品类等级结构相同的工厂等级结构,而原型模式就不需要这样,原型模式中产品的复制是通过封装在原型类中的克隆方法实现的,无须专门的工厂类来创建产品。

(4) 可以使用深克隆的方式保存对象的状态,使用原型模式将对象复制一份并将其状态保存起来,以便在需要的时候使用(例如恢复到某一历史状态),可辅助实现撤销操作。

7.5.2 原型模式的缺点

原型模式的主要缺点如下:

(1) 需要为每一个类配备一个克隆方法,而且该克隆方法位于一个类的内部,当对已有的类进行改造时,需要修改源代码,违背了开闭原则。

(2) 在实现深克隆时需要编写较为复杂的代码,而且当对象之间存在多重的嵌套引用时,为了实现深克隆,每一层对象对应的类都必须支持深克隆,实现起来可能会比较麻烦。

7.5.3 原型模式的适用环境

在以下情况下可以考虑使用原型模式:

(1) 创建新对象成本较大(例如初始化需要占用较长的时间,占用太多的 CPU 资源或网络资源),新对象可以通过复制已有对象来获得,如果是相似对象,则可以对其成员变量稍作修改。

（2）系统要保存对象的状态，而对象的状态变化很小。

（3）需要避免使用分层次的工厂类来创建分层次的对象，并且类的实例对象只有一个或很少的几个组合状态，通过复制原型对象得到新实例可能比使用构造函数创建一个新实例更加方便。

7.6　本章小结

（1）在原型模式中，使用原型实例指定待创建对象的类型，并且通过复制这个原型来创建新的对象。原型模式是一种对象创建型模式。

（2）原型模式包含抽象原型类、具体原型类和客户类 3 个角色。其中，抽象原型类是声明克隆方法的接口，是所有具体原型类的公共父类；具体原型类实现在抽象原型类中声明的克隆方法，在克隆方法中返回自己的一个克隆对象。

（3）根据在复制原型对象的同时是否复制包含在原型对象中引用类型的成员变量，原型模式的克隆机制可分为浅克隆和深克隆。在浅克隆中，当原型对象被复制时只复制它本身和其中包含的值类型的成员变量，而引用类型的成员变量并没有被复制；在深克隆中，除了对象本身被复制外，对象所包含的所有成员变量也将被复制。

（4）在 C#语言中，提供了一个 MemberwiseClone()方法用于实现浅克隆，此外，还提供了用于充当抽象原型角色的 ICloneable 接口。

（5）原型模式的主要优点是当要创建的对象实例较为复杂时，可以简化对象的创建过程，通过复制一个已有实例可以提高新实例的创建效率，而且具有较好的扩展性；其主要缺点在于需要为每一个类配备一个克隆方法，因此在对已有类进行改造时比较麻烦，需要修改源代码，并且在实现深克隆时需要编写较为复杂的代码。

（6）原型模式适用的环境：创建新对象成本较大，新对象可以通过复制已有对象来获得；系统要保存对象的状态，而对象的状态变化很小；需要避免使用分层次的工厂类来创建分层次的对象，并且类的实例对象只有一个或很少的几个组合状态，通过复制原型对象得到新实例可能比使用构造函数创建一个新实例更加方便。

（7）原型管理器将多个原型对象存储在一个集合中供客户端使用，它是一个专门负责克隆对象的工厂，其中定义了一个集合用于存储原型对象，如果需要某个原型对象的一个克隆，可以通过复制集合中对应的原型对象获得。

7.7　习题

1. 关于 C#中的 MemberwiseClone()方法，以下叙述有误的是(　　)。

   A. 对于对象 x，都有 x.MemberwiseClone()==x

   B. 对于对象 x，都有 x.MemberwiseClone().GetType()==x.GetType()

   C. 对于对象 x 的成员对象 Member，都有 x.MemberwiseClone().Member==x.Member

   D. 对于对象 x 的成员对象 Member，都有 x.MemberwiseClone().Member.

GetType()==x. Member. GetType()

2. 以下关于原型模式叙述错误的是(　　)。

A. 原型模式通过给出一个原型对象来指明所要创建的对象的类型,然后用复制这个原型对象的办法创建出更多同类型的对象

B. 浅克隆仅仅复制所考虑的对象,而不复制它所引用的对象,也就是其中的成员对象并不复制

C. 在原型模式中实现深克隆时通常需要编写较为复杂的代码

D. 在原型模式中不需要为每一个类配备一个克隆方法,因此对于原型模式的扩展很灵活,对于已有类的改造也较为容易

3. 某公司要开发一个即时聊天软件,用户在聊天过程中可以与多位好友同时聊天,在私聊时将产生多个聊天窗口,为了提高聊天窗口的创建效率,要求根据第一个窗口快速创建其他窗口。针对这种需求,采用(　　)进行设计最为合适。

A. 享元模式　　B. 单例模式　　C. 原型模式　　D. 组合模式

4. 某数据处理软件需要增加一个图表复制功能,在图表(DataChart)对象中包含一个数据集(DataSet)对象,数据集对象用于封装要显示的数据,用户可以通过界面上的"复制"按钮将该图表复制一份,复制后即可得到新的图表对象,然后可以修改新图表的编号、颜色和数据。试使用原型模式设计该软件,并使用C#语言模拟深克隆实现。

5. 某公司要创建一个公文管理器,在公文管理器中提供一个集合对象来存储一些常用的公文模板,用户可以通过复制这些公文模板快速创建新的公文。试使用带有原型管理器的原型模式来设计该公文管理器,并使用C#代码编程模拟。

6. 为某销售管理系统设计并实现一个客户类Customer,在客户类中包含一个名为客户地址的成员变量,客户地址的类型为Address,用浅克隆和深克隆分别实现Customer对象的复制,并比较这两种克隆方式的异同。

第8章

单例模式

本章导学

单例模式是结构最简单的设计模式，在它的核心结构中只包含一个被称为单例类的特殊类。通过单例模式可以确保系统中的一个类只有一个实例，而且该实例易被外界访问，从而方便对实例个数进行控制，节约系统资源。

本章将学习如何使用单例模式来确保系统中某个类的实例对象的唯一性，学习单例模式的实现方式以及如何在实际项目开发中合理地使用单例模式。

本章知识点

- 单例模式的定义。
- 单例模式的结构。
- 单例模式的实现。
- 单例模式的应用。
- 单例模式的优缺点。
- 单例模式的适用环境。
- 饿汉式单例和懒汉式单例。

8.1 单例模式概述

对于一个软件系统中的某些类而言，只有一个实例很重要。例如，一个系统只能有一个窗口管理器或文件系统；一个系统只能有一个计时工具或ID(序号)生成器等。在Windows操作系统中只能打开一个任务管理器窗口，如图8-1所示。如果不使用机制对窗口对象进行唯一化，势必会弹出多个窗口。如果这些窗口显示的内容完全一致，则是重复对象，浪费内存资源；如果这些窗口显示的内容不一致，则意味着在某一瞬间系统有多个状态，与实际不符，也会给用户带来误解，不知道哪一个才是真实的状态。因此，有时确保系统中某个对象的唯一性(即一个类只能有一个实例)非常重要。

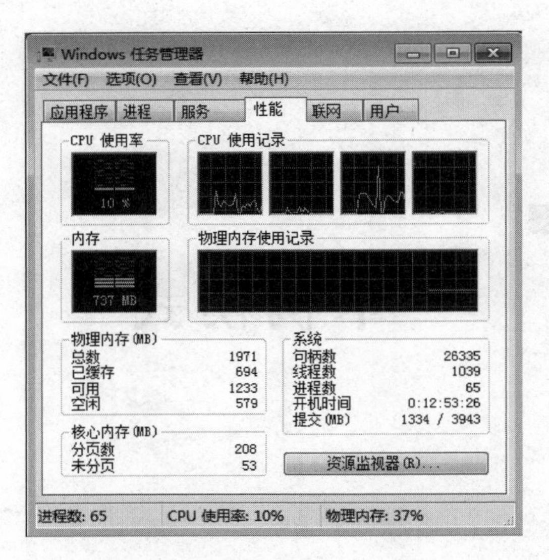

图 8-1　Windows 任务管理器

如何保证一个类只有一个实例并且这个实例易于被访问呢？定义一个统一的全局变量可以确保对象随时都可以被访问，但不能防止创建多个对象。一个更好的解决办法是让类自身负责创建和保存它的唯一实例，并保证不能创建其他实例，它还提供了一个访问该实例的方法，这就是单例模式的动机。

单例模式的定义如下：

> **单例模式**：确保一个类只有一个实例，并提供一个全局访问点来访问这个唯一实例。
>
> **Singleton Pattern**: Ensure a class has only one instance, and provide a global point of access to it.

单例模式是一种对象创建型模式。单例模式有 3 个要点：一是某个类只能有一个实例；二是它必须自行创建这个实例；三是它必须自行向整个系统提供这个实例。

8.2　单例模式的结构与实现

8.2.1　单例模式的结构

单例模式是结构最简单的设计模式，它只包含一个类，即单例类。单例模式的结构如图 8-2 所示。

由图 8-2 可知，单例模式只包含一个单例角色——Singleton（单例），在单例类的内部创建它的唯一实例，并通过静态方法 GetInstance()让客户端可以使用它的唯一实例。为了防止在外部对单例类实例化，将其构造函数的可见性设为 private，并在单例类内部定义了一个 Singleton 类型的静态对象，作为供外部共享访问的唯一实例。

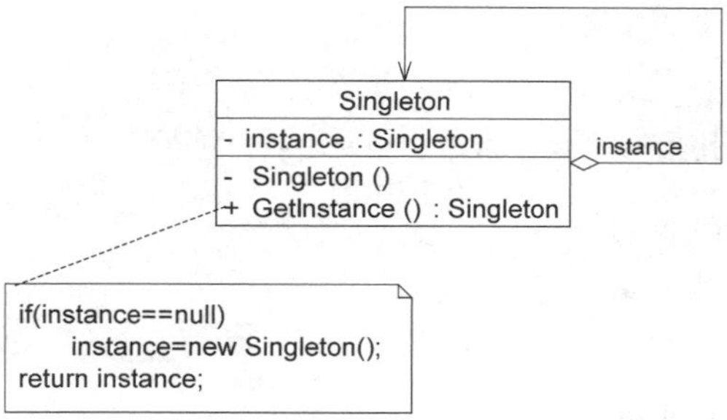

图 8-2 单例模式结构图

8.2.2 单例模式的实现

单例模式的目的是保证一个类有且仅有一个实例，并提供一个访问它的全局访问点。单例模式包含的角色只有一个，就是单例类——Singleton。单例类拥有一个私有构造函数，确保用户无法通过 new 关键字直接实例化它。除此之外，单例类中还包含一个静态私有成员变量与静态公有的工厂方法，该工厂方法负责检验实例的存在性并实例化自己，然后存储在静态成员变量中，以确保只有一个实例被创建。

通常，单例模式的实现代码如下：

```
class Singleton
{
    private static Singleton instance = null; //静态私有成员变量

    //私有构造函数
    private Singleton()
    {
    }

    //静态公有工厂方法,返回唯一实例
    public static Singleton GetInstance()
    {
        if(instance == null)
            instance = new Singleton();
        return instance;
    }
}
```

为了测试单例类所创建对象的唯一性，可以编写以下客户端测试代码：

```
using System;

class Program
{
    static void Main(string[] args) {
        Singleton s1 = Singleton.GetInstance();
        Singleton s2 = Singleton.GetInstance();
```

```
            //判断两个对象是否相同
            if (s1 == s2)
            {
                Console.WriteLine("两个对象是相同实例。");
            }
            Console.Read();
        }
    }
```

编译代码并运行,输出结果为:

```
两个对象是相同实例。
```

说明两次调用 GetInstance()所获取的对象是同一实例对象,且无法在外部对 Singleton 进行实例化,因此能够确保系统中只有唯一的一个 Singleton 对象。

在单例模式的实现过程中,用户需要注意以下 3 点:

(1) 单例类构造函数的可见性为 private。

(2) 提供一个类型为自身的静态私有成员变量。

(3) 提供一个公有的静态工厂方法。

8.3 单例模式的应用实例

下面通过一个应用实例来进一步学习和理解单例模式。

1. 实例说明

> 某软件公司承接了一个服务器负载均衡(Load Balance)软件的开发工作,该软件运行在一台负载均衡服务器上,可以将并发访问和数据流量分发到服务器集群中的多台设备上进行并发处理,提高了系统的整体处理能力,缩短了响应时间。由于集群中的服务器需要动态删减,且客户端请求需要统一分发,因此需要确保负载均衡器的唯一性,只能有一个负载均衡器来负责服务器的管理和请求的分发,否则将会带来服务器状态的不一致以及请求分配冲突等问题。如何确保负载均衡器的唯一性是该软件成功的关键,试使用单例模式设计服务器负载均衡器。

2. 实例类图

通过分析,本实例的结构如图 8-3 所示。

在图 8-3 中,将负载均衡器 LoadBalancer 设计为单例角色,其中包含一个存储服务器信息的集合 serverList,每次在 serverList 中随机选择一台服务器来响应客户端的请求。

3. 实例代码

(1) LoadBalancer:负载均衡器类,充当单例角色。在真实环境下该类非常复杂,包括

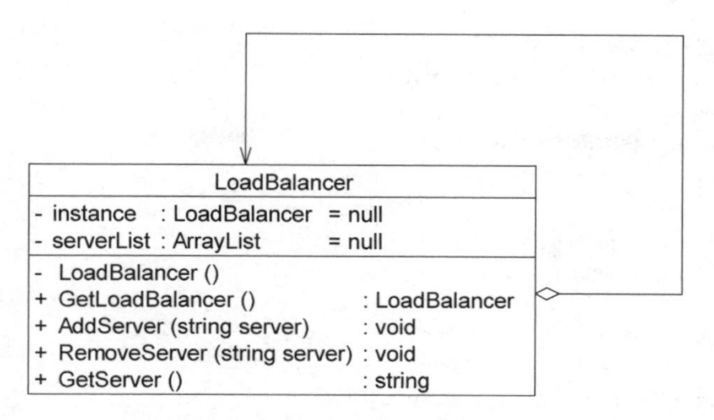

图 8-3 服务器负载均衡器结构图

大量初始化的工作和业务方法，考虑到代码的可读性和易理解性，在此只列出部分与模式相关的核心代码。

```
//LoadBalancer.cs
using System;
using System.Collections;

namespace SingletonSample
{
    class LoadBalancer
    {
        //私有静态成员变量,存储唯一实例
        private static LoadBalancer instance = null;
        //服务器集合
        private ArrayList serverList = null;

        //私有构造函数
        private LoadBalancer()
        {
            serverList = new ArrayList();
        }

        //公有静态成员方法,返回唯一实例
        public static LoadBalancer GetLoadBalancer()
        {
            if (instance == null)
            {
                instance = new LoadBalancer();
            }
            return instance;
        }

        //增加服务器
        public void AddServer(string server)
        {
            serverList.Add(server);
        }
```

```
        //删除服务器
        public void RemoveServer(string server)
        {
            serverList.Remove(server);
        }

        //使用 Random 类随机获取服务器
        public string GetServer()
        {
            Random random = new Random();
            int i = random.Next(serverList.Count);
            return serverList[i].ToString();
        }
    }
}
```

(2) Program：客户端测试类。

```
// Program.cs
using System;

namespace SingletonSample
{
    class Program
    {
        static void Main(string[] args)
        {
            //创建 4 个 LoadBalancer 对象
            LoadBalancer balancer1,balancer2,balancer3,balancer4;
            balancer1 = LoadBalancer.GetLoadBalancer();
            balancer2 = LoadBalancer.GetLoadBalancer();
            balancer3 = LoadBalancer.GetLoadBalancer();
            balancer4 = LoadBalancer.GetLoadBalancer();

            //判断服务器负载均衡器是否相同
            if (balancer1 == balancer2 && balancer2 == balancer3 && balancer3 == balancer4)
            {
                Console.WriteLine("服务器负载均衡器具有唯一性!");
            }

            //增加服务器
            balancer1.AddServer("Server 1");
            balancer1.AddServer("Server 2");
            balancer1.AddServer("Server 3");
            balancer1.AddServer("Server 4");

            //模拟客户端请求的分发,如果输出结果为同一个 Server,可以将 i 适当放大,例如
            //改为"i < 100"
            for (int i = 0; i < 10; i++)
            {
                string server = balancer1.GetServer();
                Console.WriteLine("分发请求至服务器: " + server);
```

```
            }

            Console.Read();
        }
    }
}
```

4. 结果及分析

编译并运行程序,输出结果如下:

```
服务器负载均衡器具有唯一性!
分发请求至服务器: Server 1
分发请求至服务器: Server 1
分发请求至服务器: Server 1
分发请求至服务器: Server 1
分发请求至服务器: Server 2
分发请求至服务器: Server 2
分发请求至服务器: Server 2
分发请求至服务器: Server 2
分发请求至服务器: Server 3
分发请求至服务器: Server 3
```

虽然创建了 4 个 LoadBalancer 对象,但是它们实际上是同一个对象,因此,通过使用单例模式可以确保 LoadBalancer 对象的唯一性。

8.4 饿汉式单例与懒汉式单例

1. 饿汉式单例类

饿汉式单例类(Eager Singleton)是实现起来最简单的单例类,饿汉式单例类结构如图 8-4 所示。

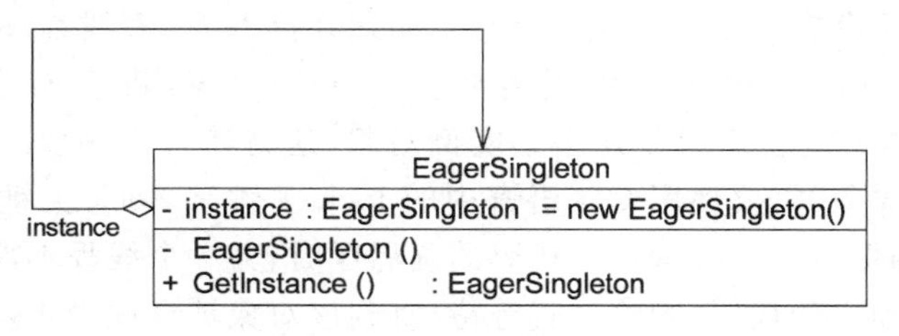

图 8-4　饿汉式单例类图

从图 8-4 中可以看出,由于在定义静态变量的时候实例化了单例类,因此在类加载时单例对象就已创建,代码如下:

```
class EagerSingleton
{
```

```
    private static EagerSingleton instance = new EagerSingleton();

    private EagerSingleton() { }

    public static EagerSingleton GetInstance()
    {
        return instance;
    }
}
```

当类被加载时，静态变量 instance 会被初始化，此时类的私有构造函数会被调用，单例类的唯一实例将被创建。

2. 懒汉式单例类与双重检查锁定

与饿汉式单例类相同的是，懒汉式单例类(Lazy Singleton)的构造函数也是私有的。与饿汉式单例类不同的是，懒汉式单例类在第一次被引用时将自己实例化，在懒汉式单例类被加载时不会将自己实例化。懒汉式单例类结构如图 8-5 所示。

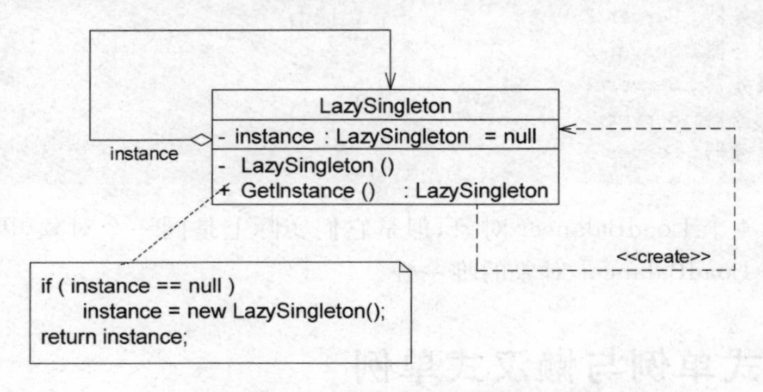

图 8-5 懒汉式单例类图

从图 8-5 中可以看出，在懒汉式单例类中，不是在定义静态变量时实例化单例类，而是在第一次调用静态工厂方法时实例化单例类。前面应用实例中的负载均衡器类 LoadBalancer 就是采用懒汉式单例来实现的。

但是懒汉式单例存在一个很严重的问题：如果在高并发、多线程环境下实现懒汉式单例类，在某一时刻可能会有多个线程需要使用单例对象，即会有多个线程同时调用 GetInstance()方法，可能会造成创建多个实例对象，这将违背单例模式的设计意图。为了防止生成多个单例对象，需要使用 C# 语言中的 lock 关键字，lock 关键字锁定的代码片段称为临界区，可以确保当一个线程位于代码的临界区时，另一个线程不能进入临界区。如果其他线程试图进入锁定的代码，则将一直等待，直到该对象被释放为止。修改之后的懒汉式单例类代码如下：

```
class LazySingleton
{
    private static LazySingleton instance = null;
    //程序运行时创建一个静态只读的辅助对象
    private static readonly object syncRoot = new object();
```

```
    private LazySingleton() { }

    public static LazySingleton GetInstance()
    {
        //第一重判断,先判断实例是否存在,不存在再加锁处理
        if (instance == null)
        {
            //加锁的程序在某一时刻只允许一个线程访问
            lock(syncRoot)
            {
                //第二重判断
                if(instance == null)
                {
                    instance = new LazySingleton();  //创建单例实例
                }
            }
        }
        return instance;
    }
}
```

在上面给出的懒汉式单例类实现代码中,对静态工厂方法 GetInstance()中创建单例对象的代码进行了加锁,由于在调用时无法确定该单例对象是否已创建,因此需要使用辅助对象 syncRoot 来进行代码锁定。为了不影响程序的性能,此处只锁定创建单例对象的代码,并未锁定整个方法。如果实例存在则直接返回,如果实例未创建则加锁后再创建。

为了更好地对单例对象的创建进行控制,此处使用了一种被称为双重检查锁定(Double-Check Locking)的双重判断机制。在双重检查锁定中,当实例不存在且同时有两个线程调用 GetInstance()方法时,它们都可以通过第一重“instance==null”判断,并且由于 lock 锁定机制,只有一个线程进入 lock 中执行创建代码,另一个线程处于排队等待状态,必须等待第一个线程执行完毕才可以进入 lock 锁定的代码,如果此时不进行第二重“instance==null”判断,第二个线程并不知道实例已经创建,将继续创建新的实例,还是会产生多个单例对象,违背了单例模式的设计思想,因此需要进行双重检查。

3. 饿汉式单例类与懒汉式单例类比较

饿汉式单例类在类被加载时就将自己实例化,它的优点在于无须考虑多个线程同时访问的问题,可以确保实例的唯一性;从调用速度和反应时间角度来讲,由于单例对象一开始就得以创建,因此要优于懒汉式单例。但是无论系统在运行时是否需要使用该单例对象,由于在类加载时该对象就需要创建,因此从资源利用效率角度来讲,饿汉式单例不及懒汉式单例,而且在系统加载时由于需要创建饿汉式单例对象,加载时间可能会比较长。

懒汉式单例类在第一次使用时创建,无须一直占用系统资源,实现了延迟加载,但是必须处理多个线程同时访问的问题,特别是当单例类作为资源控制器,在实例化时必然会涉及资源初始化,而资源初始化很有可能耗费大量时间,这意味着出现多线程同时首次引用此类

的概率变得较大，需要通过双重检查锁定等机制进行控制，这将导致系统性能受到一定影响。

8.5 单例模式的优缺点与适用环境

单例模式作为一种目标明确、结构简单、理解容易的设计模式，在软件开发中使用频率相当高，在很多应用软件和框架中都得以广泛应用。

8.5.1 单例模式的优点

单例模式的主要优点如下：

(1) 单例模式提供了对唯一实例的受控访问。因为单例类封装了它的唯一实例，所以可以严格控制客户怎样访问它以及何时访问它。

(2) 由于在系统内存中只存在一个对象，因此可以节约系统资源，对于一些需要频繁创建和销毁的对象，使用单例模式无疑可以提高系统的性能。

(3) 单例模式允许可变数目的实例。基于单例模式可以进行扩展，使用与控制单例对象相似的方法来获得指定个数的实例对象，既节省系统资源，又解决了由于单例对象共享过多有损性能的问题(自行提供指定数目实例对象的类可称为多例类)。

8.5.2 单例模式的缺点

单例模式的主要缺点如下：

(1) 由于单例模式中没有抽象层，因此，单例类的扩展有很大的困难。

(2) 单例类的职责过重，在一定程度上违背了单一职责原则。因为单例类既提供了业务方法，又提供了创建对象的方法(工厂方法)，将对象的创建和对象本身的功能耦合在一起。

(3) 现在很多面向对象语言(如C#、Java)的运行环境都提供了自动垃圾回收技术，因此，实例化的共享对象长时间不被利用，系统会认为它是垃圾，会自动销毁并回收资源，在下次利用时又将重新实例化，这将导致共享的单例对象状态丢失。

8.5.3 单例模式的适用环境

在以下情况下可以考虑使用单例模式：

(1) 系统只需要一个实例对象，例如系统要求提供一个唯一的序列号生成器或资源管理器，或者因为资源消耗太大而只允许创建一个对象。

(2) 客户调用类的单个实例只允许使用一个公共访问点，除了该公共访问点，不能通过其他途径访问该实例。

8.6　本章小结

（1）单例模式确保某一个类只有一个实例，而且自行实例化并向整个系统提供这个实例，这个类称为单例类，它提供了全局访问的方法。单例模式是一种对象创建型模式。

（2）单例模式只包含一个单例角色。单例类的构造函数为私有，它提供一个自身类型的静态私有成员变量和一个公有的静态工厂方法。

（3）单例模式的主要优点在于提供了对唯一实例的受控访问并可以节约系统资源；其主要缺点在于因为缺少抽象层而难以扩展，且单例类职责过重，将太多的功能耦合在一起。

（4）单例模式适用的环境：系统只需要一个实例对象；客户调用类的单个实例只允许使用一个公共访问点。

（5）饿汉式单例在类加载的时候创建唯一实例，懒汉式单例在第一次调用静态工厂方法时创建唯一实例。

（6）在懒汉式单例类中，为了确保线程安全，避免创建多个单例对象，需要使用双重检查锁定机制来对单例对象的创建进行控制。

8.7　习题

1. 在（　　）时可使用单例模式。

　A. 隔离菜单项对象的创建和使用

　B. 防止一个资源管理器窗口被实例化多次

　C. 使用一个已有的查找算法而不想修改既有代码

　D. 不能创建子类，需要扩展一个数据过滤类

2. 以下关于单例模式的描述，正确的是（　　）。

　A. 描述了只有一个方法的类的集合

　B. 能够保证一个类只产生一个唯一的实例

　C. 描述了只有一个属性的类的集合

　D. 能够保证一个类的方法只能被一个唯一的类调用

3. 以下（　　）不是单例模式的要点。

　A. 某个类只能有一个实例

　B. 单例类不能被继承

　C. 必须自行创建单个实例

　D. 必须自行向整个系统提供单个实例

4. 分析并理解饿汉式单例与懒汉式单例的异同。

5. 什么是双重检查锁定？为什么要进行双重检查锁定？C#如何实现双重检查锁定？

6. 使用 MS Visual Studio 设计一个多文档窗口（MDI），然后创建一个工具栏（ToolStrip），在工具栏中添加一个按钮，单击该按钮会弹出一个“工具”窗口，使用单例模式

进行设计，使得“工具”窗口只能弹出一个，如图 8-6 所示。

7. 某软件公司开发人员要创建一个数据库连接池，将指定个数的(如两个或 3 个)数据库连接对象存储在连接池中，客户端代码可以从池中随机取一个连接对象来连接数据库。试通过对单例类进行改造，设计一个能够自行提供指定个数实例对象的数据库连接类并用 C# 代码编程模拟。

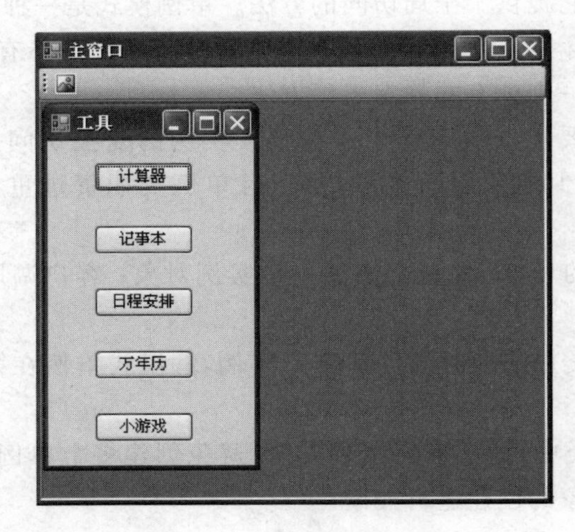

图 8-6 “工具”窗口示意图

第9章

适配器模式

本章导学

结构型模式关注如何将现有类或对象组织在一起形成更加强大的结构，在 GoF 设计模式中包含 7 种结构型设计模式，它们适用于不同的环境，使用不同的方式组合类与对象，使之可以协同工作。

适配器模式是一种使用频率非常高的结构型设计模式，如果在系统中存在不兼容的接口，可以通过引入一个适配器来使得原本因为接口不兼容而不能一起工作的两个类可以协同工作。

本章将对 7 种结构型模式进行简要的介绍，学习适配器模式的定义，掌握类适配器模式和对象适配器模式的结构与实现方式，并结合实例学习如何在实际软件项目开发中应用适配器模式，还将学习缺省适配器模式和双向适配器模式等适配器模式的扩展形式。

本章知识点

- 结构型模式。
- 适配器模式的定义。
- 适配器模式的结构。
- 适配器模式的实现。
- 适配器模式的应用。
- 适配器模式的优缺点。
- 适配器模式的适用环境。
- 缺省适配器模式。
- 双向适配器。

9.1 结构型模式

在面向对象软件系统中，每个类/对象都承担了一定的职责，它们可以相互协作，实现一些复杂的功能。结构型模式(Structural Pattern)关注如何将现有类或对象组织在一起形成更加强大的结构。不同的结构型模式从不同的角度组合类或对象,它们在尽可能满足各种面向对象设计原则的同时为类或对象的组合提供一系列巧妙的解决方案。

结构型模式可以描述两种不同的东西:类与类的实例(即对象)。根据这一点,结构型模式可以分为类结构型模式和对象结构型模式。类结构型模式关心类的组合,由多个类组合成一个更大的系统,在类结构型模式中一般只存在继承关系和实现关系;而对象结构型模式关心类与对象的组合,通过关联关系,在一个类中定义另一个类的实例对象,然后通过该对象调用相应的方法。根据合成复用原则,在系统中尽量使用关联关系来替代继承关系,因此,大部分结构型模式都是对象结构型模式。

在 GoF 设计模式中包含 7 种结构型模式,它们的名称、定义、学习难度和使用频率如表 9-1 所示。

表 9-1　结构型模式一览表

模式名称	定　义	学习难度	使用频率
适配器模式(Adapter Pattern)	将一个类的接口转换成客户希望的另一个接口。适配器模式让那些接口不兼容的类可以一起工作	★★☆☆☆	★★★★☆
桥接模式(Bridge Pattern)	将抽象部分与它的实现部分解耦,使得两者都能够独立变化	★★★☆☆	★★★☆☆
组合模式(Composite Pattern)	组合多个对象形成树形结构,以表示具有部分-整体关系的层次结构。组合模式让客户端可以统一对待单个对象和组合对象	★★★☆☆	★★★★☆
装饰模式(Decorator Pattern)	动态地给一个对象增加一些额外的职责。就扩展功能而言,装饰模式提供了一种比使用子类更加灵活的替代方案	★★★☆☆	★★★☆☆
外观模式(Facade Pattern)	为子系统中的一组接口提供一个统一的入口。外观模式定义了一个高层接口,这个接口使得这一子系统更加容易使用	★☆☆☆☆	★★★★★
享元模式(Flyweight Pattern)	运用共享技术有效地支持大量细粒度对象的复用	★★★★☆	★☆☆☆☆
代理模式(Proxy Pattern)	给某一个对象提供一个代理或占位符,并由代理对象来控制对原对象的访问	★★★☆☆	★★★★☆

9.2 适配器模式概述

众所周知,我们国家的生活用电的电压是 220V,而笔记本电脑、手机等电子设备的工作电压没有这么高,为了使笔记本电脑、手机等设备可以使用 220V 的生活用电,需要电源适配器(AC Adapter),也就是充电器或变压器,有了这个电源适配器,生活用电和笔记本电脑就可以兼容了。在这里,电源适配器充当了一个适配器的角色,如图 9-1 所示。

在软件开发中,有时也存在类似这种不兼容的情况,也可以像引入一个电源适配器那样引入一个称之为适配器的角色来协调这些存在不兼容的结构,这种设计方案即为适配器模式。

图 9-1 电源适配器示意图

与电源适配器相似，在适配器模式中引入了一个被称为适配器(Adapter)的包装类，而它所包装的对象称为适配者(Adaptee)，即被适配的类。适配器的实现就是把客户类的请求转化为对适配者的相应接口的调用。也就是说：当客户类调用适配器的方法时，在适配器类的内部将调用适配者类的方法，而这个过程对客户类是透明的，客户类并不直接访问适配者类。因此，适配器让那些由于接口不兼容而不能交互的类可以一起工作。

适配器模式可以将一个类的接口和另一个类的接口匹配起来，而无须修改原来的适配者接口和抽象目标类接口。

适配器模式的定义如下：

> **适配器模式**：将一个类的接口转换成客户希望的另一个接口。适配器模式让那些接口不兼容的类可以一起工作。
>
> **Adapter Pattern**: Convert the interface of a class into another interface clients expect. Adapter lets classes work together that couldn't otherwise because of incompatible interfaces.

适配器模式的别名为包装器(Wrapper)模式，它既可以作为类结构型模式，也可以作为对象结构型模式。在适配器模式定义中所提及的接口是指广义的接口，它可以表示一个方法或者方法的集合。

9.3 适配器模式的结构与实现

适配器模式包括类适配器和对象适配器。在对象适配器模式中，适配器与适配者之间是关联关系；在类适配器模式中，适配器与适配者之间是继承(或实现)关系。下面分别对两种适配器进行结构分析。

9.3.1 适配器模式的结构

类适配器模式的结构如图 9-2 所示。

对象适配器模式的结构如图 9-3 所示。

由图 9-2 和图 9-3 可知，适配器模式包含以下 3 个角色。

(1) **Target(目标抽象类)**：目标抽象类定义客户所需的接口，可以是一个抽象类或接

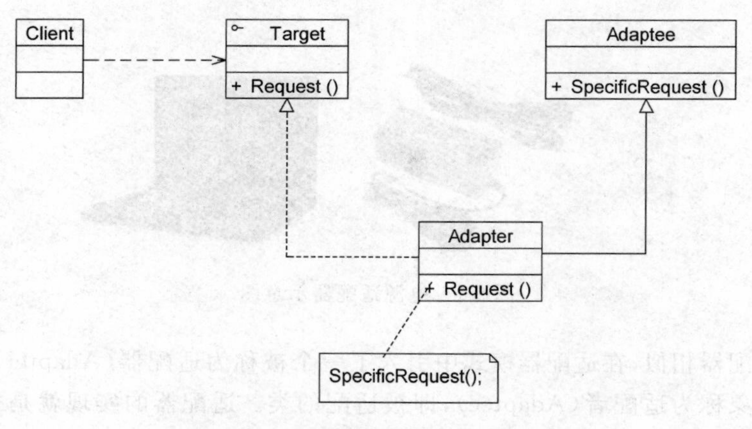

图 9-2　类适配器模式结构图

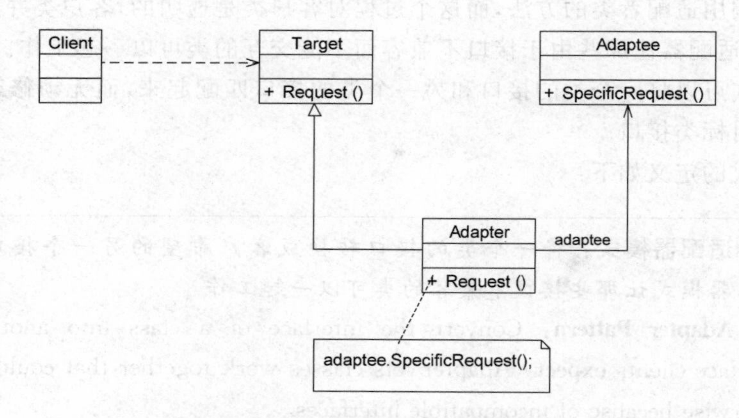

图 9-3　对象适配器模式结构图

口,也可以是具体类。在类适配器中,由于C#语言不支持多重继承,它只能是接口。

(2) **Adapter(适配器类)**:它可以调用另一个接口,作为一个转换器,对 Adaptee 和 Target 进行适配。适配器 Adapter 是适配器模式的核心,在类适配器中,它通过实现 Target 接口并继承 Adaptee 类来使二者产生联系,在对象适配器中,它通过继承 Target 并关联一个 Adaptee 对象使二者产生联系。

(3) **Adaptee(适配者类)**:适配者即被适配的角色,它定义了一个已经存在的接口,这个接口需要适配,适配者类一般是一个具体类,包含了客户希望使用的业务方法,在某些情况下甚至没有适配者类的源代码。

9.3.2　适配器模式的实现

由于适配器模式包括类适配器模式和对象适配器模式两种形式,下面分别介绍这两种适配器模式的实现机制。

1. 类适配器

根据图 9-2 所示的类适配器模式结构图,在类适配器中,适配者类 Adaptee 没有 Request()方法,而客户期待这个方法,但在适配者类中实现了 SpecificRequest()方法,该方法所提供的实现正是客户所需要的。为了使客户能够使用适配者类,提供了一个中间类,即适配器类 Adapter,适配器类实现了抽象目标类接口 Target,并继承了适配者类,在适配器类的 Request()方法中调用所继承的适配者类的 SpecificRequest()方法,达到了适配的目的。因为适配器类与适配者类是继承关系,所以这种适配器模式称为类适配器模式。典型的类适配器代码如下:

```
class Adapter : Adaptee, Target
{
    public void Request()
    {
        base.SpecificRequest();
    }
}
```

2. 对象适配器

根据图 9-3 所示的对象适配器模式结构图,在对象适配器中,客户端需要调用 Request()方法,而适配者类 Adaptee 没有该方法,但是它所提供的 SpecificRequest()方法却是客户端所需要的。为了使客户端能够使用适配者类,需要提供一个包装类 Adapter,即适配器类。这个包装类包装了一个适配者的实例,从而将客户端与适配者衔接起来,在适配器的 Request()方法中调用适配者的 SpecificRequest()方法。因为适配器类与适配者类是关联关系(也可称为委派关系),所以这种适配器模式称为对象适配器模式。典型的对象适配器代码如下:

```
class Adapter : Target
{
    private Adaptee adaptee;                 //维持一个对适配者对象的引用

    public Adapter(Adaptee adaptee)
    {
        this.adaptee = adaptee;
    }

    public void Request()
    {
        adaptee.SpecificRequest();      //转发调用
    }
}
```

适配器模式可以将一个类的接口和另一个类的接口匹配起来,使用的前提是不能或不想修改原来的适配者接口和抽象目标类接口。例如,购买了一些第三方类库或控件,但是没有源代码,此时使用适配器模式可以统一对象访问接口。

适配器模式更多的是强调对代码的组织,而不是功能的实现。在实际开发中,对象适配器的使用频率更高。

9.4 适配器模式的应用实例

下面通过一个应用实例进一步学习和理解适配器模式。

1. 实例说明

> 在为某学校开发教务管理系统时，开发人员发现需要对学生成绩进行排序和查找，该系统的设计人员已经开发了一个成绩操作接口 ScoreOperation，在该接口中声明了排序方法 Sort(int[]) 和查找方法 Search(int[], int)，为了提高排序和查找的效率，开发人员决定重用现有算法库中的快速排序算法类 QuickSortClass 和二分查找算法类 BinarySearchClass，其中，QuickSortClass 的 QuickSort(int[]) 方法实现了快速排序，BinarySearchClass 的 BinarySearch (int[], int) 方法实现了二分查找。
>
> 由于某些原因，开发人员已经找不到该算法库的源代码，无法直接通过复制和粘贴操作来重用其中的代码；而且部分开发人员已经针对 ScoreOperation 接口编程，如果再要求对该接口进行修改或要求大家直接使用 QuickSortClass 类和 BinarySearchClass 类将导致大量代码需要修改。
>
> 现使用适配器模式设计一个系统，在不修改已有代码的前提下将类 QuickSortClass 和类 BinarySearchClass 的相关方法适配到 ScoreOperation 接口中。

2. 实例类图

通过分析，本实例采用对象适配器模式来实现，其结构如图 9-4 所示。

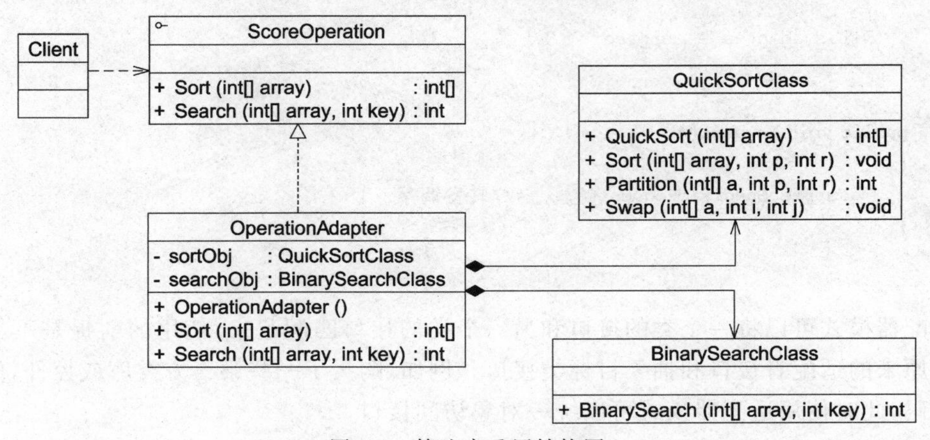

图 9-4 算法库重用结构图

在图 9-4 中，ScoreOperation 接口充当抽象目标，QuickSortClass 和 BinarySearchClass 类充当适配者，OperationAdapter 充当适配器。

3. 实例代码

(1) ScoreOperation：抽象成绩操作类，充当目标接口。

```
//ScoreOperation.cs
namespace AdapterSample
{
    interface ScoreOperation
    {
        int[] Sort(int[] array);                    //成绩排序
        int Search(int[] array, int key);           //成绩查找
    }
}
```

(2) QuickSortClass：快速排序类，充当适配者。

```
//QuickSortClass.cs
namespace AdapterSample
{
    class QuickSortClass
    {
        public int[] QuickSort(int[] array)
        {
            Sort(array,0,array.Length - 1);
            return array;
        }

        public void Sort(int[] array, int p, int r)
        {
            int q = 0;
            if (p < r)
            {
                q = Partition(array,p,r);
                Sort(array,p,q - 1);
                Sort(array,q + 1,r);
            }
        }

        public int Partition(int[] a, int p, int r)
        {
            int x = a[r];
            int j = p - 1;
            for (int i = p;i <= r - 1;i++)
            {
                if (a[i] <= x)
                {
                    j++;
                    Swap(a,j,i);
                }
            }
            Swap(a,j + 1,r);
            return j + 1;
        }
```

```
        public void Swap(int[ ] a, int i, int j)
        {
            int t = a[i];
            a[i] = a[j];
            a[j] = t;
        }
    }
}
```

(3) BinarySearchClass：二分查找类，充当适配者。

```
//BinarySearchClass.cs
namespace AdapterSample
{
    class BinarySearchClass
    {
        public int BinarySearch(int[ ] array, int key)
        {
            int low = 0;
            int high = array.Length - 1;
            while (low <= high)
            {
                int mid = (low + high) / 2;
                int midVal = array[mid];
                if (midVal < key)
                {
                    low = mid + 1;
                }
                else if (midVal > key)
                {
                    high = mid - 1;
                }
                else
                {
                    return 1;                  //找到元素返回 1
                }
            }
            return -1;                         //未找到元素返回 -1
        }
    }
}
```

(4) OperationAdapter：操作适配器，充当适配器。

```
//OperationAdapter.cs
namespace AdapterSample
{
    class OperationAdapter : ScoreOperation
    {
        private QuickSortClass sortObj;        //定义适配者 QuickSortClass 对象
        private BinarySearchClass searchObj;  //定义适配者 BinarySearchClass 对象
```

```
        public OperationAdapter()
        {
            sortObj = new QuickSortClass();
            searchObj = new BinarySearchClass();
        }

        public int[] Sort(int[] array)
        {
            return sortObj.QuickSort(array); //调用适配者类 QuickSortClass 的排序方法
        }

        public int Search(int[] array, int key)
        {
            //调用适配者类 BinarySearchClass 的查找方法
            return searchObj.BinarySearch(array,key);
        }
    }
}
```

（5）配置文件 App. config：在配置文件中存储了适配器类的类名。

```
<?xml version = "1.0" encoding = "utf - 8" ?>
<configuration>
  <appSettings>
    <add key = "adapter" value = "AdapterSample.OperationAdapter"/>
  </appSettings>
</configuration>
```

（6）Program：客户端测试类。

```
//Program.cs
using System;
using System.Configuration;
using System.Reflection;

namespace AdapterSample
{
    class Program
    {
        static void Main(string[] args)
        {
            ScoreOperation operation;                       //针对抽象目标接口编程

            //读取配置文件
            string adapterType = ConfigurationManager.AppSettings["adapter"];
            //反射生成对象
            operation = (ScoreOperation)Assembly.Load("AdapterSample").
CreateInstance(adapterType);

            int[] scores = {84,76,50,69,90,91,88,96}; //定义成绩数组
            int[] result;
```

```
            int score;

            Console.WriteLine("成绩排序结果: ");
            result = operation.Sort(scores);

            //遍历输出成绩
            foreach (int i in result)
            {
                Console.Write(i + ",");
            }
            Console.WriteLine();
            Console.WriteLine("查找成绩 90: ");
            score = operation.Search(result,90);
            if (score !=-1)
            {
                 Console.WriteLine("找到成绩 90。");
            }
            else
            {
                Console.WriteLine("没有找到成绩 90。");
            }

            Console.WriteLine("查找成绩 92: ");
            score = operation.Search(result,92);
            if (score !=-1)
            {
                 Console.WriteLine("找到成绩 92。");
            }
            else
            {
                Console.WriteLine("没有找到成绩 92。");
            }

            Console.Read();
        }
    }
}
```

4. 结果及分析

编译并运行程序,输出结果如下:

```
成绩排序结果:
50,69,76,84,88,90,91,96,
查找成绩 90:
找到成绩 90。
查找成绩 92:
没有找到成绩 92。
```

在本实例中使用了对象适配器模式,同时引入了配置文件,将适配器类的类名存储在配置文件 App. config 中。如果需要使用其他排序算法类和查找算法类,可以增加一个新的适配器类,使用新的适配器来适配新的算法,原有代码无须修改。通过引入配置文件和反射机制,可以在不修改客户端代码的情况下使用新的适配器,无须修改源代码,符合开闭原则。

9.5 缺省适配器模式

缺省适配器模式是适配器模式的一种变体，其应用也较为广泛。

缺省适配器模式的定义如下：

> **缺省适配器模式(Default Adapter Pattern)**：当不需要实现一个接口所提供的所有方法时，可先设计一个抽象类实现该接口，并为接口中的每个方法提供一个默认实现(空方法)，那么该抽象类的子类可以有选择性地覆盖父类的某些方法来实现需求，它适用于不想使用一个接口中的所有方法的情况，又称为单接口适配器模式。

缺省适配器模式的结构如图 9-5 所示。

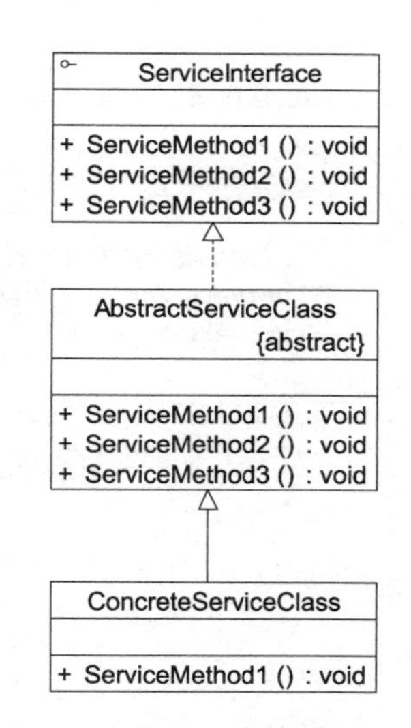

图 9-5 缺省适配器模式结构图

由图 9-5 可知，在缺省适配器模式中，包含以下 3 个角色。

(1) **ServiceInterface(适配者接口)**：它是一个接口，通常在该接口中声明了大量的方法。

(2) **AbstractServiceClass(缺省适配器类)**：它是缺省适配器模式的核心类，使用空方法的形式实现了在 ServiceInterface 接口中声明的方法。通常将它定义为抽象类，因为对它进行实例化没有任何意义。

(3) **ConcreteServiceClass(具体业务类)**：它是缺省适配器类的子类，在没有引入适配器之前，它需要实现适配者接口，因此需要实现在适配者接口中声明的所有方法，而对于一些无须使用的方法不得不提供空实现。在有了缺省适配器之后，可以直接继承该适配器类，根据需要有选择性地覆盖在适配器类中定义的方法。

其中，缺省适配器类的典型代码片段如下：

```
abstract class AbstractServiceClass : ServiceInterface
{
    public void ServiceMethod1() {  }  //空方法
    public void ServiceMethod2() {  }  //空方法
    public void ServiceMethod3() {  }  //空方法
}
```

9.6 双向适配器

在对象适配器的使用过程中，如果在适配器中同时包含对目标类和适配者类的引用，适配者可以通过它调用目标类中的方法，目标类也可以通过它调用适配者类中的方法，那么该适配器就是一个双向适配器，其结构示意图如图 9-6 所示。

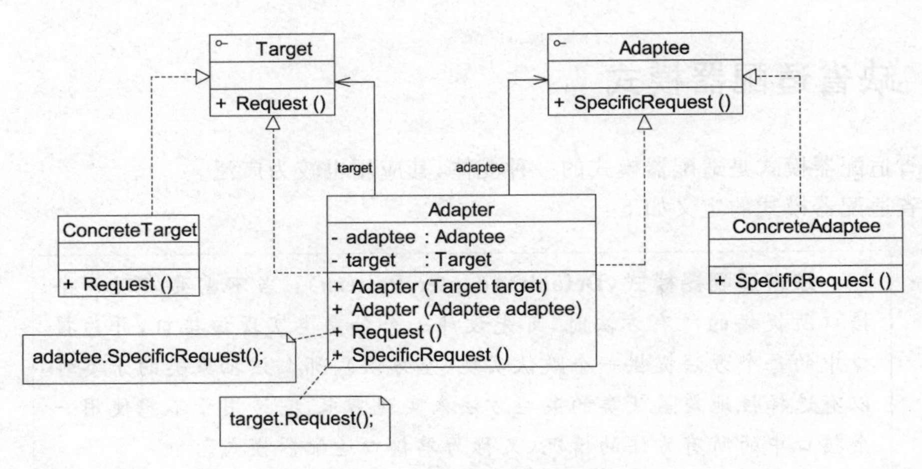

图 9-6　双向适配器结构示意图

双向适配器的实现较为复杂，其典型代码如下：

```
public class Adapter : Target, Adaptee
{
    //同时维持对抽象目标类和适配者的引用
    private Target target;
    private Adaptee adaptee;

    public Adapter(Target target)
    {
        this.target = target;
    }

    public Adapter(Adaptee adaptee)
    {
        this.adaptee = adaptee;
    }

    public void Request()
    {
        adaptee.SpecificRequest();
    }

    public void SpecificRequest()
    {
        target.Request();
    }
}
```

9.7　适配器模式的优缺点与适用环境

适配器模式将现有接口转化为客户类所期望的接口，实现了对现有类的复用，它是一种使用频率非常高的设计模式，在软件开发中得到了广泛的应用。

9.7.1 适配器模式的优点

无论是对象适配器模式还是类适配器模式都具有以下优点：

(1) 将目标类和适配者类解耦，通过引入一个适配器类来重用现有的适配者类，无须修改原有结构。

(2) 增加了类的透明性和复用性，将具体的业务实现过程封装在适配者类中，对于客户端类而言是透明的，而且提高了适配者的复用性，同一个适配者类可以在多个不同的系统中复用。

(3) 灵活性和扩展性都非常好，通过使用配置文件，可以很方便地更换适配器，也可以在不修改原有代码的基础上增加新的适配器类，完全符合开闭原则。

具体来说，类适配器模式还具有以下优点：

由于适配器类是适配者类的子类，因此可以在适配器类中置换一些适配者的方法，使得适配器的灵活性更强。

对象适配器模式还具有以下优点：

(1) 一个对象适配器可以把多个不同的适配者适配到同一个目标。

(2) 对象适配器模式可以适配一个适配者的子类，由于适配器和适配者之间是关联关系，根据里氏代换原则，适配者的子类也可通过该适配器进行适配。

9.7.2 适配器模式的缺点

类适配器模式的主要缺点如下：

(1) 对于 C#、Java 等不支持多重类继承的语言，一次最多只能适配一个适配者类，不能同时适配多个适配者。

(2) 适配者类不能为最终类，例如在 C# 中不能为 sealed 类。

(3) 在 C#、Java 等语言中，类适配器模式中的目标抽象类只能为接口，不能为类，其使用有一定的局限性。

对象适配器模式的主要缺点如下：

与类适配器模式相比，要在适配器中置换适配者类的某些方法比较麻烦。如果一定要置换掉适配者类的一个或多个方法，可以先做一个适配者类的子类，将适配者类的方法置换掉，然后再把该适配者类的子类当作真正的适配者进行适配，其实现过程较为复杂。

9.7.3 适配器模式的适用环境

在以下情况下可以考虑使用适配器模式：

(1) 系统需要使用一些现有的类，而这些类的接口(例如方法名)不符合系统的需要，甚至没有这些类的源代码。

(2) 创建一个可以重复使用的类，用于和一些彼此之间没有太大关联的类，包括一些可能在将来引进的类一起工作。

9.8 本章小结

(1) 结构型模式关注如何将现有类或对象组织在一起形成更加强大的结构。在 GoF 设计模式中一共包含 7 种结构型模式。

(2) 适配器模式将一个类的接口转换成客户希望的另一个接口,适配器模式让那些接口不兼容的类可以一起工作。适配器模式既可以作为类结构型模式,也可以作为对象结构型模式。

(3) 适配器模式包含目标抽象类、适配器类和适配者类 3 个角色。其中,目标抽象类定义客户所需的接口,可以是一个抽象类或接口,也可以是具体类;适配器类可以调用另一个接口,作为一个转换器,对 Adaptee 和 Target 进行适配;适配者类即被适配的角色。

(4) 适配器模式的主要优点是将目标类和适配者类解耦,通过引入一个适配器类来重用现有的适配者类,无须修改原有结构;增加了类的透明性和复用性且让系统的灵活性和扩展性都非常好,此外,在类适配器模式中置换一些适配者的方法很方便;通过对象适配器模式可以把多个不同的适配者适配到同一个目标,还可以适配一个适配者的子类。类适配器模式的主要缺点是一次最多只能适配一个适配者类,不能同时适配多个适配者;适配者类不能为最终类,且类适配器模式中的目标抽象类只能为接口,不能为类。对象适配器模式的主要缺点是在适配器中置换适配者类的某些方法比较麻烦。

(5) 适配器模式适用的环境:系统需要使用一些现有的类,而这些类的接口不符合系统的需要,甚至没有这些类的源代码;想创建一个可以重复使用的类,用于和一些彼此之间没有太大关联的类,包括一些可能在将来引进的类一起工作。

(6) 缺省适配器模式是指当不需要实现一个接口所提供的所有方法时,可先设计一个抽象类实现该接口,并为接口中的每个方法提供一个默认实现(空方法),那么该抽象类的子类可以有选择性地覆盖父类的某些方法来实现需求,它适用于不想使用一个接口中的所有方法的情况。

(7) 在使用对象适配器的过程中,如果在适配器中同时包含对目标类和适配者类的引用,适配者可以通过它调用目标类中的方法,目标类也可以通过它调用适配者类中的方法,那么该适配器就是一个双向适配器。

9.9 习题

1. (　　)将一个类的接口转换成客户希望的另外一个接口,使得原本由于接口不兼容而不能一起工作的那些类可以一起工作。

A. 命令(Command)模式　　B. 适配器(Adapter)模式

C. 策略(Strategy)模式　　D. 单例(Singleton)模式

2. 以下关于适配器模式的叙述错误的是(　　)。

A. 适配器模式将一个接口转换成客户希望的另一个接口,使得原本接口不兼容的那些类可以一起工作

B. 在类适配器中，Adapter 和 Adaptee 是继承关系，而在对象适配器中，Adapter 和 Adaptee 是关联关系

C. 类适配器比对象适配器更加灵活，在 C# 语言中可以通过类适配器一次适配多个适配者类

D. 适配器可以在不修改原来的适配者接口 Adaptee 的情况下将一个类的接口和另一个类的接口匹配起来

3. 现需要开发一个文件转换软件，将文件由一种格式转换为另一种格式，例如将 XML 文件转换为 PDF 文件，将 DOC 文件转换为 TXT 文件，有些文件格式转换代码已经存在，为了将已有的代码应用于新软件，而不需要修改软件的整体结构，可以使用(　　)模式进行系统设计。

A. 适配器(Adapter)　　B. 组合(Composite)

C. 外观(Facade)　　D. 桥接(Bridge)

4. 在对象适配器中，适配器类(Adapter)和适配者类(Adaptee)之间的关系为(　　)。

A. 关联关系　　B. 依赖关系

C. 继承关系　　D. 实现关系

5. 在对象适配器中，一个适配器能否适配多个适配者？如果能，应该如何实现？如果不能，说明原因。如果是类适配器呢？

6. 使用 C# 语言实现一个双向适配器实例，使得猫(Cat)可以学狗(Dog)叫(Cry())，狗可以学猫抓老鼠(CatchMouse())。绘制相应类图并编程模拟实现。

7. Windows Media Player 和 RealPlayer 是两种常用的媒体播放器，它们的 API 结构和调用方法存在区别。现在你的应用程序需要支持这两种播放器 API，而且在将来可能还需要支持新的媒体播放器，应如何设计该应用程序？

8. 某 OA 系统需要提供一个加密模块，将用户机密信息(例如口令、邮箱等)加密之后存储在数据库中，系统已经定义好了数据库操作类。为了提高开发效率，现需要重用已有的加密算法，这些算法封装在一些由第三方提供的类中，有些甚至没有源代码。试使用适配器模式设计该加密模块，实现在不修改现有类的基础上重用第三方加密方法，要求绘制相应的类图并使用 C# 语言编程模拟实现，需提供对象适配器和类适配器两套实现方案。

第10章

桥接模式

本章导学

桥接模式是一种很实用的结构型设计模式，如果系统中某个类存在两个独立变化的维度，通过桥接模式可以将这两个维度分离出来，使两者可以独立扩展。桥接模式用一种巧妙的方式处理多层继承存在的问题，用抽象关联来取代传统的多层继承，将类之间的静态继承关系转换为动态的对象组合关系，使得系统更加灵活，并易于扩展，同时有效控制了系统中类的个数。

本章将学习桥接模式的定义与结构，通过实例来加深对桥接模式的理解，并学习如何将其应用于实际项目的开发，还将学习如何实现桥接模式和适配器模式的联用。

本章知识点

- 桥接模式的定义。
- 桥接模式的结构。
- 桥接模式的实现。
- 桥接模式的应用。
- 桥接模式与适配器模式联用。
- 桥接模式的优缺点。
- 桥接模式的适用环境。

10.1 桥接模式概述

毛笔和蜡笔是两种很常见的文具，它们都归属于画笔。假如需要大、中、小 3 种型号的画笔，能够分别绘制 12 种不同的颜色，如果使用蜡笔，需要准备 3×12＝36 支，如果使用毛笔，只需要提供 3 种型号的毛笔，外加一个包含 12 种颜色的调色板即可，涉及的对象个数仅为 3＋12＝15，远远小于 36，却能实现与 36 支蜡笔同样的功能。如果增加一种新型号的画笔，并且也需要具有12种颜色，对应的蜡笔需增加12支，而毛笔只需增加一支。图10-1所示为毛笔与蜡笔示意图。

通过分析不难得知：在蜡笔中，颜色和型号两个不同的变化维度（即两个不同的变化原因，如图10-2所示）耦合在一起，无论是对颜色进行扩展还是对型号进行扩展都势必会影响另一个维度；但在毛笔中，颜色和型号实现了分离，增加新的颜色或者型号对另一方没有任何影响。如果使用软件工程中的术语，可以认为在蜡笔中颜色和型号之间存在较强的耦合性，而毛笔很好地将二者解耦，使用起来非常灵活，扩展也更为方便。在软件开发中，也有一种设计模式可以用来处理与画笔类似的具有多变化维度的情况，它就是桥接模式。

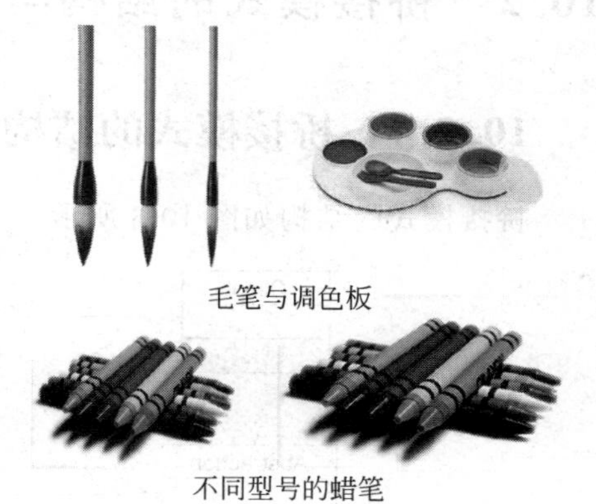

图10-1　毛笔与蜡笔示意图

在桥接模式中，将两个独立变化的维度（例如画笔的型号与颜色）设计为两个独立的继承等级结构，而不是将二者耦合在一起形成多层继承结构。桥接模式在抽象层建立起一个抽象关联，该关联关系类似一条连接两个独立继承结构的桥，故名桥接模式。

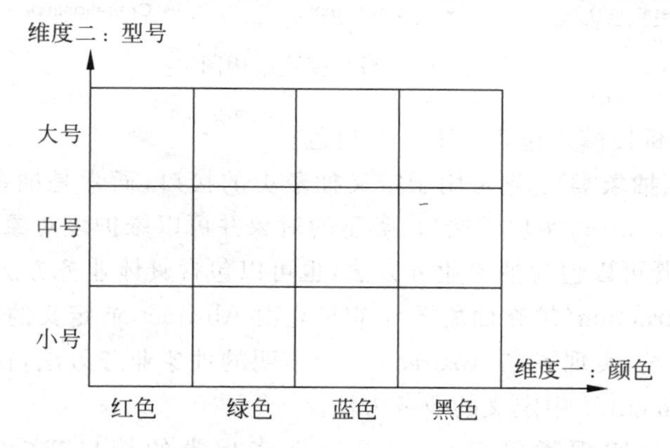

图10-2　画笔中存在的两个独立变化维度示意图

桥接模式的定义如下：

> **桥接模式**：将抽象部分与它的实现部分解耦，使得两者都能够独立变化。
>
> **Bridge Pattern**: Decouple an abstraction from its implementation so that the two can vary independently.

桥接模式是一种对象结构型模式，它又被称为柄体（Handle and Body）模式或接口（Interface）模式。桥接模式用一种巧妙的方式处理多层继承存在的问题，用抽象关联取代了传统的多层继承，将类之间的静态继承关系转换为动态的对象组合关系，使得系统更加灵活，并易于扩展，同时有效控制了系统中类的个数。

10.2 桥接模式的结构与实现

10.2.1 桥接模式的结构

桥接模式的结构如图 10-3 所示。

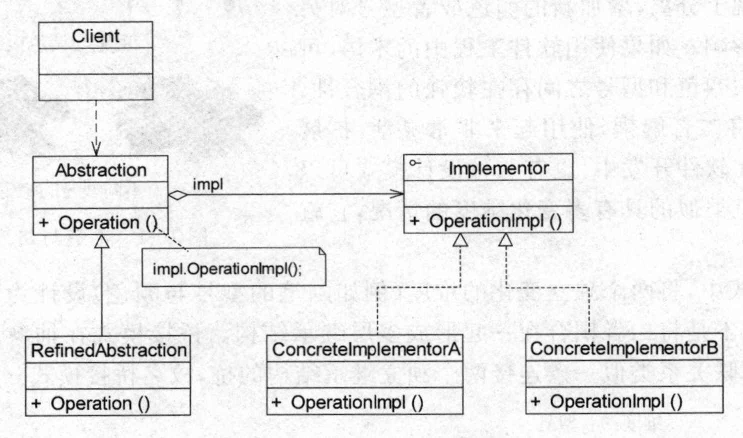

图 10-3 桥接模式结构图

由图 10-3 可知,桥接模式包含以下 4 个角色。

(1) **Abstraction(抽象类)**: 它是用于定义抽象类的接口,通常是抽象类而不是接口,其中定义了一个 Implementor(实现类接口)类型的对象并可以维护该对象,它与 Implementor 之间具有关联关系,既可以包含抽象业务方法,也可以包含具体业务方法。

(2) **RefinedAbstraction(扩充抽象类)**: 它扩充由 Abstraction 定义的接口,通常情况下不再是抽象类而是具体类,实现了在 Abstraction 中声明的抽象业务方法,在 RefinedAbstraction 中可以调用在 Implementor 中定义的业务方法。

(3) **Implementor(实现类接口)**: 它是定义实现类的接口,这个接口不一定要与 Abstraction 的接口完全一致,事实上这两个接口可以完全不同。一般而言,Implementor 接口仅提供基本操作,而 Abstraction 定义的接口可能会做更多更复杂的操作。Implementor 接口对这些基本操作进行了声明,而将具体实现交给其子类。通过关联关系,在 Abstraction 中不仅可以拥有自己的方法,还可以调用 Implementor 中定义的方法,使用关联关系来替代继承关系。

(4) **ConcreteImplementor(具体实现类)**: 它具体实现了 Implementor 接口,在不同的 ConcreteImplementor 中提供基本操作的不同实现,在程序运行时,ConcreteImplementor 对象将替换其父类对象,提供给抽象类具体的业务操作方法。

10.2.2 桥接模式的实现

桥接模式是一个非常实用的设计模式,在桥接模式中体现了很多面向对象设计原则的思想,包括单一职责原则、开闭原则、合成复用原则、里氏代换原则、依赖倒转原则等。熟悉桥接模式将有助于用户深入理解这些设计原则，也有助于形成正确的设计思想和培养良好的设计风格。

在使用桥接模式时，用户首先应该识别出一个类所具有的两个独立变化的维度，将它们设计为两个独立的继承等级结构，为两个维度都提供抽象层，并建立抽象耦合。通常情况下，将具有两个独立变化维度的类的一些普通业务方法和与之关系最密切的维度设计为“抽象类”层次结构（抽象部分），而将另一个维度设计为“实现类”层次结构（实现部分）。例如：对于毛笔而言，由于型号是其固有的维度，因此可以设计一个抽象的毛笔类，在该类中声明并部分实现毛笔的业务方法，而将各种型号的毛笔作为其子类；颜色是毛笔的另一个维度，由于它与毛笔之间存在一种“设置”的关系，因此可以提供一个抽象的颜色接口，而将具体的颜色作为实现该接口的子类。在此，型号可认为是毛笔的抽象部分，而颜色是毛笔的实现部分，结构示意图如图 10-4 所示。

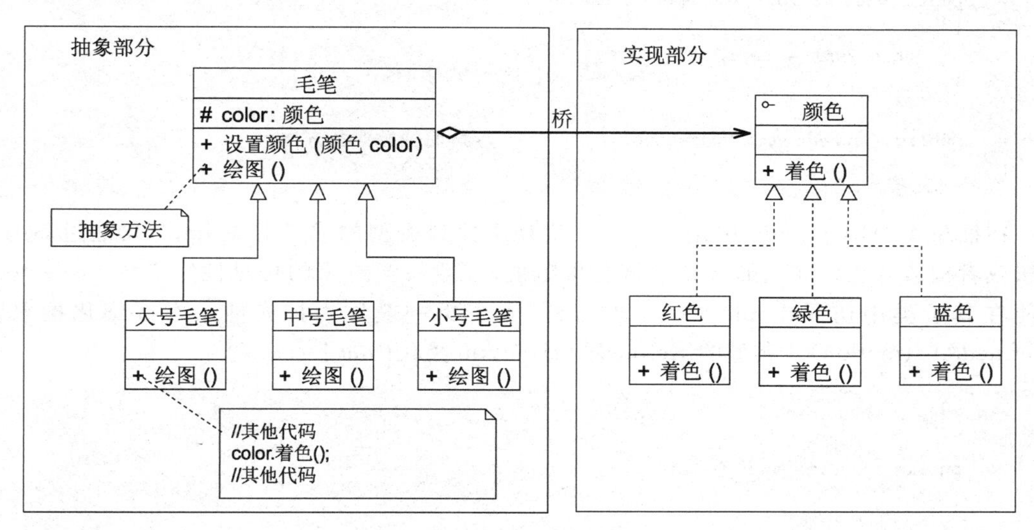

图 10-4 毛笔结构示意图

在图 10-4 中，如果需要增加一种新型号的毛笔，只需扩展左侧的“抽象部分”，增加一个新的扩充抽象类；如果需要增加一种新的颜色，只需扩展右侧的“实现部分”，增加一个新的具体实现类。扩展非常方便，无须修改已有代码，且不会导致类的数目增长过快。

在具体编码实现时，由于在桥接模式中存在两个独立变化的维度，为了降低两者之间的耦合度，首先需要针对两个不同的维度提取抽象类和实现类接口，并建立一个抽象关联关系。对于“实现部分”维度，典型的实现类接口代码如下：

```
interface Implementor
{
    void OperationImpl();
}
```

在实现 Implementor 接口的子类 ConcreteImplementor 中实现了在该接口中声明的方法，用于定义与该维度相对应的一些具体方法，代码如下：

```
class ConcreteImplementor : Implementor
{
    public void OperationImpl()
    {
        //具体业务方法的实现
    }
}
```

对于另一"抽象部分"维度而言,其典型的抽象类代码如下:

```
abstract class Abstraction
{
    protected Implementor impl;                //定义实现类接口对象

    public void SetImpl(Implementor impl)
    {
        this.impl = impl;
    }

    public abstract void Operation();           //声明抽象业务方法
}
```

在抽象类 Abstraction 中定义了一个实现类接口类型的成员对象 impl,再通过 Setter 方法或者构造方法以注入的方式给该对象赋值,一般将该对象的可见性定义为 protected,以便在其子类中访问 Implementor 的方法,其子类一般称为扩充抽象类或细化抽象类(RefinedAbstraction)。典型的 RefinedAbstraction 类代码如下:

```
class RefinedAbstraction : Abstraction
{
    public override void Operation()
    {
        //业务代码
        impl.OperationImpl();  //调用实现类的方法
        //业务代码
    }
}
```

对于客户端而言,可以针对两个维度的抽象层编程,在程序运行时再动态地确定两个维度的子类,动态地组合对象,将两个独立变化的维度完全解耦,以便能够灵活地扩充任一维度而对另一维度不造成任何影响。

10.3 桥接模式的应用实例

下面通过一个应用实例来进一步学习和理解桥接模式。

1. 实例说明

某软件公司要开发一个跨平台图像浏览系统,要求该系统能够显示 BMP、JPG、GIF、PNG 等多种格式的文件,并且能够在 Windows、

> Linux、UNIX 等多个操作系统上运行。系统首先将各种格式的文件解析为像素矩阵(Matrix)，然后将像素矩阵显示在屏幕上，在不同的操作系统中可以调用不同的绘制函数来绘制像素矩阵。另外，系统需具有较好的扩展性，以便在将来支持新的文件格式和操作系统。试使用桥接模式设计该跨平台图像浏览系统。

2. 实例类图

通过分析，本实例的结构如图 10-5 所示。

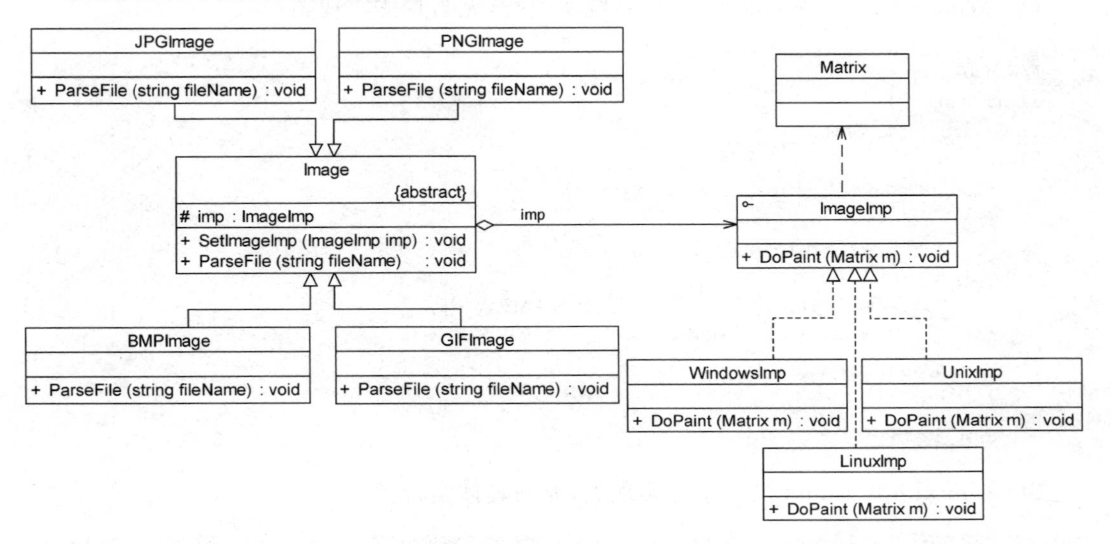

图 10-5 跨平台图像浏览系统结构图

在图 10-5 中，Image 充当抽象类，其子类 JPGImage、PNGImage、BMPImage 和 GIFImage 充当扩充抽象类；ImageImp 充当实现类接口，其子类 WindowsImp、LinuxImp 和 UnixImp 充当具体实现类。

3. 实例代码

(1) Matrix：像素矩阵类，它是一个辅助类，各种格式的图像文件最终都会被转化为像素矩阵，不同的操作系统提供不同的方式显示像素矩阵。

```
//Matrix.cs
namespace BridgeSample
{
    class Matrix
    {
        //代码省略
    }
}
```

(2) ImageImp：抽象操作系统实现类，充当实现类接口。

```
//ImageImp.cs
namespace BridgeSample
{
    interface ImageImp
    {
        void DoPaint(Matrix m);  //显示像素矩阵 m
    }
}
```

(3) WindowsImp：Windows 操作系统实现类，充当具体实现类。

```
//WindowsImp.cs
using System;
namespace BridgeSample
{
    class WindowsImp : ImageImp
    {
        public void DoPaint(Matrix m)
        {
            //调用 Windows 系统的绘制函数绘制像素矩阵
            Console.Write("在 Windows 操作系统中显示图像：");
        }
    }
}
```

(4) LinuxImp：Linux 操作系统实现类，充当具体实现类。

```
//LinuxImp.cs
using System;

namespace BridgeSample
{
    class LinuxImp : ImageImp
    {
        public void DoPaint(Matrix m)
        {
            //调用 Linux 系统的绘制函数绘制像素矩阵
            Console.Write("在 Linux 操作系统中显示图像：");
        }
    }
}
```

(5) UnixImp：UNIX 操作系统实现类，充当具体实现类。

```
//UnixImp.cs
using System;

namespace BridgeSample
{
```

```
    class UnixImp : ImageImp
    {
        public void DoPaint(Matrix m)
        {
            //调用 UNIX 系统的绘制函数绘制像素矩阵
            Console.Write("在 UNIX 操作系统中显示图像:");
        }
    }
}
```

(6) Image：抽象图像类，充当抽象类。

```
//Image.cs
namespace BridgeSample
{
    abstract class Image
    {
        protected ImageImp imp;

        //注入实现类接口对象
        public void SetImageImp(ImageImp imp)
        {
            this.imp = imp;
        }

        public abstract void ParseFile(string fileName);
    }
}
```

(7) JPGImage：JPG 格式图像类，充当扩充抽象类。

```
//JPGImage.cs
using System;

namespace BridgeSample
{
    class JPGImage : Image
    {
        public override void ParseFile(string fileName)
        {
            //模拟解析 JPG 文件并获得一个像素矩阵对象 m;
            Matrix m = new Matrix();
            imp.DoPaint(m);
            Console.WriteLine("{0},格式为 JPG。",fileName);
        }
    }
}
```

(8) PNGImage：PNG 格式图像类，充当扩充抽象类。

```
//PNGImage.cs
using System;

namespace BridgeSample
{
    class PNGImage : Image
    {
        public override void ParseFile(string fileName)
        {
            //模拟解析 PNG 文件并获得一个像素矩阵对象 m;
            Matrix m = new Matrix();
            imp.DoPaint(m);
            Console.WriteLine("{0},格式为 PNG.", fileName);
        }
    }
}
```

(9) BMPImage：BMP 格式图像类，充当扩充抽象类。

```
//BMPImage.cs
using System;

namespace BridgeSample
{
    class BMPImage : Image
    {
        public override void ParseFile(string fileName)
        {
            //模拟解析 BMP 文件并获得一个像素矩阵对象 m;
            Matrix m = new Matrix();
            imp.DoPaint(m);
            Console.WriteLine("{0},格式为 BMP。", fileName);
        }
    }
}
```

(10) GIFImage：GIF 格式图像类，充当扩充抽象类。

```
//GIFImage.cs
using System;

namespace BridgeSample
{
    class GIFImage : Image
    {
        public override void ParseFile(string fileName)
        {
            //模拟解析 GIF 文件并获得一个像素矩阵对象 m;
            Matrix m = new Matrix();
```

```
            imp.DoPaint(m);
            Console.WriteLine("{0},格式为GIF。", fileName);
        }
    }
}
```

(11) 配置文件 App.config：在配置文件中存储了具体扩充抽象类和具体实现类类名。

```
<?xml version = "1.0" encoding = "utf - 8" ?>
<configuration>
  <appSettings>
    <!-- RefinedAbstraction -->
    <add key = "image" value = "BridgeSample.JPGImage"/>
    <!-- ConcreteImplementor -->
    <add key = "os" value = "BridgeSample.WindowsImp"/>
  </appSettings>
</configuration>
```

(12) Program：客户端测试类。

```
// Program.cs
using System;
using System.Configuration;
using System.Reflection;

namespace BridgeSample
{
    class Program
    {
        static void Main(string[] args)
        {
            Image image;
            ImageImp imp;

            //读取配置文件
            string imageType = ConfigurationManager.AppSettings["image"];
            string osType = ConfigurationManager.AppSettings["os"];

            //反射生成对象
            image = (Image)Assembly.Load("BridgeSample").CreateInstance(imageType);
            imp = (ImageImp)Assembly.Load("BridgeSample").CreateInstance(osType);

            image.SetImageImp(imp);
            image.ParseFile("中国地图");
            Console.Read();
        }
    }
}
```

4. 结果及分析

编译并运行程序，输出结果如下：

```
在 Windows 操作系统中显示图像：中国地图，格式为 JPG。
```

如果需要更换图像文件格式或者更换操作系统，只需修改配置文件即可。例如将配置文件 App.config 改为：

```xml
<?xml version = "1.0" encoding = "utf - 8" ?>
<configuration>
  <appSettings>
    <!-- RefinedAbstraction -->
    <add key = "image" value = "BridgeSample.BMPImage"/>
    <!-- ConcreteImplementor -->
    <add key = "os" value = "BridgeSample.LinuxImp"/>
  </appSettings>
</configuration>
```

再次运行程序，输出结果为：

```
在 Linux 操作系统中显示图像：中国地图，格式为 BMP。
```

在实际使用时，可以通过分析图像文件格式扩展名来确定具体的文件格式，在程序运行时获取操作系统信息来确定操作系统类型，无须使用配置文件。当增加新的图像文件格式或者操作系统时，对于原有系统源代码无须做任何修改，只需增加一个对应的扩充抽象类或具体实现类即可，系统具有较好的可扩展性，完全符合开闭原则。

10.4 桥接模式与适配器模式联用

在软件开发中，适配器模式通常可以与桥接模式联合使用。适配器模式可以解决两个已有接口间不兼容的问题，在这种情况下被适配的类往往是一个黑盒子，有时不想也不能改变这个被适配的类，也不能控制其扩展。适配器模式通常用于现有系统与第三方产品功能的集成，采用增加适配器的方式将第三方类集成到系统中。桥接模式则不同，用户可以通过接口继承或类继承的方式对系统进行扩展。

桥接模式和适配器模式用于设计的不同阶段，桥接模式用于系统的初步设计，对于存在两个独立变化维度的类可以将其分为抽象化和实现化两个角色，使它们可以分别进行变化；而在初步设计完成之后，当发现系统与已有类无法协同工作时，可以采用适配器模式。但有时在设计初期也需要考虑适配器模式，特别是那些涉及大量第三方应用接口的情况。

下面通过一个实例来说明适配器模式和桥接模式的联合使用：

在某系统的报表处理模块中，需要将报表显示和数据输出分开，系统可以有多种报表显示方式也可以有多种数据输出方式，例如可以将数据输出为文本文件，也可以输出为 Excel 文件，如果需要输出为 Excel 文件，则需要调用与 Excel 相关的 API，而这个 API 是现有系统所不具备的，该 API 由厂商提供。因此，可以同时使用适配器模式和桥接模式来设计该模块，如图 10-6 所示。

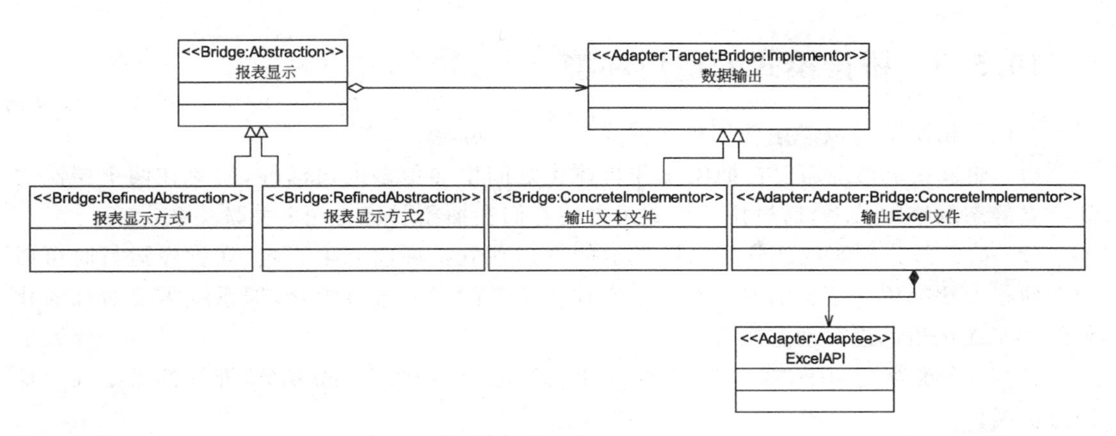

图 10-6　桥接模式与适配器模式联用示意图

10.5　桥接模式的优缺点与适用环境

桥接模式的应用很广泛，在软件开发中如果一个类或一个系统有多个变化维度，都可以尝试使用桥接模式对其进行设计。桥接模式为多维度变化的系统提供了一套完整的解决方案，并且降低了系统的复杂度。

10.5.1　桥接模式的优点

桥接模式的主要优点如下：

(1) 分离抽象接口及其实现部分。桥接模式使用“对象间的关联关系”解耦了抽象和实现之间固有的绑定关系，使得抽象和实现可以沿着各自的维度来变化。所谓抽象和实现沿着各自维度的变化，也就是说抽象和实现不再在同一个继承层次结构中，而是“子类化”它们，使它们各自具有自己的子类，以便任意组合子类，从而获得多维度组合对象。

(2) 在很多情况下，桥接模式可以取代多层继承方案，多层继承方案违背了单一职责原则，复用性较差，且类的个数非常多。桥接模式是比多层继承方案更好的解决方法，它极大地减少了子类的个数。

(3) 桥接模式提高了系统的可扩展性，在两个变化维度中任意扩展一个维度，不需要修改原有系统，符合开闭原则。

10.5.2　桥接模式的缺点

桥接模式的主要缺点如下：

(1) 桥接模式的使用会增加系统的理解与设计难度，由于关联关系建立在抽象层，要求开发者一开始就针对抽象层进行设计与编程。

(2) 桥接模式要求正确识别出系统中两个独立变化的维度，因此其使用范围具有一定的局限性，如何正确识别两个独立维度也需要一定的经验积累。

10.5.3 桥接模式的适用环境

在以下情况下可以考虑使用桥接模式:

(1) 如果一个系统需要在抽象化和具体化之间增加更多的灵活性,避免在两个层次之间建立静态的继承关系,通过桥接模式可以使它们在抽象层建立一个关联关系。

(2) 抽象部分和实现部分可以以继承的方式独立扩展而互不影响,在程序运行时可以动态地将一个抽象化子类的对象和一个实现化子类的对象进行组合,即系统需要对抽象化角色和实现化角色进行动态耦合。

(3) 一个类存在两个(或多个)独立变化的维度,且这两个(或多个)维度都需要独立地进行扩展。

(4) 对于不希望使用继承或因为多层继承导致系统类的个数急剧增加的系统,桥接模式尤为适用。

10.6 本章小结

(1) 桥接模式将抽象部分与它的实现部分解耦,使得两者都能够独立变化。桥接模式是一种对象结构型模式。

(2) 桥接模式包含抽象类、扩充抽象类、实现类接口和具体实现类 4 个角色。其中,抽象类定义了一个实现类接口类型的对象并维护该对象;扩充抽象类扩充由抽象类定义的接口,实现了在抽象类中声明的抽象业务方法;实现类接口声明了一些基本操作,而将具体实现交给其子类完成;具体实现类具体实现了实现类接口,在不同的具体实现类中提供基本操作的不同实现。

(3) 桥接模式的主要优点在于可以分离抽象接口及其实现部分,它是比多层继承方案更好的解决方法,极大地减少了子类的个数。此外,桥接模式提高了系统的可扩展性,在两个变化维度中任意扩展一个维度,都不需要修改原有系统,符合开闭原则。其主要缺点在于会增加系统的理解与设计难度,且正确识别出系统中两个独立变化的维度并不是一件容易的事情。

(4) 桥接模式适用的环境:需要在抽象化和具体化之间增加更多的灵活性,避免在两个层次之间建立静态的继承关系;抽象部分和实现部分可以以继承的方式独立扩展而互不影响;一个类存在两个(或多个)独立变化的维度,且这两个(或多个)维度都需要独立地进行扩展;不希望使用继承或因为多层继承导致系统类的个数急剧增加的系统。

(5) 在使用桥接模式进行系统设计时,如果需要重用第三方应用接口,可与适配器模式一起联用,既可以保证系统的扩展性,又可以将第三方类集成到系统中。

10.7 习题

1. (①)模式将抽象部分与它的实现部分相分离,使它们都可以独立地变化。图 10-7 所示为该模式的类图,其中,(②)用于定义实现部分的接口。

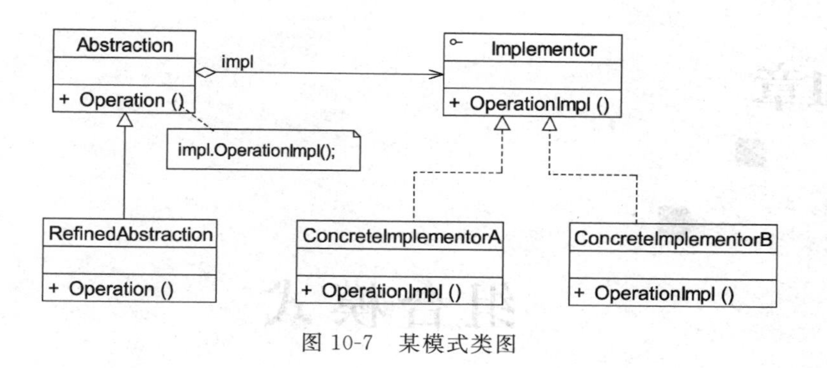

图 10-7　某模式类图

① A. 单例(Singleton)　　B. 桥接(Bridge)

C. 组合(Composite)　　D. 外观(Facade)

② A. Abstraction　　B. ConcreteImplementorA

C. ConcreteImplementorB　　D. Implementor

2. 以下关于桥接模式的叙述错误的是(　　)。

A. 桥接模式的用意是将抽象化与实现化解耦,使得两者可以独立地变化

B. 桥接模式将继承关系转换成关联关系,从而降低系统的耦合度

C. 桥接模式可以动态地给一个对象增加功能,这些功能也可以动态地撤销

D. 桥接模式可以从接口中分离实现功能,使得设计更具有扩展性

3. (　　)不是桥接模式所适用的环境。

A. 一个可以跨平台并支持多种格式的文件编辑器

B. 一个支持多数据源的报表生成工具,可以以不同的图形方式显示报表信息

C. 一个可动态选择排序算法的数据操作工具

D. 一个支持多种编程语言的跨平台开发工具

4. 如果系统中存在两个以上的变化维度,是否可以使用桥接模式进行处理?如果可以,系统该如何设计?

5. 空客(Airbus)、波音(Boeing)和麦道(McDonnell-Douglas)都是飞机制造商,它们都生产载客飞机(Passenger Plane)和载货飞机(Cargo Plane)。试设计一个系统,描述这些飞机制造商以及它们所制造的飞机种类。

6. 某软件公司要开发一个数据转换工具,可以将数据库中的数据转换成多种文件格式,例如 TXT、XML、PDF 等格式,同时该工具需要支持多种不同的数据库。试使用桥接模式对其进行设计,并使用 C# 代码编程模拟实现。

第11章

组合模式

本章导学

组合模式关注那些包含叶子构件和容器构件的结构以及它们的组织形式，在叶子构件中不包含成员对象，而容器构件中可以包含成员对象，这些对象通过递归组合可构成一个树形结构。组合模式使用面向对象的方式来处理树形结构，它为叶子构件和容器构件提供了一个公共的抽象构件类，客户端可以针对抽象构件进行处理，而无须关心所操作的是叶子构件还是容器构件。

本章将学习组合模式的定义与结构，通过如何处理树形结构来学习组合模式的实现，结合实例学习如何在软件开发中应用组合模式，还将学习透明组合模式和安全组合模式的结构与区别。

本章知识点

- 组合模式的定义。
- 组合模式的结构。
- 组合模式的实现。
- 组合模式的应用。
- 组合模式的优缺点。
- 组合模式的适用环境。
- 透明组合模式与安全组合模式。

11.1 组合模式概述

树形结构在软件中随处可见，例如操作系统中的目录结构、应用软件中的菜单结构、办公系统中的公司组织结构等。在 Windows 操作系统中，就存在着图 11-1 所示的目录结构。

与图 11-1 相对应的树形目录结构如图 11-2 所示。

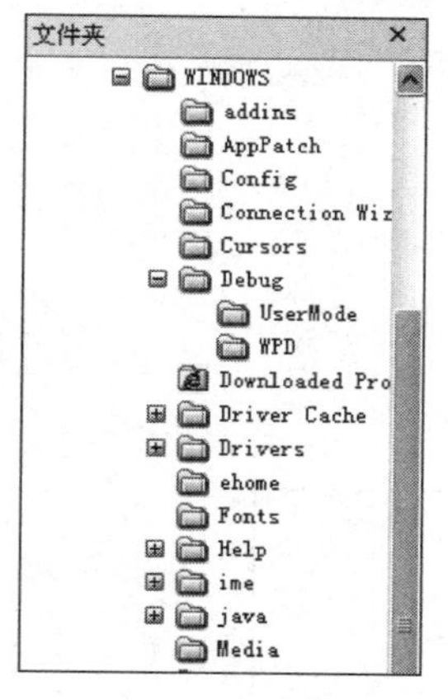

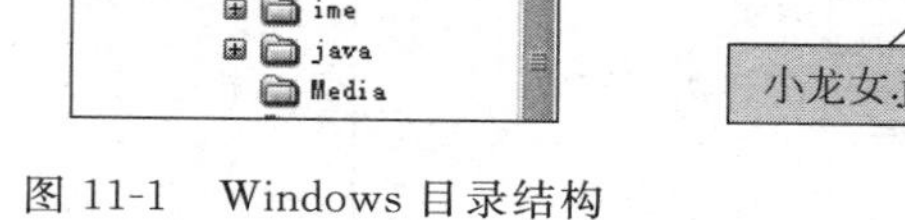

图 11-1 Windows 目录结构

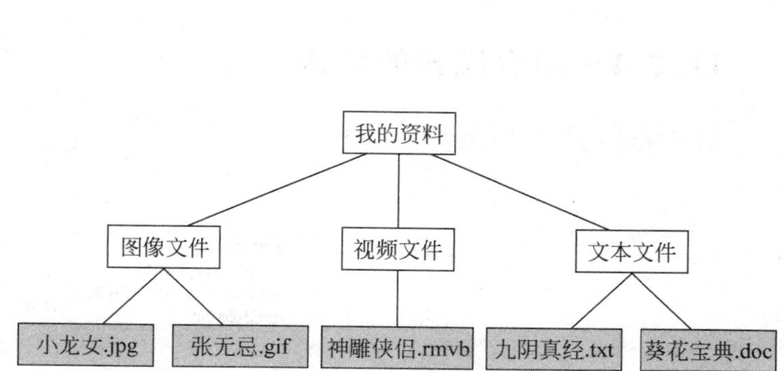

图 11-2 树形目录结构示意图

在图 11-2 中包含文件(灰色结点,例如“小龙女.jpg”和“九阴真经.txt”)和文件夹(白色结点,例如“我的资料”和“图像文件”)两类不同的元素,其中,在文件夹中可以包含文件,还可以继续包含子文件夹,但是在文件中不能再包含子文件或者子文件夹。在此,可以称文件夹为容器(Container),而不同类型的文件是其成员,又称为叶子(Leaf)。

对于所有与目录结构相类似的树形结构,当容器对象(例如文件夹)的某一个方法被调用时,将遍历整个树形结构,寻找也包含这个方法的成员对象(可以是容器对象,也可以是叶子对象,例如子文件夹和文件)并调用执行,牵一而动百,其中使用了递归调用的机制来对整个结构进行处理。由于容器对象和叶子对象在功能上的区别,在使用这些对象的代码中必须有区别地对待容器对象和叶子对象,而实际上大多数情况下客户端希望一致地处理它们,因为对于这些对象的区别对待将会使程序非常复杂。

组合模式通过一种巧妙的设计方案使得用户可以一致性地处理整个树形结构或者树形结构的一部分,它描述了如何将容器对象和叶子对象进行递归组合,使得用户在使用时无须对它们进行区分,可以一致地对待容器对象和叶子对象,这就是组合模式的模式动机。

组合模式的定义如下:

> **组合模式**:组合多个对象形成树形结构以表示具有部分-整体关系的层次结构。组合模式让客户端可以统一对待单个对象和组合对象。
>
> **Composite Pattern**: Compose objects into tree structures to represent part-whole hierarchies. Composite lets clients treat individual objects and compositions of objects uniformly.

组合模式又称为“部分-整体”(Part-Whole)模式,属于对象结构型模式,它将对象组织到树形结构中,可以用来描述整体与部分的关系。

11.2 组合模式的结构与实现

11.2.1 组合模式的结构

组合模式的结构如图 11-3 所示。

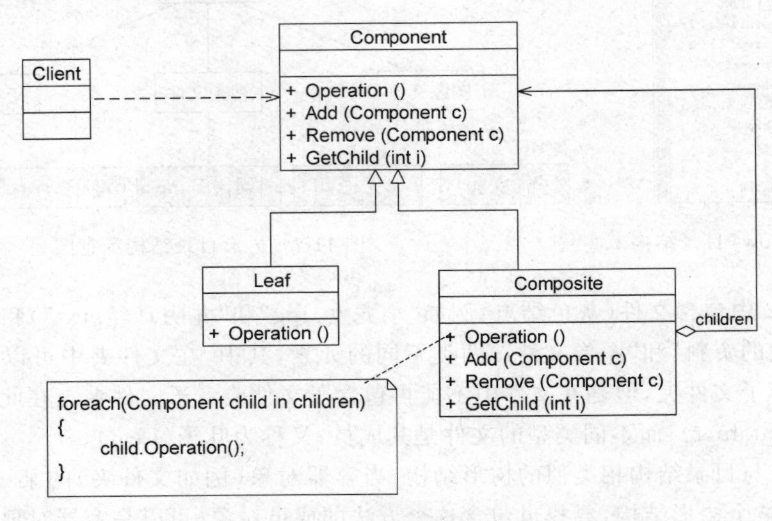

图 11-3 组合模式结构图

由图 11-3 可知，组合模式包含以下 3 个角色。

(1) **Component(抽象构件)**：它可以是接口或抽象类，为叶子构件和容器构件对象声明接口，在该角色中可以包含所有子类共有行为的声明和实现。在抽象构件中定义了访问及管理它的子构件的方法，如增加子构件、删除子构件、获取子构件等。

(2) **Leaf(叶子构件)**：它在组合结构中表示叶子结点对象，叶子结点没有子结点，它实现了在抽象构件中定义的行为。对于那些访问及管理子构件的方法，可以通过抛出异常、提示错误等方式进行处理。

(3) **Composite(容器构件)**：它在组合结构中表示容器结点对象，容器结点包含子结点，其子结点可以是叶子结点，也可以是容器结点，它提供一个集合用于存储子结点，实现了在抽象构件中定义的行为，包括那些访问及管理子构件的方法，在其业务方法中可以递归调用其子结点的业务方法。

11.2.2 组合模式的实现

组合模式的关键在于定义了一个抽象构件类，它既可以代表叶子，又可以代表容器，客户端针对该抽象构件类进行编程，无须知道它到底表示的是叶子还是容器，可以对其进行统一处理。同时容器对象与抽象构件类之间还建立了一种聚合关联关系，在容器对象中既可以包含叶子，又可以包含容器，以此实现递归组合，形成一个树形结构。

如果不使用组合模式，客户端代码将过多地依赖于容器对象复杂的内部实现结构，容器对象内部实现结构的变化将引起客户代码的频繁变化，造成代码维护困难、可扩展性差等问题，组合模式的使用将在一定程度上解决这些问题。

下面通过简单的示例代码来分析组合模式的各个角色的用途和实现。

对于组合模式中的抽象构件角色，其典型代码如下：

```
abstract class Component
{
    public abstract void Add(Component c);          //增加成员
    public abstract void Remove(Component c);       //删除成员
    public abstract Component GetChild(int i);      //获取成员
    public abstract void Operation();               //业务方法
}
```

通常将抽象构件类设计为接口或抽象类，将所有子类共有方法的声明和实现放在抽象构件类中。对于客户端而言，将针对抽象构件编程，而无须关心其具体子类是容器构件还是叶子构件。

如果继承抽象构件的是叶子构件，其典型代码如下：

```
class Leaf : Component
{
    public override void Add(Component c)
    {
        //异常处理或错误提示
    }

    public override void Remove(Component c)
    {
        //异常处理或错误提示
    }

    public override Component GetChild(int i)
    {
        //异常处理或错误提示
        return null;
    }

    public override void Operation()
    {
        //叶子构件具体业务方法的实现
    }
}
```

作为抽象构件类的子类，在叶子构件中需要实现在抽象构件类中声明的所有方法，包括业务方法以及管理和访问子构件的方法，但是叶子构件不能再包含子构件，因此在叶子构件中实现子构件管理和访问方法时需要提供异常处理或错误提示。显然，这会给叶子构件的实现带来麻烦。

如果继承抽象构件的是容器构件，其典型代码如下：

```
using System;
using System.Collections.Generic;

class Composite : Component
{
    private List<Component> list = new List<Component>();

    public override void Add(Component c)
    {
        list.Add(c);
    }

    public override void Remove(Component c)
    {
        list.Remove(c);
    }

    public override Component GetChild(int i)
    {
        return (Component)list[i];
    }

    public override void Operation()
    {
        //容器构件具体业务方法的实现,将递归调用成员构件的业务方法
        foreach (Object obj in list)
        {
            ((Component)obj).Operation();
        }
    }
}
```

在容器构件中实现了在抽象构件中声明的所有方法,既包括业务方法,也包括用于访问和管理成员子构件的方法,如 Add()、Remove()和 GetChild()等方法。需要注意的是,在实现具体业务方法时,由于容器构件充当的是容器角色,包含成员构件,因此它将调用其成员构件的业务方法。在组合模式结构中,由于容器构件中仍然可以包含容器构件,因此在对容器构件进行处理时需要使用递归算法,即在容器构件的 Operation()方法中递归调用其成员构件的 Operation()方法。

11.3 组合模式的应用实例

下面通过一个应用实例来进一步学习和理解组合模式。

1. 实例说明

> 某软件公司要开发一个杀毒(Antivirus)软件,该软件既可以对某个文件夹(Folder)杀毒,也可以对某个指定的文件(File)进行杀毒。

> 该杀毒软件还可以根据各类文件的特点，为不同类型的文件提供不同的杀毒方式，例如图像文件(ImageFile)和文本文件(TextFile)的杀毒方式就有所差异。现使用组合模式来设计该杀毒软件的整体框架。

2. 实例类图

通过分析，本实例的结构如图 11-4 所示。

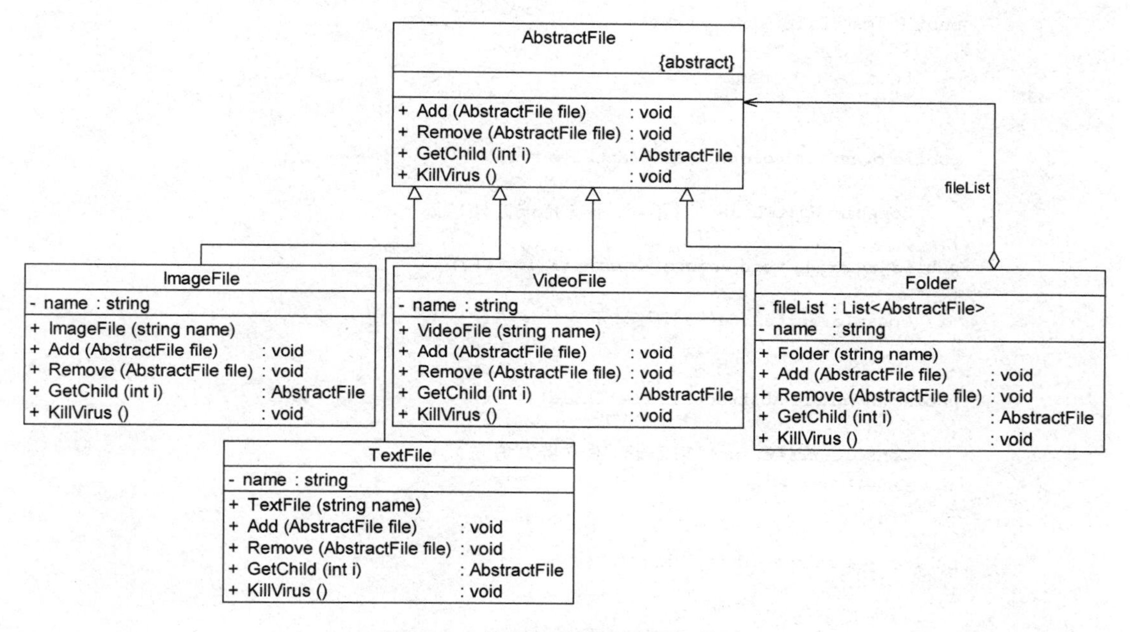

图 11-4 杀毒软件框架设计结构图

在图 11-4 中，AbstractFile 充当抽象构件类，Folder 充当容器构件类，ImageFile、TextFile 和 VideoFile 充当叶子构件类。

3. 实例代码

(1) AbstractFile：抽象文件类，充当抽象构件类。

```
//AbstractFile.cs
namespace CompositeSample
{
    abstract class AbstractFile
    {
        public abstract void Add(AbstractFile file);
        public abstract void Remove(AbstractFile file);
        public abstract AbstractFile GetChild(int i);
        public abstract void KillVirus();
    }
}
```

(2) ImageFile：图像文件类,充当叶子构件类。

```
//ImageFile.cs
using System;

namespace CompositeSample
{
    class ImageFile : AbstractFile
    {
        private string name;

        public ImageFile(string name)
        {
            this.name = name;
        }

        public override void Add(AbstractFile file)
        {
            Console.WriteLine("对不起,不支持该方法!");
        }
        public override void Remove(AbstractFile file)
        {
            Console.WriteLine("对不起,不支持该方法!");
        }

        public override AbstractFile GetChild(int i)
        {
            Console.WriteLine("对不起,不支持该方法!");
            return null;
        }

        public override void KillVirus()
        {
            //模拟杀毒
            Console.WriteLine("----对图像文件'{0}'进行杀毒",name);
        }
    }
}
```

(3) TextFile：文本文件类,充当叶子构件类。

```
//TextFile.cs
using System;

namespace CompositeSample
{
    class TextFile : AbstractFile
    {
        private string name;

        public TextFile(string name)
        {
            this.name = name;
        }
```

```
        public override void Add(AbstractFile file)
        {
            Console.WriteLine("对不起,不支持该方法!");
        }

        public override void Remove(AbstractFile file)
        {
            Console.WriteLine("对不起,不支持该方法!");
        }

        public override AbstractFile GetChild(int i)
        {
            Console.WriteLine("对不起,不支持该方法!");
            return null;
        }

        public override void KillVirus()
        {
            //模拟杀毒
            Console.WriteLine("----对文本文件'{0}'进行杀毒",name);
        }
    }
}
```

(4) VideoFile：视频文件类,充当叶子构件类。

```
//VideoFile.cs
using System;

namespace CompositeSample
{
    class VideoFile : AbstractFile
    {
        private string name;

        public VideoFile(string name)
        {
            this.name = name;
        }

        public override void Add(AbstractFile file)
        {
            Console.WriteLine("对不起,不支持该方法!");
        }

        public override void Remove(AbstractFile file)
        {
            Console.WriteLine("对不起,不支持该方法!");
        }

        public override AbstractFile GetChild(int i)
        {
```

```
            Console.WriteLine("对不起,不支持该方法!");
            return null;
        }

        public override void KillVirus()
        {
            //模拟杀毒
            Console.WriteLine("----对视频文件'{0}'进行杀毒",name);
        }
    }
}
```

(5) Folder：文件夹类，充当容器构件类。

```
//Folder.cs
using System;
using System.Collections.Generic;
namespace CompositeSample
{
    class Folder : AbstractFile
    {
        //定义集合 fileList,用于存储 AbstractFile 类型的成员
        private List<AbstractFile> fileList = new List<AbstractFile>();
        private string name;

        public Folder(string name)
        {
            this.name = name;
        }

        public override void Add(AbstractFile file)
        {
           fileList.Add(file);
        }

        public override void Remove(AbstractFile file)
        {
            fileList.Remove(file);
        }

        public override AbstractFile GetChild(int i)
        {
            return (AbstractFile)fileList[i];
        }

        public override void KillVirus()
        {
            Console.WriteLine("****对文件夹'{0}'进行杀毒",name);  //模拟杀毒

            //递归调用成员构件的 killVirus()方法
            foreach(Object obj in fileList)
            {
```

```
                    ((AbstractFile)obj).KillVirus();
                }
            }
        }
    }
```

(6) Program：客户端测试类。

```
//Program.cs
using System;
using System.Collections.Generic;

namespace CompositeSample
{
    class Program
    {
        static void Main(string[] args)
        {
            //针对抽象构件编程
            AbstractFile file1, file2, file3, file4, file5, folder1, folder2, folder3, folder4;

            folder1 = new Folder("我的资料");
            folder2 = new Folder("图像文件");
            folder3 = new Folder("文本文件");
            folder4 = new Folder("视频文件");

            file1 = new ImageFile("小龙女.jpg ");
            file2 = new ImageFile("张无忌.gif ");
            file3 = new TextFile("九阴真经.txt ");
            file4 = new TextFile("葵花宝典.doc ");
            file5 = new VideoFile("神雕侠侣.rmvb");

            folder2.Add(file1);
            folder2.Add(file2);
            folder3.Add(file3);
            folder3.Add(file4);
            folder4.Add(file5);
            folder1.Add(folder2);
            folder1.Add(folder3);
            folder1.Add(folder4);

            //从"我的资料"结点开始进行杀毒操作
            folder1.KillVirus();
            Console.Read();
        }
    }
}
```

4. 结果及分析

编译并运行程序，输出结果如下：

```
****对文件夹'我的资料'进行杀毒
****对文件夹'图像文件'进行杀毒
----对图像文件'小龙女.jpg'进行杀毒
----对图像文件'张无忌.gif'进行杀毒
****对文件夹'文本文件'进行杀毒
----对文本文件'九阴真经.txt'进行杀毒
----对文本文件'葵花宝典.doc'进行杀毒
****对文件夹'视频文件'进行杀毒
----对视频文件'神雕侠侣.rmvb'进行杀毒
```

在本实例中，抽象构件类声明了所有方法，包括用于管理和访问子构件的方法，如 Add()方法和 Remove()方法等，因此，在 ImageFile 等叶子构件类中实现这些方法时必须进行相应的异常处理或错误提示。在容器构件类 Folder 的 KillVirus()方法中将递归调用其成员对象的 KillVirus()方法，从而实现对整个树形结构的遍历。

如果需要更换操作结点，例如只对文件夹"文本文件"进行杀毒，客户端代码只需修改一行即可，将代码：

```
folder1.KillVirus();
```

改为：

```
folder3.KillVirus();
```

输出结果如下：

```
****对文件夹'文本文件'进行杀毒
----对文本文件'九阴真经.txt'进行杀毒
----对文本文件'葵花宝典.doc'进行杀毒
```

在具体实现时，可以创建图形化界面让用户来选择所需操作的根结点，无须修改源代码，符合开闭原则，客户端无须关心结点的层次结构，可以对所选结点进行统一处理，从而提高系统的灵活性。

11.4 透明组合模式与安全组合模式

组合模式根据抽象构件类的定义形式不同，可以分为透明组合模式和安全组合模式。

1. 透明组合模式

在透明组合模式中，抽象构件 Component 中声明了所有用于管理成员对象的方法，包括 Add()、Remove()，以及 GetChild()等方法，如图 11-5 所示，这样做的好处是确保了所有的构件类都有相同的接口。在客户端看来，叶子对象与容器对象所提供的方法是一致的，客户端可以一致地对待所有的对象。

透明组合模式的缺点是不够安全，因为叶子对象和容器对象在本质上是有区别的。叶子对象不可能有下一个层次的对象，即不可能包含成员对象，因此为其提供 Add()、Remove()

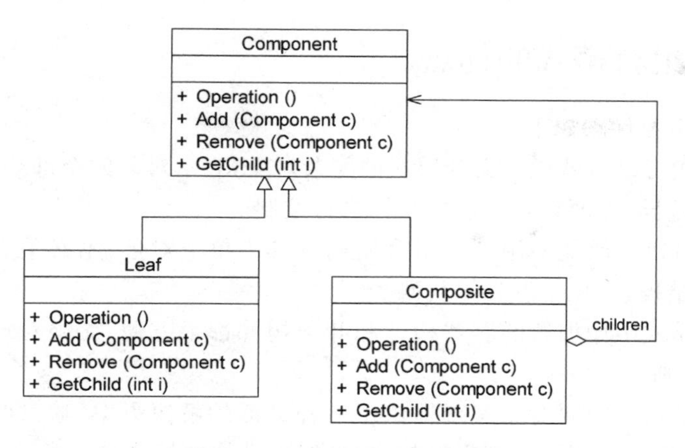

图 11-5　透明组合模式结构图

及 GetChild()等方法是没有意义的，这在编译阶段不会出错，但在运行阶段如果调用这些方法可能会出错（如果没有提供相应的错误处理代码）。

2. 安全组合模式

在安全组合模式中，抽象构件 Component 中没有声明任何用于管理成员对象的方法，而是在 Composite 类中声明并实现这些方法，如图 11-6 所示。这样做是安全的，因为根本不向叶子对象提供这些管理成员对象的方法，对于叶子对象，客户端不可能调用到这些方法。

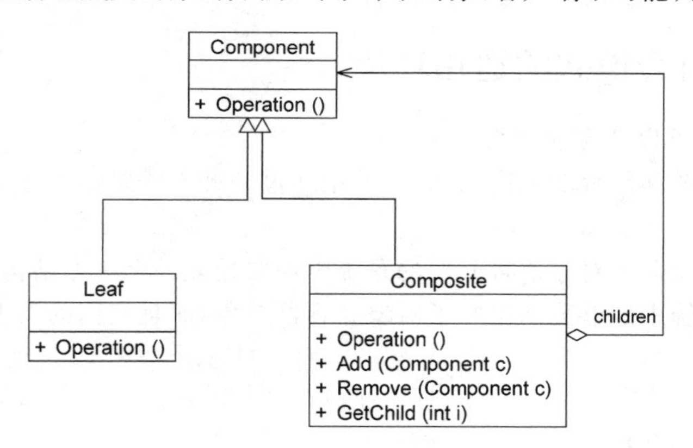

图 11-6　安全组合模式结构图

安全组合模式的缺点是不够透明，因为叶子构件和容器构件具有不同的方法，容器构件中用于管理成员对象的方法没有在抽象构件类中定义，因此客户端不能完全针对抽象编程，必须有区别地对待叶子构件和容器构件。在实际应用中，安全组合模式的使用频率也非常高。

11.5　组合模式的优缺点与适用环境

组合模式使用面向对象的思想来实现树形结构的构建与处理，描述了如何将容器对象和叶子对象进行递归组合，实现简单，灵活性好。由于在软件开发中存在大量的树形结构，因此组合模式是一种使用频率较高的结构型设计模式。

11.5.1　组合模式的优点

组合模式的主要优点如下：

(1) 组合模式可以清楚地定义分层次的复杂对象，表示对象的全部或部分层次，让客户端忽略了层次的差异，方便对整个层次结构进行控制。

(2) 客户端可以一致地使用一个组合结构或其中单个对象，不必关心处理的是单个对象还是整个组合结构，简化了客户端代码。

(3) 在组合模式中增加新的容器构件和叶子构件都很方便，无须对现有类库进行任何修改，符合开闭原则。

(4) 为树形结构的面向对象实现提供了一种灵活的解决方案，通过叶子对象和容器对象的递归组合，可以形成复杂的树形结构，但对树形结构的控制却非常简单。

11.5.2　组合模式的缺点

组合模式的主要缺点如下：

在增加新构件时很难对容器中的构件类型进行限制。有时希望一个容器中只能有某些特定类型的对象，例如在某个文件夹中只能包含文本文件，使用组合模式时，不能依赖类型系统来施加这些约束，因为它们都来自于相同的抽象层，在这种情况下，必须通过在运行时进行类型检查来实现，这个实现过程较为复杂。

11.5.3　组合模式的适用环境

在以下情况下可以考虑使用组合模式：

(1) 在具有整体和部分的层次结构中，希望通过一种方式忽略整体与部分的差异，客户端可以一致地对待它们。

(2) 在一个使用面向对象语言开发的系统中需要处理一个树形结构。

(3) 在一个系统中能够分离出叶子对象和容器对象，而且它们的类型不固定，需要增加一些新的类型。

11.6　本章小结

(1) 组合模式用于组合多个对象形成树形结构以表示具有部分-整体关系的层次结构。组合模式让客户端可以统一对待单个对象和组合对象。组合模式又可以称为“部分-整体”模式，是一种对象结构型模式。

(2) 组合模式包含抽象构件、叶子构件和容器构件 3 个角色。其中，抽象构件为叶子构件和容器构件对象声明接口，在该角色中可以包含所有子类共有行为的声明和实现；叶子构件在组合结构中表示叶子结点对象，叶子结点没有子结点；容器构件在组合结构中表示容器结点对象，容器结点包含子结点，其子结点可以是叶子结点，也可以是容器结点，它提供一个集合用于存储子结点，实现了在抽象构件中定义的行为。

(3) 组合模式的主要优点在于可以清楚地定义分层次的复杂对象，表示对象的全部或部分层次，它让客户端忽略了层次的差异，方便对整个层次结构进行控制；客户端可以一致地使用一个组合结构或其中单个对象，不必关心处理的是单个对象还是整个组合结构，简化了客户端代码；增加新的容器构件和叶子构件都很方便。其主要缺点是在增加新构件时很难对容器中的构件类型进行限制。

(4) 组合模式适用的环境：在具有整体和部分的层次结构中，希望通过一种方式忽略整体与部分的差异，客户端可以一致地对待它们；在一个使用面向对象语言开发的系统中需要处理一个树形结构；在一个系统中能够分离出叶子对象和容器对象，而且它们的类型不固定，需要增加一些新的类型。

(5) 根据抽象构件类的定义形式不同，组合模式可以分为透明组合模式和安全组合模式。

11.7　习题

1. 一个树形文件系统体现了(　　)模式。

A. 装饰(Decorator)　　B. 组合(Composite)

C. 桥接(Bridge)　　D. 代理(Proxy)

2. 以下关于组合模式的叙述错误的是(　　)。

A. 组合模式对叶子对象和组合对象的使用具有一致性

B. 组合模式可以很方便地保证在一个容器中只能有某些特定的构件

C. 组合模式将对象组织到树形结构中，可以用来描述整体与部分的关系

D. 组合模式使得用户可以很方便地在组合体中加入新的对象构件，且客户端不需要因为加入新的对象构件而更改类库代码

3. 现需要开发一个 XML 文档处理软件，通过该软件用户可以根据关键字查询指定内容，可以在 XML 中任意选取某一结点作为查询的初始结点，而无须关心该结点所处的层次结构。针对该需求，可以使用(　　)模式来进行设计。

A. 抽象工厂(Abstract Factory)　　B. 享元(Flyweight)

C. 组合(Composite)　　D. 策略(Strategy)

4. 在组合模式结构图中，如果聚合关联关系不是从 Composite 到 Component 的，而是从 Composite 到 Leaf，如图 11-7 所示，会产生怎样的结果？

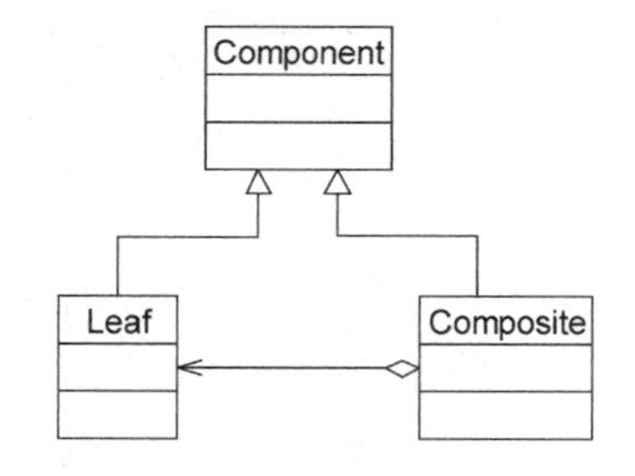

图 11-7　组合模式练习题 4 结构图

5. 某教育机构的组织结构如图 11-8 所示。

在该教育机构的 OA 系统中可以给各级办公室下发公文，现采用组合模式设计该机构

的组织结构，绘制相应的类图并使用C＃语言编程模拟实现，在客户端代码中模拟下发公文。

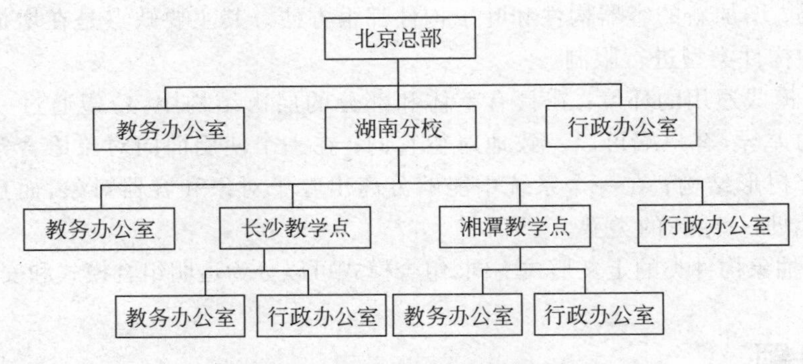

图 11-8 某教育机构组织结构图

6. 某软件公司要开发一个界面控件库，界面控件分为两大类，一类是单元控件，例如按钮、文本框等；一类是容器控件，例如窗体、中间面板等，试用组合模式设计该界面控件库。

第12章

装饰模式

本章导学

装饰模式是一种用于替代继承的技术，它通过一种无须定义子类的方式给对象动态增加职责，使用对象之间的关联关系取代类之间的继承关系。装饰模式降低了系统的耦合度，可以动态增加或删除对象的职责，并使得需要装饰的具体构件类和用于装饰的具体装饰类都可以独立变化，增加新的具体构件类和具体装饰类都非常方便，符合开闭原则。

本章将学习装饰模式的定义与结构，通过实例学习装饰模式的使用，并学习透明装饰模式和半透明装饰模式的区别与实现。

本章知识点

- 装饰模式的定义。
- 装饰模式的结构。
- 装饰模式的实现。
- 装饰模式的应用。
- 装饰模式的优缺点。
- 装饰模式的适用环境。
- 透明装饰模式与半透明装饰模式。

12.1 装饰模式概述

对新房进行装修并没有改变房屋用于居住的本质，但它可以让房子变得更漂亮、更温馨、更实用、更能满足居家的需求。在软件设计中，也有一种类似新房装修的技术可以对已有对象（新房）的功能进行扩展（装修），以获得更加符合用户需求的对象，使得对象具有更加强大的功能，这种技术在设计模式中被称为装饰模式。

装饰模式可以在不改变一个对象本身功能的基础上给对象增加额外的新行为，在现实生活中，这种情况也到处存在。例如一张照片，用户可以不改变照片本身，给它增加一个相框，使它具有防潮的功能，还可以根据需要给它增加不同类型的相框，甚至可以在一个小相框的外面再套一个大相框，如图 12-1 所示。

图 12-1 装饰模式示意图

在软件设计中，装饰模式是一种用于替代继承的技术，它通过一种无须定义子类的方式给对象动态增加职责，使用对象之间的关联关系取代类之间的继承关系。在装饰模式中引入了装饰类，在装饰类中既可以调用待装饰的原有类的方法，还可以增加新的方法，以扩展原有类的功能。

装饰模式的定义如下：

> **装饰模式**：动态地给一个对象增加一些额外的职责。就扩展功能而言，装饰模式提供了一种比使用子类更加灵活的替代方案。
>
> **Decorator Pattern**: Attach additional responsibilities to an object dynamically. Decorators provide a flexible alternative to subclassing for extending functionality.

装饰模式是一种对象结构型模式，它以对客户透明的方式动态地给一个对象附加上更多的责任，可以在不需要创建更多子类的情况下，让对象的功能得以扩展。

12.2 装饰模式的结构与实现

12.2.1 装饰模式的结构

装饰模式的结构如图 12-2 所示。

由图 12-2 可知，装饰模式包含以下 4 个角色。

(1) **Component(抽象构件)**：它是具体构件和抽象装饰类的共同父类，声明了在具体构件中实现的业务方法，它的引入可以使客户端以一致的方式处理未被装饰的对象以及装饰之后的对象，实现客户端的透明操作。

(2) **ConcreteComponent(具体构件)**：它是抽象构件类的子类，用于定义具体的构件对象，实现了在抽象构件中声明的方法，装饰类可以给它增加额外的职责(方法)。

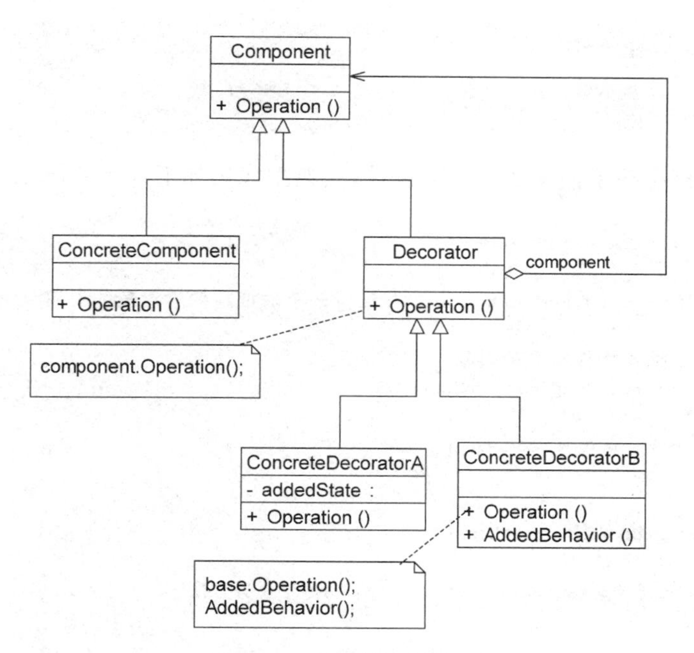

图 12-2 装饰模式结构图

(3) **Decorator(抽象装饰类)**：它也是抽象构件类的子类，用于给具体构件增加职责，但是具体职责通常在其子类中实现。它维护一个指向抽象构件对象的引用，通过该引用可以调用装饰之前构件对象的方法，并通过其子类扩展该方法，以达到装饰的目的。

(4) **ConcreteDecorator(具体装饰类)**：它是抽象装饰类的子类，负责向构件添加新的职责。每一个具体装饰类都定义了一些新的行为，它可以调用在抽象装饰类中定义的方法，并可以增加新的方法，以扩展对象的行为。

12.2.2 装饰模式的实现

在装饰模式中，抽象构件类一般设计为抽象类或者接口，在其中声明了抽象业务方法，当然，也可以在抽象构件类中实现一些所有具体构件类都共有的业务方法。抽象构件类的典型代码如下：

```
abstract class Component
{
    public abstract void Operation();
}
```

具体构件类作为抽象构件类的子类实现了在抽象构件类中声明的业务方法，通常在具体构件类中只提供基本功能的实现，一些复杂的功能需通过装饰类来进行扩展。其典型代码如下：

```
class ConcreteComponent : Component
{
    public override void Operation()
    {
```

```
        //基本功能的实现
    }
}
```

装饰模式的核心在于抽象装饰类的设计,其典型代码如下:

```
class Decorator : Component
{
    private Component component;        //维持一个对抽象构件对象的引用

    //注入一个抽象构件类型的对象
    public Decorator(Component component)
    {
        this.component = component;
    }

    public override void Operation()
    {
        component.Operation();          //调用原有业务方法
    }
}
```

在抽象装饰类 Decorator 中定义了一个 Component 类型的对象 component,维持一个对抽象构件对象的引用,并可以通过构造方法或 Setter 方法将一个 Component 类型的对象注入进来,同时由于 Decorator 类实现了抽象构件 Component 接口,因此需要实现在其中声明的业务方法 Operation()。值得注意的是,在 Decorator 中并未真正实现 Operation()方法,而是调用原有 component 对象的 Operation()方法,它没有真正实施装饰,而是提供一个统一的接口,将具体装饰过程交给子类完成。

在 Decorator 的子类(即具体装饰类)中将继承 Operation()方法并根据需要进行扩展,典型的具体装饰类代码如下:

```
class ConcreteDecorator : Decorator
{
    public ConcreteDecorator(Component component) : base(component)
    {
    }

    public override void Operation()
    {
        base.Operation();           //调用原有业务方法
        AddedBehavior();            //调用新增业务方法
    }

    //新增业务方法
    public void AddedBehavior()
    {
        //功能的扩展
    }
}
```

在具体装饰类中可以调用抽象装饰类的 Operation()方法，同时可以定义新的业务方法，例如 AddedBehavior()，如果该方法不希望客户端单独调用，可以将其可见性设为私有(private)。

由于在抽象装饰类 Decorator 中注入的是 Component 类型的对象，因此可以将一个具体构件对象注入其中，再通过具体装饰类来进行装饰。此外，还可以将一个已经装饰过的 Decorator 子类的对象再注入其中进行多次装饰，从而实现对原有功能的多次扩展。

12.3　装饰模式的应用实例

下面通过一个应用实例来进一步学习和理解装饰模式。

1. 实例说明

> 某软件公司基于面向对象技术开发了一套图形界面构件库——VisualComponent，该构件库提供了大量的基本构件，如窗体、文本框、列表框等，由于在使用该构件库时，用户经常要求定制一些特殊的显示效果，如带滚动条的窗体、带黑色边框的文本框、既带滚动条又带黑色边框的列表框等，因此经常需要对该构件库进行扩展以增强其功能。
>
> 现使用装饰模式来设计该图形界面构件库。

2. 实例类图

通过分析，本实例的结构如图 12-3 所示。

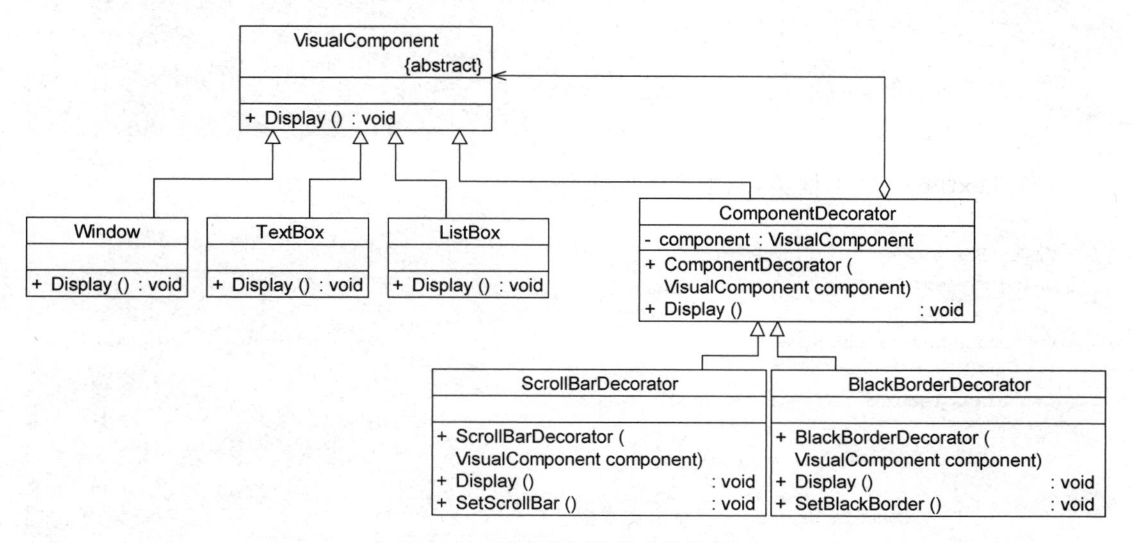

图 12-3　图形界面构件库结构图

在图 12-3 中，VisualComponent 充当抽象构件类，其子类 Window、TextBox、ListBox 充当具体构件类，VisualComponent 类的另一个子类 ComponentDecorator 充当抽象装饰类，ComponentDecorator 的子类 ScrollBarDecorator 和 BlackBorderDecorator 充当具体装饰类。

3. 实例代码

(1) VisualComponent：抽象界面构件类，充当抽象构件类。为了突出与模式相关的核心代码，在本实例中对控件代码进行了大量的简化。

```
//VisualComponent.cs
namespace DecoratorSample
{
    abstract class VisualComponent
    {
        public abstract void Display();
    }
}
```

(2) Window：窗体类，充当具体构件类。

```
//Window.cs
using System;

namespace DecoratorSample
{
    class Window : VisualComponent
    {
        public override void Display()
        {
            Console.WriteLine("显示窗体!");
        }
    }
}
```

(3) TextBox：文本框类，充当具体构件类。

```
//TextBox.cs
using System;

namespace DecoratorSample
{
    class TextBox : VisualComponent
    {
        public override void Display()
        {
            Console.WriteLine("显示文本框!");
        }
    }
}
```

(4) ListBox：列表框类，充当具体构件类。

```
//ListBox.cs
using System;

namespace DecoratorSample
{
    class ListBox : VisualComponent
    {
        public override void Display()
        {
            Console.WriteLine("显示列表框!");
        }
    }
}
```

(5) ComponentDecorator：构件装饰类，充当抽象装饰类。

```
//ComponentDecorator.cs
namespace DecoratorSample
{
    class ComponentDecorator : VisualComponent
    {
        private VisualComponent component;  //维持对抽象构件类型对象的引用

        //注入抽象构件类型的对象
        public ComponentDecorator(VisualComponent component)
        {
            this.component = component;
        }

        public override void Display()
        {
            component.Display();
        }
    }
}
```

(6) ScrollBarDecorator：滚动条装饰类，充当具体装饰类。

```
//ScrollBarDecorator.cs
using System;

namespace DecoratorSample
{
    class ScrollBarDecorator : ComponentDecorator
    {
        public ScrollBarDecorator(VisualComponent component)
            : base(component)
        {
        }
```

```
        public override void Display()
        {
            this.SetScrollBar();
            base.Display();
        }

        public void SetScrollBar()
        {
            Console.WriteLine("为构件增加滚动条!");
        }
    }
}
```

(7) BlackBorderDecorator：黑色边框装饰类，充当具体装饰类。

```
//BlackBorderDecorator.cs
using System;

namespace DecoratorSample
{
    class BlackBorderDecorator : ComponentDecorator
    {
        public BlackBorderDecorator(VisualComponent component)
            : base(component)
        {
        }

        public override void Display()
        {
            this.SetBlackBorder();
            base.Display();
        }

        public void SetBlackBorder()
        {
            Console.WriteLine("为构件增加黑色边框!");
        }
    }
}
```

(8) Program：客户端测试类。

```
//Program.cs
using System;

namespace DecoratorSample
{
    class Program
    {
```

```
        static void Main(string[] args)
        {
            VisualComponent component, componentSB;          //使用抽象构件定义
            component = new Window();                        //创建具体构件对象
            componentSB = new ScrollBarDecorator(component); //定义装饰后的构件
            componentSB.Display();
            Console.Read();
        }
    }
}
```

4. 结果及分析

编译并运行程序,输出结果如下:

```
为构件增加滚动条!
显示窗体!
```

在客户端代码中,先创建一个 Window 类型的具体构件对象 component,然后将 component 作为构造函数的参数注入具体装饰类 ScrollBarDecorator 中,得到一个装饰之后的对象 componentSB,在调用 componentSB 的 Display()方法后将得到一个有滚动条的窗体。如果希望得到一个既有滚动条又有黑色边框的窗体,不需要对原有类库进行任何修改,只需将客户端代码修改如下:

```
using System;

namespace DecoratorSample
{
    class Program
    {
        static void Main(string[] args)
        {
            VisualComponent component, componentSB, componentBB; //全部使用抽象构件定义
            component = new Window();                            //创建具体构件对象
            componentSB = new ScrollBarDecorator(component);     //定义装饰后的构件
            componentBB = new BlackBorderDecorator(componentSB);
                                        //将装饰了一次的对象注入另一个装饰类中,进行第二次装饰
            componentBB.Display();
            Console.Read();
        }
    }
}
```

再次编译并运行程序,输出结果如下:

```
为构件增加黑色边框!
为构件增加滚动条!
显示窗体!
```

在上述客户端代码中,将装饰了一次之后的 componentSB 对象注入另一个装饰类

BlackBorderDecorator 中实现第二次装饰，得到一个经过两次装饰的对象 componentBB，再调用 componentBB 的 Display()方法即可得到一个既有滚动条又有黑色边框的窗体。

如果需要在原有系统中增加一个新的具体构件类或者新的具体装饰类，无须修改现有类库代码，只需将它们分别作为抽象构件类或者抽象装饰类的子类即可。

12.4 透明装饰模式与半透明装饰模式

在装饰模式中，具体装饰类通过新增成员变量或者成员方法来扩展具体构件类的功能。在标准的装饰模式中，新增行为需在原有业务方法中调用，无论是具体构件对象还是装饰过的构件对象，对于客户端而言都是透明的，这种装饰模式被称为透明(Transparent)装饰模式。但是在某些情况下，有些新增行为可能需要单独被调用，此时，客户端不能再一致性地处理装饰之前的对象和装饰之后的对象，这种装饰模式被称为半透明(Semi-transparent)装饰模式。下面将对这两种装饰模式进行较为详细的介绍。

1. 透明装饰模式

在透明装饰模式中，要求客户端完全针对抽象编程，装饰模式的透明性要求客户端程序不应该将对象声明为具体构件类型或具体装饰类型，而应该全部声明为抽象构件类型。对于客户端而言，具体构件对象和具体装饰对象没有任何区别。即应该使用以下代码：

```
Component component_o, component_d;  //使用抽象构件类型定义对象
component_o = new ConcreteComponent();
component_d = new ConcreteDecorator (component_o);
component_d.Operation();
```

而不应该使用以下代码：

```
ConcreteComponent component_o; //使用具体构件类型定义对象
component_o = new ConcreteComponent();
```

或

```
ConcreteDecorator component_d; //使用具体装饰类型定义对象
component_d = new ConcreteDecorator(component_o);
```

对于多次装饰而言，在客户端中存在以下代码片段：

```
…
Component component_o,component_d1,component_d2; //全部使用抽象构件定义
component_o = new ConcreteComponent();
component_d1 = new ConcreteDecorator1(component_o);
component_d2 = new ConcreteDecorator2(component_d1);
component_d2.Operation();
//无法单独调用 component_d2 的 AddedBehavior()方法
…
```

使用抽象构件类型 Component 定义全部具体构件对象和具体装饰对象，客户端可以一致地使用这些对象，因此符合透明装饰模式的要求。

透明装饰模式可以让客户端透明地使用装饰之前的对象和装饰之后的对象，无须关心它们的区别，此外，还可以对一个已装饰过的对象进行多次装饰，得到更为复杂、功能更为强大的对象。在实现透明装饰模式时，要求具体装饰类的 Operation()方法覆盖抽象装饰类的 Operation()方法，除了调用原有对象的 Operation()外还需要调用新增的 AddedBehavior()方法来增加新行为。但是由于在抽象构件中并没有声明 AddedBehavior()方法，因此，无法在客户端单独调用该方法，在本章 12.3 节图形界面构件库的设计方案中使用的就是透明装饰模式。

2. 半透明装饰模式

透明装饰模式的设计难度较大，而且有时需要单独调用新增的业务方法。为了能够调用到新增方法，不得不用具体装饰类型来定义装饰之后的对象，而具体构件可以继续使用抽象构件类型来定义，这种装饰模式即为半透明装饰模式。也就是说，对于客户端而言，对具体构件类型无须关心，是透明的；但是具体装饰类型必须指定，这是不透明的。客户端代码片段如下：

```
…
Component component_o;                //使用抽象构件类型定义
component_o = new ConcreteComponent();
component_o.Operation();
ConcreteDecorator component_d;        //使用具体装饰类型定义
component_d = new ConcreteDecorator(component_o);
component_d.Operation();
component_d.AddedBehavior();          //单独调用新增业务方法
…
```

半透明装饰模式可以给系统带来更多的灵活性，设计相对简单，使用起来也非常方便；但是其最大的缺点在于不能实现对同一个对象的多次装饰，而且客户端需要有区别地对待装饰之前的对象和装饰之后的对象。在实现半透明的装饰模式时，只需在具体装饰类中增加一个独立的 AddedBehavior()方法来封装相应的业务处理即可，由于客户端使用具体装饰类型来定义装饰后的对象，因此可以单独调用 AddedBehavior()方法。

12.5　装饰模式的优缺点与适用环境

装饰模式降低了系统的耦合度，可以动态增加或删除对象的职责，并使得需要装饰的具体构件类和用于装饰的具体装饰类可以独立变化，以便增加新的具体构件类和具体装饰类。使用装饰模式将大大减少子类的个数，让系统扩展起来更加方便，而且更容易维护，是取代继承复用的有效方式之一。在软件开发中，装饰模式得到了较为广泛的应用。

12.5.1　装饰模式的优点

装饰模式的主要优点如下：

(1) 对于扩展一个对象的功能，装饰模式比继承更加灵活，不会导致类的个数急剧增加。

(2) 装饰模式可以通过一种动态的方式来扩展一个对象的功能，通过配置文件可以在运行时选择不同的具体装饰类，从而实现不同的行为。

(3) 装饰模式可以对一个对象进行多次装饰，通过使用不同的具体装饰类以及这些装饰类的排列组合，可以创造出很多不同行为的组合，得到功能更为强大的对象。

(4) 在装饰模式中，具体构件类与具体装饰类可以独立变化，用户可以根据需要增加新的具体构件类和具体装饰类，且原有类库代码无须改变，符合开闭原则。

12.5.2 装饰模式的缺点

装饰模式的主要缺点如下：

(1) 使用装饰模式进行系统设计时将产生很多小对象，这些对象的区别在于它们之间相互连接的方式有所不同，而不是它们的类或者属性值有所不同，大量小对象的产生势必会占用更多的系统资源，在一定程度上影响程序的性能。

(2) 装饰模式提供了一种比继承更加灵活机动的解决方案，但同时也意味着比继承更加易于出错，排错也更困难，对于多次装饰的对象，调试时寻找错误可能需要逐级排查，较为烦琐。

12.5.3 装饰模式的适用环境

在以下情况下可以考虑使用装饰模式：

(1) 在不影响其他对象的情况下，以动态、透明的方式给单个对象添加职责。

(2) 当不能采用继承的方式对系统进行扩展或者采用继承不利于系统扩展和维护时可以使用装饰模式。不能采用继承的情况主要有两种：第一种是系统中存在大量独立的扩展，为支持每一种扩展或者扩展之间的组合将产生大量的子类，使得子类数目呈爆炸性增长；第二种是因为类已定义为不能被继承(例如 C# 语言中的密封类，即使用 sealed 关键字修饰的类)。

12.6 本章小结

(1) 装饰模式用于动态地给一个对象增加一些额外的职责。就扩展功能而言，装饰模式提供了一种比使用子类更加灵活的替代方案，它是一种对象结构型模式。

(2) 装饰模式包含抽象构件、具体构件、抽象装饰类和具体装饰类 4 个角色。其中，抽象构件是具体构件类和抽象装饰类的共同父类，声明了在具体构件中实现的业务方法；具体构件实现了在抽象构件中声明的方法，装饰类可以给它增加额外的职责(方法)；抽象装饰类用于给具体构件增加职责，但是具体职责在其子类中实现；具体装饰类负责向构件添加新的职责。

(3) 装饰模式的主要优点是在扩展功能时比继承更加灵活，不会导致类的个数急剧增加；它通过一种动态的方式来扩展一个对象的功能，可以对一个对象进行多次装饰，还通过使用不同的具体装饰类以及这些装饰类的排列组合，创造出很多不同行为的组合，得到功能更为强大的对象；具体构件类与具体装饰类可以独立变化，用户可以根据需要增加新的具体构件类和具体装饰类，且原有类库代码无须改变，符合开闭原则。其主要缺点是使用装饰模式进行系统设计时将产生很多小对象；此外，装饰模式比继承更加易于出错，排错也更困难，对于多次装饰的对象，调试时寻找错误可能需要逐级排查，较为烦琐。

(4) 装饰模式适用的环境：在不影响其他对象的情况下，以动态、透明的方式给单个对象添加职责；当不能采用继承的方式对系统进行扩展或者采用继承不利于系统扩展和维护时也可以使用装饰模式。

(5) 装饰模式可分为透明装饰模式和半透明装饰模式：在透明装饰模式中，要求客户端完全针对抽象编程，装饰模式的透明性要求客户端程序不应该将对象声明为具体构件类型或具体装饰类型，而应该全部声明为抽象构件类型；半透明装饰模式允许用户在客户端声明具体装饰类型的对象，从而可以单独调用在具体装饰类中新增的方法。

12.7　习题

1. 当不能采用生成子类的方法进行扩展时，可采用(　　)模式动态地给一个对象添加一些额外的职责。

A. 外观(Facade)　　B. 单例(Singleton)
C. 参与者(Participant)　　D. 装饰(Decorator)

2. (　　)不是装饰模式的适用条件。

A. 要扩展一个类的功能或给一个类增加附加责任
B. 要动态地给一个对象增加功能，这些功能还可以动态撤销
C. 要动态组合多于一个的抽象化角色和实现化角色
D. 要通过一些基本功能的组合产生复杂功能，而不使用继承关系

3. 半透明装饰模式能否实现对同一个对象的多次装饰？为什么？

4. 最简单的手机(SimplePhone)在接收到来电的时候，会发出声音提醒主人，现在需要为该手机添加一项功能，即在接收到来电的时候，除了有声音还能产生振动(JarPhone)，还可以得到更加高级的手机(ComplexPhone)，来电时它不仅能够发声，产生振动，而且有灯光闪烁提示。现用装饰模式来模拟手机功能的升级过程，要求绘制类图并使用C#语言编程模拟实现。

5. 某咖啡店的店员在卖咖啡时，可以根据顾客的要求在其中加入各种配料，并根据所加入的配料来计算总费用。咖啡店所供应的咖啡及配料的种类和价格如表12-1所示。

表12-1　咖啡及配料的种类和价格表

咖　　啡	价格/杯(¥)	配　　料	价格/份(¥)
浓缩咖啡(Espresso)	25	摩卡(Mocha)	10
混合咖啡(House Blend)	30	奶泡(Whip)	8
重烘焙咖啡(Dark Roast)	20	牛奶(Milk)	6

现使用装饰模式为该咖啡店设计一个程序来实现计算费用的功能，输出每种饮料的详

细描述及花费。

输出结果示例如下：

```
浓缩咖啡,摩卡,牛奶  ¥41
```

饮料类 Beverage 代码如下：

```
abstract class Beverage
{
    public abstract string GetDescription();
    public abstract int GetCost();
}
```

要求用户画出对应的类图,并使用 C#语言编程实现。

6. 某软件公司要开发一个数据加密模块,可以对字符串进行加密。最简单的加密算法通过对字母进行移位来实现,同时还提供了稍微复杂的逆向输出加密,还提供了更为高级的求模加密。用户先使用最简单的加密算法对字符串进行加密,如果觉得还不够可以对加密之后的结果使用其他加密算法进行二次加密,当然也可以进行第三次加密。试使用装饰模式设计该多重加密系统。

第13章

外观模式

本章导学

外观模式是一种使用频率非常高的结构型设计模式，它通过引入一个外观角色来简化客户端与子系统之间的交互，为复杂的子系统调用提供一个统一的入口，使子系统与客户端的耦合度降低，且客户端调用非常方便。

本章将学习外观模式的定义与结构，结合实例学习如何使用外观模式并分析外观模式的优缺点。

本章知识点

- 外观模式的定义。
- 外观模式的结构。
- 外观模式的实现。
- 外观模式的应用。
- 外观模式的优缺点。
- 外观模式的适用环境。
- 抽象外观类。

13.1 外观模式概述

不知道大家有没有比较过自己泡茶和去茶馆喝茶的区别，如果是自己泡茶，需要自行准备茶叶、茶具和开水，如图 13-1(a)所示，而去茶馆喝茶，最简单的方式就是跟茶馆服务员说想要一杯什么样的茶，是铁观音、碧螺春还是西湖龙井。正因为茶馆有服务员，顾客无须直接和茶叶、茶具、开水等交互，整个泡茶过程由服务员来完成，顾客只需与服务员交互即可，整个过程非常简单、省事，如图 13-1(b)所示。

在软件开发中，有时为了完成一项较为复杂的功能，一个客户类需要和多个业务类交互，而这些需要交互的业务类经常会作为一个整体出现，由于涉及的类比较多，导致使用时代码较为复杂，此时，特别需要一个类似服务员一样的角色，由它来负责和多个业务类进行

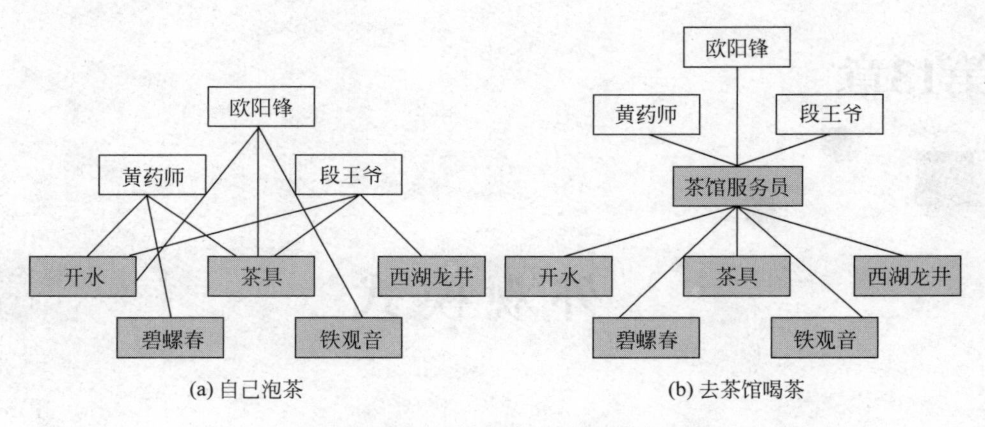

图 13-1　两种喝茶方式示意图

交互，而客户类只需与该类交互。外观模式通过引入一个新的外观类(Facade)来实现该功能，外观类充当了软件系统中的“服务员”，它为多个业务类的调用提供了一个统一的入口，简化了类与类之间的交互。在外观模式中，需要交互的业务类被称为子系统(Subsystem)。如果没有外观类，那么每个客户类需要和多个子系统之间进行复杂的交互，系统的耦合度将很大，如图 13-2(a)所示；而引入外观类之后，客户类只需要直接与外观类交互，客户类与子系统之间原有的复杂引用关系由外观类来实现，从而降低了系统的耦合度，如图 13-2(b)所示。

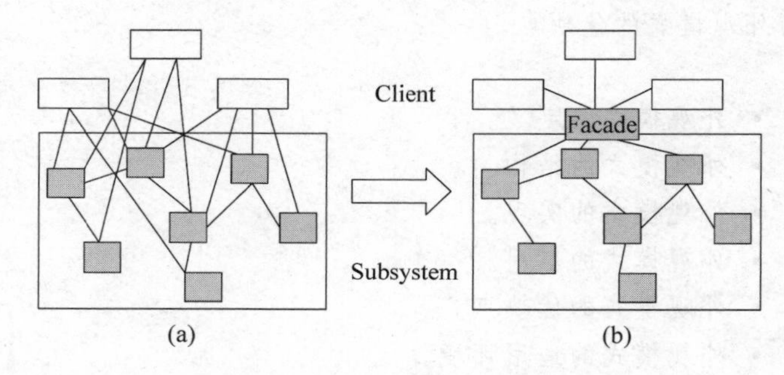

图 13-2　外观模式示意图

在外观模式中，一个子系统的外部与其内部的通信通过一个统一的外观类进行，外观类将客户类与子系统的内部复杂性分隔开，使得客户类只需要与外观角色打交道，而不需要与子系统内部的很多对象打交道。

外观模式的定义如下：

> **外观模式**：为子系统中的一组接口提供一个统一的入口。外观模式定义了一个高层接口，这个接口使得这一子系统更加容易使用。
>
> **Facade Pattern**：Provide a unified interface to a set of interfaces in a subsystem. Facade defines a higher-level interface that makes the subsystem easier to use.

外观模式又称为门面模式，它是一种对象结构型模式。外观模式是迪米特法则的一种具体实现，通过引入一个新的外观角色来降低原有系统的复杂度，同时降低客户类与子系统的耦合度。

13.2　外观模式的结构与实现

13.2.1　外观模式的结构

外观模式没有一个一般化的类图描述，通常使用如图 13-2(b)所示的示意图来表示外观模式。图 13-3 所示的类图也可以作为描述外观模式的结构图。

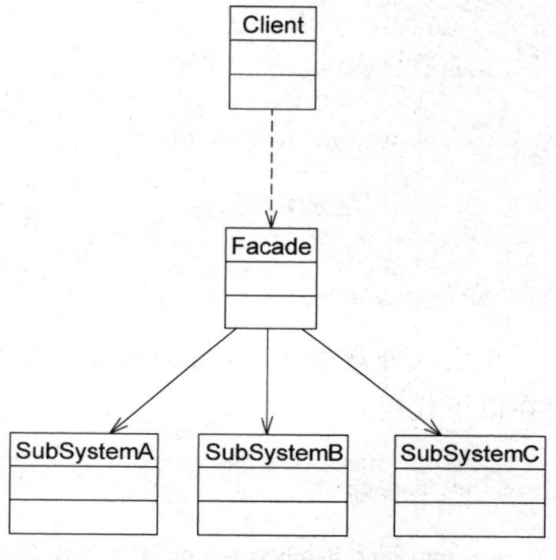

图 13-3　外观模式结构图

由图 13-3 可知，外观模式包含以下两个角色。

(1) **Facade(外观角色)**：在客户端可以调用它的方法，在外观角色中可以知道相关的(一个或者多个)子系统的功能和责任；在正常情况下，它将所有从客户端发来的请求委派到相应的子系统，传递给相应的子系统对象处理。

(2) **SubSystem(子系统角色)**：在软件系统中可以有一个或者多个子系统角色，每一个子系统可以不是一个单独的类，而是一个类的集合，它实现子系统的功能；每一个子系统都可以被客户端直接调用，或者被外观角色调用，它处理由外观类传过来的请求；子系统并不知道外观的存在，对于子系统而言，外观角色仅仅是另外一个客户端而已。

13.2.2　外观模式的实现

外观模式的主要目的在于降低系统的复杂程度，在面向对象软件系统中，类与类之间的关系越多，不表示系统设计得越好，反而表示系统中类之间的耦合度太大，这样的系统在维护和修改时都缺乏灵活性，因为一个类的改动会导致多个类发生变化，而外观模式的引入在很大程度上降低了类与类之间的耦合关系。引入外观模式之后，增加新的子系统或者移除子系统都非常方便，客户类无须进行修改(或者极少的修改)，只需要在外观类中增加或移除对子系统的引用即可。从这一点来说，外观模式在一定程度上并不符合开闭原则，增加新的子系统需要对原有系统进行一定的修改，虽然这个修改工作量不大。

外观模式中所指的子系统是一个广义的概念，它可以是一个类、一个功能模块、系统的一个组成部分或者一个完整的系统。子系统类通常是一些业务类，实现了一些具体的、独立的业务功能，其典型代码如下：

```
class SubSystemA
{
    public void MethodA()
    {
        //业务实现代码
    }
}
class SubSystemB
{
    public void MethodB()
    {
        //业务实现代码
    }
}

class SubSystemC
{
    public void MethodC()
    {
        //业务实现代码
    }
}
```

在引入外观类之后,与子系统业务类之间的交互统一由外观类来完成,在外观类中通常存在以下代码:

```
class Facade
{
    private SubSystemA obj1 = new SubSystemA();
    private SubSystemB obj2 = new SubSystemB();
    private SubSystemC obj3 = new SubSystemC();

    public void Method()
    {
        obj1.MethodA();
        obj2.MethodB();
        obj3.MethodC();
    }
}
```

由于在外观类中维持了对子系统对象的引用,客户端可以通过外观类来间接调用子系统对象的业务方法,而无须与子系统对象直接交互。引入外观类后,客户端代码变得非常简单,其典型代码如下:

```
class Program
{
    static void Main(string[] args)
    {
        Facade facade = new Facade();
        facade.Method();
    }
}
```

13.3　外观模式的应用实例

下面通过一个应用实例来进一步学习和理解外观模式。

1. 实例说明

> 某软件公司要开发一个可应用于多个软件的文件加密模块，该模块可以对文件中的数据进行加密并将加密之后的数据存储在一个新文件中，具体的流程包括3个部分，分别是读取源文件、加密、保存加密之后的文件，其中，读取文件和保存文件使用流来实现，加密操作通过求模运算实现。这3个操作相对独立，为了实现代码的独立重用，让设计更符合单一职责原则，这3个操作的业务代码封装在3个不同的类中。
>
> 现使用外观模式设计该文件加密模块。

2. 实例类图

通过分析，本实例的结构如图13-4所示。

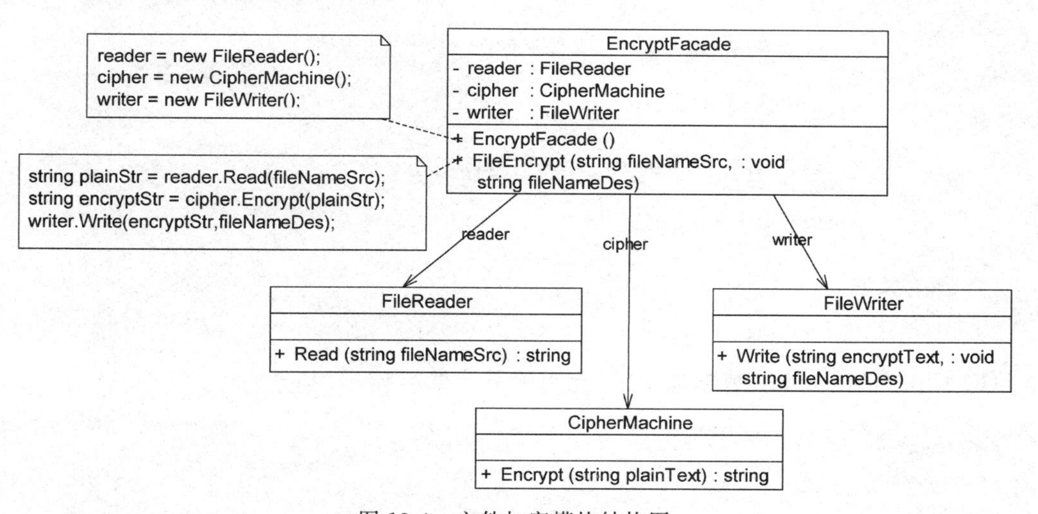

图13-4　文件加密模块结构图

在图13-4中，EncryptFacade充当外观类，FileReader、CipherMachine和FileWriter充当子系统类。

3. 实例代码

(1) FileReader：文件读取类，充当子系统类。

```
//FileReader.cs
using System;
```

```
using System.Text;
using System.IO;

namespace FacadeSample
{
    class FileReader
    {
        public string Read(string fileNameSrc)
        {
            Console.Write("读取文件,获取明文: ");
            FileStream fs = null;
            StringBuilder sb = new StringBuilder();
            try
            {
                fs = new FileStream(fileNameSrc, FileMode.Open);
                int data;
                while((data = fs.ReadByte())!= -1)
                {
                    sb = sb.Append((char)data);
                }
                 fs.Close();
                 Console.WriteLine(sb.ToString());
            }
            catch(FileNotFoundException e)
            {
                Console.WriteLine("文件不存在!");
            }
            catch(IOException e)
            {
                Console.WriteLine("文件操作错误!");
            }
            return sb.ToString();
        }
    }
}
```

(2) CipherMachine：数据加密类，充当子系统类。

```
//CipherMachine.cs
using System;
using System.Text;

namespace FacadeSample
{
    class CipherMachine
    {
        public string Encrypt(string plainText)
        {
            Console.Write("数据加密,将明文转换为密文: ");
            string es = "";
            char[] chars = plainText.ToCharArray();
```

```
            foreach(char ch in chars)
            {
                string c = (ch % 7).ToString();
                es += c;
            }
            Console.WriteLine(es);
            return es;
        }
    }
}
```

(3) FileWriter：文件保存类，充当子系统类。

```
//FileWriter.cs
using System;
using System.IO;
using System.Text;

namespace FacadeSample
{
    class FileWriter
    {
        public void Write(string encryptStr,string fileNameDes)
        {
            Console.WriteLine("保存密文,写入文件。");
            FileStream fs = null;
            try
            {
                fs = new FileStream(fileNameDes, FileMode.Create);
                byte[] str = Encoding.Default.GetBytes(encryptStr);
                fs.Write(str,0,str.Length);
                fs.Flush();
                fs.Close();
            }
            catch(FileNotFoundException e)
            {
                Console.WriteLine("文件不存在!");
            }
            catch(IOException e)
            {
                Console.WriteLine(e.Message);
                Console.WriteLine("文件操作错误!");
            }
        }
    }
}
```

(4) EncryptFacade：加密外观类，充当外观类。

```
// EncryptFacade.cs
namespace FacadeSample
{
```

```
    class EncryptFacade
    {
        //维持对其他对象的引用
        private FileReader reader;
        private CipherMachine cipher;
        private FileWriter writer;

        public EncryptFacade()
        {
            reader = new FileReader();
            cipher = new CipherMachine();
            writer = new FileWriter();
        }

        //调用其他对象的业务方法
        public void FileEncrypt(string fileNameSrc, string fileNameDes)
        {
            string plainStr = reader.Read(fileNameSrc);
            string encryptStr = cipher.Encrypt(plainStr);
            writer.Write(encryptStr, fileNameDes);
        }
    }
}
```

(5) Program：客户端测试类。

```
//Program.cs
using System;

namespace FacadeSample
{
    class Program
    {
        static void Main(string[] args)
        {
            EncryptFacade ef = new EncryptFacade();
            ef.FileEncrypt("src.txt", "des.txt");
            Console.Read();
        }
    }
}
```

4. 结果及分析

编译并运行程序，输出结果如下：

```
读取文件,获取明文: Hello world!
数据加密,将明文转换为密文: 233364062325
保存密文,写入文件。
```

在本实例中，对文件 src.txt 中的数据进行加密，该文件内容为“Hello world!”，加密之后将密文保存到另一个文件 des.txt 中，程序运行后保存在文件中的密文为“233364062325”。在加密类 CipherMachine 中，采用求模运算对明文进行加密，将明文中的每一个字符除以一个整数（本例中为 7，可以由用户来进行设置）后取余数作为密文。

13.4　抽象外观类

在标准的外观模式结构图中，如果需要增加、删除或更换与外观类交互的子系统类，必须修改外观类或客户端的源代码，这将违背开闭原则，因此可以通过引入抽象外观类对系统进行改进，在一定程度上解决该问题。在引入抽象外观类之后，客户端可以针对抽象外观类进行编程，对于新的业务需求，不需要修改原有外观类，而对应增加一个新的具体外观类，由新的具体外观类来关联新的子系统对象，同时通过修改配置文件来达到不修改任何源代码并更换外观类的目的。

下面通过一个具体实例来学习如何使用抽象外观类。

如果在本章 13.3 节应用实例“文件加密模块”中需要更换一个加密类，不再使用原有的基于求模运算的加密类 CipherMachine，而改为基于移位运算的新加密类 NewCipherMachine，其代码如下：

```
using System;

namespace FacadeSample
{
    class NewCipherMachine
    {
        public string Encrypt(string plainText)
        {
            Console.Write("数据加密,将明文转换为密文: ");
            string es = "";
            int key = 10;//设置密钥,移位数为 10
            char[] chars = plainText.ToCharArray();
            foreach(char ch in chars)
            {
                int temp = Convert.ToInt32(ch);
                //小写字母移位
                if (ch >= 'a' && ch <= 'z') {
                    temp += key % 26;
                    if (temp > 122) temp -= 26;
                    if (temp < 97) temp += 26;
                }
                //大写字母移位
                if (ch >= 'A' && ch <= 'Z') {
                    temp += key % 26;
                    if (temp > 90) temp -= 26;
                    if (temp < 65) temp += 26;
                }
                es += ((char)temp).ToString();
            }
            Console.WriteLine(es);
            return es;
```

```
            }
        }
    }
```

如果不增加新的外观类，只能通过修改原有外观类 EncryptFacade 的源代码来实现加密类的更换，将原有的对 CipherMachine 类型对象的引用改为对 NewCipherMachine 类型对象的引用，这违背了开闭原则，因此需要通过增加新的外观类来实现对子系统对象引用的改变。

如果增加一个新的外观类 NewEncryptFacade 与 FileReader 类、FileWriter 类及新增加的 NewCipherMachine 类进行交互，虽然原有系统类库无须做任何修改，但是因为在客户端代码中原来针对 EncryptFacade 类进行编程，现在需要改为 NewEncryptFacade 类，因此需要修改客户端源代码。

如何在不修改客户端代码的前提下使用新的外观类呢？解决方法之一是引入一个抽象外观类，客户端针对抽象外观类编程，而在运行时再确定具体外观类。引入抽象外观类之后的文件加密模块结构如图 13-5 所示。

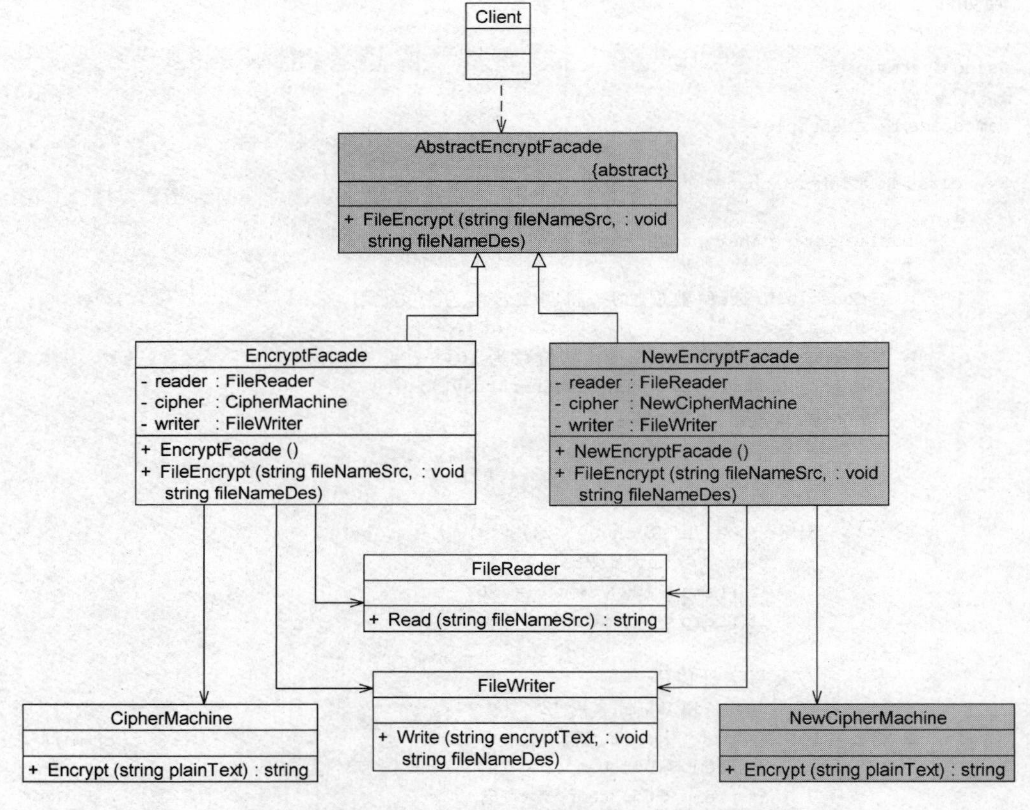

图 13-5 引入抽象外观类之后的文件加密模块结构图

在图 13-5 中，客户类 Client 针对抽象外观类 AbstractEncryptFacade 进行编程，AbstractEncryptFacade 代码如下：

```
namespace FacadeSample
{
    abstract class AbstractEncryptFacade
    {
        public abstract void FileEncrypt(string fileNameSrc, string fileNameDes);
    }
}
```

新增具体加密外观类 NewEncryptFacade 的代码如下：

```
namespace FacadeSample
{
    class NewEncryptFacade : AbstractEncryptFacade
    {
        private FileReader reader;
        private NewCipherMachine cipher;
        private FileWriter writer;

        public NewEncryptFacade()
        {
            reader = new FileReader();
            cipher = new NewCipherMachine();
            writer = new FileWriter();
        }

        public override void FileEncrypt(string fileNameSrc, string fileNameDes)
        {
            string plainStr = reader.Read(fileNameSrc);
            string encryptStr = cipher.Encrypt(plainStr);
            writer.Write(encryptStr, fileNameDes);
        }
    }
}
```

配置文件 App.config 中存储了具体外观类的类名，其代码如下：

```
<?xml version = "1.0" encoding = "utf - 8" ?>
<configuration>
  <appSettings>
    <add key = "facade" value = "FacadeSample.NewEncryptFacade"/>
  </appSettings>
</configuration>
```

将客户端测试代码修改如下：

```
using System;
using System.Configuration;
using System.Reflection;

namespace FacadeSample
{
```

```
    class Program
    {
        static void Main(string[] args)
        {
            AbstractEncryptFacade ef; //针对抽象外观类编程
            //读取配置文件
            string facadeString = ConfigurationManager.AppSettings["facade"];
            //反射生成对象
              ef = (AbstractEncryptFacade) Assembly.Load("FacadeSample").CreateInstance
(facadeString);
            ef.FileEncrypt("src.txt", "des.txt");
            Console.Read();
        }
    }
}
```

编译并运行程序,输出结果如下:

```
读取文件,获取明文: Hello world!
数据加密,将明文转换为密文: Rovvy gybvn!
保存密文,写入文件。
```

原有外观类 EncryptFacade 也需作为抽象外观类 AbstractEncryptFacade 的子类,更换具体外观类时只需修改配置文件,无须修改源代码,符合开闭原则。

13.5 外观模式的优缺点与适用环境

外观模式是一种使用频率非常高的设计模式,它通过引入一个外观角色来简化客户端与子系统之间的交互,为复杂的子系统调用提供一个统一的入口,使子系统与客户端的耦合度降低,且客户端调用非常方便。外观模式并不给系统增加任何新功能,它仅仅是简化调用接口。在几乎所有的软件中都能够找到外观模式的应用,如绝大多数 B/S 系统都有一个首页或者导航页面,大部分 C/S 系统都提供了菜单或者工具栏,在这里,首页和导航页面就是 B/S 系统的外观角色,而菜单和工具栏就是 C/S 系统的外观角色,通过它们用户可以快速访问子系统,降低了系统的复杂程度,所有涉及与多个业务对象交互的环境都可以考虑使用外观模式进行重构。

13.5.1 外观模式的优点

外观模式的主要优点如下:

(1) 它对客户端屏蔽了子系统组件,减少了客户端所需处理的对象数目,并使得子系统使用起来更加容易。通过引入外观模式,客户端代码将变得很简单,与之关联的对象也很少。

(2) 它实现了子系统与客户端之间的松耦合关系,这使得子系统的变化不会影响到调用它的客户端,只需要调整外观类即可。

(3) 一个子系统的修改对其他子系统没有任何影响，而且子系统的内部变化也不会影响到外观对象。

13.5.2 外观模式的缺点

外观模式的主要缺点如下：

(1) 外观模式不能很好地限制客户端直接使用子系统类，如果对客户端访问子系统类做太多的限制则减少了可变性和灵活性。

(2) 如果设计不当，增加新的子系统可能需要修改外观类的源代码，违背了开闭原则。

13.5.3 外观模式的适用环境

在以下情况下可以考虑使用外观模式：

(1) 当要为访问一系列复杂的子系统提供一个简单入口时可以使用外观模式。

(2) 客户端程序与多个子系统之间存在很大的依赖性。引入外观类可以将子系统与客户端解耦，从而提高子系统的独立性和可移植性。

(3) 在层次化结构中，可以使用外观模式定义系统中每一层的入口，层与层之间不直接产生联系，而是通过外观类建立联系，降低层之间的耦合度。

13.6 本章小结

(1) 外观模式为子系统中的一组接口提供一个统一的入口。外观模式定义了一个高层接口，这个接口使得这一子系统更加容易使用。外观模式又称为门面模式，它是一种对象结构型模式。

(2) 外观模式包含外观和子系统两个角色。其中，在外观角色中可以知道相关的(一个或者多个)子系统的功能和责任，客户端通过外观角色来间接访问子系统；在软件系统中可以有一个或者多个子系统角色，每一个子系统可以不是一个单独的类，而是一个类的集合，它实现子系统的功能，每一个子系统都可以被客户端直接调用，或者被外观角色调用，它处理由外观类传过来的请求。

(3) 外观模式主要优点是对客户端屏蔽了子系统组件，减少了客户端所需处理的对象数目，并使得子系统使用起来更加容易。其主要缺点是不能很好地限制客户端直接使用子系统类，如果对客户端访问子系统类做太多的限制则减少了可变性和灵活性；如果设计不当，增加新的子系统可能需要修改外观类的源代码，违背了开闭原则。

(4) 外观模式适用的环境：要为访问一系列复杂的子系统提供一个简单入口；客户端程序与多个子系统之间存在很大的依赖性；在层次化结构中，可以使用外观模式定义系统中每一层的入口，层与层之间不直接产生联系，而是通过外观类建立联系，降低层之间的耦合度。

(5) 用户可以通过抽象外观类对系统进行改进，引入抽象外观类之后，客户端针对抽象外观类进行编程，对于新的业务需求，不需要修改原有外观类，而只需对应地增加一个新的具体外观类，由新的具体外观类来关联新的子系统对象，并且通过修改配置文件达到不修改任何源代码更换外观类的目的。

13.7 习题

1. 已知某子系统为外界提供功能服务，但该子系统中存在很多粒度十分小的类，不便被外界系统直接使用，采用(　　)模式可以定义一个高层接口，这个接口使得这一子系统更加容易使用。

A. 外观(Facade)　　B. 单例(Singleton)

C. 参与者(Participant)　　D. 装饰(Decorator)

2. 图13-6是(　　)模式实例的结构图。

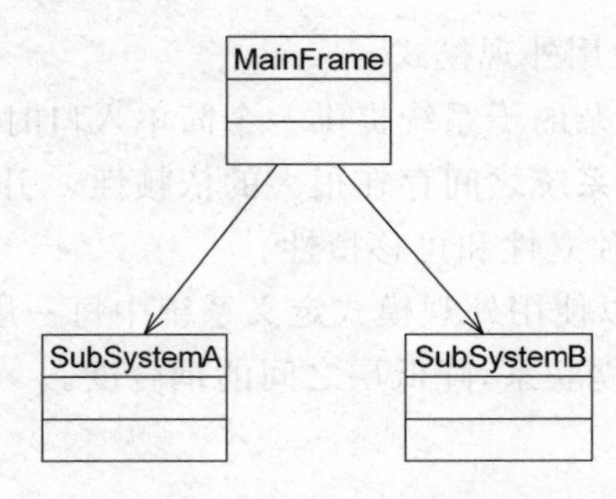

图13-6　某模式实例结构图

A. 桥接(Bridge)　　B. 工厂方法(Factory Method)

C. 模板方法(Template Method)　　D. 外观(Facade)

3. 以下关于外观模式的叙述错误的是(　　)。

A. 在外观模式中，一个子系统的外部与其内部的通信可以通过一个统一的外观对象进行

B. 在增加外观对象之后，客户类只需要直接和外观对象交互即可，与子系统类之间的复杂引用关系由外观对象来实现，降低了系统的耦合度

C. 外观模式可以很好地限制客户类使用子系统类，对客户类访问子系统类做限制可以提高系统的灵活性

D. 可以为一个系统提供多个外观类

4. 某信息系统需要提供一个数据处理和报表显示模块，该模块可以读取不同类型的文件中的数据并将数据转换成XML格式，然后对数据进行统计分析，最后以报表形式显示数据。由于该过程需要涉及多个类，试使用外观模式设计该数据处理和报表显示模块。另外，考虑到有些文件本身已经是XML格式，无须进行格式转换，为了让系统具有更好的扩展性，在系统设计中可以引入抽象外观类。

5. 在计算机主机(Mainframe)中，只需按下主机的开机按钮(On())，即可调用其他硬件设备和软件的启动方法，如内存(Memory)的自检(Check())、CPU的运行(Run())、硬盘(HardDisk)的读取(Read())、操作系统(OS)的载入(Load())等，如果某一过程发生错误则计算机启动失败。试使用外观模式模拟该过程，绘制类图并使用C#语言编程模拟实现。

6. 某软件公司为新开发的智能手机控制与管理软件提供了一键备份功能，通过该功能可以将原本存储在手机中的通信录、短信、照片、歌曲等资料一次性全部复制到移动存储介质(例如 MMC 卡或 SD 卡)中。在实现过程中需要与多个已有的类进行交互，例如通讯录管理类、短信管理类等，为了降低系统的耦合度，试使用外观模式来设计并使用 C＃语言编程模拟实现该一键备份功能。

第14章

享元模式

本章导学

当系统中存在大量相同或者相似的对象时，享元模式是一种值得考虑的解决方案，它通过共享技术实现相同或相似的细粒度对象的复用，从而节约内存空间，提高系统性能。在享元模式中提供了一个享元池用于存储已经创建好的享元对象，并通过享元工厂类将享元对象提供给客户端使用。

本章将学习享元模式的定义与结构，学习如何设计享元池和享元工厂，并结合实例学习如何实现无外部状态的享元模式以及有外部状态的享元模式。

本章知识点

- 享元模式的定义。
- 享元模式的结构。
- 享元模式的实现。
- 享元模式的应用。
- 享元模式的优缺点。
- 享元模式的适用环境。
- 有外部状态的享元模式。
- 单纯享元模式与复合享元模式。

14.1 享元模式概述

如果一个软件系统在运行时所创建的相同或相似的对象数量太多，将导致运行代价过高，带来系统资源浪费、性能下降等问题。例如在一个文本字符串中存在很多重复的字符，如果每一个字符都用一个单独的对象来表示，将会占用较多的内存空间，那么如何避免系统中出现大量相同或相似的对象，同时又不影响客户端程序通过面向对象的方式对这些对象进行操作呢？享元模式正是为解决这一类问题而“诞生”。享元模式通过共享技术实现相同或相似对象的重用，在逻辑上每一个出现的字符都有一个对象与之对应，然而在物理上它们却共享同一个享元对象，这个对象可以出现在一个字符串的不同地方，相同的字符对象都指向同一个实例。在享元模式中，存储这些共享实例对象的地方称为享元池(Flyweight Pool)。用户可以针对每一个不同的字符创建一个享元对象，将其放在享元池中，待需要时再从享元池中取出。字符享元对象示意图如图 14-1 所示。

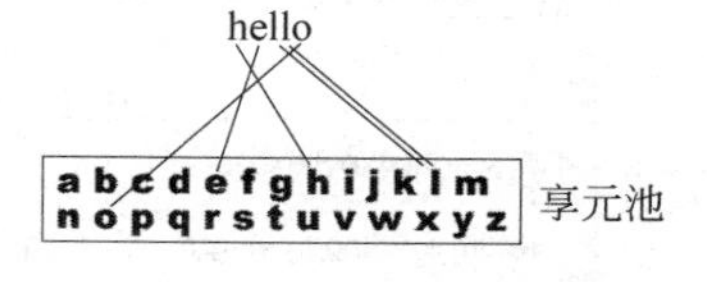

图 14-1　字符享元对象示意图

享元模式以共享的方式高效地支持大量细粒度对象的重用，享元对象能做到共享的关键是区分了内部状态(Intrinsic State)和外部状态(Extrinsic State)。下面对享元的内部状态和外部状态进行简单的介绍。

(1) 内部状态是存储在享元对象内部并且不会随环境改变而改变的状态，内部状态可以共享。例如字符的内容，不会随外部环境的变化而变化，无论在任何环境下字符“a”始终是“a”，都不会变成“b”。

(2) 外部状态是随环境改变而改变的、不可以共享的状态。享元对象的外部状态通常由客户端保存，并在享元对象被创建之后，需要使用的时候再传入享元对象内部。一个外部状态与另一个外部状态之间是相互独立的。例如字符的颜色，可以在不同的地方有不同的颜色，例如有的“a”是红色的，有的“a”是绿色的，字符的大小也是如此，有的“a”是五号字，有的“a”是四号字。而且字符的颜色和大小是两个独立的外部状态，它们可以独立变化，相互之间没有影响，客户端可以在使用时将外部状态注入享元对象中。

正因为区分了内部状态和外部状态，可以将具有相同内部状态的对象存储到享元池中，享元池中的对象是可以实现共享的，需要的时候将对象从享元池中取出，即可实现对象的复用。通过向取出的对象注入不同的外部状态，可以得到一系列相似的对象，而这些对象在内存中实际上只存储一份。

享元模式的定义如下：

> **享元模式**：运用共享技术有效地支持大量细粒度对象的复用。
>
> **Flyweight Pattern**: Use sharing to support large numbers of fine-grained objects efficiently.

享元模式要求能够被共享的对象必须是细粒度对象，它又称为轻量级模式，享元模式是一种对象结构型模式。

14.2　享元模式的结构与实现

14.2.1　享元模式的结构

享元模式结构较为复杂，通常结合工厂模式一起使用，在它的结构图中包含了一个享元工厂类，其结构如图 14-2 所示。

由图 14-2 可知，享元模式包含以下 4 个角色。

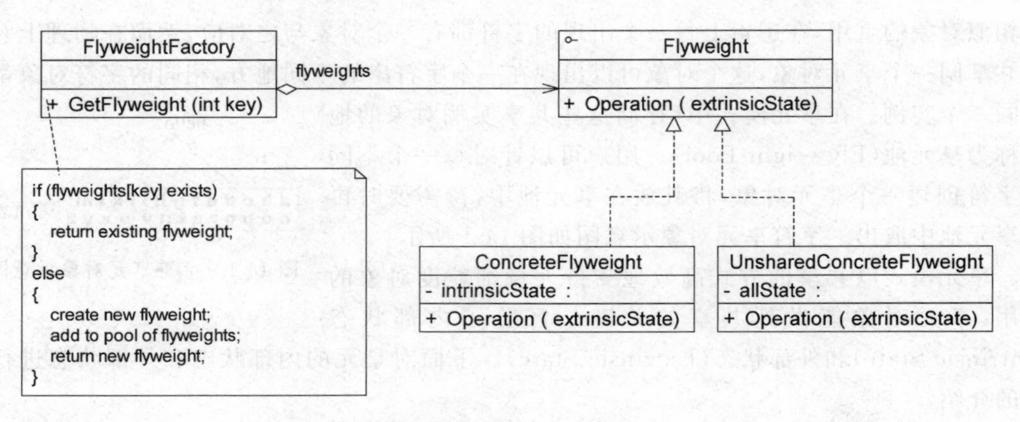

图 14-2 享元模式结构图

(1) **Flyweight(抽象享元类)**：它通常是一个接口或抽象类，在抽象享元类中声明了具体享元类公共的方法，这些方法可以向外界提供享元对象的内部数据(内部状态)，同时也可以通过这些方法设置外部数据(外部状态)。

(2) **ConcreteFlyweight(具体享元类)**：它实现了抽象享元类，其实例称为享元对象，并在具体享元类中为内部状态提供了存储空间。通常可以结合单例模式来设计具体享元类，为每一个具体享元类提供唯一的享元对象。

(3) **UnsharedConcreteFlyweight(非共享具体享元类)**：并不是所有的抽象享元类的子类都需要被共享，用户可以将不能被共享的子类设计为非共享具体享元类，当需要一个非共享具体享元类的对象时可以直接通过实例化创建。

(4) **FlyweightFactory(享元工厂类)**：享元工厂类用于创建并管理享元对象，它针对抽象享元类编程，将各种类型的具体享元对象存储在一个享元池中，享元池一般设计为一个存储"键值对"的集合(也可以是其他类型的集合)，可以结合工厂模式进行设计。当用户请求一个具体享元对象时，享元工厂提供一个存储在享元池中已创建的实例或者创建一个新的实例(如果不存在)，返回新创建的实例并将其存储在享元池中。

14.2.2 享元模式的实现

享元类 Flyweight 的设计是享元模式的要点之一，为了提高系统的可扩展性，通常要定义一个抽象享元类作为所有具体享元类的公共父类。典型的抽象享元类代码如下：

```
abstract class Flyweight
{
    public abstract void Operation(string extrinsicState);
}
```

在具体享元类 ConcreteFlyweight 中要将内部状态和外部状态分开处理，通常将内部状态作为具体享元类的成员变量，而将外部状态通过注入的方式添加到具体享元类中。典型的具体享元类代码如下：

```
class ConcreteFlyweight : Flyweight
{
    //内部状态 intrinsicState 作为成员变量,同一个享元对象其内部状态是一致的
    private string intrinsicState;

    public ConcreteFlyweight(string intrinsicState)
    {
        this.intrinsicState = intrinsicState;
    }

    //外部状态 extrinsicState 在使用时由外部设置,不保存在享元对象中,即使是同一个对象,在
      每一次调用时可以传入不同的外部状态
    public override void Operation(string extrinsicState)
    {
        //实现业务方法
    }
}
```

除了可以共享的具体享元类以外,用户在使用享元模式时,有时还需要处理不需要共享的抽象享元类 Flyweight 的子类,这些子类被定义为非共享具体享元类 UnsharedConcreteFlyweight。其典型代码如下：

```
class UnsharedConcreteFlyweight : Flyweight
{
    public override void Operation(string extrinsicState)
    {
        //实现业务方法
    }
}
```

在享元模式中引入了享元工厂类 FlyweightFactory,享元工厂类的作用在于提供一个用于存储享元对象的享元池,当用户需要对象时,首先从享元池中获取,如果享元池中不存在,则创建一个新的享元对象返回给用户,并在享元池中保存该新增对象。典型的享元工厂类的代码如下：

```
using System.Collections;

class FlyweightFactory
{
    //定义一个 Hashtable 用于存储享元对象,实现享元池
    private Hashtable flyweights = new Hashtable();

    public Flyweight GetFlyweight(string key)
    {
        //如果对象存在,则直接从享元池获取
        if (flyweights.ContainsKey(key))
        {
            return (Flyweight)flyweights[key];
        }
        //如果对象不存在,先创建一个新的对象添加到享元池中,然后返回
```

```
            else
            {
                Flyweight fw = new ConcreteFlyweight("state");
                flyweights.Add(key,fw);
                return fw;
            }
        }
    }
```

14.3 享元模式的应用实例

下面通过一个应用实例来进一步学习和理解享元模式。

1. 实例说明

某软件公司要开发一个围棋软件,其界面效果如图 14-3 所示。

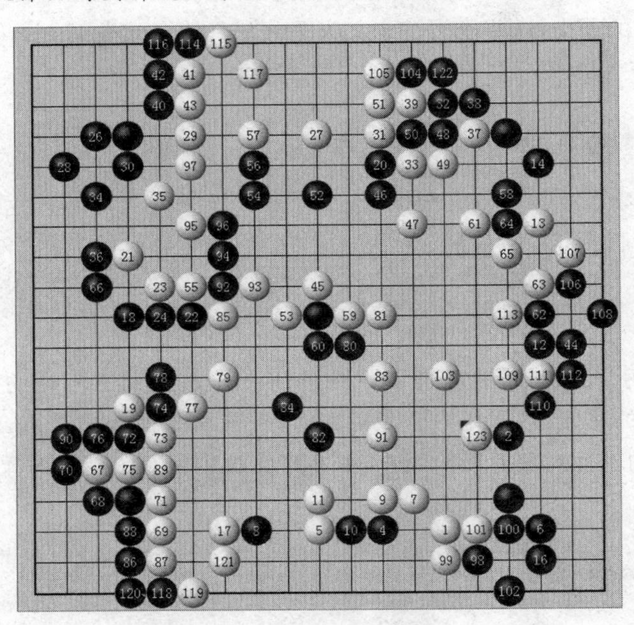

图 14-3 围棋软件界面效果图

该软件公司开发人员通过对围棋软件进行分析发现,在图 14-3 中,围棋棋盘中包含大量的黑子和白子,它们的形状、大小都一模一样,只是出现的位置不同而已。如果将每一个棋子都作为一个独立的对象存储在内存中,将导致该围棋软件在运行时所需的内存空间较大,如何降低运行代价、提高系统性能是需要解决的一个问题。为了解决该问题,现使用享元模式来设计该围棋软件的棋子对象。

2. 实例类图

通过分析，本实例的结构如图 14-4 所示。

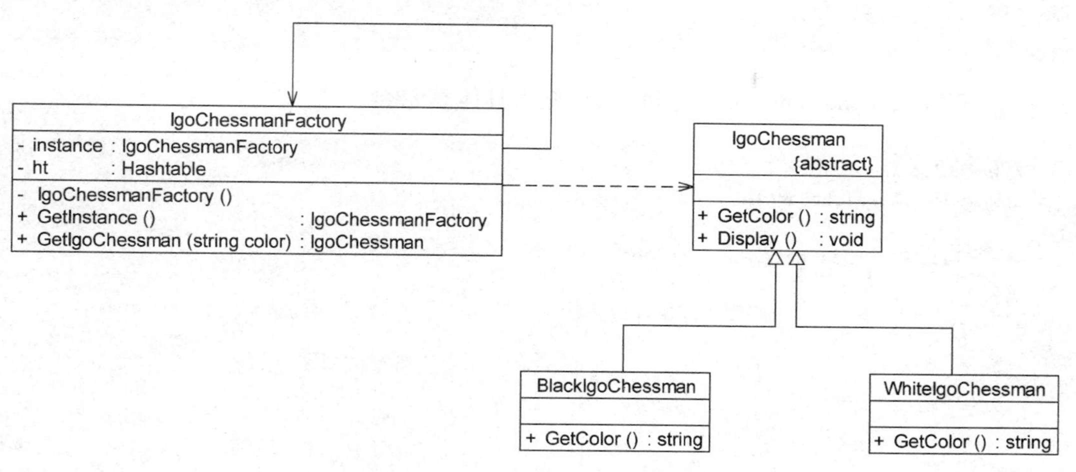

图 14-4　围棋棋子结构图

在图 14-4 中，IgoChessman 充当抽象享元类，BlackIgoChessman 和 WhiteIgoChessman 充当具体享元类，IgoChessmanFactory 充当享元工厂类。

3. 实例代码

(1) IgoChessman：围棋棋子类，充当抽象享元类。

```
//IgoChessman.cs
using System;

namespace FlyweightSample
{
    abstract class IgoChessman
    {
        public abstract string GetColor();

        public void Display()
        {
            Console.WriteLine("棋子颜色: " + this.GetColor());
        }
    }
}
```

(2) BlackIgoChessman：黑色棋子类，充当具体享元类。

```
//BlackIgoChessman.cs
namespace FlyweightSample
{
    class BlackIgoChessman : IgoChessman
    {
        public override string GetColor()
        {
```

```
            return "黑色";
        }
    }
}
```

(3) WhiteIgoChessman：白色棋子类，充当具体享元类。

```
//WhiteIgoChessman.cs
namespace FlyweightSample
{
    class WhiteIgoChessman : IgoChessman
    {
        public override string GetColor()
        {
            return "白色";
        }
    }
}
```

(4) IgoChessmanFactory：围棋棋子工厂类，充当享元工厂类，使用单例模式对其进行设计。

```
//IgoChessmanFactory.cs
using System.Collections;

namespace FlyweightSample
{
    class IgoChessmanFactory
    {
        private static IgoChessmanFactory instance = new IgoChessmanFactory();
        private Hashtable ht; //使用 Hashtable 来存储享元对象,充当享元池

        private IgoChessmanFactory()
        {
            ht = new Hashtable();
            IgoChessman black, white;
            black = new BlackIgoChessman();
            ht.Add("b", black);
            white = new WhiteIgoChessman();
            ht.Add("w", white);
        }

        //返回享元工厂类的唯一实例
        public static IgoChessmanFactory GetInstance()
        {
            return instance;
        }

        //通过 key 获取存储在 Hashtable 中的享元对象
        public IgoChessman GetIgoChessman(string color)
        {
```

```
                return (IgoChessman)ht[color];
            }
        }
}
```

(5) Program：客户端测试类。

```
//Program.cs
using System;

namespace FlyweightSample
{
    class Program
    {
        static void Main(string[] args)
        {
            IgoChessman black1,black2,black3,white1,white2;
            IgoChessmanFactory factory;

            //获取享元工厂对象
            factory = IgoChessmanFactory.GetInstance();

            //通过享元工厂获取 3 颗黑子
            black1 = factory.GetIgoChessman("b");
            black2 = factory.GetIgoChessman("b");
            black3 = factory.GetIgoChessman("b");
            Console.WriteLine("判断两颗黑子是否相同：" + (black1 == black2));

            //通过享元工厂获取两颗白子
            white1 = factory.GetIgoChessman("w");
            white2 = factory.GetIgoChessman("w");
            Console.WriteLine("判断两颗白子是否相同：" + (white1 == white2));

            //显示棋子
            black1.Display();
            black2.Display();
            black3.Display();
            white1.Display();
            white2.Display();

            Console.Read();
        }
    }
}
```

4. 结果及分析

编译并运行程序，输出结果如下：

```
判断两颗黑子是否相同：True
判断两颗白子是否相同：True
棋子颜色：黑色
```

```
棋子颜色: 黑色
棋子颜色: 黑色
棋子颜色: 白色
棋子颜色: 白色
```

从输出结果可以看出,虽然在客户端代码中获取了3个黑子对象和两个白子对象,但是3个黑子的内存地址相同,两个白子的内存地址也相同,也就是说,实际上只有两个对象。在实现享元工厂类时使用了单例模式和简单工厂模式,确保了享元工厂对象的唯一性,并提供了工厂方法向客户端返回享元对象。

14.4 有外部状态的享元模式

在14.3节的应用实例中,对围棋棋子进行进一步分析,不难发现,虽然黑色棋子和白色棋子可以共享,但是它们将显示在棋盘的不同位置,如何让相同的黑子或者白子能够多次重复显示但位于一个棋盘的不同地方?解决方法之一就是将棋子的位置定义为棋子的一个外部状态,在需要时再进行设置。因此,在图14-4的基础上增加了一个新的类Coordinates(坐标类),用于存储每一个棋子的位置,修改之后的结构如图14-5所示。

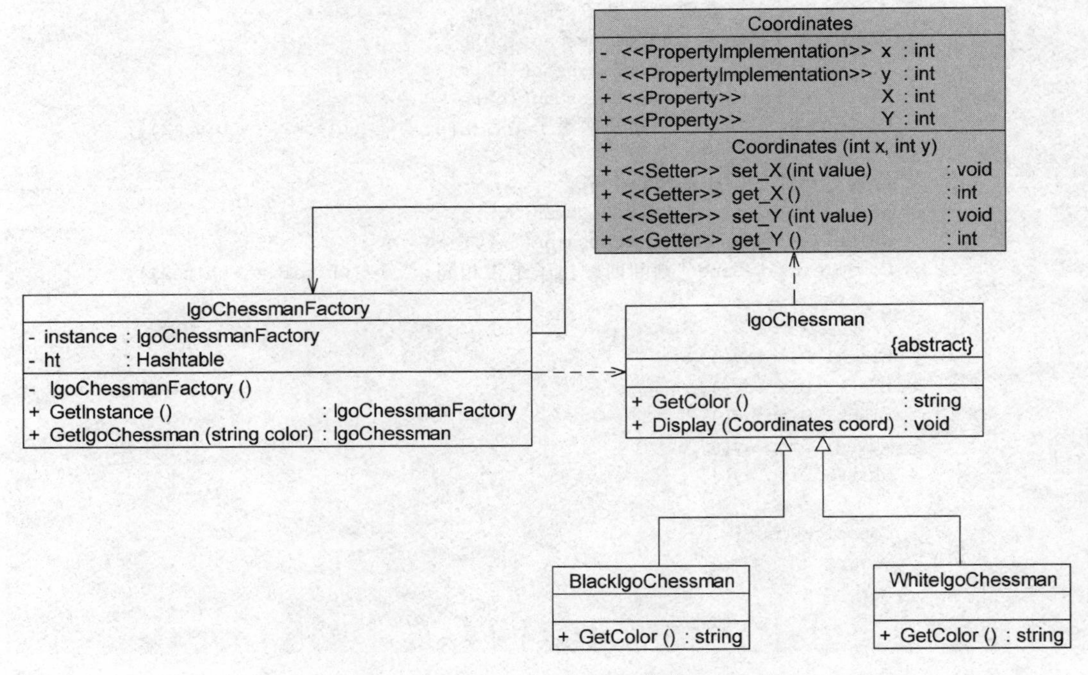

图14-5 引入外部状态之后的围棋棋子结构图

在图14-5中,除了增加一个坐标类Coordinates以外,抽象享元类IgoChessman中的Display()方法也将对应增加一个Coordinates类型的参数,用于在显示棋子时指定其坐标。Coordinates类的代码如下:

```
//Coordinates.cs
namespace FlyweightSample
{
    class Coordinates
    {
        private int x;
        private int y;

        public Coordinates(int x, int y)
        {
            this.x = x;
            this.y = y;
        }

        public int X
        {
            get { return x; }
            set { x = value; }
        }

        public int Y
        {
            get { return y; }
            set { y = value; }
        }
    }
}
```

修改之后的 IgoChessman 类代码如下：

```
//IgoChessman.cs
using System;

namespace FlyweightSample
{
    abstract class IgoChessman
    {
        public abstract string GetColor();

        public void Display(Coordinates coord)
        {
            Console.WriteLine("棋子颜色：{0},棋子位置：{1},{2}", this.GetColor(),coord.X,
coord.Y);
        }
    }
}
```

将客户端测试代码修改如下：

```
//Program.cs
using System;
```

```
namespace FlyweightSample
{
    class Program
    {
        static void Main(string[] args)
        {
            IgoChessman black1,black2,black3,white1,white2;
            IgoChessmanFactory factory;

            //获取享元工厂对象
            factory = IgoChessmanFactory.GetInstance();
            //通过享元工厂获取 3 颗黑子
            black1 = factory.GetIgoChessman("b");
            black2 = factory.GetIgoChessman("b");
            black3 = factory.GetIgoChessman("b");
            Console.WriteLine("判断两颗黑子是否相同: " + (black1 == black2));

            //通过享元工厂获取两颗白子
            white1 = factory.GetIgoChessman("w");
            white2 = factory.GetIgoChessman("w");
            Console.WriteLine("判断两颗白子是否相同: " + (white1 == white2));

            //显示棋子,同时设置棋子的坐标位置
            black1.Display(new Coordinates(1, 2));
            black2.Display(new Coordinates(3, 4));
            black3.Display(new Coordinates(1, 3));
            white1.Display(new Coordinates(2, 5));
            white2.Display(new Coordinates(2, 4));

            Console.Read();
        }
    }
}
```

编译并运行程序,输出结果如下:

```
判断两颗黑子是否相同: True
判断两颗白子是否相同: True
棋子颜色: 黑色,棋子位置: 1,2
棋子颜色: 黑色,棋子位置: 3,4
棋子颜色: 黑色,棋子位置: 1,3
棋子颜色: 白色,棋子位置: 2,5
棋子颜色: 白色,棋子位置: 2,4
```

从输出结果可以看到,在每次调用 Display()方法时,都设置了不同的外部状态——坐标值,因此相同的棋子对象虽然具有相同的颜色,但是它们的坐标值不同,将显示在棋盘的不同位置。

14.5　单纯享元模式和复合享元模式

标准的享元模式结构图中既包含可以共享的具体享元类，也包含不可以共享的非共享具体享元类。但是在实际使用的过程中，有时候会用到两种特殊的享元模式：单纯享元模式和复合享元模式，下面对这两种特殊的享元模式进行简单的介绍。

1. 单纯享元模式

在单纯享元模式中，所有的具体享元类都是可以共享的，不存在非共享具体享元类。单纯享元模式的结构如图 14-6 所示。

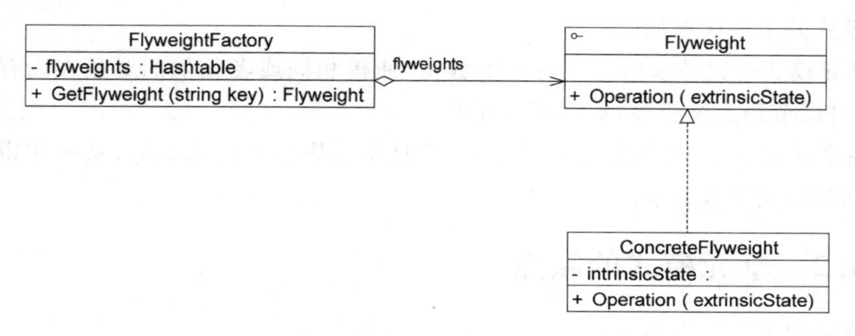

图 14-6　单纯享元模式结构图

2. 复合享元模式

将一些单纯享元对象使用组合模式加以组合，还可以形成复合享元对象，这样的复合享元对象本身不能共享，但是它们可以分解成单纯享元对象，而后者则可以共享。复合享元模式的结构如图 14-7 所示。

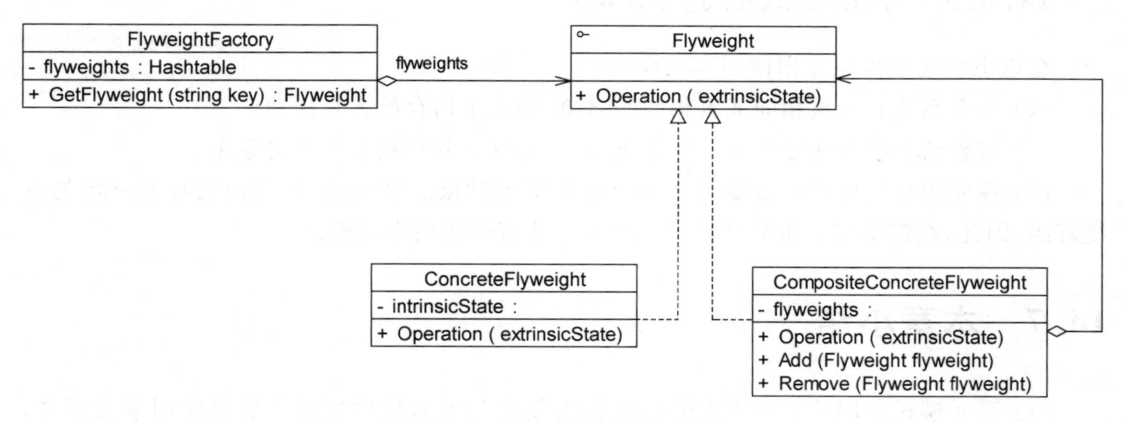

图 14-7　复合享元模式结构图

通过使用复合享元模式，可以让复合享元类 CompositeConcreteFlyweight 中所包含的每个单纯享元类 ConcreteFlyweight 都具有相同的外部状态，而这些单纯享元的内部状态往往不同。如果希望为多个内部状态不同的享元对象设置相同的外部状态，可以考虑使用复合享元模式。

14.6 享元模式的优缺点与适用环境

当系统中存在大量相同或者相似的对象时，享元模式是一种较好的解决方案，它通过共享技术实现相同或相似的细粒度对象的复用，从而节约了内存空间，提高了系统性能。相比其他结构型设计模式，享元模式的使用频率并不算太高，但是作为一种以“节约内存，提高性能”为出发点的设计模式，它在软件开发中还是得到了一定程度的应用。

14.6.1 享元模式的优点

享元模式的主要优点如下：

(1) 享元模式可以减少内存中对象的数量，使得相同或者相似的对象在内存中只保存一份，从而可以节约系统资源，提高系统性能。

(2) 在享元模式中，外部状态相对独立，而且不会影响其内部状态，从而使得享元对象可以在不同的环境中被共享。

14.6.2 享元模式的缺点

享元模式的主要缺点如下：

(1) 享元模式使得系统变得复杂，需要分离出内部状态和外部状态，这使得程序的逻辑复杂化。

(2) 为了使对象可以共享，享元模式需要将享元对象的部分状态外部化，而读取外部状态将使得运行时间变长。

14.6.3 享元模式的适用环境

在以下情况下可以考虑使用享元模式：

(1) 一个系统有大量相同或者相似的对象，造成了内存的大量耗费。

(2) 对象的大部分状态都可以外部化，可以将这些外部状态传入对象中。

(3) 在使用享元模式时需要维护一个存储享元对象的享元池，而这需要耗费一定的系统资源，因此，在需要多次重复使用享元对象时才值得使用享元模式。

14.7 本章小结

(1) 享元模式运用共享技术有效地支持大量细粒度对象的复用。通过使用享元模式，系统只需使用少量的对象，而这些对象都很相似，状态变化很小，因此可以实现对象的多次复用，享元模式是一种对象结构型模式。

(2) 享元模式包含抽象享元类、具体享元类、非共享具体享元类和享元工厂类 4 个角色。其中，在抽象享元类中声明了具体享元类公共的方法；具体享元类实现了抽象享元接口，为内部状态提供了存储空间；非共享具体享元是不能被共享的抽象享元类的子类；享元工厂类用于创建并管理享元对象，它针对抽象享元类编程，将各种类型的具体享元对象存储在一个享元池中。

(3) 享元模式的主要优点是可以极大地减少内存中对象的数量，使得相同或相似的对象在内存中只保存一份，从而节约系统资源，提高系统性能。其主要缺点是使得系统变得复杂，需要分离出内部状态和外部状态，这使得程序的逻辑复杂化；此外，享元模式需要将享元对象的部分状态外部化，而读取外部状态将使得运行时间变长。

(4) 享元模式适用的环境：一个系统有大量相同或者相似的对象，造成内存的大量耗费；对象的大部分状态都可以外部化，可以将这些外部状态传入对象中；需要多次重复使用享元对象。

(5) 享元模式以共享的方式高效地支持大量细粒度对象的重用，享元对象能做到共享的关键是区分了内部状态和外部状态。内部状态是存储在享元对象内部并且不会随环境改变而改变的状态，内部状态可以共享；外部状态是随环境改变而改变的、不可以共享的状态。

(6) 在单纯享元模式中，所有的具体享元类都是可以共享的，不存在非共享具体享元类。将一些单纯享元对象使用组合模式加以组合，还可以形成复合享元对象。

14.8 习题

1. 当应用程序由于使用大量的对象，造成很大的存储开销时，可以采用(　　)模式运用共享技术来有效地支持大量细粒度对象的重用。

A. 外观(Facade)　　B. 组合(Composite)

C. 享元(Flyweight)　　D. 适配器(Adapter)

2. 在享元模式中，外部状态是指(　　)。

A. 享元对象可共享的所有状态　　B. 享元对象可共享的部分状态

C. 由享元对象自己保存和维护的状态　　D. 由客户端保存和维护的状态

3. 以下关于享元模式的叙述错误的是(　　)。

A. 享元模式运用共享技术有效地支持大量细粒度对象的复用

B. 在享元模式中可以多次使用某个对象，通过引入外部状态使得这些对象有所差异

C. 享元对象能够做到共享的关键是引入了享元池，在享元池中通过克隆方法向客户端返回所需对象

D. 在享元模式中，外部状态是随环境改变而改变、不可以共享的状态，而内部状态是不随环境改变而改变、可以共享的状态

4. 很多网络设备都是支持共享的，如交换机、集线器等，多台终端计算机可以连接同一台网络设备，并通过该网络设备进行数据转发，试使用享元模式模拟共享网络设备的设计原理，绘制类图并使用C#语言模拟实现。虽然网络设备可以共享，但是分配给每一个终端计算机的端口(Port)是不同的，因此多台计算机虽然可以共享同一个网络设备，但必须使用不同的端口，可以将端口从网络设备中抽取出来作为外部状态，在需要时再进行设置，试对之前的设计方案进行改进，绘制改进之后的类图并使用C#语言模拟实现这个带有外部状态

的享元模式实例。

5. 在屏幕中显示一个文本文档，其中相同的字符串“CSharp”共享同一个对象，而这些字符串的颜色和大小可以不同。现使用享元模式设计一个方案实现字符串对象的共享，要求绘制类图并使用C#语言编程实现。

6. 某软件公司要开发一个多功能文档编辑器，在文本文档中可以插入图片、动画、视频等多媒体资料。为了节约系统资源，相同的图片、动画和视频在同一个文档中只需保存一份，但是可以多次重复出现，而且它们每次出现时位置和大小均可不同。试使用享元模式设计该文档编辑器。

第15章

代理模式

本章导学

代理模式是常用的结构型设计模式之一，当用户无法直接访问某个对象或访问某个对象存在困难时可以通过一个代理对象来间接访问，为了保证客户端使用的透明性，所访问的真实对象与代理对象需要实现相同的接口。根据代理模式的使用目的不同，代理模式又可以分为多种类型，例如保护代理、远程代理、虚拟代理、缓冲代理等，它们应用于不同的场合，满足用户的不同需求。

本章将学习代理模式的定义与结构，学习几种常见的代理模式的类型及其适用环境，学会如何实现简单的代理模式并理解远程代理、虚拟代理、缓冲代理、保护代理和智能引用代理的作用和实现原理。

本章知识点

- 代理模式的定义。
- 代理模式的结构。
- 代理模式的实现。
- 代理模式的应用。
- 代理模式的优缺点。
- 代理模式的适用环境。
- 远程代理。
- 虚拟代理。
- 缓冲代理。

15.1 代理模式概述

近年来，代购已逐步成为电子商务的一个重要分支。何谓代购，简单来说就是找人帮忙购买所需要的商品，当然代购者可能需要向实施代购的人支付一定的费用。代购通常分为两种类型：一种是因为在当地买不到某件商品，或者又因为当地这件商品的价格比其他地区的贵，因此托人在其他地区甚至国外购买该商品，然后通过快递发货或者直接携带回来；还有一种代购，由于消费者对想要购买的商品的相关信息缺乏，自己无法确定其实际价值而又不想被商家"宰"，只好委托中介机构帮忙讲价或代买。代购网站为此应运而生，它为消费者提供在线的代购服务，如果看中某国外购物网站上的商品，可以登录代购网站填写代购单并付款，代购网站会帮助购买，然后通过快递公司将商品发送给消费者。商品代购过程如图 15-1 所示。

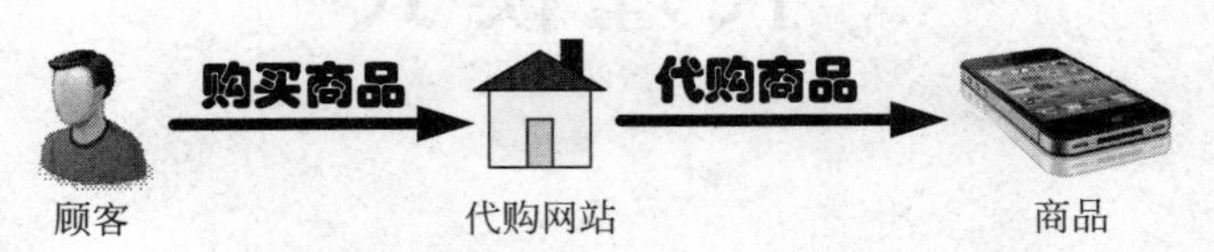

图 15-1 商品代购示意图

在软件开发中，也有一种设计模式可以提供与代购网站类似的功能。由于某些原因，客户端不想或不能直接访问一个对象，此时可以通过一个被称为"代理"的第三者来实现间接访问，该方案对应的设计模式被称为代理模式。

代理模式是一种应用很广泛的结构型设计模式，而且变化形式非常多，常见的代理形式包括远程代理、虚拟代理、缓冲代理、保护代理和智能引用代理等，后面将学习这些不同的代理形式。

代理模式的定义如下：

> **代理模式**：给某一个对象提供一个代理或占位符，并由代理对象来控制对原对象的访问。
>
> **Proxy Pattern**: Provide a surrogate or placeholder for another object to control access to it.

代理模式是一种对象结构型模式。在代理模式中引入了一个新的代理对象，代理对象在客户端对象和目标对象之间起到中介的作用，它去掉客户不能看到的内容和服务或者增添客户需要的额外的新服务。

15.2 代理模式的结构与实现

15.2.1 代理模式的结构

代理模式的结构比较简单，其核心是代理类，为了让客户端能够一致性地对待真实对象和代理对象，在代理模式中引入了抽象层。代理模式结构如图 15-2 所示。

由图 15-2 可知，代理模式包含以下 3 个角色。

(1) **Subject(抽象主题角色)**：它声明了真实主题和代理主题的共同接口，这样一来在任何使用真实主题的地方都可以使用代理主题，客户端通常需要针对抽象主题角色进行

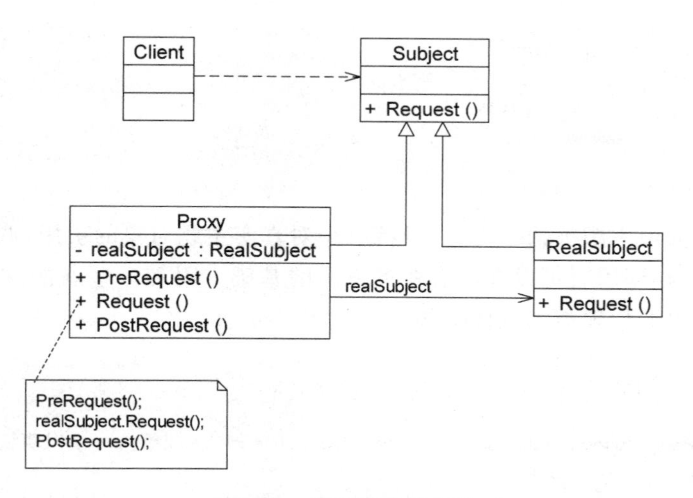

图 15-2　代理模式结构图

编程。

(2) **Proxy(代理主题角色)**：它包含了对真实主题的引用，从而可以在任何时候操作真实主题对象；在代理主题角色中提供了一个与真实主题角色相同的接口，以便在任何时候都可以代替真实主题；代理主题角色还可以控制对真实主题的使用，负责在需要的时候创建和删除真实主题对象，并对真实主题对象的使用加以约束。通常，在代理主题角色中，客户端在调用所引用的真实主题操作之前或之后还需要执行其他操作，而不仅仅是单纯地调用真实主题对象中的操作。

(3) **RealSubject(真实主题角色)**：它定义了代理角色所代表的真实对象，在真实主题角色中实现了真实的业务操作，客户端可以通过代理主题角色间接调用真实主题角色中定义的操作。

15.2.2　代理模式的实现

代理模式的结构图比较简单，但在实际使用和实现过程中要复杂得多，特别是代理类的设计和实现。

抽象主题类声明了真实主题类和代理类的公共方法，它可以是接口、抽象类或具体类，客户端针对抽象主题类编程，一致性地对待真实主题和代理主题。典型的抽象主题类代码如下：

```
abstract class Subject
{
    public abstract void Request();
}
```

真实主题类继承了抽象主题类，提供了业务方法的具体实现，其典型代码如下：

```
class RealSubject : Subject
{
```

```
    public override void Request()
    {
        //业务方法具体实现代码
    }
}
```

代理类也是抽象主题类的子类,它维持一个对真实主题对象的引用,调用在真实主题中实现的业务方法,在调用时可以在原有业务方法的基础上附加一些新的方法对功能进行扩展或约束。最简单的代理类实现代码如下:

```
class Proxy : Subject
{
    private RealSubject realSubject = new RealSubject(); //维持一个对真实主题对象的引用
    public void PreRequest()
    {
        …
    }

    public override void Request()
    {
        PreRequest();
        realSubject.Request();                           //调用真实主题对象的方法
        PostRequest();
    }

    public void PostRequest()
    {
        …
    }
}
```

在实际开发过程中,代理类的实现要比上述代码复杂得多,代理模式根据其目的和实现方式的不同可分为很多种类,对其中常用的几种代理模式的简要说明如下。

(1) 远程代理(Remote Proxy):为一个位于不同地址空间的对象提供一个本地的代理对象,这个不同的地址空间可以在同一台主机中,也可以在另一台主机中,远程代理又称为大使(Ambassador)。

(2) 虚拟代理(Virtual Proxy):如果需要创建一个资源消耗较大的对象,先创建一个消耗相对较小的对象来表示,真实对象只在需要时才会被真正创建。

(3) 保护代理(Protect Proxy):控制对一个对象的访问,可以给不同的用户提供不同级别的使用权限。

(4) 缓冲代理(Cache Proxy):为某一个目标操作的结果提供临时的存储空间,以便多个客户端可以共享这些结果。

(5) 智能引用代理(Smart Reference Proxy):当一个对象被引用时,提供一些额外的操作,例如将对象被调用的次数记录下来等。

在这些常用的代理模式中,有些代理类的设计非常复杂,例如远程代理类,它封装了底层网络通信和对远程对象的调用,其实现较为复杂。

15.3 代理模式的应用实例

下面通过一个应用实例来进一步学习和理解代理模式。

1. 实例说明

> 某软件公司承接了某信息咨询公司的收费商务信息查询系统的开发任务，该系统的基本需求如下：
>
> (1) 在进行商务信息查询之前用户需要通过身份验证，只有合法用户才能够使用该查询系统。
>
> (2) 在进行商务信息查询时系统需要记录查询日志，以便根据查询次数收取查询费用。
>
> 该软件公司开发人员已完成了商务信息查询模块的开发任务，现希望能够以一种松耦合的方式向原有系统增加身份验证和日志记录功能，客户端代码可以无区别地对待原始的商务信息查询模块和增加新功能之后的商务信息查询模块，而且可能在将来还要在该信息查询模块中增加一些新的功能。
>
> 现使用代理模式设计并实现该收费商务信息查询系统。

2. 实例类图

通过分析，可以采用一种间接访问的方式实现该商务信息查询系统的设计，在客户端对象和信息查询对象之间增加一个代理对象，让代理对象来实现身份验证和日志记录等功能，而无须直接对原有的商务信息查询对象进行修改，如图 15-3 所示。

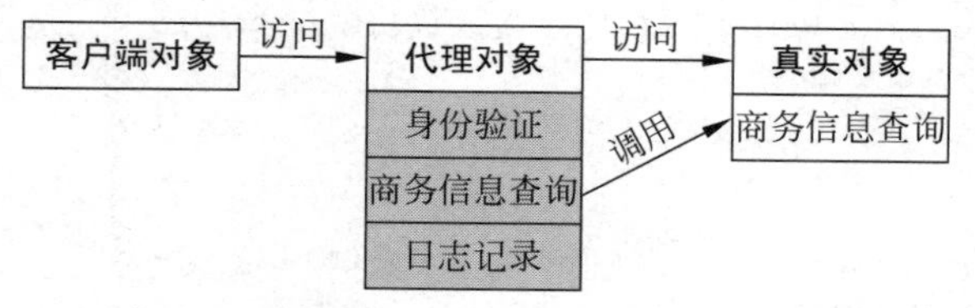

图 15-3　商务信息查询系统设计方案示意图

在图 15-3 中，客户端对象通过代理对象间接访问具有商务信息查询功能的真实对象，在代理对象中除了调用真实对象的商务信息查询功能外，还增加了身份验证和日志记录等功能。使用代理模式设计该商务信息查询系统，结构如图 15-4 所示。

在图 15-4 中，业务类 AccessValidator 用于验证用户身份，业务类 Logger 用于记录用户查询日志，Searcher 充当抽象主题角色，RealSearcher 充当真实主题角色，ProxySearcher 充当代理主题角色。

3. 实例代码

(1) AccessValidator：身份验证类，业务类，它提供方法 Validate()来实现身份验证。

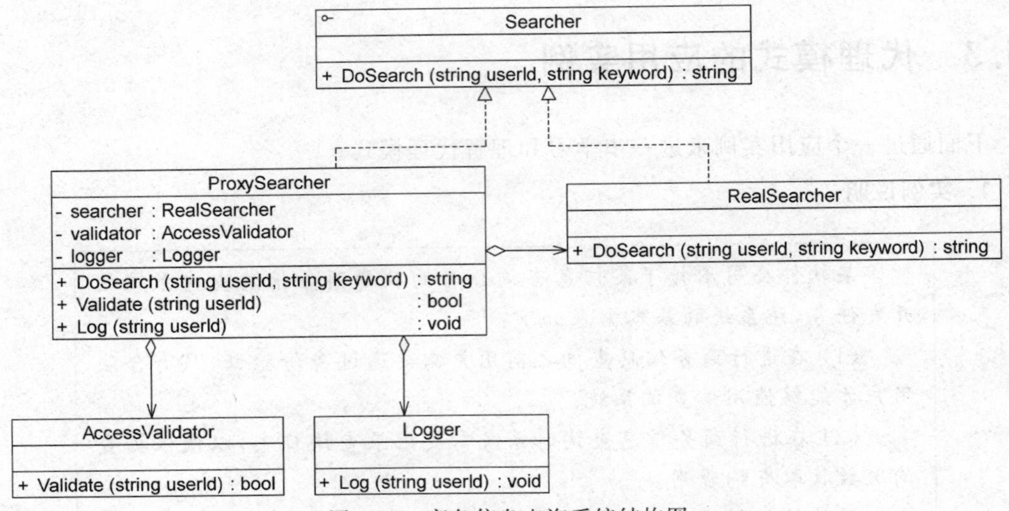

图 15-4 商务信息查询系统结构图

```
//AccessValidator.cs
using System;

namespace ProxySample
{
    class AccessValidator
    {
        //模拟实现登录验证
        public bool Validate(string userId)
        {
            Console.WriteLine("在数据库中验证用户'" + userId + "'是否合法用户?");
            if (userId.Equals("杨过"))
            {
                Console.WriteLine("'{0}'登录成功!",userId);
                return true;
            }
            else
            {
                Console.WriteLine("'{0}'登录失败!", userId);
                return false;
            }
        }
    }
}
```

(2) Logger：日志记录类，业务类，它提供方法 Log()来保存日志。

```
//Logger.cs
using System;

namespace ProxySample
{
```

```
    class Logger
    {
        //模拟实现日志记录
        public void Log(string userId)
        {
            Console.WriteLine("更新数据库,用户'{0}'查询次数加1!",userId);
        }
    }
}
```

(3) Searcher：抽象查询类，充当抽象主题角色，它声明了 DoSearch()方法。

```
//Searcher.cs
namespace ProxySample
{
    interface Searcher
    {
        string DoSearch(string userId, string keyword);
    }
}
```

(4) RealSearcher：具体查询类，充当真实主题角色，它实现查询功能，提供方法 DoSearch()来查询信息。

```
//RealSearcher.cs
using System;

namespace ProxySample
{
    class RealSearcher : Searcher
    {
        //模拟查询商务信息
        public string DoSearch(string userId, string keyword)
        {
            Console.WriteLine("用户'{0}'使用关键词'{1}'查询商务信息!",userId,keyword);
            return "返回具体内容";
        }
    }
}
```

(5) ProxySearcher：代理查询类，充当代理主题角色。它是查询代理，维持了对 RealSearcher 对象、AccessValidator 对象和 Logger 对象的引用。

```
//ProxySearcher.cs
namespace ProxySample
{
    class ProxySearcher : Searcher
    {
        private RealSearcher searcher = new RealSearcher(); //维持一个对真实主题的引用
        private AccessValidator validator;
```

```
        private Logger logger;

        public string DoSearch(string userId, string keyword)
        {
            //如果身份验证成功,则执行查询
            if (this.Validate(userId))
            {
                string result = searcher.DoSearch(userId, keyword);
                                                        //调用真实主题对象的查询方法
                this.Log(userId);                       //记录查询日志
                return result;                          //返回查询结果
            }
            else
            {
                return null;
            }
        }

        //创建访问验证对象并调用其 Validate()方法实现身份验证
        public bool Validate(string userId)
        {
            validator = new AccessValidator();
            return validator.Validate(userId);
        }

        //创建日志记录对象并调用其 Log()方法实现日志记录
        public void Log(string userId)
        {
            logger = new Logger();
            logger.Log(userId);
        }
    }
}
```

(6) 配置文件 App.config：在配置文件中存储了代理主题类类名。

```
<?xml version = "1.0" encoding = "utf - 8" ?>
<configuration>
  <appSettings>
    <add key = "proxy" value = "ProxySample.ProxySearcher"/>
  </appSettings>
</configuration>
```

(7) Program：客户端测试类。

```
//Program.cs
using System;
using System.Configuration;
using System.Reflection;

namespace ProxySample
{
```

```
class Program
{
    static void Main(string[ ] args)
    {
        //读取配置文件
        string proxy = ConfigurationManager.AppSettings["proxy"];

        //反射生成对象,针对抽象编程,客户端无须分辨真实主题类和代理类
        Searcher searcher;
        searcher = (Searcher)Assembly.Load("ProxySample").CreateInstance(proxy);

        String result = searcher.DoSearch("杨过", "玉女心经");
        Console.Read();
    }
}
}
```

4. 结果及分析

编译并运行程序,输出结果如下:

```
在数据库中验证用户'杨过'是否是合法用户?
'杨过'登录成功!
用户'杨过'使用关键词'玉女心经'查询商务信息!
更新数据库,用户'杨过'查询次数加 1!
```

本实例是保护代理和智能引用代理的应用实例,在代理类 ProxySearcher 中实现对真实主题类的权限控制和引用计数,如果需要在访问真实主题时增加新的访问控制机制和新功能,只需增加一个新的代理类,再修改配置文件,在客户端代码中使用新增代理类即可,源代码无须修改,符合开闭原则。

15.4 远程代理

远程代理(Remote Proxy)是一种常用的代理模式,它使得客户端程序可以访问在远程主机上的对象,远程主机可能具有更好的计算性能与处理速度,可以快速地响应并处理客户端的请求。远程代理可以将网络的细节隐藏起来,使得客户端不必考虑网络的存在。客户端完全可以认为被代理的远程业务对象是在本地而不是在远程,而远程代理对象承担了大部分的网络通信工作,并负责对远程业务方法的调用。

远程代理示意图如图 15-5 所示,客户端对象不能直接访问远程主机中的业务对象,只能采取间接访问的方式。远程业务对象在本地主机中有一个代理对象,该代理对象负责对远程业务对象的访问和网络通信,它对于客户端对象而言是透明的。客户端无须关心实现具体业务的是谁,只需要按照服务接口所定义的方式直接与本地主机中的代理对象交互即可。

在基于.NET 平台的分布式技术,例如 DCOM(Distribute Component Object Model,分布式组件对象模型)、Web Service 中,都应用了远程代理模式,读者可以查阅相关资料进

行扩展学习。

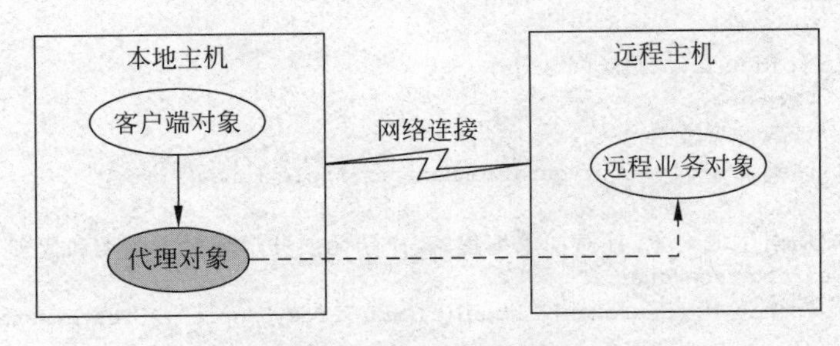

图 15-5　远程代理示意图

15.5　虚拟代理

虚拟代理(Virtual Proxy)也是一种常用的代理模式,对于一些占用系统资源较多或者加载时间较长的对象,可以给这些对象提供一个虚拟代理。在真实对象创建成功之前虚拟代理扮演真实对象的替身,而当真实对象创建之后,虚拟代理将用户的请求转发给真实对象。

通常,在以下两种情况下可以考虑使用虚拟代理:

(1) 由于对象本身的复杂性或者网络等原因导致一个对象需要较长的加载时间,此时可以用一个加载时间相对较短的代理对象来代表真实对象。通常,在实现时可以结合多线程技术,一个线程用于显示代理对象,其他线程用于加载真实对象。这种虚拟代理模式可以应用在程序启动的时候,由于创建代理对象在时间和处理复杂度上要少于创建真实对象,因此,在程序启动时,可以用代理对象代替真实对象初始化,大大加速了系统的启动时间。当需要使用真实对象时,再通过代理对象来引用,而此时真实对象可能已经成功加载完毕,可以缩短用户的等待时间。

(2) 当一个对象的加载十分耗费系统资源的时候,也非常适合使用虚拟代理。虚拟代理可以让那些占用大量内存或处理起来非常复杂的对象推迟到使用它们的时候才创建,而在此之前用一个相对来说占用资源较少的代理对象来代表真实对象,再通过代理对象来引用真实对象。为了节省内存,在第一次引用真实对象时再创建对象,并且该对象可以被多次重用,在以后每次访问时需要检测所需对象是否已经被创建,因此在访问该对象时需要进行存在性检测,这需要消耗一定的系统时间,但是可以节省内存空间,这是一种用时间换取空间的做法。

无论是以上哪种情况,虚拟代理都是用一个"虚假"的代理对象来代表真实对象,通过代理对象来间接引用真实对象,可以在一定程度上提高系统的性能。

15.6　缓冲代理

缓冲代理(Cache Proxy)也是一种较为常用的代理模式,它为某一个操作的结果提供临时的缓存存储空间,以便在后续使用中能够共享这些结果,从而避免某些方法的重复执行,优化系统性能。

在微软示例项目 PetShop 4.0 的业务逻辑层(Business Logic Layer, BLL)中定义了 Product、Category、Item 等类,它们封装了相关的业务方法,用于调用数据访问层(Data Access Layer, DAL)对象访问数据库,以获取相关数据。为了改进系统性能,PetShop 4.0 为这些实现方法增加了缓存机制,引入一个新的对象去控制原来的 BLL 业务逻辑对象,这些新的对象对应于代理模式中的代理对象。在引入代理模式后,实现了在缓存级别上对业务对象的封装,增强了对业务对象的控制,如果需要访问的数据在缓存中已经存在,则无须再重复执行获取数据的方法,直接返回存储在缓存中的数据即可。由于原有业务对象(真实对象)和新增代理对象暴露在外的方法是一致的,所以对于调用方(即客户端)而言,调用代理对象与真实对象并没有实质的区别。

这些新引入的代理类包括 ProductDataProxy、CategoryDataProxy 和 ItemDataProxy 等。下面以 PetShop.BLL.Product 业务对象为例进行说明,PetShop 4.0 为其建立了代理对象 ProductDataProxy,并在 ProductDataProxy 的 GetProductsByCategory()方法中调用了业务逻辑层 Product 类的 GetProductsByCategory()方法,同时增加了缓存机制,如图 15-6 所示。

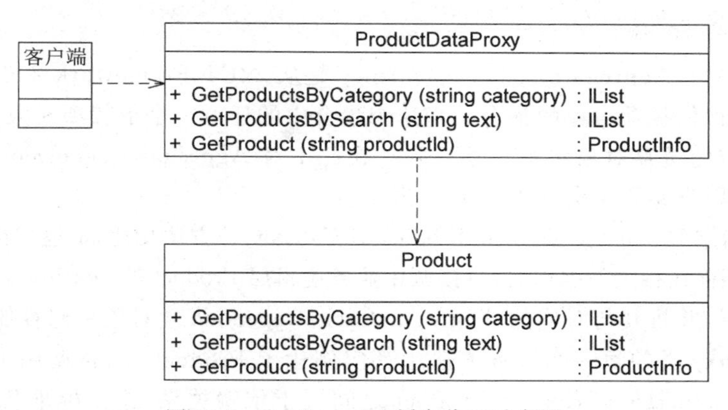

图 15-6 PetShop 4.0 缓存代理示意图

在 ProductDataProxy 类中存在以下代码片段:

```
public static class ProductDataProxy
{
    private static readonly int productTimeout = int.Parse(ConfigurationManager.AppSettings
["ProductCacheDuration"]);
    private static readonly bool enableCaching = bool.Parse(ConfigurationManager.AppSettings
["EnableCaching"]);
    public static IList GetProductsByCategory(string category)
    {
        Product product = new Product();

        //如果缓存被禁用,则直接通过 product 对象获取数据
        if (!enableCaching)
        {
```

```
            return product.GetProductsByCategory(category);
        }

        string key = "product_by_category_" + category;
        //从缓存中获取数据
        IList data = (IList )HttpRuntime.Cache[key];

        //如果缓存中没有数据则执行以下代码
        if (data == null)
        {
            data = product.GetProductsByCategory(category);
            //通过工厂创建 AggregateCacheDependency 对象
            AggregateCacheDependency cd = DependencyFacade.GetProductDependency();
            //将数据存储在缓存中,并添加必要的 AggregateCacheDependency 对象
             HttpRuntime.Cache.Add(key, data, cd, DateTime.Now.AddHours(product Timeout),
Cache.NoSlidingExpiration, CacheItemPriority.High, null);
        }
    return data;
    }
    ...
}
```

在上述代码中,AggregateCacheDependency 是从.NET Framework 2.0 开始新增的一个类,它负责监视依赖项对象的集合。当这个集合中的任意一个依赖项对象发生改变时,该依赖项对象对应的缓存对象将被自动移除。在此不对 AggregateCacheDependency 进行详细说明,读者可以查阅相关资料进行扩展学习。

与业务逻辑层 Product 对象的 GetProductsByCategory()方法相比,上述代码增加了缓存机制。当缓存内不存在相关数据项时,直接调用业务逻辑层 Product 的 GetProductsByCategory()方法来获取数据,并将其与对应的 AggregateCacheDependency 对象一起存储在缓存中。在 ProductDataProxy 类的每一个业务方法中都实例化了 Product 类,再调用 Product 类的相应方法,因此 ProductDataProxy 与 Product 之间属于依赖关系,这是标准代理模式的一种变形,可以按照标准代理模式对其进行改进,包括引入高层的抽象接口。

15.7 代理模式的优缺点与适用环境

代理模式是常用的结构型设计模式之一,它为对象的间接访问提供了一个解决方案,可以对对象的访问进行控制。代理模式的类型较多,其中远程代理、虚拟代理、保护代理等在软件开发中的应用非常广泛。

15.7.1 代理模式的优点

代理模式的共同优点如下:

(1) 代理模式能够协调调用者和被调用者,在一定程度上降低了系统的耦合度。

(2) 客户端可以针对抽象主题角色进行编程,增加和更换代理类无须修改源代码,符合开闭原则,系统具有较好的灵活性和可扩展性。

此外，不同类型的代理模式具有独特的优点，例如：

(1) 远程代理为位于两个不同地址空间对象的访问提供了一种实现机制，可以将一些消耗资源较多的对象和操作移至性能更好的计算机上，提高了系统的整体运行效率。

(2) 虚拟代理通过一个消耗资源较少的对象来代表一个消耗资源较多的对象，可以在一定程度上节省系统的运行开销。

(3) 缓冲代理为某一个操作的结果提供临时的缓存存储空间，以便在后续使用中能够共享这些结果，优化系统性能，缩短执行时间。

(4) 保护代理可以控制对一个对象的访问权限，为不同用户提供不同级别的使用权限。

15.7.2 代理模式的缺点

代理模式的主要缺点如下：

(1) 由于在客户端和真实主题之间增加了代理对象，因此有些类型的代理模式可能会造成请求的处理速度变慢，例如保护代理。

(2) 实现代理模式需要额外的工作，而且有些代理模式的实现过程较为复杂，例如远程代理。

15.7.3 代理模式的适用环境

代理模式的类型较多，不同类型的代理模式有不同的优缺点，它们应用于不同的环境：

(1) 当客户端对象需要访问远程主机中的对象时可以使用远程代理。

(2) 当需要用一个消耗资源较少的对象来代表一个消耗资源较多的对象，从而降低系统开销、缩短运行时间时可以使用虚拟代理，例如一个对象需要很长时间才能完成加载时。

(3) 当需要为某一个被频繁访问的操作结果提供一个临时存储空间，以供多个客户端共享访问这些结果时可以使用缓冲代理。通过使用缓冲代理，系统无须在客户端每一次访问时都重新执行操作，只需直接从临时缓冲区获取操作结果即可。

(4) 当需要控制对一个对象的访问，为不同用户提供不同级别的访问权限时可以使用保护代理。

(5) 当需要为一个对象的访问(引用)提供一些额外的操作时可以使用智能引用代理。

15.8 本章小结

(1) 代理模式给某一个对象提供一个代理或占位符，并由代理对象来控制对原对象的访问。代理模式是一种对象结构型模式。

(2) 代理模式包含抽象主题角色、代理主题角色和真实主题角色 3 个角色。其中，抽象主题角色声明了真实主题和代理主题的共同接口；代理主题角色包含了对真实主题的引用，可以在任何时候操作真实主题对象；真实主题角色实现了真实的业务操作。

(3) 代理模式的主要优点是能够协调调用者和被调用者，在一定程度上降低了系统的耦合度；系统具有较好的灵活性和可扩展性，客户端可以针对抽象主题角色进行编程，增加和更换代理类无须修改源代码，符合开闭原则。其主要缺点是有些类型的代理模式可能会造成请求的处理速度变慢；实现代理模式需要一些额外的工作，而且有些代理模式的实现过程较为复杂。

(4) 当客户端对象需要访问远程主机中的对象时可以使用远程代理。远程代理为位于两个不同地址空间对象的访问提供了一种实现机制，可以将一些消耗资源较多的对象和操作移至性能更好的计算机上，从而提高系统的整体运行效率。

(5) 当需要用一个消耗资源较少的对象来代表一个消耗资源较多的对象，从而降低系统开销、缩短运行时间时可以使用虚拟代理。虚拟代理可以在一定程度上节省系统的运行开销。

(6) 当需要为某一个被频繁访问的操作结果提供一个临时存储空间，以供多个客户端共享访问这些结果时可以使用缓冲代理。缓冲代理为某一个操作的结果提供临时的缓存存储空间，以便在后续使用中能够共享这些结果，优化系统性能，缩短执行时间。

(7) 当需要控制对一个对象的访问，为不同用户提供不同级别的访问权限时可以使用保护代理。

(8) 当需要为一个对象的访问(引用)提供一些额外的操作时可以使用智能引用代理。

15.9 习题

1. Windows 操作系统中的应用程序快捷方式是(　　)模式的应用实例。

   A. 代理(Proxy)　　B. 组合(Composite)

   C. 装饰(Decorator)　　D. 外观(Facade)

2. 以下关于代理模式的叙述错误的是(　　)。

   A. 代理模式能够协调调用者和被调用者，从而在一定程度上降低系统的耦合度

   B. 控制对一个对象的访问，给不同的用户提供不同级别的使用权限时可以考虑使用远程代理

   C. 代理模式的缺点是请求的处理速度会变慢，并且实现代理模式需要额外的工作

   D. 代理模式给某一个对象提供一个代理，并由代理对象控制对原对象的引用

3. 代理模式有多种类型，其中，智能引用代理是指(　　)。

   A. 为某一个目标操作的结果提供临时的存储空间，以便多个客户端可以共享这些结果

   B. 保护目标不让恶意用户接近

   C. 使几个用户能够同时使用一个对象而没有冲突

   D. 当一个对象被引用时，提供一些额外的操作，例如将此对象被调用的次数记录下来

4. 毕业生通过职业介绍所找工作，其中蕴含了哪种设计模式，绘制相应的类图。

5. 在某应用软件中需要记录业务方法的调用日志，在不修改现有业务类的基础上为每一个类提供一个日志记录代理类，在代理类中输出日志，如在业务方法 Method()调用之前输出“方法 Method()被调用，调用时间为 2012-11-5 10：10：10”，调用之后如果没有抛异常则输出“方法 Method()调用成功”，否则输出“方法 Method()调用失败”。在代理类中调用真实业务类的业务方法，使用代理模式设计该日志记录模块的结构，绘制类图并使用 C#

语言编程模拟实现。

6. 在一个论坛中已注册用户和游客的权限不同，已注册的用户拥有发帖、修改自己的注册信息、修改自己的帖子等功能；而游客只能看到别人发的帖子，没有其他权限。试使用保护代理来设计该权限管理模块。

7. 某软件公司要开发一款基于C/S的网络图片查看器，具体功能描述为：用户只需在图片查看器中输入网页URL，程序会自动将该网页上的所有图片下载到本地，考虑到有些网页上的图片比较多，而且某些图片文件比较大，将先以图标的方式显示图片，不同类型的图片使用不同的图标，并且在图标下面标注该图片的文件名，用户单击图标后可查看真正的图片，界面效果如图15-7所示。试使用虚拟代理模式设计并实现该图片查看器（可以结合多线程机制，使用一个线程显示小图标，同时启动另一个线程在后台加载原图）。

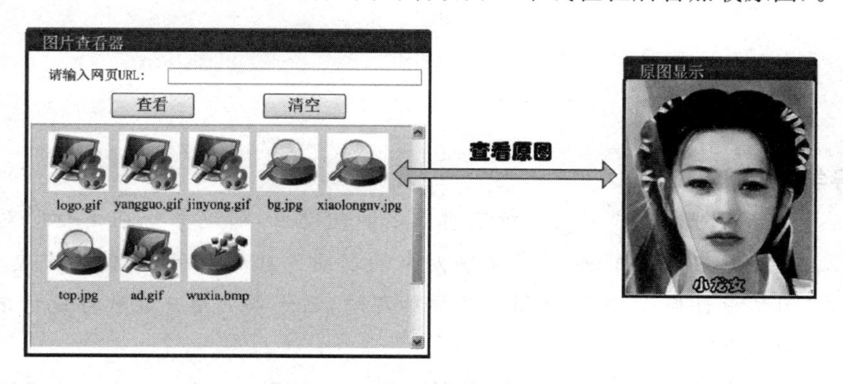

图15-7 图片查看器界面效果图

8. 使用C#语言开发一个简单的Web Service应用或DCOM组件，在远程服务器上实现加、减、乘、除等运算，然后在本地调用这些运算。

第16章

职责链模式

本章导学

行为型模式关注系统中对象之间的交互,研究系统在运行时对象之间的相互通信与协作,进一步明确对象的职责。在 GoF 设计模式中包含 11 种行为型设计模式,它们适用于不同的环境,用于解决用户在软件设计中面临的不同问题。

在系统中如果存在多个对象可以处理同一请求,可以通过职责链模式将这些处理请求的对象连成一条链,让请求沿着该链进行传递。如果链上的对象可以处理该请求则进行处理,否则将请求转发给下家来处理。职责链模式可以将请求的发送者和接收者解耦,客户端无须关心请求的处理细节和传递过程,只需要将请求提交给职责链即可。

本章将对 11 种行为型模式进行简要的介绍,并学习职责链模式的定义和结构,通过实例来学习职责链模式的实现以及如何在软件开发中应用职责链模式。

本章知识点

- 行为型模式。
- 职责链模式的定义。
- 职责链模式的结构。
- 职责链模式的实现。
- 职责链模式的应用。
- 职责链模式的优缺点。
- 职责链模式的适用环境。
- 纯与不纯的职责链模式。

16.1 行为型模式

在软件系统运行时，对象并不是孤立存在的，它们可以通过相互通信协作完成某些功能，一个对象在运行时也将影响其他对象的运行。行为型模式(Behavioral Pattern)关注系统中对象之间的交互，研究系统在运行时对象之间的相互通信与协作，进一步明确对象的职责。行为型模式不仅仅关注类和对象本身，还重点关注它们之间的相互作用和职责划分。

行为型模式分为类行为型模式和对象行为型模式两种，其中，类行为型模式使用继承关系在几个类之间分配行为，主要通过多态等方式来分配父类与子类的职责；对象行为型模式则使用对象的关联关系来分配行为，主要通过对象关联等方式来分配两个或多个类的职责。根据合成复用原则，在系统中复用功能时要尽量使用关联关系来取代继承关系，因此，大部分行为型设计模式都属于对象行为型模式。

在GoF设计模式中包含11种行为型模式，它们的名称、定义、学习难度和使用频率如表16-1所示。

表16-1 行为型模式一览表

模式名称	定义	学习难度	使用频率
职责链模式 (Chain of Responsibility Pattern)	避免将一个请求的发送者与接收者耦合在一起，让多个对象都有机会处理请求。将接收请求的对象连接成一条链，并且沿着这条链传递请求，直到有一个对象能够处理它为止	★★★☆☆	★★☆☆☆
命令模式 (Command Pattern)	将一个请求封装为一个对象，从而让你可以用不同的请求对客户进行参数化，对请求排队或者记录请求日志，以及支持可撤销的操作	★★★☆☆	★★★★☆
解释器模式 (Interpreter Pattern)	给定一个语言，定义它的文法的一种表示，并定义一个解释器，这个解释器使用该表示来解释语言中的句子	★★★★★	★☆☆☆☆
迭代器模式 (Iterator Pattern)	提供一种方法顺序访问一个聚合对象中的各个元素，且不用暴露该对象的内部表示	★★★☆☆	★★★★★
中介者模式 (Mediator Pattern)	定义一个对象来封装一系列对象的交互。中介者模式使各对象之间不需要显式地相互引用，从而使其耦合松散，而且让你可以独立地改变它们之间的交互	★★★☆☆	★★☆☆☆
备忘录模式 (Memento Pattern)	在不破坏封装的前提下，捕获一个对象的内部状态，并在该对象之外保存这个状态，这样可以在以后将对象恢复到原先保存的状态	★★☆☆☆	★★☆☆☆
观察者模式 (Observer Pattern)	定义对象之间的一种一对多依赖关系，使得每当一个对象状态发生改变时，其相关依赖对象都得到通知并被自动更新	★★★☆☆	★★★★★

续表

模式名称	定　　义	学习难度	使用频率
状态模式 (State Pattern)	允许一个对象在其内部状态改变时改变它的行为。对象看起来似乎修改了它的类	★★★☆☆	★★★☆☆
策略模式 (Strategy Pattern)	定义一系列算法,将每一个算法封装起来,并让它们可以相互替换,策略模式让算法可以独立于使用它的客户而变化	★☆☆☆☆	★★★★☆
模板方法模式 (Template Method Pattern)	定义一个操作中算法的框架,而将一些步骤延迟到子类中。模板方法模式使得子类不改变一个算法的结构即可重定义该算法的某些特定步骤	★★☆☆☆	★★★☆☆
访问者模式 (Visitor Pattern)	表示一个作用于某对象结构中的各个元素的操作。访问者模式让你可以在不改变各元素的类的前提下定义作用于这些元素的新操作	★★★★☆	★☆☆☆☆

16.2 职责链模式概述

在很多情况下,可以处理某个请求的对象不止一个,例如大学里的奖学金审批,学生在向辅导员提交审批表之后,首先是辅导员签字审批,然后交给系主任签字审批,接着是院长审批,最后可能是校长审批。在这个过程中,奖学金申请表可以看成是一个请求对象,而不同级别的审批者都可以处理该请求对象,除了辅导员之外,学生不需要一一与其他审批者交互,只需要等待结果即可。在审批过程中如果某一个审批者认为不符合条件,则请求中止;否则将请求递交给下一个审批者,最后由校长来确定能否授予奖学金。该过程如图 16-1 所示。

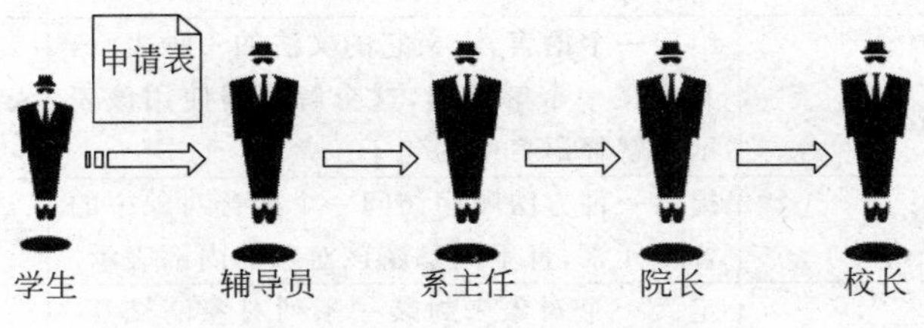

图 16-1　奖学金审批示意图

在图 16-1 中,辅导员、系主任、院长、校长都可以处理奖学金申请表,他们构成了一个处理申请表的链式结构,申请表沿着这条链进行传递,这条链就称为职责链。

职责链可以是一条直线、一个环或者一个树形结构,最常见的职责链是直线型,即沿着一条单向的链来传递请求。链上的每一个对象都是请求处理者,职责链模式可以将请求的处理者组织成一条链,并让请求沿着链传递,由链上的处理者对请求进行相应的处理,客户端无须关心请求的处理细节以及请求的传递,只需将请求发送到链上,将请求的发送者和请求的处理者解耦,这就是职责链模式的模式动机。

职责链模式的定义如下：

> **职责链模式**：避免将一个请求的发送者与接收者耦合在一起，让多个对象都有机会处理请求。将接收请求的对象连接成一条链，并且沿着这条链传递请求，直到有一个对象能够处理它为止。
>
> **Chain of Responsibility Pattern**：Avoid coupling the sender of a request to its receiver by giving more than one object a chance to handle the request. Chain the receiving objects and pass the request along the chain until an object handles it.

由于英文翻译的不同，职责链模式又称为责任链模式，它是一种对象行为型模式。

16.3 职责链模式的结构与实现

16.3.1 职责链模式的结构

职责链模式结构的核心在于引入了一个抽象处理者，其结构如图 16-2 所示。

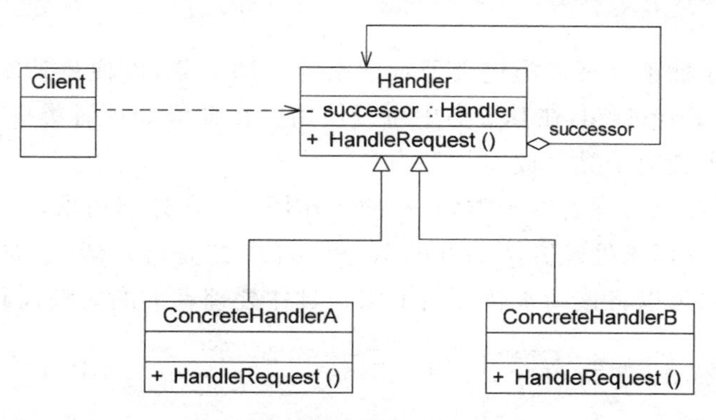

图 16-2 职责链模式结构图

由图 16-2 可知，职责链模式包含以下两个角色。

(1) **Handler(抽象处理者)**：它定义了一个处理请求的接口，一般设计为抽象类，由于不同的具体处理者处理请求的方式不同，因此在其中定义了抽象请求处理方法。每一个处理者的下家还是一个处理者，故在抽象处理者中定义了一个抽象处理者类型的对象(如结构图中的 successor)作为其对下家的引用，通过该引用，处理者可以连成一条链。

(2) **ConcreteHandler(具体处理者)**：它是抽象处理者的子类，可以处理用户请求，在具体处理者类中实现了抽象处理者中定义的抽象请求处理方法，在处理请求之前需要进行判断，看是否有相应的处理权限，如果可以处理请求就处理它，否则将请求转发给后继者；在具体处理者中可以访问链中的下一个对象，以便请求的转发。

16.3.2 职责链模式的实现

在职责链模式中，很多对象由每一个对象对其下家的引用连接起来形成一条链。请求在这个链上传递，直到链上的某一个对象决定处理此请求。发出这个请求的客户端并不知道链上的哪一个对象最终处理这个请求，这使得系统可以在不影响客户端的情况下动态地重新组织链和分配责任。

职责链模式的核心在于抽象处理者类的设计，抽象处理者的典型代码如下：

```
abstract class Handler
{
    //维持对下家的引用
    protected Handler successor;

    public void SetSuccessor(Handler successor)
    {
        this.successor = successor;
    }

    public abstract void HandleRequest(string request);
}
```

在上述代码中，抽象处理者类定义了对下家的引用对象，以便将请求转发给下家，该对象的访问符可设为 protected，在其子类中可以使用。在抽象处理者类中声明了抽象的请求处理方法，具体实现交由子类完成。

具体处理者是抽象处理者的子类，它有两个作用：一是处理请求，不同的具体处理者以不同的形式实现抽象请求处理方法 HandleRequest()；二是转发请求，如果该请求超出了当前处理者类的权限，可以将该请求转发给下家。具体处理者类的典型代码如下：

```
class ConcreteHandler : Handler
{
    public override void HandleRequest(string request)
    {
        if (请求满足条件)
        {
            //处理请求
        }
        else
        {
            this.successor.HandleRequest(request);                //转发请求
        }
    }
}
```

在具体处理类中通过对请求进行判断可以做出相应的处理。

需要注意的是，职责链模式并不负责创建职责链，职责链的创建工作必须由系统的其他部分来完成，一般是在使用该职责链的客户端中创建职责链。职责链模式降低了请求的发送端和接收端之间的耦合，使多个对象都有机会处理这个请求。典型的客户端代码片段如下：

```
...
Handler handler1, handler2, handler3;
handler1 = new ConcreteHandlerA();
handler2 = new ConcreteHandlerB();
handler3 = new ConcreteHandlerC();
//创建职责链
handler1.SetSuccessor(handler2);
handler2.SetSuccessor(handler3);
//发送请求,请求对象通常为自定义类型
handler1.HandleRequest("请求对象");
...
```

16.4 职责链模式的应用实例

下面通过一个应用实例来进一步学习和理解职责链模式。

1. 实例说明

某企业的SCM(Supply Chain Management，供应链管理)系统中包含一个采购审批子系统。该企业的采购审批是分级进行的，即根据采购金额的不同由不同层次的主管人员来审批，主任可以审批5万元以下(不包括5万元)的采购单，副董事长可以审批5万元至10万元(不包括10万元)的采购单，董事长可以审批10万元至50万元(不包括50万元)的采购单，50万元及以上的采购单则需要开董事会讨论决定，如图16-3所示。

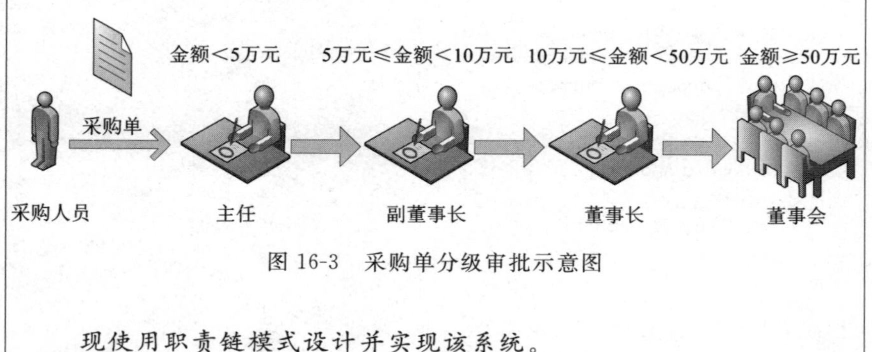

图16-3 采购单分级审批示意图

现使用职责链模式设计并实现该系统。

2. 实例类图

通过分析，本实例的结构如图16-4所示。

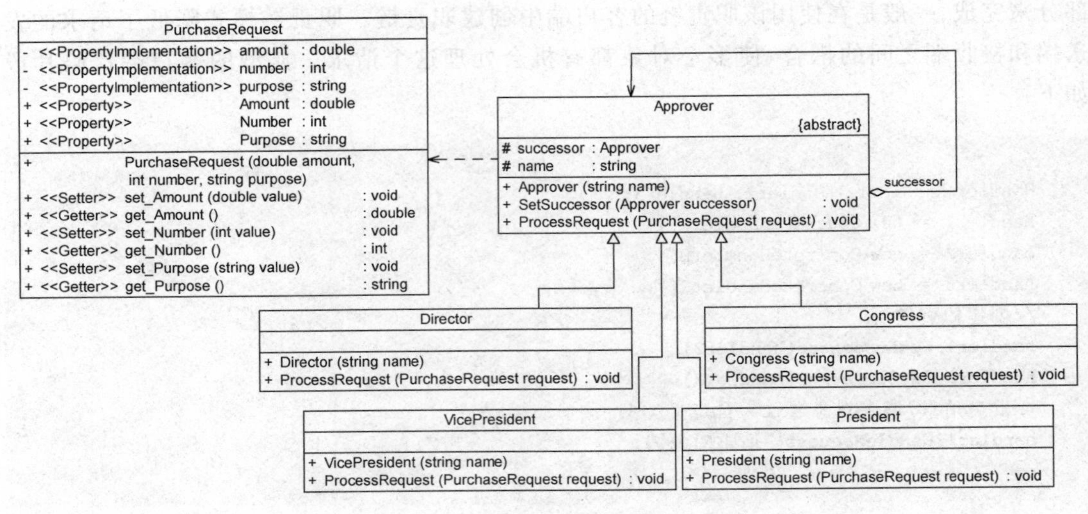

图 16-4 采购单分级审批结构图

在图 16-4 中，抽象类 Approver 充当抽象处理者(抽象传递者)，Director、VicePresident、President 和 Congress 充当具体处理者(具体传递者)，PurchaseRequest 充当请求类。

3. 实例代码

(1) PurchaseRequest：采购单类，充当请求类。

```
//PurchaseRequest.cs
namespace CoRSample
{
    class PurchaseRequest
    {
        private double amount;                    //采购金额
        private int number;                       //采购单编号
        private string purpose;                   //采购目的

        public PurchaseRequest(double amount, int number, string purpose)
        {
            this.amount = amount;
            this.number = number;
            this.purpose = purpose;
        }

        public double Amount
        {
            get { return amount; }
            set { amount = value; }
        }

        public int Number
        {
            get { return number; }
            set { number = value; }
        }
```

```
        public string Purpose
        {
            get { return purpose; }
            set { purpose = value; }
        }
    }
}
```

（2）Approver：审批者类，充当抽象处理者。

```
//Approver.cs
namespace CoRSample
{
    abstract class Approver
    {
        protected Approver successor;               //定义后继对象
        protected string name;                      //审批者姓名
        public Approver(string name)
        {
            this.name = name;
        }

        //设置后继者
        public void SetSuccessor(Approver successor)
        {
            this.successor = successor;
        }

        //抽象请求处理方法
        public abstract void ProcessRequest(PurchaseRequest request);
    }
}
```

（3）Director：主任类，充当具体处理者。

```
//Director.cs
using System;

namespace CoRSample
{
    class Director : Approver
    {
        public Director(string name) : base(name)
        {
        }

        //具体请求处理方法
        public override void ProcessRequest(PurchaseRequest request)
        {
            if (request.Amount < 50000)
            {
```

```
                Console.WriteLine("主任{0}审批采购单：{1}，金额：{2}元，采购目的：{3}。",
                this.name, request.Number, request.Amount, request.Purpose);  //处理请求
            }
            else
            {
                this.successor.ProcessRequest(request);                        //转发请求
            }
        }
    }
}
```

(4) VicePresident：副董事长类，充当具体处理者。

```
//VicePresident.cs
using System;

namespace CoRSample
{
    class VicePresident : Approver
    {
        public VicePresident(string name) : base(name)
        {
        }

        //具体请求处理方法
        public override void ProcessRequest(PurchaseRequest request)
        {
            if (request.Amount < 100000)
            {
                Console.WriteLine("副董事长{0}审批采购单：{1}，金额：{2}元，采购目的：
                {3}。", this.name, request.Number, request.Amount, request.Purpose);
                                                                              //处理请求
            }
            else
            {
                this.successor.ProcessRequest(request);  //转发请求
            }
        }
    }
}
```

(5) President：董事长类，充当具体处理者。

```
//President.cs
using System;

namespace CoRSample
{
```

```
    class President : Approver
    {
        public President(string name) : base(name)
        {
        }

        //具体请求处理方法
        public override void ProcessRequest(PurchaseRequest request)
        {
        if (request.Amount < 500000)
            {
                Console.WriteLine("董事长{0}审批采购单: {1},金额: {2}元,采购目的: {3}。",
                this.name, request.Number, request.Amount, request.Purpose);  //处理请求
            }
            else
            {
                this.successor.ProcessRequest(request);                          //转发请求
            }
        }
    }
}
```

(6) Congress：董事会类，充当具体处理者。

```
//Congress.cs
using System;

namespace CoRSample
{
    class Congress : Approver
    {
        public Congress(string name) : base(name)
        {
        }

        //具体请求处理方法
        public override void ProcessRequest(PurchaseRequest request)
        {
            Console.WriteLine("召开董事会审批采购单: {0},金额: {1}元,采购目的: {2}。",
            request.Number, request.Amount, request.Purpose);    //处理请求
        }
    }
}
```

(7) Program：客户端测试类。

```
//Program.cs
using System;

namespace CoRSample
{
```

```
    class Program
    {
        static void Main(string[] args)
        {
            Approver wjzhang, gyang, jguo, meeting;
            wjzhang = new Director("张无忌");
            gyang = new VicePresident("杨过");
            jguo = new President("郭靖");
            meeting = new Congress("董事会");

            //创建职责链
            wjzhang.SetSuccessor(gyang);
            gyang.SetSuccessor(jguo);
            jguo.SetSuccessor(meeting);

            //创建多个采购单对象并递交请求
            PurchaseRequest pr1 = new PurchaseRequest(45000, 10001, "购买倚天剑");
            wjzhang.ProcessRequest(pr1);

            PurchaseRequest pr2 = new PurchaseRequest(60000, 10002, "购买«葵花宝典»");
            wjzhang.ProcessRequest(pr2);

            PurchaseRequest pr3 = new PurchaseRequest(160000, 10003, "购买«金刚经»");
            wjzhang.ProcessRequest(pr3);

            PurchaseRequest pr4 = new PurchaseRequest(800000, 10004, "购买桃花岛");
            wjzhang.ProcessRequest(pr4);

            Console.Read();
        }
    }
}
```

4. 结果及分析

编译并运行程序,输出结果如下:

```
主任张无忌审批采购单: 10001,金额: 45000 元,采购目的: 购买倚天剑。
副董事长杨过审批采购单: 10002,金额: 60000 元,采购目的: 购买«葵花宝典»。
董事长郭靖审批采购单: 10003,金额: 160000 元,采购目的: 购买«金刚经»。
召开董事会审批采购单: 10004,金额: 800000 元,采购目的: 购买桃花岛。
```

如果需要在系统中增加一个新的具体处理者,如增加一个经理(Manager)角色,可以审批 5 万元至 8 万元(不包括 8 万元)的采购单,需要编写一个新的具体处理者类 Manager,作为抽象处理者类 Approver 的子类,实现在 Approver 类中声明的抽象处理方法,如果采购金额大于等于 8 万元,则将请求转发给下家。其代码如下:

```
//Manager.cs 经理类,充当具体处理者
using System;

namespace CoRSample
{
    class Manager : Approver
    {
        public Manager(string name) : base(name)
        {
        }

        //具体请求处理方法
        public override void ProcessRequest(PurchaseRequest request)
        {
            if (request.Amount < 80000)
            {
                Console.WriteLine("经理{0}审批采购单: {1},金额: {2}元,采购目的: {3}。",
                this.name, request.Number, request.Amount, request.Purpose);  //处理请求
            }
            else
            {
                this.successor.ProcessRequest(request);                     //转发请求
            }
        }
    }
}
```

由于链的创建过程由客户端负责,因此增加新的具体处理者类对原有类库无任何影响,无须修改已有类的源代码,符合开闭原则。

在客户端代码中,如果要将新的具体请求处理者应用在系统中,需要创建新的具体处理者对象,然后将该对象加入职责链中。在客户端测试代码中增加以下代码:

```
Approver rhuang;
rhuang = new Manager("黄蓉");
```

将建链代码改为:

```
//创建职责链
wjzhang.SetSuccessor(rhuang);          //将"黄蓉"作为"张无忌"的下家
rhuang.SetSuccessor(gyang);            //将"杨过"作为"黄蓉"的下家
gyang.SetSuccessor(jguo);
jguo.SetSuccessor(meeting);
```

重新编译并运行程序,输出结果如下:

```
主任张无忌审批采购单: 10001,金额: 45000 元,采购目的:购买倚天剑。
经理黄蓉审批采购单: 10002,金额: 60000 元,采购目的:购买«葵花宝典»。
董事长郭靖审批采购单: 10003,金额: 160000 元,采购目的:购买«金刚经»。
召开董事会审批采购单: 10004,金额: 800000 元,采购目的:购买桃花岛。
```

16.5 纯与不纯的职责链模式

职责链模式可分为纯的职责链模式和不纯的职责链模式两种类型。

1. 纯的职责链模式

一个纯的职责链模式要求一个具体处理者对象只能在两个行为中选择一个：要么承担全部责任，要么将责任推给下家，不允许出现某一个具体处理者对象在承担了一部分或全部责任后又将责任向下传递的情况。而且在纯的职责链模式中，要求一个请求必须被某一个处理者对象所接收，不能出现某个请求未被任何一个处理者对象处理的情况。在16.3节的采购单审批实例中应用的是纯的职责链模式。

2. 不纯的职责链模式

在一个不纯的职责链模式中，允许某个请求被一个具体处理者部分处理后向下传递，或者一个具体处理者处理完某请求后其后继处理者可以继续处理该请求，而且一个请求可以最终不被任何处理者对象所接收并处理。

在JavaScript的事件浮升(Event Bubbling)处理机制中使用了这种不纯的职责链模式，其基本原理是：当一个事件(例如鼠标单击事件)被触发后，界面组件(例如按钮、文本框等HTML控件)将检测并调用相应的事件处理方法来处理事件，如果存在对应的事件处理方法则处理该事件，然后将该事件向上一级容器组件(例如DIV、TABLE等)传播，上级容器组件在接收到事件之后可以继续处理此事件并继续向上级容器组件传播，如此反复，直到事件到达顶层容器(例如BODY)组件为止；如果一直传到最顶层容器仍没有事件处理方法，则该事件不予处理。每一级组件在接收到事件时都可以处理此事件，而不论此事件是否在前一级已得到处理，且存在事件未被处理的情况。显然，这是不纯的职责链模式。

16.6 职责链模式的优缺点与适用环境

职责链模式通过建立一条链来组织请求的处理者，请求将沿着链进行传递，请求发送者无须知道请求在何时、何处以及如何被处理，实现了请求发送者与处理者的解耦。在软件开发中，用户如果遇到有多个对象可以处理同一请求时可以应用职责链模式，例如在Web应用开发中创建多个过滤器(Filter)链来对请求数据进行过滤，在工作流系统中实现公文的分级审批等，使用职责链模式可以较好地解决此类问题。C#语言中的异常处理(Exception Handlers)机制也是职责链模式的典型应用之一，不同的catch子句可以处理不同类型的异常，这些catch子句构成了一条处理异常对象的职责链。

16.6.1 职责链模式的优点

职责链模式的主要优点如下：

(1) 职责链模式使得一个对象无须知道是其他哪一个对象处理其请求，仅需知道该请求会被处理即可，接收者和发送者都没有对方的明确信息，且链中的对象不需要知道链的结构，由客户端负责链的创建，降低了系统的耦合度。

(2) 请求处理对象仅需维持一个指向其后继者的引用，而不需要维持它对所有的候选处理者的引用，可简化对象之间的相互连接。

(3) 在给对象分配职责时，职责链可以带来更多的灵活性，可以通过在运行时对该链进行动态的增加或修改来增加或改变处理一个请求的职责。

(4) 在系统中增加一个新的具体请求处理者时无须修改原有系统的代码，只需要在客户端重新建链即可，从这一点来看是符合开闭原则的。

16.6.2　职责链模式的缺点

职责链模式的主要缺点如下：

(1) 由于一个请求没有明确的接收者，那么就不能保证它一定会被处理，该请求可能一直到链的末端都得不到处理；一个请求也可能因职责链没有被正确配置而得不到处理。

(2) 对于比较长的职责链，请求的处理可能涉及多个处理对象，系统性能将受到一定的影响，而且在进行代码调试时不太方便。

(3) 如果建链不当，可能会造成循环调用，导致系统陷入死循环。

16.6.3　职责链模式的适用环境

在以下情况下可以考虑使用职责链模式：

(1) 有多个对象可以处理同一个请求，具体哪个对象处理该请求待运行时刻再确定，客户端只需将请求提交到链上，而无须关心请求的处理对象是谁以及它是如何处理的。

(2) 在不明确指定接收者的情况下，向多个对象中的一个提交一个请求。

(3) 可动态指定一组对象处理请求，客户端可以动态地创建职责链来处理请求，还可以改变链中处理者之间的先后次序。

16.7　本章小结

(1) 行为型模式关注系统中对象之间的交互，研究系统在运行时对象之间的相互通信与协作，进一步明确对象的职责。在 GoF 设计模式中一共包含 11 种行为型模式。

(2) 在职责链模式中，为了避免将一个请求的发送者与接收者耦合在一起，让多个对象都有机会处理请求，将接收请求的对象连接成一条链，并且沿着这条链传递请求，直到有一个对象能够处理它为止。职责链模式是一种对象行为型模式。

(3) 职责链模式包含抽象处理者和具体处理者两个角色。其中，抽象处理者定义了一个处理请求的接口，它定义了一个抽象处理者类型的对象，作为其对下家的引用，通过该引用，处理者可以连成一条链；具体处理者是抽象处理者的子类，可以处理用户请求，在处理请求之前需要进行判断，看是否有相应的处理权限，如果可以处理请求就处理它，否则将请求转发给后继者进行处理。

(4) 职责链模式的主要优点是使得一个对象无须知道是其他哪一个对象处理其请求，降低了系统的耦合度，简化了对象之间的相互连接，给对象职责的分配带来更多的灵活性，同时,增加一个新的具体请求处理者较为方便。职责链模式的主要缺点在于不能保证请求一定会被处理；对于比较长的职责链,系统性能将受到一定影响；如果建链不当,可能会造成循环调用,导致系统陷入死循环。

(5) 职责链模式适用的环境：有多个对象可以处理同一个请求,具体哪个对象处理该请求待运行时刻再确定；在不明确指定接收者的情况下,向多个对象中的一个提交一个请求；可动态指定一组对象处理请求,客户端可以动态地创建职责链来处理请求,还可以改变链中处理者之间的先后次序。

(6) 职责链模式可分为纯的职责链模式和不纯的职责链模式两种类型,其中,一个纯的职责链模式要求一个具体处理者对象要么承担全部责任,要么将责任推给下家,一个请求必须被某一个处理者对象所接收；在一个不纯的职责链模式中,允许某个请求被一个具体处理者部分处理后向下传递,或者一个具体处理者处理完某请求后其后继处理者可以继续处理该请求,而且一个请求可以最终不被任何处理者对象所接收并处理。

16.8　习题

1. 图 16-5 描述了一种设计模式,该设计模式不可以(　　)。

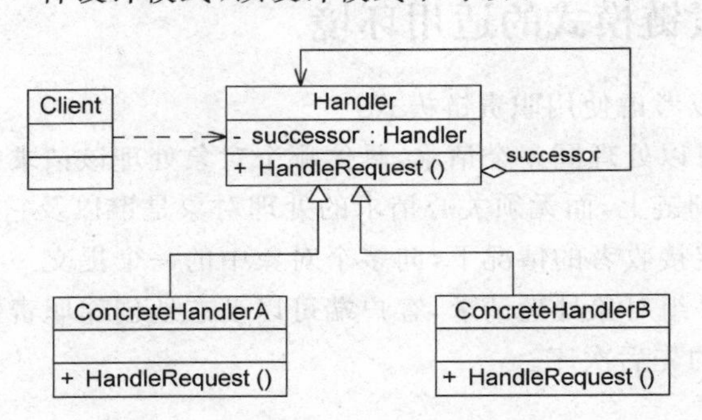

图 16-5　某设计模式结构图

A. 动态决定由一组对象中的某个对象处理该请求

B. 动态指定处理一个请求的对象集合,并高效率地处理一个请求

C. 使多个对象都有机会处理请求,避免请求的发送者和接收者之间的耦合关系

D. 将对象连成一条链,并沿着该链传递请求

2. 接力赛跑体现了(　)模式。

A. 职责链(Chain of Responsibility)　　B. 命令(Command)

C. 备忘录(Memento)　　D. 工厂方法(Factory Method)

3. C#语言中的异常处理机制是职责链模式的一个应用实例,编写一个包含多个 catch 子句的程序,理解异常处理的实现过程,并判断此处使用的是纯的职责链模式还是不纯的职责链模式。

4. 在军队中,一般根据战争规模的大小和重要性由不同级别的长官(Officer)来下达作战命令,情报人员向上级递交军情(包括敌人人数等信息),作战命令需要上级批准,如果直接上级不具备下达命令的权力,则传给他的上级,直到有人可以决定为止。现使用职责链模式来模拟该过程，客户类模拟情报人员，首先向级别最低的班长（Banzhang）递交任务书（Mission），即军情，如果超出班长的权力范围，则传递给排长（Paizhang），排长如果也不能处理则传递给营长（Yingzhang），如果营长也不能处理则需要开会讨论。设置这几级长官的权力范围分别是：

（1）敌人数量<10，班长下达作战命令。

（2）10≤敌人数量<50，排长下达作战命令。

（3）50≤敌人数量<200，营长下达作战命令。

（4）敌人数量≥200，需要开会讨论再下达作战命令。

要求绘制相应的类图并使用C#语言编程模拟实现。

5. 某公司要开发一个软件系统的在线文档帮助系统，用户可以在任何一个查询上下文中输入查询关键字，如果当前查询环境下没有相关内容，则系统会将查询按照一定的顺序转发给其他查询环境。基于上述需求，试采用职责链模式对该系统进行设计。

6. 某OA系统需要提供一个假条审批模块：如果员工请假天数少于3天，主任可以审批该假条；如果员工请假天数多于等于3天，少于10天，经理可以审批；如果员工请假天数多于等于10天，少于30天，总经理可以审批；如果超过30天，总经理也不能审批，提示相应的拒绝信息。试使用职责链模式设计该假条审批模块，要求绘制相应的类图并使用C#语言编程实现。

第17章

命令模式

本章导学

命令模式是常用的行为型设计模式之一，它将请求发送者与请求接收者解耦，请求发送者通过命令对象来间接引用接收者，使得系统具有更好的灵活性，可以在不修改现有系统源代码的情况下让相同的发送者对应不同的接收者。

本章将学习命令模式的定义与结构，结合实例学习如何实现命令模式，并理解命令队列、请求日志、撤销操作和宏命令的实现原理。

本章知识点

- 命令模式的定义。
- 命令模式的结构。
- 命令模式的实现。
- 命令模式的应用。
- 实现命令队列。
- 记录请求日志。
- 实现撤销操作。
- 宏命令。
- 命令模式的优缺点。
- 命令模式的适用环境。

17.1 命令模式概述

在现实生活中，人们通过使用开关来控制一些电器的打开和关闭，例如电灯或者排气扇。在购买开关时，购买者可能并不知道它将来到底用于控制什么电器，也就是说，开关与电灯、排气扇并无直接关系，一个开关在安装之后可能用来控制电灯，也可能用来控制排气扇或者其他电器设备。开关与电器之间通过电线建立连接，如果开关打开，则电线通电，电器工作；反之，开关关闭，电线断电，电器停止工作。相同的开关可以通过不同的电线来控制不同的电器，如图17-1所示。

在图17-1中，可以将开关理解成一个请求的发送者，用户通过它来发送一个“开灯”请求，而电灯是“开灯”请求的最终接收者和处理者，开关和电灯之间并不存在直接耦合关系，它们通过电线连接在一起，使用不同的电线可以连接不同的请求接收者，只需更换一根电线，相同的发送者(开关)即可对应不同的接收者(电器)。

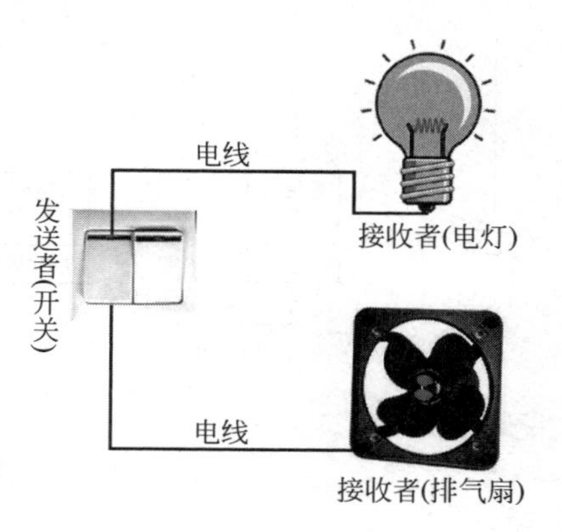

图17-1　开关与电灯、排气扇示意图

在软件开发中也存在很多与开关和电器类似的请求发送者和接收者对象，例如一个按钮，它可能是一个“关闭窗口”请求的发送者，而按钮单击事件处理类则是该请求的接收者。为了降低系统的耦合度，将请求的发送者和接收者解耦，可以使用一种被称为命令模式的设计模式来设计系统。在命令模式中，发送者与接收者之间引入了新的命令对象(类似图17-1中的电线)，将发送者的请求封装在命令对象中，再通过命令对象来调用接收者的方法。

命令模式可以将请求发送者和接收者完全解耦，发送者与接收者之间没有直接引用关系，发送请求的对象只需要知道如何发送请求，而不必知道如何完成请求。

命令模式的定义如下：

> **命令模式**：将一个请求封装为一个对象，从而让你可以用不同的请求对客户进行参数化，对请求排队或者记录请求日志，以及支持可撤销的操作。
>
> **Command Pattern**: Encapsulate a request as an object, thereby letting you parameterize clients with different requests, queue or log requests, and support undoable operations.

命令模式是一种对象行为型模式，其别名为动作(Action)模式或事务(Transaction)模式。命令模式的定义比较复杂，提到了很多术语，例如“用不同的请求对客户进行参数化”、“对请求排队”、“记录请求日志”、“支持可撤销操作”等，在后面将对这些术语进行逐一讲解。

17.2　命令模式的结构与实现

17.2.1　命令模式的结构

命令模式的核心在于引入了抽象命令类和具体命令类，通过命令类来降低发送者和接收者的耦合度，请求发送者只需指定一个命令对象，再通过命令对象来调用请求接收者的处理方法即可，其结构如图17-2所示。

由图17-2可知，命令模式包含以下4个角色。

(1) **Command(抽象命令类)**：抽象命令类一般是一个抽象类或接口，在其中声明了用

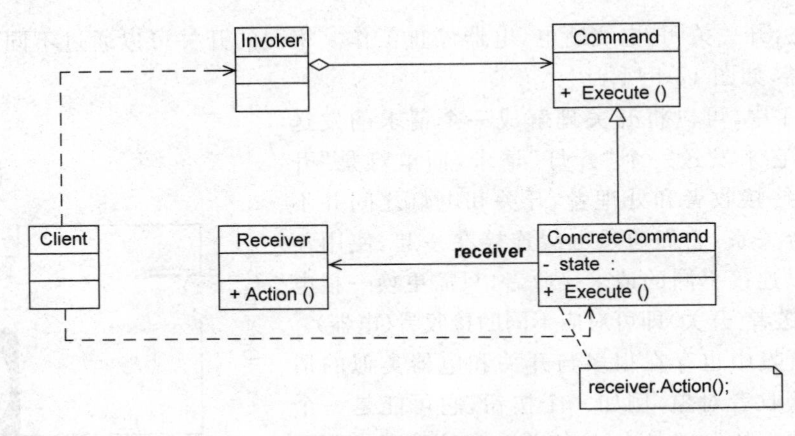

图 17-2　命令模式结构图

于执行请求的 Execute()等方法，通过这些方法可以调用请求接收者的相关操作。

（2）**ConcreteCommand（具体命令类）**：具体命令类是抽象命令类的子类，实现了在抽象命令类中声明的方法，它对应具体的接收者对象，将接收者对象的动作绑定其中。具体命令类在实现 Execute()方法时，将调用接收者对象的相关操作(Action)。

（3）**Invoker（调用者）**：调用者即请求发送者，它通过命令对象来执行请求。一个调用者并不需要在设计时确定其接收者，因此只与抽象命令类之间存在关联关系。在程序运行时可以将一个具体命令对象注入其中，再调用具体命令对象的 Execute()方法，从而实现间接调用请求接收者的相关操作。

（4）**Receiver（接收者）**：接收者执行与请求相关的操作，具体实现对请求的业务处理。

17.2.2　命令模式的实现

命令模式的本质是对请求进行封装，一个请求对应于一个命令，将发出命令的责任和执行命令的责任分开。每一个命令都是一个操作：请求的一方发出请求要求执行一个操作；接收的一方收到请求，并执行相应的操作。命令模式允许请求的一方和接收的一方独立开来，使得请求的一方不必知道接收请求的一方的接口，更不必知道请求如何被接收、操作是否被执行、何时被执行，以及是怎么被执行的。

命令模式的关键在于引入了抽象命令类，请求发送者针对抽象命令类编程，只有实现了抽象命令类的具体命令才与请求接收者相关联。在最简单的抽象命令类中只包含了一个抽象的 Execute()方法，每个具体命令类将一个 Receiver 类型的对象作为一个实例变量进行存储，从而具体指定一个请求的接收者，不同的具体命令类提供了Execute()方法的不同实现，并调用不同接收者的请求处理方法。

典型的抽象命令类代码如下：

```
abstract class Command
{
    public abstract void Execute();
}
```

对于请求发送者(即调用者)而言，将针对抽象命令类进行编程，可以通过构造函数或者

Setter 方法在运行时注入具体命令类对象，并在业务方法中调用命令对象的 Execute()方法。其典型代码如下：

```
class Invoker
{
    private Command command;

    //构造注入
    public Invoker(Command command)
    {
        this.command = command;
    }

    public Command Command
    {
        get { return command; }
        //设值注入
        set { command = value; }
    }

    //业务方法,用于调用命令类的方法
    public void Call()
    {
        command.Execute();
    }
}
```

具体命令类继承了抽象命令类，它与请求接收者相关联，实现了在抽象命令类中声明的 Execute()方法，并在实现时调用接收者的请求响应方法 Action()。其典型代码如下：

```
class ConcreteCommand : Command
{
    private Receiver receiver;      //维持一个对请求接收者对象的引用

    public override void Execute()
    {
        receiver.Action();          //调用请求接收者的业务处理方法 Action()
    }
}
```

请求接收者 Receiver 具体实现对请求的业务处理，它拥有 Action()方法，用于执行与请求相关的操作。其典型代码如下：

```
class Receiver
{
    public void Action()
    {
        //具体操作
    }
}
```

17.3 命令模式的应用实例

下面通过一个应用实例来进一步学习和理解命令模式。

1. 实例说明

> 为了用户使用方便，某系统提供了一系列功能键，用户可以自定义功能键的功能，例如功能键 FunctionButton 可以用于退出系统(由 SystemExitClass 类来实现)，也可以用于显示帮助文档(由 DisplayHelpClass 类来实现)。
>
> 用户可以通过修改配置文件来改变功能键的用途，现使用命令模式来设计该系统，使得功能键类与功能类之间解耦，可为同一个功能键设置不同的功能。

2. 实例类图

通过分析，本实例的结构如图 17-3 所示。

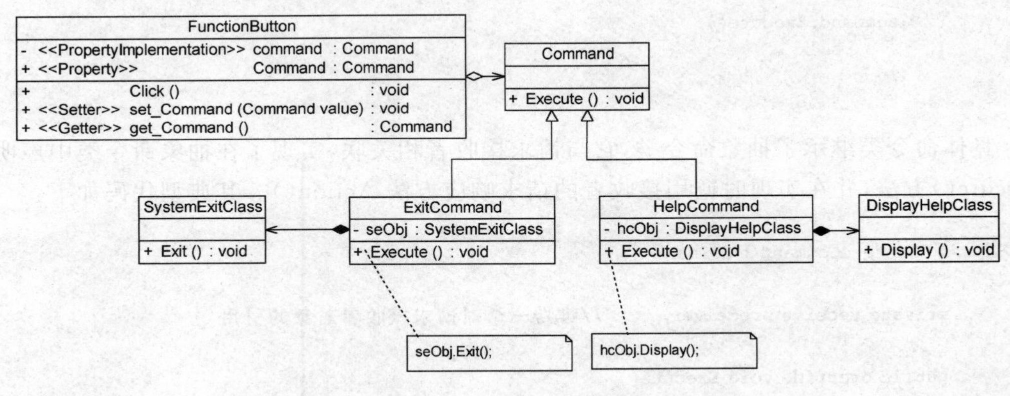

图 17-3 功能键设置结构图

在图 17-3 中，FunctionButton 充当请求调用者，SystemExitClass 和 DisplayHelpClass 充当请求接收者，Command 是抽象命令类，ExitCommand 和 HelpCommand 充当具体命令类。

3. 实例代码

(1) FunctionButton：功能键类，充当请求调用者(请求发送者)。

```
//FunctionButton.cs
using System;

namespace CommandSample
{
```

```
    class FunctionButton
    {
        private Command command;  //维持一个抽象命令对象的引用

        //为功能键注入命令
        public Command Command
        {
            get { return command; }
            set { command = value; }
        }

        //发送请求的方法
        public void Click()
        {
            Console.WriteLine("单击功能键!");
            command.Execute();
        }
    }
}
```

(2) Command：抽象命令类。

```
//Command.cs
namespace CommandSample
{
    abstract class Command
    {
        public abstract void Execute();
    }
}
```

(3) ExitCommand：退出命令类，充当具体命令类。

```
//ExitCommand.cs
namespace CommandSample
{
    class ExitCommand : Command
    {
        private SystemExitClass seObj; //维持对请求接收者的引用

        public ExitCommand()
        {
            seObj = new SystemExitClass();
        }

        //命令执行方法,将调用请求接收者的业务方法
        public override void Execute()
        {
            seObj.Exit();
        }
    }
}
```

(4) HelpCommand：帮助命令类，充当具体命令类。

```
//HelpCommand.cs
namespace CommandSample
{
    class HelpCommand : Command
    {
        private DisplayHelpClass hcObj; //维持对请求接收者的引用

        public HelpCommand()
        {
            hcObj = new DisplayHelpClass();
        }

        //命令执行方法,将调用请求接收者的业务方法
        public override void Execute()
        {
            hcObj.Display();
        }
    }
}
```

(5) SystemExitClass：退出系统模拟实现类，充当请求接收者。

```
//SystemExitClass.cs
using System;

namespace CommandSample
{
    class SystemExitClass
    {
        public void Exit()
        {
            Console.WriteLine("退出系统!");
        }
    }
}
```

(6) DisplayHelpClass：显示帮助文档模拟实现类，充当请求接收者。

```
//DisplayHelpClass.cs
using System;

namespace CommandSample
{
    class DisplayHelpClass
    {
        public void Display()
        {
            Console.WriteLine("显示帮助文档!");
        }
    }
}
```

(7) 配置文件 App.config：在配置文件中存储了具体命令类的类名。

```
<?xml version = "1.0" encoding = "utf - 8" ?>
<configuration>
  <appSettings>
    <add key = "command" value = "CommandSample.ExitCommand"/>
  </appSettings>
</configuration>
```

(8) Program：客户端测试类。

```
//Program.cs
using System;
using System.Configuration;
using System.Reflection;

namespace CommandSample
{
    class Program
    {
        static void Main(string[] args)
        {
            FunctionButton fb = new FunctionButton();

            Command command; //定义命令对象
            //读取配置文件
            string commandStr = ConfigurationManager.AppSettings["command"];
            //反射生成对象
            command = (Command)Assembly.Load("CommandSample").CreateInstance(commandStr);

            //将命令对象注入功能键
            fb.Command = command;
            //调用功能键的业务方法
            fb.Click();

            Console.Read();
        }
    }
}
```

4. 结果及分析

编译并运行程序，输出结果如下：

```
单击功能键!
退出系统!
```

如果需要更换具体命令类，无须修改源代码，只需修改配置文件，例如将退出命令改为帮助命令，只需将存储在配置文件中的具体命令类类名 ExitCommand 改为 HelpCommand。其代码如下：

```
<?xml version = "1.0" encoding = "utf-8" ?>
<configuration>
  <appSettings>
    <add key = "command" value = "CommandSample.HelpCommand"/>
  </appSettings>
</configuration>
```

重新运行客户端程序,输出结果如下:

```
单击功能键!
显示帮助文档!
```

如果在系统中增加了新的功能,功能键需要与新功能对应,只需要对应增加一个新的具体命令类,在新的具体命令类中调用新功能类的业务方法,然后将该具体命令类的对象通过配置文件注入功能键即可,原有代码无须修改,符合开闭原则。

在命令模式中,每一个具体命令类对应一个请求的处理者(接收者),通过向请求发送者注入不同的具体命令对象可以使相同的发送者对应不同的接收者,从而实现"将一个请求封装为一个对象,用不同的请求对客户进行参数化",客户端只需要将具体命令对象作为参数注入请求发送者,无须直接操作请求的接收者。

17.4 实现命令队列

当一个请求发送者发送一个请求时,有不止一个请求接收者产生响应,这些请求接收者将逐个执行业务方法,完成对请求的处理。此时,可以通过命令队列来实现。

命令队列的实现方法有多种形式,其中最常用、灵活性最好的一种方式是增加一个CommandQueue类,由该类负责存储多个命令对象,而不同的命令对象可以对应不同的请求接收者。CommandQueue类的典型代码如下:

```
using System.Collections.Generic;

namespace CommandSample
{
    class CommandQueue
    {
        //定义一个List来存储命令队列
        private List<Command> commands = new List<Command>();

        public void AddCommand(Command command)
        {
            commands.Add(command);
        }

        public void RemoveCommand(Command command)
        {
            commands.Remove(command);
        }
```

```
            //循环调用每一个命令对象的Execute()方法
            public void Execute()
            {
                foreach (object command in commands)
                {
                    ((Command)command).Execute();
                }
            }
        }
    }
```

在增加了命令队列类 CommandQueue 以后,请求发送者类 Invoker 将针对 CommandQueue 编程。其代码修改如下:

```
namespace CommandSample
{
    class Invoker
    {
        private CommandQueue commandQueue; //维持一个CommandQueue对象的引用

        //构造注入
        public Invoker(CommandQueue commandQueue)
        {
            this.commandQueue = commandQueue;
        }

        //设值注入
        public void SetCommandQueue(CommandQueue commandQueue)
        {
            this.commandQueue = commandQueue;
        }

        //调用CommandQueue类的Execute()方法
        public void Call()
        {
            commandQueue.Execute();
        }
    }
}
```

命令队列与人们常说的“批处理”有点类似。批处理,顾名思义,可以对一组命令对象进行批量处理,当一个发送者发送请求后,将有一系列接收者对请求作出响应。命令队列可以用于设计批处理应用程序,如果请求接收者的接收次序没有严格的先后次序,还可以使用多线程技术并发调用命令对象的 Execute()方法,从而提高程序的执行效率。

17.5 记录请求日志

请求日志就是将请求的历史记录保存下来,通常以日志文件(Log File)的形式永久存储在计算机中。很多系统都提供了日志文件,例如 Windows 日志文件、Oracle 日志文件等,

日志文件可以记录用户对系统的一些操作(例如对数据的更改)。请求日志文件可以实现很多功能,其常用功能如下:

(1) 一旦系统发生故障,日志文件可以为系统提供一种恢复机制,在请求日志文件中可以记录用户对系统的每一步操作,从而让系统能够顺利地恢复到某一个特定的状态。

(2) 请求日志也可以用于实现批处理,在一个请求日志文件中可以存储一系列命令对象,例如一个命令队列。

(3) 用户可以将命令队列中的所有命令对象都存储在一个日志文件中,每执行一个命令则从日志文件中删除一个对应的命令对象,防止因为断电或者系统重启等原因造成请求丢失,而且可以避免重新发送全部请求时造成某些命令的重复执行,只需读取日志文件,再继续执行文件中剩余的命令即可。

在实现请求日志时,可以将发送请求的命令对象通过序列化写到日志文件中,此时命令类必须使用属性[Serializable]标记为可序列化。

17.6 实现撤销操作

在命令模式中,用户可以通过对命令类进行修改使得系统支持撤销(Undo)操作和恢复(Redo)操作,下面通过一个简单实例来学习如何在命令模式中实现撤销操作。

> 设计一个简易计算器,该计算器可以实现简单的数学运算,还可以对运算实施撤销操作。

使用命令模式设计可得到图 17-4 所示的结构图,其中,计算器界面类 CalculatorForm 充当请求发送者,实现了数据求和功能的加法类 Adder 充当请求接收者,界面类可间接调用加法类中的 Add()方法实现加法运算,并且提供了可撤销加法运算的 Undo()方法。

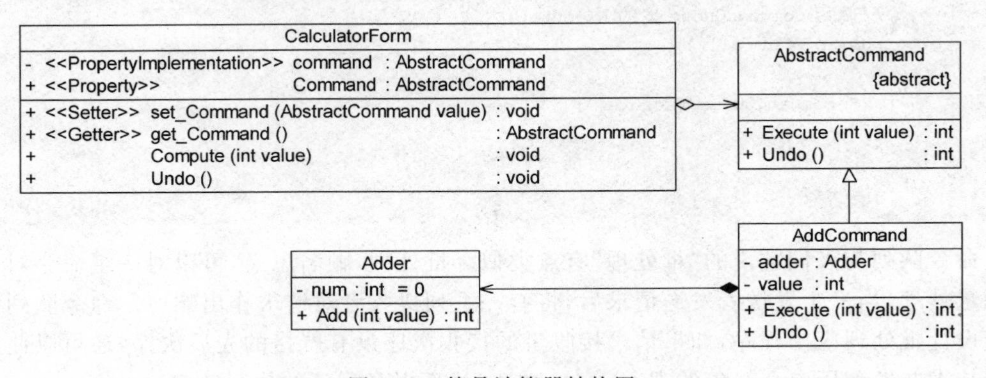

图 17-4 简易计算器结构图

在本实例中,加法类 Adder 充当请求接收者,其代码如下:

```
//Adder.cs
namespace CommandUndoSample
{
```

```
    class Adder
    {
        private int num = 0; //定义初始值为 0

        //加法操作,每次将传入的值与 num 做加法运算,再将结果返回
        public int Add(int value)
        {
            num += value;
            return num;
        }
    }
}
```

AbstractCommand 充当抽象命令类,声明了 Execute()方法和撤销方法 Undo()。其代码如下:

```
//AbstractCommand.cs
namespace CommandUndoSample
{
    abstract class AbstractCommand
    {
        public abstract int Execute(int value);
        public abstract int Undo();
    }
}
```

AddCommand 充当具体命令类,实现了在抽象命令类 AbstractCommand 中声明的 Execute()方法和撤销方法 Undo()。其代码如下:

```
//AddCommand.cs
namespace CommandUndoSample
{
    class AddCommand : AbstractCommand
    {
        private Adder adder = new Adder();
        private int value;

        //实现抽象命令类中声明的 Execute()方法,调用加法类的加法操作
        public override int Execute(int value)
        {
            this.value = value;
            return adder.Add(value);
        }

        //实现抽象命令类中声明的 Undo()方法,通过加一个相反数来实现加法的逆向操作
        public override int Undo()
        {
            return adder.Add(-value);
        }
    }
}
```

CalculatorForm 充当请求发送者，它引用一个抽象命令 AbstractCommand 类型的对象 command，通过该 command 对象间接调用请求接收者 Adder 类的业务处理方法。其代码如下：

```
//CalculatorForm.cs
using System;

namespace CommandUndoSample
{
    class CalculatorForm
    {
        private AbstractCommand command;
        public AbstractCommand Command
        {
            get { return command; }
            set { command = value; }
        }

        //调用命令对象的 Execute()方法执行运算
        public void Compute(int value)
        {
            int i = Command.Execute(value);
            Console.WriteLine("执行运算,运算结果为: " + i);
        }

        //调用命令对象的 Undo()方法执行撤销
        public void Undo()
        {
            int i = Command.Undo();
            Console.WriteLine("执行撤销,运算结果为: " + i);
        }
    }
}
```

在客户端测试类 Program 中定义了抽象命令类型的命令对象 command，还创建了请求发送者对象 form，通过调用 form 对象的 Compute()方法实现加法运算，还可以调用 Undo()方法撤销最后一次加法运算。其代码如下：

```
//Program.cs
using System;

namespace CommandUndoSample
{
    public class Program
    {
        static void Main(string[] args)
        {
            CalculatorForm form = new CalculatorForm();
            AbstractCommand command;
            command = new AddCommand();
```

```
            form.Command = command;

            form.Compute(10);
            form.Compute(5);
            form.Compute(10);
            form.Undo();          //撤销

            Console.Read();
        }
    }
}
```

编译并运行程序，输出结果如下：

```
执行运算，运算结果为：10
执行运算，运算结果为：15
执行运算，运算结果为：25
执行撤销，运算结果为：15
```

需要注意的是，在本实例中只能实现一步撤销操作，因为没有保存命令对象的历史状态，用户可以通过引入一个命令集合或其他方式来存储每一次操作时命令的状态，从而实现多次撤销操作。除了撤销操作外，还可以采用类似的方式实现恢复（Redo）操作，即恢复所撤销的操作（或称为二次撤销）。

17.7　宏命令

宏命令（Macro Command）又称为组合命令（Composite Command），它是组合模式和命令模式联用的产物。宏命令是一个具体命令类，它拥有一个集合，在该集合中包含了对其他命令对象的引用。通常，宏命令不直接与请求接收者交互，而是通过它的成员来调用接收者的方法。当调用宏命令的 Execute()方法时，将递归调用它所包含的每个成员命令的 Execute()方法。一个宏命令的成员可以是简单命令，还可以继续是宏命令。执行一个宏命令将触发多个具体命令的执行，从而实现对命令的批处理。宏命令结构如图 17-5 所示。

17.8　命令模式的优缺点与适用环境

命令模式是一种使用频率非常高的设计模式，它可以将请求发送者与接收者解耦，请求发送者通过命令对象来间接引用请求接收者，使得系统具有更好的灵活性和可扩展性。在基于 GUI 的软件开发，无论是计算机桌面应用还是手机移动应用中，命令模式都得到了广泛的应用。

17.8.1　命令模式的优点

命令模式的主要优点如下：

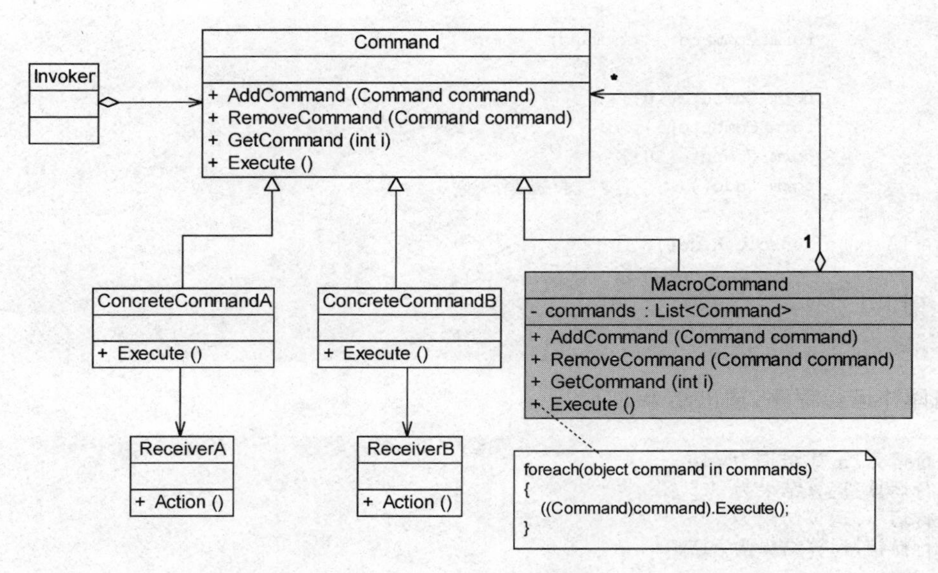

图 17-5 宏命令结构图

(1) 命令模式降低了系统的耦合度。由于请求者与接收者之间不存在直接引用,因此请求者与接收者之间实现了完全解耦,相同的请求者可以对应不同的接收者,同样,相同的接收者也可以供不同的请求者使用,两者之间具有良好的独立性。

(2) 通过使用命令模式,新的命令可以很容易地加入到系统中。由于增加新的具体命令类不会影响其他类,所以增加新的具体命令类很容易,无须修改原有系统源代码,甚至客户类代码,满足开闭原则的要求。

(3) 使用命令模式可以比较容易地设计一个命令队列或宏命令(组合命令)。

(4) 命令模式为请求的撤销(Undo)和恢复(Redo)操作提供了一种设计和实现方案。

17.8.2 命令模式的缺点

命令模式的主要缺点如下:

使用命令模式可能会导致某些系统有过多的具体命令类。因为针对每一个对请求接收者的调用操作都需要设计一个具体命令类,所以在某些系统中可能需要提供大量的具体命令类,这将影响命令模式的使用。

17.8.3 命令模式的适用环境

在以下情况下可以考虑使用命令模式:

(1) 系统需要将请求调用者和请求接收者解耦,使得调用者和接收者不直接交互。请求调用者无须知道接收者的存在,也无须知道接收者是谁,接收者也无须关心何时被调用。

(2) 系统需要在不同的时间指定请求、将请求排队和执行请求。一个命令对象和请求的初始调用者可以有不同的生命期。换而言之,最初的请求发出者可能已经不在了,但命令对象本身仍然是活动的,可以通过该命令对象去调用请求接收者,而无须关心请求调用者的存在性，可以通过请求日志文件等机制来具体实现。

(3) 系统需要支持命令的撤销(Undo)操作和恢复(Redo)操作。

(4) 系统需要将一组操作组合在一起形成宏命令。

17.9 本章小结

(1) 在命令模式中，将一个请求封装为一个对象，从而让你可以用不同的请求对客户进行参数化，将请求排队或者记录请求日志以及支持可撤销的操作。命令模式是一种对象行为型模式。

(2) 命令模式包含抽象命令类、具体命令类、调用者和接收者 4 个角色。其中，抽象命令类声明了用于执行请求的 Execute()等方法，通过这些方法可以调用请求接收者的相关操作；具体命令类是抽象命令类的子类，实现了在抽象命令类中声明的方法，在实现 Execute()方法时，将调用接收者对象的相关操作；调用者即请求发送者，它通过命令对象来执行请求；接收者执行与请求相关的操作，具体实现对请求的业务处理。

(3) 命令模式的主要优点包括降低了系统的耦合度，增加新的命令很容易，可以比较容易地设计一个命令队列或宏命令，还为请求的撤销和恢复操作提供了一种设计和实现方案。其主要缺点是使用命令模式可能会导致某些系统有过多的具体命令类。

(4) 命令模式适用的环境：系统需要将请求调用者和请求接收者解耦，使得调用者和接收者不直接交互；系统需要在不同的时间指定请求、将请求排队和执行请求；系统需要支持命令的撤销操作和恢复操作；系统需要将一组操作组合在一起形成宏命令。

(5) 如果一个请求发送者发送一个请求后，有不止一个请求接收者产生响应，此时，可以使用命令队列来存储多个命令对象，每个命令对象对应一个请求接收者。

(6) 用户可以将命令对象通过序列化写到日志文件中，实现对请求日志的存储。

(7) 在命令模式中，用户可以通过对命令类进行修改使得系统支持撤销操作和恢复操作。

(8) 宏命令又称为组合命令，它是组合模式和命令模式联用的产物。宏命令是一个具体命令类，它拥有一个集合，在该集合中包含了对其他命令对象的引用。

17.10 习题

1. 以下关于命令模式的叙述错误的是(　　)。

   A. 命令模式将一个请求封装为一个对象，从而可以用不同的请求对客户进行参数化

   B. 命令模式可以将请求发送者和请求接收者解耦

   C. 使用命令模式会导致某些系统有过多的具体命令类，导致在有些系统中命令模式变得不切实际

   D. 命令模式是对命令的封装，命令模式把发出命令的责任和执行命令的责任集中在同一个类中，委派给统一的类来进行处理

2. 在(　　)时无须使用命令模式。

A. 实现撤销(Undo)操作和恢复(Redo)操作

B. 将请求的发送者和接收者解耦

C. 不改变聚合类的前提下定义作用于聚合中元素的新操作

D. 不同的时间指定请求，并将请求排队

3. 房间中的开关就是命令模式的一个实现，试使用命令模式来模拟开关的功能，可控制对象包括电灯和电风扇，绘制相应的类图并使用C＃语言编程模拟。

4. 某系统需要提供一个命令集合(可使用List等集合对象实现)，用于存储一系列命令对象，并通过该命令集合实现多次Undo()和Redo()操作，实现对17.6节中的简易计算器实例的改进。

5. 设计并实现一个简单的请求日志记录程序，将一组命令对象通过序列化写到日志文件中，并通过该日志文件实现批处理操作。

6. 某软件公司要开发一个基于Windows平台的公告板系统。该系统提供了一个主菜单(Menu)，在主菜单中包含了一些菜单项(MenuItem)，用户可以通过Menu类的AddMenuItem()方法增加菜单项。菜单项的主要方法是Click()，每一个菜单项包含一个抽象命令类，具体命令类包括OpenCommand(打开命令)，CreateCommand(新建命令)，EditCommand(编辑命令)等。命令类具有一个Execute()方法，用于调用公告板系统界面类(BoardScreen)的Open()、Create()、Edit()等方法。试使用命令模式设计该系统，使得MenuItem类与BoardScreen类的耦合度降低，绘制类图并使用C＃语言编程实现。

第18章

解释器模式

本章导学

解释器模式用于描述如何构成一个简单的语言解释器，主要应用于使用面向对象语言开发的解释器的设计。当需要开发一个新的语言时，开发人员可以考虑使用解释器模式。在实际应用中，用户也许很少碰到去构造一个语言的情况，虽然很少使用，但是对它进行学习能够加深对面向对象思想的理解，并且掌握编程语言中语法规则解释的原理和过程。

本章将学习解释器模式的定义和结构，并结合实例学习如何使用解释器模式构造一个新的语言，以及如何通过终结符表达式和非终结符表达式在类中封装语言的文法规则。

本章知识点

- 解释器模式的定义。
- 解释器模式的结构。
- 解释器模式的实现。
- 解释器模式的应用。
- 文法规则和抽象语法树。
- 解释器模式的优缺点。
- 解释器模式的适用环境。

18.1 解释器模式概述

虽然目前计算机编程语言有几百种，但有时人们还是希望能用一些简单的语言来实现一些特定的操作，用户只要向计算机输入一个句子或文件，它就能够按照预先定义的文法规则对句子或文件进行解释，从而实现相应的功能。例如提供一个简单的加法/减法解释器，只要输入一个加法/减法表达式，它就能够计算出表达式结果，如图18-1所示，当输入字符串表达式为“1＋2＋3－4＋1”时，将输出计算结果“3”。

众所周知,像 C#、C++ 和 Java 等语言无法直接解释类似"1+2+3-4+1"这样的字符串(如果直接作为数学表达式则可以解释),必须定义一套文法规则来实现对这些语句的解释,即设计一个自定义语言。在实际开发中,这些简单的自定义语言可以基于现有的编程语言来设计,如果所基于的编程语言是面向对象语言,则可以使用解释器模式来实现自定义语言。

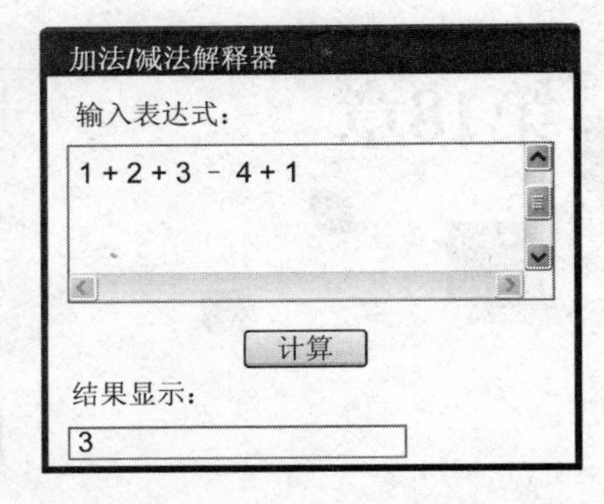

图 18-1 加法/减法解释器示意图

解释器模式是一种使用频率相对较低但学习难度相对较大的设计模式,用于描述如何使用面向对象语言构成一个简单的语言解释器。在某些情况下,为了更好地描述某一些特定类型的问题,可以创建一种新的语言,这种语言拥有自己的表达式和结构,即文法规则,这些问题的实例将对应该语言中的句子。此时,用户可以使用解释器模式来设计这种新的语言。另外,对解释器模式进行学习能够加深用户对面向对象思想的理解,并且理解编程语言中文法规则的解释过程。

解释器模式的定义如下:

> **解释器模式**:给定一个语言,定义它的文法的一种表示,并定义一个解释器,这个解释器使用该表示来解释语言中的句子。
>
> **Interpreter Pattern**: Given a language, define a representation for its grammar along with an interpreter that uses the representation to interpret sentences in the language.

在解释器模式的定义中所指的"语言"是使用规定格式和语法的代码,解释器模式是一种类行为型模式。

18.2 文法规则和抽象语法树

解释器模式描述了如何为简单的语言定义一个文法,如何在该语言中表示一个句子,以及如何解释这些句子。在正式分析解释器模式结构之前,先来学习如何表示一个语言的文法规则以及如何构造一棵抽象语法树。

在前面所提到的加法/减法解释器中,每一个输入表达式,例如"1+2+3-4+1",都包含了 3 个语言单位,可以使用以下文法规则来定义:

```
expression ::= value | operation
operation ::= expression '+' expression | expression '-' expression
value ::= an integer                    //一个整数值
```

该文法规则包含 3 条语句,第一条表示表达式的组成方式,其中,value 和 operation 是后面两个语言单位的定义,每一条语句所定义的字符串(如 operation 和 value)称为语言构造成分或语言单位,符号"::="是"定义为"的意思,其左边的语言单位通过右边进行说明和定义，语言单位对应终结符表达式和非终结符表达式。例如本规则中的 operation 是非终结符表达式，它的组成元素仍然可以是表达式，还可以进一步分解，而 value 是终结符表达式，它的组成元素是最基本的语言单位，不能再进行分解。

在文法规则定义中可以使用一些符号表示不同的含义，例如使用“|”表示“或”，使用“{”和“}”表示“组合”，使用“*”表示出现“0 次或多次”等。其中，使用频率最高的符号是表示“或”关系的“|”，例如文法规则“boolValue ::=0|1”表示终结符表达式 boolValue 的取值可以为 0 或者 1。

除了使用文法规则来定义一个语言外，在解释器模式中还可以通过一种被称为抽象语法树(Abstract Syntax Tree，AST)的图形方式来直观地表示语言的构成，每一棵抽象语法树对应一个语言实例，例如加法/减法解释器中的表达式“1＋2＋3－4＋1”可以通过如图 18-2 所示的抽象语法树来表示。

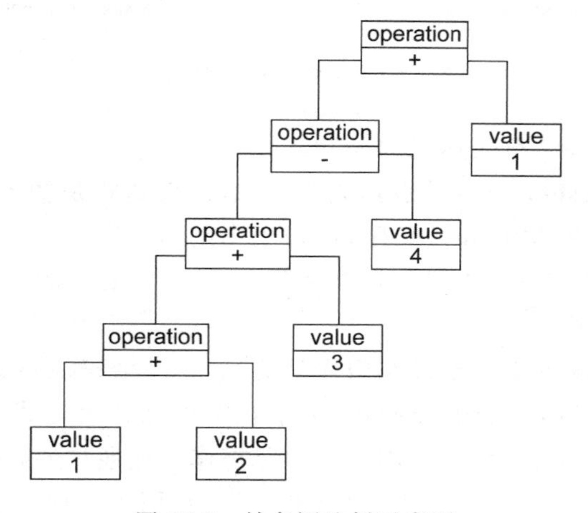

图 18-2 抽象语法树示意图

在该抽象语法树中，可以通过终结符表达式 value 和非终结符表达式 operation 组成复杂的语句，每个文法规则的语言实例都可以表示为一棵抽象语法树，即每一条具体的语句都可以用类似图 18-2 所示的抽象语法树来表示。在该图中，终结符表达式类的实例作为树的叶子结点，而非终结符表达式类的实例作为非叶子结点，它们可以将终结符表达式类的实例以及包含终结符和非终结符实例的子表达式作为其子结点。抽象语法树描述了如何构成一个复杂的句子，通过对抽象语法树的分析，可以识别出语言中的终结符类和非终结符类。

18.3 解释器模式的结构与实现

18.3.1 解释器模式的结构

由于表达式可以分为终结符表达式和非终结符表达式，所以解释器模式的结构与组合模式的结构有些类似，但在解释器模式中包含更多的组成元素，它的结构如图 18-3 所示。

由图 18-3 可知，解释器模式包含以下 4 个角色。

(1) **AbstractExpression(抽象表达式)**：在抽象表达式中声明了抽象的解释操作，它是

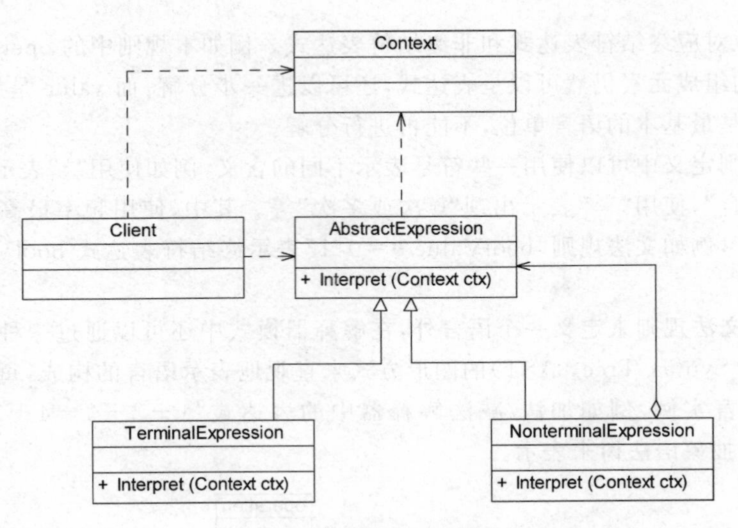

图 18-3 解释器模式结构图

所有终结符表达式和非终结符表达式的公共父类。

(2) **TerminalExpression(终结符表达式)**：终结符表达式是抽象表达式的子类，它实现了与文法中的终结符相关联的解释操作，在句子中的每一个终结符都是该类的一个实例。通常，在一个解释器模式中只有少数几个终结符表达式类，它们的实例可以通过非终结符表达式组成较为复杂的句子。

(3) **NonterminalExpression(非终结符表达式)**：非终结符表达式也是抽象表达式的子类，它实现了文法中非终结符的解释操作，由于在非终结符表达式中可以包含终结符表达式，也可以继续包含非终结符表达式，因此其解释操作一般通过递归的方式来完成。

(4) **Context(环境类)**：环境类又称为上下文类，它用于存储解释器之外的一些全局信息，通常临时存储了需要解释的语句。

18.3.2 解释器模式的实现

在解释器模式中，每一种终结符和非终结符都有一个具体类与之对应，正因为使用类来表示每一条文法规则，所以系统具有较好的灵活性和可扩展性。

对于所有的终结符和非终结符，首先需要抽象出一个公共父类，即抽象表达式类。其典型代码如下：

```
abstract class AbstractExpression
{
    public abstract void Interpret(Context ctx);
}
```

终结符表达式类和非终结符表达式类都是抽象表达式类的子类，对于终结符表达式类，其代码很简单，主要是对终结符元素进行处理。其典型代码如下：

```
class TerminalExpression : AbstractExpression
{
```

```
    public override void Interpret(Context ctx)
    {
        //终结符表达式的解释操作
    }
}
```

对于非终结符表达式，其代码相对比较复杂，因为可以通过非终结符将表达式组合成更加复杂的结构，对于包含两个操作元素的非终结符表达式类，其典型代码如下：

```
class NonterminalExpression : AbstractExpression
{
    private AbstractExpression left;
    private AbstractExpression right;

    public NonterminalExpression(AbstractExpression left, AbstractExpression right)
    {
        this.left = left;
        this.right = right;
    }

    public override void Interpret(Context ctx)
    {
        //递归调用每一个组成部分的 Interpret()方法
        //在递归调用时指定组成部分的连接方式，即非终结符的功能
    }
}
```

除了上述用于表示表达式的类以外，通常在解释器模式中还提供了一个环境类 Context，用于存储一些全局信息，在环境类中一般包含了一个 Hashtable 或 List 等类型的集合对象（也可以直接由 Hashtable 等集合类充当环境类），存储一系列公共信息，例如变量名与值的映射关系（key/value）等，用于在执行具体的解释操作时从中获取相关信息。其典型代码片段如下：

```
using System.Collections;

class Context
{
    private Hashtable ht = new Hashtable();

    //给集合对象设值
    public void Assign(string key, string value)
    {
        ht.Add(key,value);
    }

    //获取存储在集合对象中的值
    public string Lookup(string key)
    {
        return (string)ht[key];
    }
}
```

环境类 Context 的对象通常作为参数被传递到所有表达式的解释方法 Interpret()中，可以在环境类对象中存储和访问表达式解释器的状态，向表达式解释器提供一些全局的、公共的数据，此外，还可以在环境类中增加一些所有表达式解释器都共有的功能，以减轻解释器的职责。当系统无须提供全局公共信息时可以省略环境类，根据实际情况决定是否需要环境类。

18.4 解释器模式的应用实例

下面通过一个应用实例来进一步学习和理解解释器模式。

1. 实例说明

> 某软件公司要开发一套机器人控制程序，在该机器人控制程序中包含一些简单的英文控制指令，每一个指令对应一个表达式(expression)，该表达式可以是简单表达式也可以是复合表达式。每一个简单表达式由移动方向(direction)、移动方式(action)和移动距离(distance)三部分组成，其中，移动方向包括向上(up)、向下(down)、向左(left)、向右(right)；移动方式包括移动(move)和快速移动(run)；移动距离为一个正整数。两个表达式之间可以通过与(and)连接，形成复合(composite)表达式。
>
> 用户通过对图形化的设置界面进行操作可以创建一个机器人控制指令，机器人在收到指令后将按照指令的设置进行移动，例如输入控制指令"up move 5"将"向上移动 5 个单位"；输入控制指令"down run 10 and left move 20"将"向下快速移动 10 个单位再向左移动 20 个单位"。
>
> 现使用解释器模式来设计该程序并模拟实现。

2. 实例类图

根据上述需求描述，用形式化语言来表示该简单语言的文法规则如下：

```
expression ::= direction action distance | composite        //表达式
composite ::= expression 'and' expression                     //复合表达式
direction ::= 'up' | 'down' | 'left' | 'right'                //移动方向
action ::= 'move' | 'run'                                      //移动方式
distance ::= an integer                                        //移动距离
```

该语言一共定义了 5 条文法规则，对应 5 个语言单位，这些语言单位可以分为两类，一类为终结符(也称为终结符表达式)，例如 direction、action 和 distance，它们是语言的最小组成单位，不能再进行拆分；另一类为非终结符(也称为非终结符表达式)，例如 expression 和 composite，它们都是一个完整的句子，包含一系列终结符或非终结符。

针对 5 条文法规则，分别提供 5 个类来实现，其中，终结符表达式 direction、action 和

distance 对应 DirectionNode 类、ActionNode 类和 DistanceNode 类，非终结符表达式 expression 和 composite 对应 SentenceNode 类和 AndNode 类。

可以通过抽象语法树来表示具体解释过程，例如机器人控制指令"down run 10 and left move 20"对应的抽象语法树如图 18-4 所示。

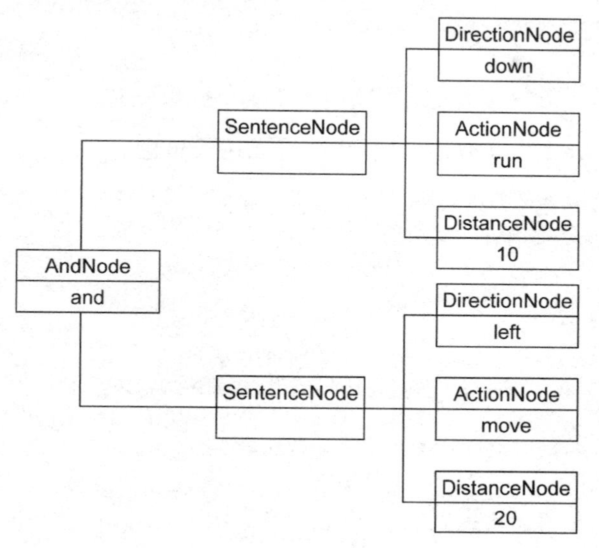

图 18-4 机器人控制程序抽象语法树实例

机器人控制程序实例的基本结构如图 18-5 所示。

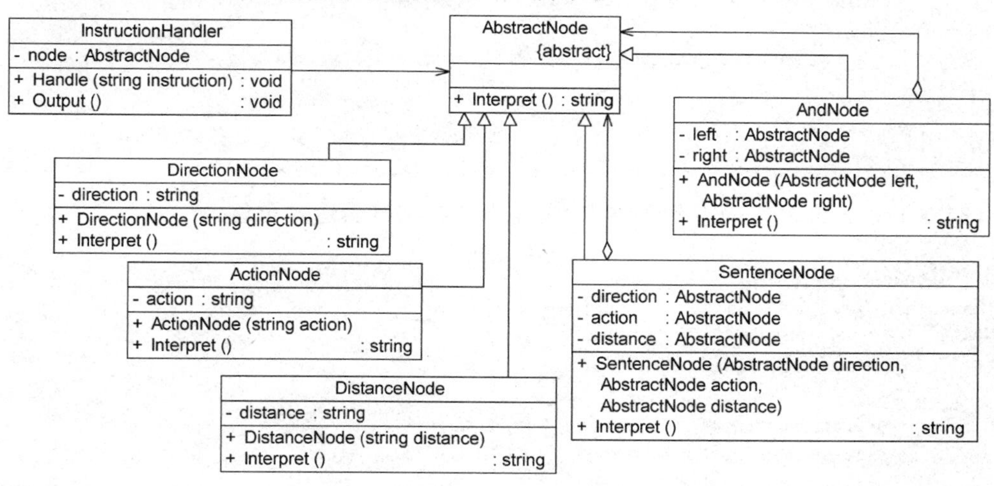

图 18-5 机器人控制程序结构图

在图 18-5 中，AbstractNode 充当抽象表达式角色，DirectionNode、ActionNode 和 DistanceNode 充当终结符表达式角色，AndNode 和 SentenceNode 充当非终结符表达式角色。

3. 实例代码

(1) AbstractNode：抽象结点类，充当抽象表达式角色。

```
//AbstractNode.cs
namespace InterpreterSample
{
    abstract class AbstractNode
    {
        public abstract string Interpret();
    }
}
```

(2) AndNode：And 结点类，充当非终结符表达式角色。

```
//AndNode.cs
namespace InterpreterSample
{
    class AndNode : AbstractNode
    {
        private AbstractNode left;      //And 的左表达式
        private AbstractNode right;     //And 的右表达式

        public AndNode(AbstractNode left, AbstractNode right)
        {
            this.left = left;
            this.right = right;
        }

        //And 表达式解释操作
        public override string Interpret()
        {
            return left.Interpret() + "再" + right.Interpret();
        }
    }
}
```

(3) SentenceNode：简单句子结点类，充当非终结符表达式角色。

```
//SentenceNode.cs
namespace InterpreterSample
{
    class SentenceNode : AbstractNode
    {
        private AbstractNode direction;
        private AbstractNode action;
        private AbstractNode distance;

        public SentenceNode (AbstractNode direction, AbstractNode action, AbstractNode
distance)
        {
            this.direction = direction;
            this.action = action;
            this.distance = distance;
        }
```

```
        //简单句子的解释操作
        public override string Interpret()
        {
            return direction.Interpret() + action.Interpret() + distance.Interpret();
        }
    }
}
```

(4) DirectionNode：方向结点类，充当终结符表达式角色。

```
//DirectionNode.cs
namespace InterpreterSample
{
    class DirectionNode : AbstractNode
    {
        private string direction;

        public DirectionNode(string direction)
        {
            this.direction = direction;
        }

        //方向表达式的解释操作
        public override string Interpret()
        {
            if (direction.Equals("up"))
            {
                return "向上";
            }
            else if (direction.Equals("down"))
            {
                return "向下";
            }
            else if (direction.Equals("left"))
            {
                return "向左";
            }
            else if (direction.Equals("right"))
            {
                return "向右";
            }
            else
            {
                return "无效指令";
            }
        }
    }
}
```

(5) ActionNode：动作结点类，充当终结符表达式角色。

```
//ActionNode.cs
namespace InterpreterSample
{
    class ActionNode : AbstractNode
    {
        private string action;

        public ActionNode(string action)
        {
            this.action = action;
        }

        //动作(移动方式)表达式的解释操作
        public override string Interpret()
        {
            if (action.Equals("move"))
            {
                return "移动";
            }
            else if (action.Equals("run"))
            {
                return "快速移动";
            }
            else
            {
                return "无效指令";
            }
        }
    }
}
```

(6) DistanceNode：距离结点类，充当终结符表达式角色。

```
//DistanceNode.cs
namespace InterpreterSample
{
    class DistanceNode : AbstractNode
    {
        private string distance;

        public DistanceNode(string distance)
        {
            this.distance = distance;
        }

        //距离表达式的解释操作
        public override string Interpret()
        {
            return this.distance;
        }
    }
}
```

(7) InstructionHandler：指令处理类，工具类，提供相应的方法对输入指令进行处理。它将输入指令分隔为字符串数组，将第1个、第2个和第3个单词组合成一个句子，并存入栈中；如果发现有单词“and”，则将“and”后的第1个、第2个和第3个单词组合成一个新的句子作为“and”的右表达式，并从栈中取出原先所存句子作为左表达式，然后组合成一个And结点存入栈中。依此类推，直到整个指令解析结束。

```
//InstructionHandler.cs
using System;
using System.Collections;

namespace InterpreterSample
{
    class InstructionHandler
    {
        private AbstractNode node;

        public void Handle(string instruction)
        {
            AbstractNode left = null, right = null;
            AbstractNode direction = null, action = null, distance = null;
            Stack stack = new Stack();                    //声明一个栈对象用于存储抽象语法树
            string[] words = instruction.Split(' ');    //以空格分隔指令字符串
            for (int i = 0; i < words.Length; i++ )
            {
            //本实例采用栈的方式来处理指令，如果遇到"and"，则将其后的3个单词作为3个终
//结符表达式连成一个简单句子SentenceNode作为"and"的右表达式，而将从栈顶弹出的表达式作
//为"and"的左表达式，最后将新的"and"表达式压入栈中
                if (words[i].Equals("and"))
                {
                    left = (AbstractNode)stack.Pop();//弹出栈顶表达式作为左表达式
                    string word1 = words[ ++ i];
                    direction = new DirectionNode(word1);
                    string word2 = words[ ++ i];
                    action = new ActionNode(word2);
                    string word3 = words[ ++ i];
                    distance = new DistanceNode(word3);
                    right = new SentenceNode(direction,action,distance);   //右表达式
                    stack.Push(new AndNode(left,right));   //将新表达式压入栈中
                }
                //如果是从头开始进行解释，则将前3个单词组成一个简单句子SentenceNode并
                //将该句子压入栈中
                else
                {
                    string word1 = words[i];
                    direction = new DirectionNode(word1);
                    string word2 = words[ ++ i];
                    action = new ActionNode(word2);
                    string word3 = words[ ++ i];
                    distance = new DistanceNode(word3);
                    left = new SentenceNode(direction,action,distance);
                    stack.Push(left);                   //将新表达式压入栈中
```

```
                }
            }
            this.node = (AbstractNode)stack.Pop(); //将全部表达式从栈中弹出
        }

        public string Output()
        {
            string result = node.Interpret();        //解释表达式
            return result;
        }
    }
}
```

(8) Program：客户端测试类。

```
//Program.cs
using System;

namespace InterpreterSample
{
    class Program
    {
        static void Main(string[ ] args)
        {
            string instruction = "down run 10 and left move 20";
            InstructionHandler handler = new InstructionHandler();
            handler.Handle(instruction);

            string outString;
            outString = handler.Output();
            Console.WriteLine(outString);

            Console.Read();
        }
    }
}
```

4. 结果及分析

编译并运行程序，输出结果如下：

```
向下快速移动 10 再向左移动 20
```

如果将输入指令改为"up move 5 and down run 10 and left move 5"，则输出结果如下：

```
向上移动 5 再向下快速移动 10 再向左移动 5
```

本实例对机器人控制指令的输出结果进行模拟，将英文指令翻译为中文指令，在真实情况下，系统将调用不同的控制程序对机器人进行控制，包括对移动方向、方式和距离的控制等。

18.5 解释器模式的优缺点与适用环境

解释器模式为自定义语言的设计和实现提供了一种解决方案，用于定义一组文法规则并通过这组文法规则来解释语言中的句子。虽然解释器模式的使用频率不是特别高，但是它在正则表达式、XML文档解释等领域还是得到了广泛使用。

18.5.1 解释器模式的优点

解释器模式的主要优点如下：

(1) 解释器模式易于改变和扩展文法。由于在解释器模式中使用类来表示语言的文法规则，因此可以通过继承等机制来改变或扩展文法。

(2) 在解释器模式中，每一条文法规则都可以表示为一个类，因此可以方便地实现一个简单的语言。

(3) 实现文法较为容易。在抽象语法树中每一个表达式结点类的实现方式都是相似的，这些类的代码编写都不会特别复杂，还可以通过一些工具自动生成结点类代码。

(4) 增加新的解释表达式较为方便。如果用户需要增加新的解释表达式只需要对应增加一个新的终结符表达式或非终结符表达式类，原有表达式类代码无须修改，符合开闭原则。

18.5.2 解释器模式的缺点

解释器模式的主要缺点如下：

(1) 解释器模式对于复杂文法难以维护。在解释器模式中，每一条规则至少需要定义一个类，因此如果一个语言包含太多的文法规则，类的个数将会急剧增加，从而导致系统难以管理和维护，此时可以考虑使用语法分析程序等方式来取代解释器模式。

(2) 其执行效率较低。由于在解释器模式中使用了大量的循环和递归调用，因此在解释较为复杂的句子时其速度很慢，而且代码的调试过程也比较麻烦。

18.5.3 解释器模式的适用环境

在以下情况下可以考虑使用解释器模式：

(1) 可以将一个需要解释执行的语言中的句子表示为一棵抽象语法树。

(2) 一些重复出现的问题可以用一种简单的语言进行表达。

(3) 一个语言的文法较为简单。对于复杂的文法，解释器模式中的文法类层次结构将变得很庞大而无法管理，此时最好使用语法分析程序生成器。

(4) 执行效率不是关键问题。高效的解释器通常不是通过直接解释抽象语法树来实现的，而是需要将它们转换成其他形式，使用解释器模式的执行效率并不高。

18.6 本章小结

(1) 解释器模式的目的是：给定一个语言，定义它的文法的一种表示，并定义一个解释器，这个解释器使用该表示来解释语言中的句子。解释器模式是一种类行为型模式。

(2) 解释器模式包含抽象表达式、终结符表达式、非终结符表达式和环境类4个角色。其中，抽象表达式声明了抽象的解释操作，是所有终结符表达式和非终结符表达式的公共父类；终结符表达式是抽象表达式的子类，实现了与文法中的终结符相关联的解释操作；非终结符表达式也是抽象表达式的子类，实现了文法中非终结符的解释操作；环境类用于存储解释器之外的一些全局信息。

(3) 解释器模式的主要优点包括易于改变和扩展文法，可以方便地实现一个简单的语言，实现文法较为容易，且增加新的解释表达式较为方便。其主要缺点是对于复杂文法难以维护，并且其执行效率较低。

(4) 解释器模式适用的环境：可以将一个需要解释执行的语言中的句子表示为一棵抽象语法树；一些重复出现的问题可以用一种简单的语言进行表达；一个语言的文法较为简单；执行效率不是关键问题。

(5) 用户可以使用文法规则来定义一个语言，还可以通过抽象语法树以图形方式直观地表示一个语言的构成，每一棵抽象语法树对应一个语言实例。

18.7 习题

1. 对于一个语法不是特别复杂的计算机语言，可以考虑使用(　　)模式进行设计。

A. 模板方法　　B. 命令
C. 访问者　　D. 解释器

2. 关于解释器模式，以下叙述有误的是(　　)。

A. 当一个待解释的语言中的句子可以表示为一棵抽象语法树时，可以使用解释器模式

B. 在解释器模式中使用类表示文法规则，可以方便地改变或者扩展文法

C. 解释器模式既适用于文法简单的小语言，也适用于文法非常复杂的语言解析

D. 需要自定义一个小语言，如一些简单的控制指令时，可以考虑使用解释器模式

3. 现需要构造一个语言解释器，使得系统可以执行整数间的乘、除和求模运算。例如用户输入表达式“3 * 4 / 2 % 4”，输出结果为2。使用解释器模式实现该功能，要求绘制相应的类图并使用C#语言编程模拟实现。

4. 使用解释器模式设计一个简单的解释器，使得系统可以解释0和1的“或”运算和“与”运算(不考虑或运算和与运算的优先级)，语句表达式和输出结果的几个实例如表18-1所示。

表 18-1 表达式及输出结果部分实例表

表达式	输出结果	表达式	输出结果
1 and 0	0	0 or 0	0
1 or 1	1	1 and 1 or 0	1
1 or 0	1	0 or 1 and 0	0
1 and 1	1	0 or 1 and 1 or 1	1
0 and 0	0	1 or 0 and 1 and 0 or 0	0

5. 某软件公司要为数据库备份和同步开发一套简单的数据库同步指令，通过指令可以对数据库中的数据和结构进行备份。例如，输入指令"COPY VIEW FROM srcDB TO desDB"表示将数据库 srcDB 中的所有视图(View)对象都复制到数据库 desDB；输入指令"MOVE TABLE Student FROM srcDB TO desDB"表示将数据库 srcDB 中的 Student 表移动到数据库 desDB。试使用解释器模式来设计并使用 C# 语言实现该数据库同步指令。

第19章

迭代器模式

本章导学

迭代器模式是一种使用频率非常高的设计模式，迭代器用于对一个聚合对象进行遍历。通过引入迭代器可以将数据的遍历功能从聚合对象中分离出来，聚合对象只负责存储数据，而遍历数据由迭代器来完成，简化了聚合对象的设计，更符合单一职责原则的要求。

本章将学习迭代器模式的定义与结构，结合实例学习迭代器模式的实现和应用，并学习如何使用.NET Framework 内置的迭代器。

本章知识点

- 迭代器模式的定义。
- 迭代器模式的结构。
- 迭代器模式的实现。
- 迭代器模式的应用。
- 迭代器模式的优缺点。
- 迭代器模式的适用环境。
- 使用内部类实现迭代器。
- .NET 内置迭代器。

19.1 迭代器模式概述

在现实生活中，人们有两种方式来操作一台电视机实现开机、关机、换台、改变音量等功能，一种方式是直接通过电视机控制面板上的按键来实现，另一种方式是通过电视机遥控器来间接实现。遥控器为操作电视机带来很大的方便，用户并不需要知道电视频道到底怎样存储在电视机中。在此，可以将电视机看成一个存储电视频道的集合对象，通过遥控器可以对电视机中的电视频道集合进行操作，例如返回上一个频道、跳转到下一个频道或者跳转到指定的频道。电视机遥控器和电视机示意图如图 19-1 所示。

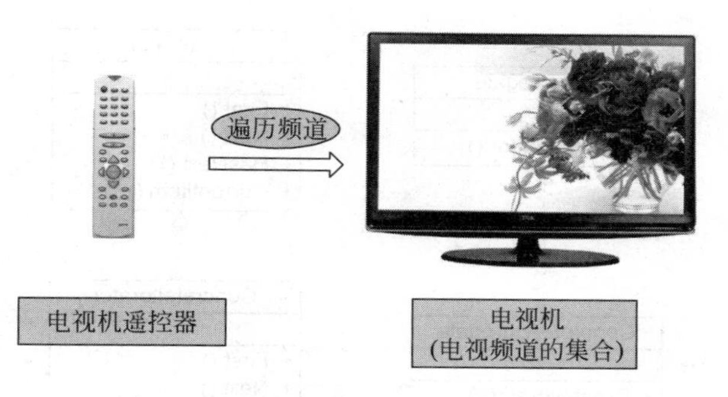

图 19-1　电视机遥控器与电视机示意图

在软件开发中，也存在着大量类似电视机一样的类，它们可以存储多个成员对象（元素），这些类通常称为聚合类（Aggregate Classes），对应的对象称为聚合对象。为了更加方便地操作这些聚合对象，同时可以很灵活地为聚合对象增加不同的遍历方法，也需要类似电视机遥控器一样的角色，可以访问一个聚合对象中的元素但又不需要暴露它的内部结构。本章所要学习的迭代器模式将为聚合对象提供一个"遥控器"，通过引入迭代器，客户端无须了解聚合对象的内部结构即可实现对聚合对象中成员的遍历，还可以根据需要很方便地增加新的遍历方式。

在软件系统中，聚合对象拥有两个职责：一是存储数据；二是遍历数据。从依赖性来看，前者是聚合对象的基本职责；后者既是可变化的，又是可分离的。因此，可以将遍历数据的行为从聚合对象中分离出来，封装在迭代器对象中，由迭代器来提供遍历聚合对象内部数据的行为，这将简化聚合对象的设计，更符合单一职责原则的要求。

迭代器模式的定义如下：

> **迭代器模式**：提供一种方法顺序访问一个聚合对象中的各个元素，且不用暴露该对象的内部表示。
>
> **Iterator Pattern**: Provide a way to access the elements of an aggregate object sequentially without exposing its underlying representation.

迭代器模式又称为游标（Cursor）模式，它是一种对象行为型模式。

19.2　迭代器模式的结构与实现

19.2.1　迭代器模式的结构

在迭代器模式结构中包含聚合和迭代器两个层次结构，考虑到系统的灵活性和可扩展性，在迭代器模式中应用了工厂方法模式，其模式结构如图 19-2 所示。

由图 19-2 可知，迭代器模式包含以下 4 个角色。

(1) **Iterator（抽象迭代器）**：它定义了访问和遍历元素的接口，声明了用于遍历数据元

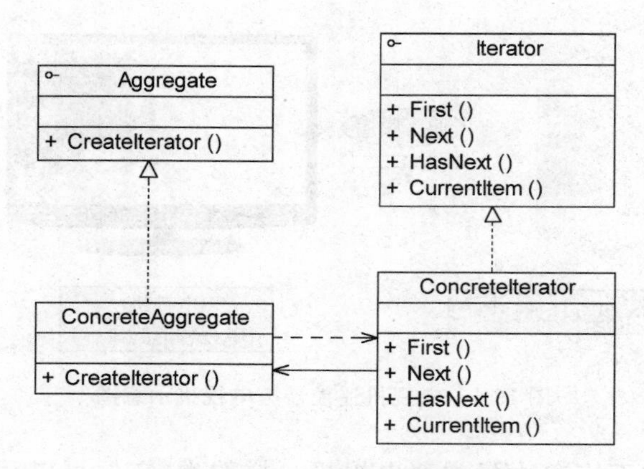

图 19-2 迭代器模式结构图

素的方法。例如,用于获取第一个元素的 First()方法,用于访问下一个元素的 Next()方法,用于判断是否还有下一个元素的 HasNext()方法,用于获取当前元素的 CurrentItem()方法等,在具体迭代器中将实现这些方法。

(2) **ConcreteIterator(具体迭代器)**：它实现了抽象迭代器接口,完成对聚合对象的遍历,同时在具体迭代器中通过游标来记录在聚合对象中所处的当前位置,在具体实现时,游标通常是一个表示位置的非负整数。

(3) **Aggregate(抽象聚合类)**：它用于存储和管理元素对象,声明一个 CreateIterator()方法用于创建一个迭代器对象,充当抽象迭代器工厂角色。

(4) **ConcreteAggregate(具体聚合类)**：它是抽象聚合类的子类,实现了在抽象聚合类中声明的 CreateIterator()方法,该方法返回一个与该具体聚合类对应的具体迭代器 ConcreteIterator 实例。

19.2.2 迭代器模式的实现

在迭代器模式中,提供了一个外部的迭代器对聚合对象进行访问和遍历,迭代器定义了一个访问该聚合元素的接口,并且可以跟踪当前遍历的元素,了解哪些元素已经遍历过而哪些没有。迭代器的引入,将使对一个复杂聚合对象的操作变得简单。

下面结合代码对迭代器模式的实现作进一步分析。在迭代器模式中应用了工厂方法模式,抽象迭代器对应于抽象产品角色,具体迭代器对应于具体产品角色,抽象聚合类对应于抽象工厂角色,具体聚合类对应于具体工厂角色。

在抽象迭代器中声明了用于遍历聚合对象中所存储元素的方法,其典型代码如下：

```
interface Iterator
{
    void First();              //将游标指向第一个元素
    void Next();               //将游标指向下一个元素
    bool HasNext();            //判断是否存在下一个元素
    object CurrentItem();      //获取游标指向的当前元素
}
```

在具体迭代器中将实现抽象迭代器声明的遍历数据的方法，其典型代码如下：

```
class ConcreteIterator : Iterator
{
    private ConcreteAggregate objects;    //维持一个对具体聚合对象的引用,以便于访问存储在
                                          //聚合对象中的数据
    private int cursor;                   //定义一个游标,用于记录当前访问位置
    public ConcreteIterator(ConcreteAggregate objects)
    {
        this.objects = objects;
    }

    public void First()
    {
        //实现代码
    }

    public void Next()
    {
        //实现代码
    }

    public bool HasNext()
    {
        //实现代码
    }

  public object CurrentItem()
    {
        //实现代码
    }
}
```

需要注意的是，抽象迭代器接口的设计非常重要，一方面需要充分满足各种遍历操作的要求，尽量为各种遍历方法提供声明；另一方面又不能包含太多方法，如果接口中的方法太多将给子类的实现带来麻烦。因此，可以考虑使用抽象类来设计抽象迭代器，在抽象类中为每一个方法提供一个空的默认实现。如果需要在具体迭代器中为聚合对象增加全新的遍历操作，则必须修改抽象迭代器和具体迭代器的源代码，这将违反开闭原则，因此在设计时要考虑全面，避免之后修改接口。

聚合类用于存储数据并负责创建迭代器对象，最简单的抽象聚合类代码如下：

```
interface Aggregate
{
    Iterator CreateIterator();
}
```

具体聚合类作为抽象聚合类的子类，一方面负责存储数据，另一方面实现了在抽象聚合类中声明的工厂方法 CreateIterator()，用于返回一个与该具体聚合类对应的具体迭代器对

象。其典型代码如下：

```
class ConcreteAggregate : Aggregate
{
    …
    public Iterator CreateIterator()
    {
        return new ConcreteIterator(this);
    }
    …
}
```

19.3 迭代器模式的应用实例

下面通过一个应用实例来进一步学习和理解迭代器模式。

1. 实例说明

某软件公司为某商场开发了一套销售管理系统，在对该系统进行分析和设计时，开发人员发现经常需要对系统中的商品数据、客户数据等进行遍历，为了复用这些遍历代码，开发人员设计了一个抽象的数据集合类 AbstractObjectList，将存储商品和客户等数据的类作为其子类，AbstractObjectList 类结构如图 19-3 所示。

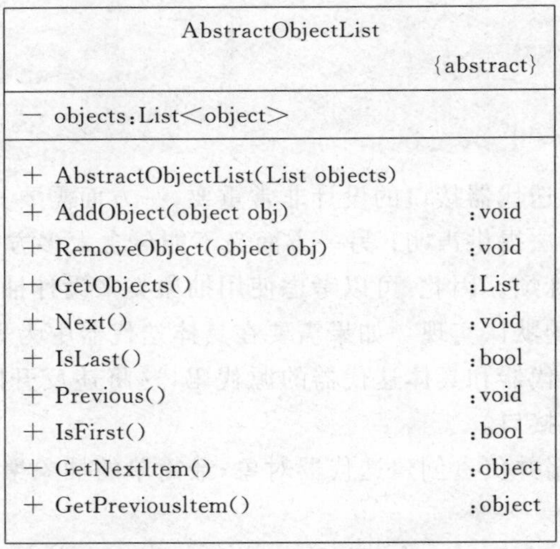

AbstractObjectList
{abstract}

− objects: List<object>

+ AbstractObjectList(List objects)
+ AddObject(object obj) : void
+ RemoveObject(object obj) : void
+ GetObjects() : List
+ Next() : void
+ IsLast() : bool
+ Previous() : void
+ IsFirst() : bool
+ GetNextItem() : object
+ GetPreviousItem() : object

图 19-3　AbstractObjectList 类结构图

在图 19-3 中，List 类型的对象 objects 用于存储数据，其方法与说明如表 19-1 所示。

表 19-1 AbstractObjectList 类的方法与说明

方 法 名	方 法 说 明
AbstractObjectList()	构造方法，用于给 objects 对象赋值
AddObject()	增加元素
RemoveObject()	删除元素
GetObjects()	获取所有元素
Next()	移至下一个元素
IsLast()	判断当前元素是否为最后一个元素
Previous()	移至上一个元素
IsFirst()	判断当前元素是否为第一个元素
GetNextItem()	获取下一个元素
GetPreviousItem()	获取上一个元素

AbstractObjectList 类的子类 ProductList 和 CustomerList 分别用于存储商品数据和客户数据。

通过分析，发现 AbstractObjectList 类的职责非常重，它既负责存储和管理数据，又负责遍历数据，违背了单一职责原则，实现代码将非常复杂。因此，开发人员决定使用迭代器模式对 AbstractObjectList 类进行重构，将负责遍历数据的方法提取出来，封装到专门的类中，实现数据存储和数据遍历分离，还可以给不同的具体数据集合类提供不同的遍历方式。

现给出使用迭代器模式重构后的解决方案。

2. 实例类图

通过分析，本实例的结构如图 19-4 所示。

在图 19-4 中，AbstractObjectList 充当抽象聚合类，ProductList 充当具体聚合类，AbstractIterator 充当抽象迭代器，ProductIterator 充当具体迭代器。

3. 实例代码

(1) AbstractObjectList：抽象聚合类。

```
//AbstractObjectList.cs
using System.Collections.Generic;

namespace IteratorSample
{
    abstract class AbstractObjectList
    {
        protected List<object> objects = new List<object>();
        public AbstractObjectList(List<object> objects)
        {
            this.objects = objects;
        }
```

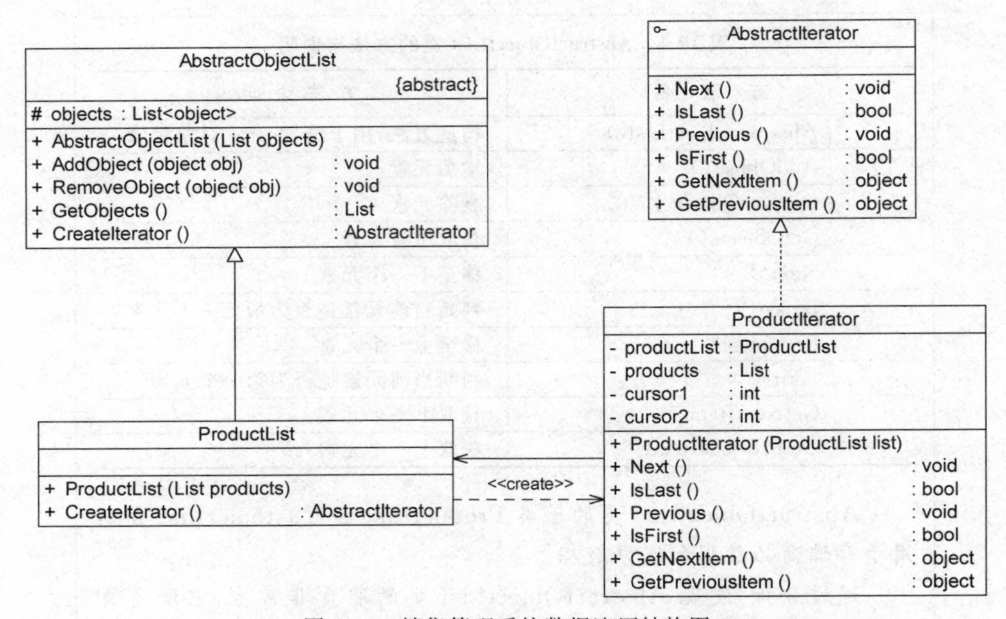

图 19-4 销售管理系统数据遍历结构图

（注：为了简化类图和代码，本结构图中只提供了一个具体聚合类和一个具体迭代器类）

```
        public void AddObject(object obj)
        {
            this.objects.Add(obj);
        }

        public void RemoveObject(object obj)
        {
            this.objects.Remove(obj);
        }

        public List<object> GetObjects()
        {
            return this.objects;
        }

        //声明创建迭代器对象的抽象工厂方法
        public abstract AbstractIterator CreateIterator();
    }
}
```

(2) ProductList：商品数据类，充当具体聚合类。

```
//ProductList.cs
using System.Collections.Generic;

namespace IteratorSample
{
```

```
        class ProductList : AbstractObjectList
        {
            public ProductList(List<object> products)
                : base(products)
            {
            }

            //实现创建迭代器对象的具体工厂方法
            public override AbstractIterator CreateIterator()
            {
                return new ProductIterator(this);
            }
        }
    }
```

(3) AbstractIterator：抽象迭代器。

```
//AbstractIterator.cs
namespace IteratorSample
{
    interface AbstractIterator
    {
        void Next();                  //移至下一个元素
        bool IsLast();                //判断是否为最后一个元素
        void Previous();              //移至上一个元素
        bool IsFirst();               //判断是否为第一个元素
        object GetNextItem();         //获取下一个元素
        object GetPreviousItem();     //获取上一个元素
    }
}
```

(4) ProductIterator：商品迭代器，充当具体迭代器。

```
//ProductIterator.cs
using System.Collections.Generic;

namespace IteratorSample
{
    class ProductIterator : AbstractIterator
    {
        private ProductList productList;
        private List<object> products;
        private int cursor1;                        //定义一个游标,用于记录正向遍历的位置
        private int cursor2;                        //定义一个游标,用于记录逆向遍历的位置

        public ProductIterator(ProductList list)
        {
            this.productList = list;
            this.products = list.GetObjects();   //获取集合对象
            cursor1 = 0;                           //设置正向遍历游标的初始值
            cursor2 = products.Count - 1;          //设置逆向遍历游标的初始值
        }
```

```
        public void Next()
        {
            if (cursor1 < products.Count)
            {
                cursor1 ++ ;
            }
        }

        public bool IsLast()
        {
            return (cursor1 == products.Count);
        }

        public void Previous()
        {
            if (cursor2 > -1)
            {
                cursor2 -- ;
            }
        }
        public bool IsFirst()
        {
            return (cursor2 == -1);
        }

        public object GetNextItem()
        {
            return products[cursor1];
        }

        public object GetPreviousItem()
        {
            return products[cursor2];
        }
    }
}
```

(5) Program：客户端测试类。

```
//Program.cs
using System;
using System.Collections.Generic;

namespace IteratorSample
{
    class Program
    {
        static void Main(string[] args)
        {
            List<object> products = new List<object>();
            products.Add("倚天剑");
            products.Add("屠龙刀");
```

```
            products.Add("断肠草");
            products.Add("葵花宝典");
            products.Add("四十二章经");

            AbstractObjectList list;
            AbstractIterator iterator;

            list = new ProductList(products);    //创建聚合对象
            iterator = list.CreateIterator();    //创建迭代器对象

            Console.WriteLine("正向遍历：");
            while(!iterator.IsLast())
            {
                Console.Write(iterator.GetNextItem() + ",");
                iterator.Next();
            }
            Console.WriteLine();
            Console.WriteLine("------------------------------");
            Console.WriteLine("逆向遍历：");
            while(!iterator.IsFirst())
            {
                Console.Write(iterator.GetPreviousItem() + ",");
                iterator.Previous();
            }

            Console.Read();
        }
    }
}
```

4. 结果及分析

编译并运行程序，输出结果如下：

```
正向遍历：
倚天剑，屠龙刀，断肠草，葵花宝典，四十二章经，
------------------------------
逆向遍历：
四十二章经，葵花宝典，断肠草，屠龙刀，倚天剑，
```

如果需要增加一个新的具体聚合类，例如客户数据集合类，并且需要为客户数据集合类提供不同于商品数据集合类的正向遍历和逆向遍历操作，只需增加一个新的聚合子类和一个新的具体迭代器类即可，原有类库代码无须修改，符合开闭原则；如果需要为ProductList类更换一个迭代器，只需增加一个新的具体迭代器类作为抽象迭代器类的子类，重新实现遍历方法即可，原有迭代器代码无须修改，也符合开闭原则；如果要在迭代器中增加新的方法，则需要修改抽象迭代器的源代码，这将违背开闭原则。

19.4 使用内部类实现迭代器

在图19-2所示的迭代器模式结构图中，可以看到具体迭代器类和具体聚合类之间存在着双重关系，其中一个关系为关联关系，在具体迭代器中需要维持一个对具体聚合对象的引用，该关联关系的目的是访问存储在聚合对象中的数据，以便迭代器能够对这些数据进行遍历操作。

除了使用关联关系外，为了能够让迭代器可以访问到聚合对象中的数据，还可以将迭代器类设计为聚合类的内部类。例如可以对19.3节中的ProductList类进行修改，将ProductIterator类作为ProductList类的内部类，代码如下：

```
//ProductListNew.cs  使用内部类实现的商品数据类
using System.Collections.Generic;

namespace IteratorSample
{
    class ProductListNew : AbstractObjectList
    {
        public ProductListNew(List<object> products) : base(products)
        {
        }

        public override AbstractIterator CreateIterator()
        {
            return new ProductIterator();
        }

        //商品迭代器：具体迭代器，内部类实现
        private class ProductIterator : AbstractIterator
        {
            private int cursor1;
            private int cursor2;

            public ProductIterator()
            {
                cursor1 = 0;
                cursor2 = objects.Count - 1;
            }

            public void Next()
            {
                if(cursor1 < objects.Count)
                {
                    cursor1++;
                }
            }

            public bool IsLast()
            {
```

```
                return (cursor1 == objects.Count);
            }

            public void Previous()
            {
                if(cursor2 > -1)
                {
                    cursor2--;
                }
            }

            public bool IsFirst()
            {
                return (cursor2 == -1);
            }

            public object GetNextItem()
            {
                return objects[cursor1];
            }

            public object GetPreviousItem()
            {
                return objects[cursor2];
            }
        }
    }
}
```

需要注意的是，根据 C#语言的语法规定，内部类只能访问到外部类中定义的静态(static)成员变量，因此需要将 AbstractObjectList 中的 objects 声明为静态变量，代码如下：

```
...
protected static List<object> objects = new List<object>();
...
```

同时还需要将引用该变量的方法中的 this 关键字去掉。

无论使用哪种实现机制，客户端代码都是一样的，也就是说客户端无须关心具体迭代器对象的创建细节，只需通过调用工厂方法 CreateIterator()即可得到一个可用的迭代器对象，这也是使用工厂方法模式的好处，通过工厂来封装对象的创建过程，简化了客户端的调用。

19.5　.NET 内置迭代器

在.NET Framework 中内置了对迭代器模式的支持，提供了抽象的迭代器接口 System.Collections.IEnumerator 和枚举接口 System.Collections.IEnumerable，C#语言中的 foreach 循环就是利用 IEnumerable 提供的 IEnumerator 来实现的。

在.NET 中,IEnumerable 接口的定义如下:

```
public interface IEnumerable
{
    IEnumerator GetEnumerator();  //工厂方法,获取迭代器对象
}
```

IEnumerator 接口的定义如下:

```
public interface IEnumerator
{
    object Current {
    get;
    }                    //返回当前集合中的元素
    bool MoveNext();     //遍历集合,移至下一个元素
    void Reset();        //恢复初始位置
}
```

通过扩展 IEnumerable 接口和 IEnumerator 接口可以定义自己的聚合类和迭代器类,实现了 IEnumerable 的子类都可以对应定义一个迭代器,用于对其中的元素进行遍历。在.NET 中,ICollection 继承自 IEnumerable,IList 继承自 ICollection,而 ArrayList 是 IList 的子类,实现了 GetEnumerator()方法,并返回一个 ArrayListEnumeratorSimple 类型的对象。

ArrayList 类的代码片段如下:

```
public class ArrayList : IList, ICloneable
{
    …
    public virtual IEnumerator GetEnumerator()
    {
        return new ArrayListEnumeratorSimple(this);
    }
    …
}
```

在 ArrayList 中,GetEnumerator()方法是一个虚方法,表示可以自定义一个集合类型继承 ArrayList,然后重写这个方法,创建不同的 IEnumerator 对象,从而实现不同的遍历方式。

在.NET 中,ArrayListEnumeratorSimple 类的代码片段如下:

```
[Serializable]
private class ArrayListEnumeratorSimple : IEnumerator, ICloneable
{
    //Methods
    internal ArrayListEnumeratorSimple(ArrayList list)
    {
          this.list = list;
          this.index = -1;
          this.version = list._version;
```

```
            this.currentElement = list;
        }
        public object Clone(){                    //实现略  }
        public virtual bool MoveNext(){           //实现略  }
        public virtual void Reset(){              //实现略  }
        public virtual object Current{            //实现略  }

        //Fields
        private object currentElement;
        private int index;
        private ArrayList list;
        private int version;
}
```

ArrayListEnumeratorSimple 实现了 IEnumerator 接口，且实现了 MoveNext()、Reset()、Current 等方法和属性，该类是一个私有类，其构造函数被 internal 修饰符限制，在构造函数中，传入的参数类型是 ArrayList，MoveNext()、Current、Reset()等操作通过构造函数所传递的 ArrayList 对象实现。

在此，IEnumerable 是抽象聚合类，IEnumerator 是抽象迭代器，ArrayList 是具体聚合类，ArrayListEnumeratorSimple 是具体迭代器。

在实际的 C# 应用开发中通常很少自定义迭代器，一般使用.NET Framework 内置的迭代器即可，下面的代码演示了如何使用.NET Framework 内置迭代器。

```
using System;
using System.Collections;

namespace IteratorSample
{
    class Program
    {
        static void Process(IEnumerable e)
        {
            IEnumerator i = e.GetEnumerator();       //创建迭代器对象

            while (i.MoveNext())
            {
                Console.WriteLine(i.Current.ToString());
            }
        }

        static void Main(string[] args)
        {
            IList persons;
            persons = new ArrayList();                   //创建一个 ArrayList 类型的聚合对象
            persons.Add("张无忌");
            persons.Add("小龙女");
            persons.Add("令狐冲");
            persons.Add("韦小宝");
            persons.Add("袁紫衣");
```

```
                persons.Add("小龙女");

                Process(persons);
                Console.Read();
            }
        }
    }
```

如上加粗代码所示，在静态方法 Process()中使用迭代器 IEnumerator 对 IEnumerable 对象进行处理。该代码的运行结果如下：

```
张无忌
小龙女
令狐冲
韦小宝
袁紫衣
小龙女
```

19.6 迭代器模式的优缺点与适用环境

迭代器模式是一种使用频率非常高的设计模式，通过引入迭代器可以将数据的遍历功能从聚合对象中分离出来，聚合对象只负责存储数据，而遍历数据由迭代器来完成。由于很多编程语言的类库都已经实现了迭代器模式，因此在实际开发中，直接使用 C＃、Java 等语言已经定义好的迭代器即可，迭代器已经成为操作聚合对象的基本工具之一。

19.6.1 迭代器模式的优点

迭代器模式的主要优点如下：

(1) 迭代器模式支持以不同的方式遍历一个聚合对象，在同一个聚合对象上可以定义多种遍历方式。在迭代器模式中，只需用一个不同的迭代器来替换原有迭代器即可改变遍历算法，也可以自己定义迭代器的子类以支持新的遍历方式。

(2) 迭代器模式简化了聚合类。由于引入了迭代器，在原有的聚合对象中不需要再自行提供数据遍历等方法，这样可以简化聚合类的设计。

(3) 在迭代器模式中，由于引入了抽象层，增加新的聚合类和迭代器类都很方便，无须修改原有代码，符合开闭原则。

19.6.2 迭代器模式的缺点

迭代器模式的主要缺点如下：

(1) 由于迭代器模式将存储数据和遍历数据的职责分离，在增加新的聚合类时需要对应地增加新的迭代器类，类的个数成对增加，这在一定程度上增加了系统的复杂性。

(2) 抽象迭代器的设计难度较大，需要充分考虑系统将来的扩展。在自定义迭代器时，创建一个考虑全面的抽象迭代器并不是一件很容易的事情。

19.6.3 迭代器模式的适用环境

在以下情况下可以考虑使用迭代器模式：

(1) 访问一个聚合对象的内容而无须暴露它的内部表示。将聚合对象的访问与内部数据的存储分离，使得访问聚合对象时无须了解其内部实现细节。

(2) 需要为一个聚合对象提供多种遍历方式。

(3) 为遍历不同的聚合结构提供一个统一的接口，在该接口的实现类中为不同的聚合结构提供不同的遍历方式，而客户端可以一致性地操作该接口。

19.7 本章小结

(1) 迭代器模式提供了一种方法顺序访问一个聚合对象中的各个元素，且不用暴露该对象的内部表示。迭代器模式是一种对象行为型模式。

(2) 迭代器模式包含抽象迭代器、具体迭代器、抽象聚合类和具体聚合类4个角色。其中，抽象迭代器定义了访问和遍历元素的接口，声明了用于遍历数据元素的方法；具体迭代器实现了抽象迭代器接口，完成对聚合对象的遍历；抽象聚合类用于存储和管理元素对象；具体聚合类是抽象聚合类的子类，实现了在抽象聚合类中声明的方法。

(3) 迭代器模式的主要优点包括支持以不同的方式遍历一个聚合对象，在同一个聚合对象上可以定义多种遍历方式；简化了聚合类；增加新的聚合类和迭代器类都很方便，无须修改原有代码，符合开闭原则。其主要缺点是在增加新的聚合类时需要对应增加新的迭代器类，类的个数成对增加，这在一定程度上增加了系统的复杂性；抽象迭代器的设计难度较大，需要充分考虑系统将来的扩展。

(4) 迭代器模式适用的环境：访问一个聚合对象的内容而无须暴露它的内部表示；需要为一个聚合对象提供多种遍历方式；为遍历不同的聚合结构提供一个统一的接口，在该接口的实现类中为不同的聚合结构提供不同的遍历方式，而客户端可以一致性地操作该接口。

(5) 除了使用关联关系外，为了能够让迭代器可以访问到聚合对象中的数据，还可以将迭代器类设计为聚合类的内部类。

(6) 在.NET Framework中内置了对迭代器模式的支持，提供了抽象的迭代器接口IEnumerator和枚举接口IEnumerable，通过使用.NET Framework内置的迭代器可以很方便地实现对常用集合对象的遍历操作。

19.8 习题

1. 迭代器模式用于处理具有(　　)性质的类。

A. 抽象　　B. 聚集　　C. 单例　　D. 共享

2. 以下关于迭代器模式的叙述错误的是(　　)。

A. 迭代器模式提供了一种方法来访问聚合对象，而无须暴露这个对象的内部表示

B. 迭代器模式支持以不同的方式遍历一个聚合对象

C. 迭代器模式定义了一个访问聚合元素的接口，并且可以跟踪当前遍历的元素，了解哪些元素已经遍历过而哪些没有

D. 在抽象聚合类中定义了访问和遍历元素的方法并在具体聚合类中实现这些方法

3. 在迭代器模式中，将数据存储与数据遍历分离，数据存储由聚合类负责，数据遍历由迭代器负责，这种设计方案是(　　)的具体应用。

A. 依赖倒转原则　　B. 接口隔离原则

C. 单一职责原则　　D. 合成复用原则

4. 电视机遥控器是一个迭代器的现实应用，通过它可以实现对电视频道集合的遍历操作，可以将电视机看成一个存储频道的聚合对象，试模拟电视机遥控器的实现，要求绘制相应的类图并使用C#语言编程模拟实现。

5. 扩展.NET中的ArrayList类，自定义一个ReverseArrayList类，要求实现逆向遍历这个类的内部元素。

6. 在某教务管理系统中，一个班级(Class)包含多个学生(Student)，试使用C#内置迭代器实现对学生信息的遍历，要求按学生年龄由大到小的顺序输出学生信息。

7. 设计一个逐页迭代器，用于实现每次返回指定个数(一页)的元素，从而对数据进行分页处理。

第20章

中介者模式

本章导学

对于对象之间存在复杂交互关系的系统，中介者模式提供了一种简化复杂交互的解决方案，它通过引入中介者，将原本对象之间的两两交互转化为每个对象与中介者之间的交互，中介者可以对对象之间的通信进行控制与协调，降低了原有系统的耦合度，使得系统更加灵活，也更易于扩展。

本章将学习中介者模式的定义与结构，理解为何以及如何引入中介者角色，学会编程实现中介者模式以及理解如何通过中介者模式来简化对象之间的复杂交互关系。

本章知识点

- 中介者模式的定义。
- 中介者模式的结构。
- 中介者模式的实现。
- 中介者模式的应用。
- 中介者模式的优缺点。
- 中介者模式的适用环境。

20.1 中介者模式概述

在 QQ 聊天中存在两种聊天方式：第一种是用户与用户直接聊天，第二种是通过 QQ 群聊天，如图 20-1 所示。如果使用图 20-1(a)所示方式，一个用户要与其他用户聊天或发送文件，通常需要加其他用户为好友，用户与用户之间存在多对多的联系，这将导致系统中用户之间的关系非常复杂，一个用户如果将相同的信息或文件发送给其他所有用户，必须一个一个地发送，于是 QQ 群产生了，如图 20-1(b)所示。如果使用 QQ 群，一个用户可以向多个用户发送相同的信息和文件而无须一一发送，只需将信息或文件发送到群中或上传为群共享文件即可，群的作用就是将发送者所发送的信息和文件转发给每一个接收者。通过引入群的机制，将极大地减少系统中用户之间的两两通信，用户与用户之间的联系可以通过群来实现。

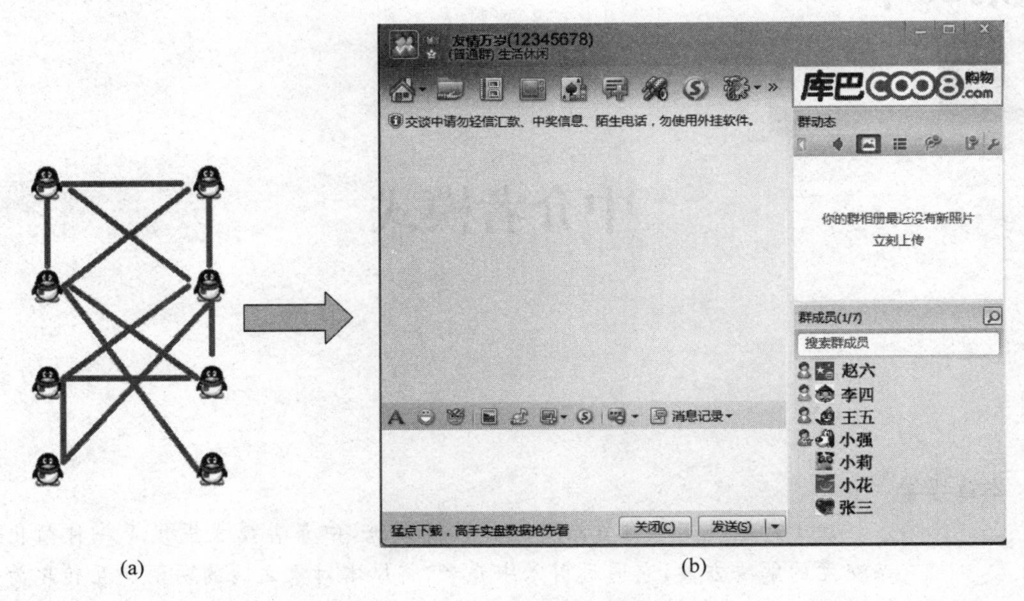

图 20-1　QQ 聊天示意图

在软件系统中，某些类/对象之间的相互调用关系错综复杂，类似 QQ 用户之间的关系，此时，特别需要一个类似“QQ 群”一样的中间类来协调这些类/对象之间的复杂关系，以降低系统的耦合度。中介者模式为此而“诞生”，它通过在系统中增加中介者对象来降低原有类/对象之间的复杂引用关系。

下面对中介者模式的模式动机做进一步说明：

如果在一个系统中对象之间的联系呈现为网状结构，如图 20-2 所示，对象之间存在着大量的多对多联系，将导致系统非常复杂，这些对象既会影响其他对象，也会被其他对象所影响，这些对象被称为同事对象，它们之间通过彼此的相互作用实现系统的行为。在网状结构中，几乎每个对象都需要与其他对象发生相互作用，而这种相互作用表现为一个对象与另外一个对象的直接耦合，这将导致一个过度耦合的系统。

中介者模式可以使对象之间的关系数量急剧减少，通过引入中介者对象，可以将系统的网状结构变成以中介者为中心的星形结构，如图 20-3 所示。在这个星形结构中，同事对象不再直接与另一个对象联系，它通过中介者对象与另一个对象发生相互作用。中介者对象的存在保证了对象结构上的稳定，也就是说，系统的结构不会因为新对象的引入带来大量的修改工作。

如果在一个系统中对象之间存在着多对多的相互关系，可以将对象之间的一些交互行为从各个对象中分离出来，集中封装在一个中介者对象中，并由该中介者进行统一协调，这样对象之间多对多的复杂关系就转化为相对简单的一对多关系。

中介者模式的定义如下：

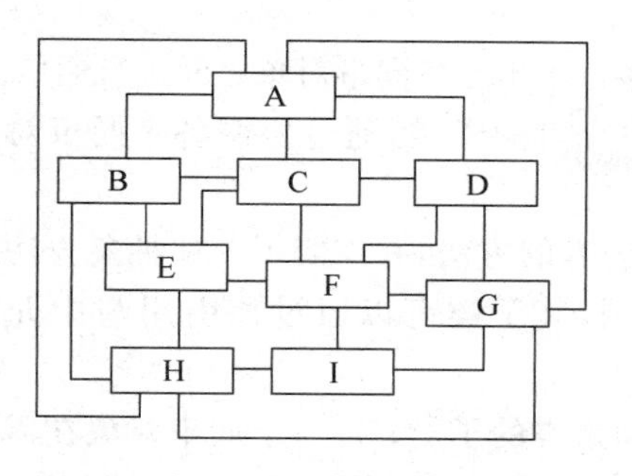

图 20-2　对象之间存在复杂关系的网状结构

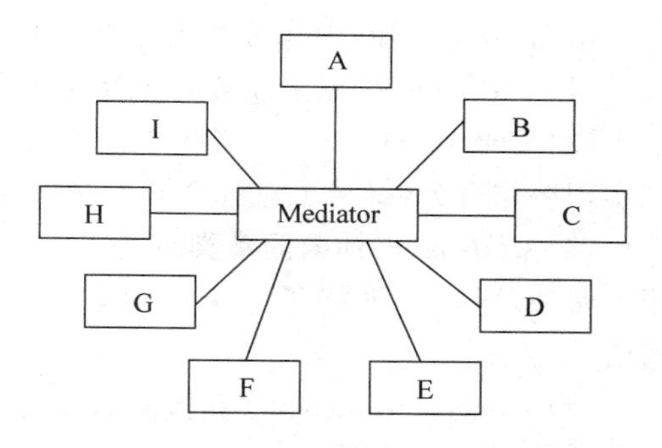

图 20-3　引入中介者对象的星形结构

> **中介者模式**：定义一个对象来封装一系列对象的交互。中介者模式使各对象之间不需要显式地相互引用，从而使其耦合松散，而且让你可以独立地改变它们之间的交互。
>
> **Mediator Pattern**: Define an object that encapsulates how a set of objects interact. Mediator promotes loose coupling by keeping objects from referring to each other explicitly, and it lets you vary their interaction independently.

中介者模式又称为调停者模式，它是一种对象行为型模式。在中介者模式中，通过引入中介者来简化对象之间的复杂交互，中介者模式是迪米特法则的一个典型应用。

20.2　中介者模式的结构与实现

20.2.1　中介者模式的结构

在中介者模式中，引入了用于协调其他对象/类之间相互调用的中介者类，为了让系统具有更好的灵活性和可扩展性，通常还提供了抽象中介者，其结构如图 20-4 所示。

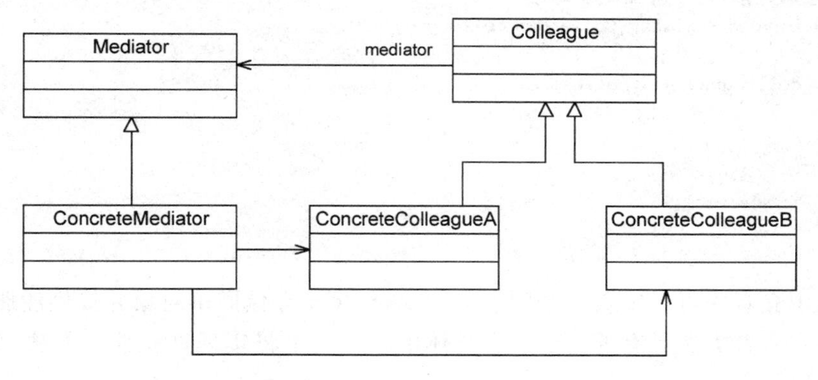

图 20-4　中介者模式结构图

由图 20-4 可知,中介者模式包含以下 4 个角色。

(1) **Mediator(抽象中介者)**:它定义一个接口,该接口用于与各同事对象之间进行通信。

(2) **ConcreteMediator(具体中介者)**:它是抽象中介者的子类,通过协调各个同事对象来实现协作行为,维持了对各个同事对象的引用。

(3) **Colleague(抽象同事类)**:它定义各个同事类公有的方法,并声明了一些抽象方法供子类实现,同时它维持了一个对抽象中介者类的引用,其子类可以通过该引用与中介者通信。

(4) **ConcreteColleague(具体同事类)**:它是抽象同事类的子类;每一个同事对象在需要和其他同事对象通信时,先与中介者通信,通过中介者来间接完成与其他同事类的通信;在具体同事类中实现了在抽象同事类中声明的抽象方法。

20.2.2 中介者模式的实现

中介者模式的核心在于中介者类的引入,在中介者模式中,中介者类承担了两个方面的职责。

(1) 中转作用(结构性):通过中介者提供的中转作用,各个同事对象不再需要显式地引用其他同事,当需要和其他同事进行通信时,可通过中介者来实现间接调用。该中转作用属于中介者在结构上的支持。

(2) 协调作用(行为性):中介者可以更进一步对同事之间的关系进行封装,同事可以一致地和中介者进行交互,而不需要指明中介者需要具体怎么做,中介者根据封装在自身内部的协调逻辑对同事的请求进行进一步处理,将同事成员之间的关系行为进行分离和封装。该协调作用属于中介者在行为上的支持。

在中介者模式中,典型的抽象中介者类代码如下:

```
using System.Collections.Generic;

abstract class Mediator
{
    protected List<Colleague> colleagues = new List<Colleague>(); //用于存储同事对象

    //注册方法,用于增加同事对象
    public void Register(Colleague colleague)
    {
        colleagues.Add(colleague);
    }

    //声明抽象的业务方法
    public abstract void Operation();
}
```

在抽象中介者中可以定义一个同事类的集合,用于存储同事对象并提供注册方法,同时声明了具体中介者类所具有的方法。在具体中介者类中将实现这些抽象方法,典型的具体中介者类代码如下:

```
class ConcreteMediator : Mediator
{
    //实现业务方法,封装同事之间的调用
    public override void Operation()
    {
        …
        ((Colleague)(colleagues[0])).Method1();    //通过中介者调用同事类的方法
        …
    }
}
```

在具体中介者类中将调用同事类的方法,调用时可以增加一些自己的业务代码对调用进行控制。

在抽象同事类中维持了一个抽象中介者的引用,用于调用中介者的方法。典型的抽象同事类代码如下:

```
abstract class Colleague
{
    protected Mediator mediator;            //维持一个抽象中介者的引用

    public Colleague(Mediator mediator)
    {
        this.mediator = mediator;
    }

    public abstract void Method1();         //声明自身方法,处理自己的行为

    //定义依赖方法,与中介者进行通信
    public void Method2()
    {
        mediator.Operation();
    }
}
```

在抽象同事类中声明了同事类的抽象方法,在具体同事类中将实现这些方法。典型的具体同事类代码如下:

```
class ConcreteColleague : Colleague
{
    public ConcreteColleague(Mediator mediator)
        : base(mediator)
    {
    }

    //实现自身方法
    public override void Method1()
    {
        …
    }
}
```

在具体同事类 ConcreteColleague 中实现了在抽象同事类中声明的方法，其中，方法 Method1()是同事类的自身方法(Self-Method)，用于处理自己的行为，而方法 Method2()是依赖方法(Depend-Method)，用于调用在中介者中定义的方法，依赖中介者完成相应的行为，例如调用另一个同事类的相关方法。

20.3 中介者模式的应用实例

下面通过一个应用实例来进一步学习和理解中介者模式。

1. 实例说明

某软件公司要开发一套 CRM 系统，其中包含一个客户信息管理模块，所设计的"客户信息管理窗口"界面效果图如图 20-5 所示。

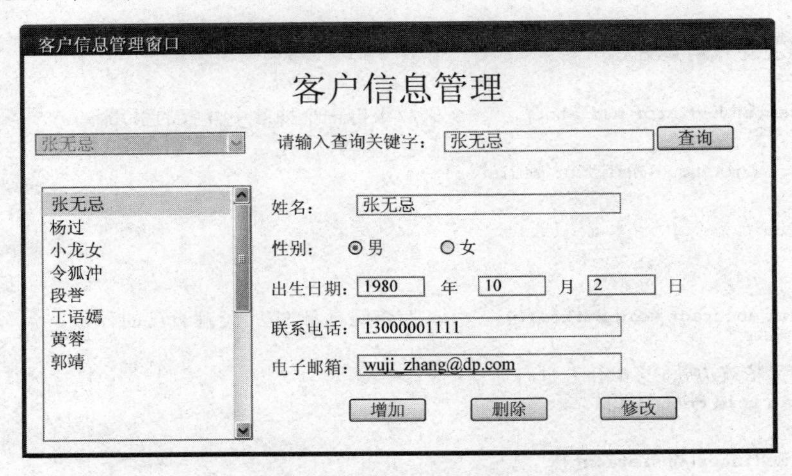

图 20-5 "客户信息管理窗口"界面效果图

通过分析发现，在图 20-5 中，界面组件之间存在着较为复杂的交互关系：如果删除一个客户，将从客户列表(List)中删掉对应的项，客户选择组合框(ComboBox)中的客户名称也将减少一个；如果增加一个客户信息，则客户列表中将增加一个客户，且组合框中也将增加一项。

为了更好地处理界面组件之间的交互，现使用中介者模式设计该系统。

2. 实例类图

为了协调界面组件对象之间的复杂交互关系，可引入一个中介者类，其结构如图 20-6 所示。

图 20-6 只是一个结构示意图，在具体实现时，为了确保系统具有更好的灵活性和可扩展性，需要定义抽象中介者和抽象组件类，其中，抽象组件类是所有具体组件类的公共父类，

完整类图如图 20-7 所示。

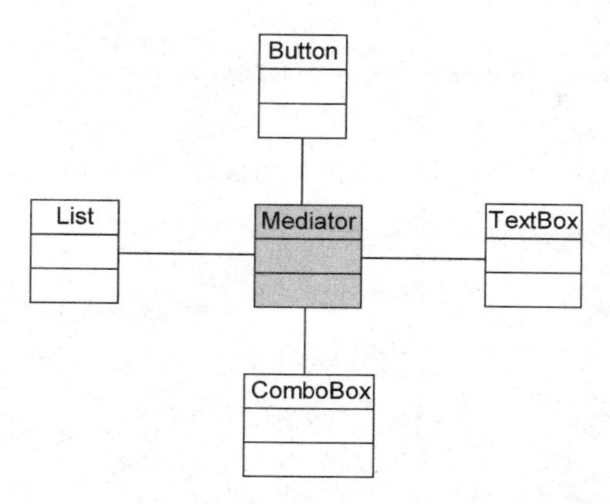

图 20-6　引入中介者类的“客户信息管理窗口”结构示意图

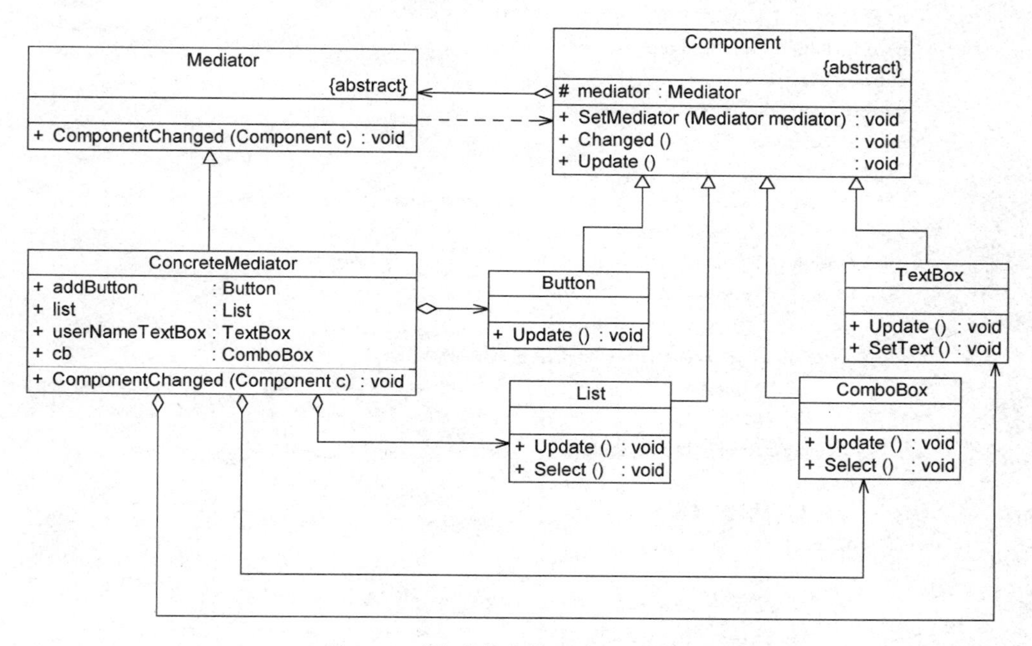

图 20-7　“客户信息管理窗口”结构图

在图 20-7 中，Component 充当抽象同事类，Button、List、ComboBox 和 TextBox 充当具体同事类，Mediator 充当抽象中介者类，ConcreteMediator 充当具体中介者类，ConcreteMediator 维持了对具体同事类的引用，为了简化 ConcreteMediator 类的代码，在其中只定义了一个 Button 对象和一个 TextBox 对象。

3. 实例代码

(1) Mediator：抽象中介者类。

```
//Mediator.cs
namespace MediatorSample
{
```

```
    abstract class Mediator
    {
        public abstract void ComponentChanged(Component c);
    }
}
```

(2) ConcreteMediator：具体中介者类。

```
//ConcreteMediator.cs
using System;

namespace MediatorSample
{
    class ConcreteMediator : Mediator
    {
        //维持对各个同事对象的引用
        public Button addButton;
        public List list;
        public TextBox userNameTextBox;
        public ComboBox cb;
        //封装同事对象之间的交互
        public override void ComponentChanged(Component c)
        {
            //单击按钮
            if (c == addButton)
            {
                Console.WriteLine("--单击增加按钮--");
                list.Update();
                cb.Update();
                userNameTextBox.Update();
            }
            //从列表框选择客户
            else if (c == list)
            {
                Console.WriteLine("--从列表框选择客户--");
                cb.Select();
                userNameTextBox.SetText();
            }
            //从组合框选择客户
            else if (c == cb)
            {
                Console.WriteLine("--从组合框选择客户--");
                cb.Select();
                userNameTextBox.SetText();
            }
        }
    }
}
```

(3) Component：抽象组件类，充当抽象同事类。

```
//Component.cs
namespace MediatorSample
{
    abstract class Component
    {
        protected Mediator mediator;

        public void SetMediator(Mediator mediator)
        {
            this.mediator = mediator;
        }

        //转发调用
        public void Changed()
        {
            mediator.ComponentChanged(this);
        }

        public abstract void Update();
    }
}
```

(4) Button：按钮类，充当具体同事类。

```
//Button.cs
namespace MediatorSample
{
    class Button : Component
    {
        public override void Update()
        {
            //按钮不产生响应
        }
    }
}
```

(5) List：列表框类，充当具体同事类。

```
//List.cs
using System;

namespace MediatorSample
{
    class List : Component
    {
        public override void Update()
        {
            Console.WriteLine("列表框增加一项：张无忌。");
        }
```

```
        public void Select()
        {
            Console.WriteLine("列表框选中项：小龙女。");
        }
    }
}
```

(6) ComboBox：组合框类，充当具体同事类。

```
//ComboBox.cs
using System;

namespace MediatorSample
{
    class ComboBox : Component
    {
        public override void Update()
        {
            Console.WriteLine("组合框增加一项：张无忌。");
        }

        public void Select()
        {
            Console.WriteLine("组合框选中项：小龙女。");
        }
    }
}
```

(7) TextBox：文本框类，充当具体同事类。

```
//TextBox.cs
using System;

namespace MediatorSample
{
    class TextBox : Component
    {
        public override void Update()
        {
            Console.WriteLine("客户信息增加成功后文本框清空。");
        }

        public void SetText()
        {
            Console.WriteLine("文本框显示：小龙女。");
        }
    }
}
```

(8) Program：客户端测试类。

```
//Program.cs
using System;

namespace MediatorSample
{
    class Program
    {
        static void Main(string[] args)
        {
            //定义中介者对象
            ConcreteMediator mediator;
            mediator = new ConcreteMediator();

            //定义同事对象
            Button addBT = new Button();
            List list = new List();
            ComboBox cb = new ComboBox();
            TextBox userNameTB = new TextBox();

            addBT.SetMediator(mediator);
            list.SetMediator(mediator);
            cb.SetMediator(mediator);
            userNameTB.SetMediator(mediator);

            mediator.addButton = addBT;
            mediator.list = list;
            mediator.cb = cb;
            mediator.userNameTextBox = userNameTB;

            addBT.Changed();
            Console.WriteLine("------------------------------");
            list.Changed();

            Console.Read();
        }
    }
}
```

4. 结果及分析

编译并运行程序,输出结果如下：

```
--单击增加按钮--
列表框增加一项：张无忌。
组合框增加一项：张无忌。
客户信息增加成功后文本框清空。
------------------------------
--从列表框选择客户--
组合框选中项：小龙女。
文本框显示：小龙女。
```

在引入中介者后，同事之间的复杂交互由中介者间接实现，当某个组件类的 Changed()方法被调用时，中介者的 ComponentChanged()方法将被调用，在中介者的 ComponentChanged()方法中再逐个调用与该组件有交互的其他组件的相关方法。如果某个组件类需要与新的组件进行交互，无须修改已有组件类的源代码，只需修改中介者或者对现有中介者进行扩展即可，系统具有更好的灵活性和可扩展性。

20.4 扩展中介者与同事类

本节将对 20.3 节中的“客户信息管理窗口”进行改进，在窗口的下端能够及时显示当前系统中客户信息的总数，如图 20-8 所示。

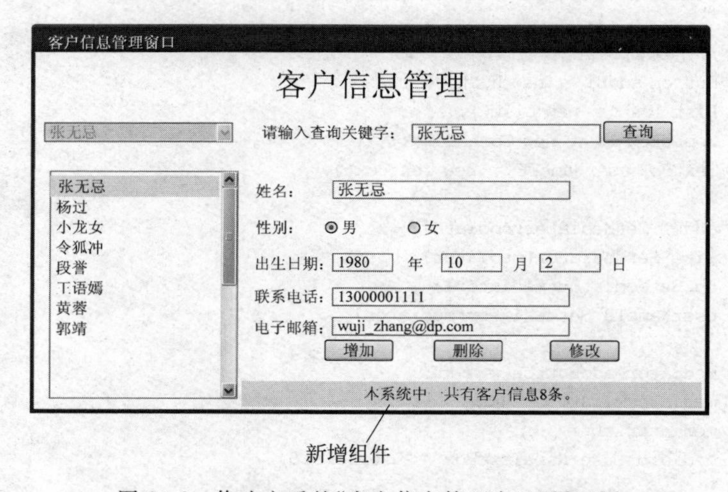

图 20-8 修改之后的“客户信息管理窗口”界面图

从图 20-8 中不难发现，可以通过增加一个文本标签(Label)来显示客户信息总数，而且当用户单击“增加”按钮或者“删除”按钮时，将改变文本标签的内容。

由于使用了中介者模式，在原有系统中增加新的组件(即新的同事类)将变得很容易，至少有以下两种解决方案。

方案(1)：增加一个界面组件类 Label，修改原有具体中介者类 ConcreteMediator，增加一个对 Label 对象的引用，然后修改 ComponentChanged()方法中其他相关组件对象的业务处理代码，原有组件类无须任何修改，客户端代码需针对新增组件 Label 进行适当修改。

方案(2)：与方案(1)类似，首先增加一个 Label 类，但不修改原有具体中介者类 ConcreteMediator 的代码，而是增加一个 ConcreteMediator 的子类 SubConcreteMediator 来实现对 Label 对象的引用，然后在新增的中介者类 SubConcreteMediator 中通过覆盖 ComponentChanged()方法实现所有组件(包括新增组件 Label)之间的交互，同样，原有组件类无须做任何修改，客户端代码需少许修改。

引入 Label 之后的“客户信息管理窗口”类结构示意图如图 20-9 所示。

由于方案(2)无须修改 ConcreteMediator 类，更符合开闭原则，因此选择方案(2)对新增 Label 类进行处理，对应的完整类图如图 20-10 所示。

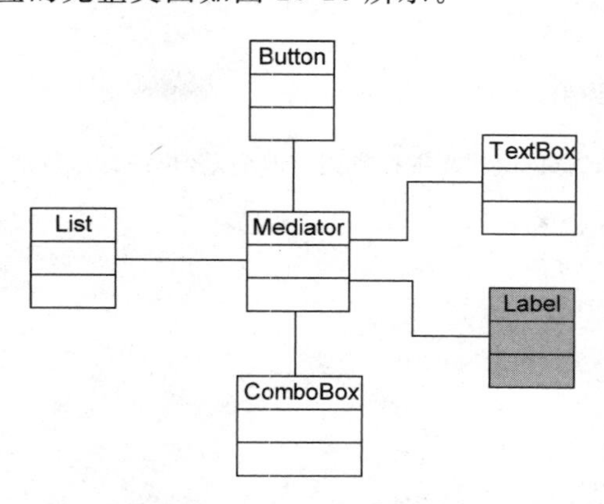

图 20-9　增加 Label 组件类后的"客户信息管理窗口"结构示意图

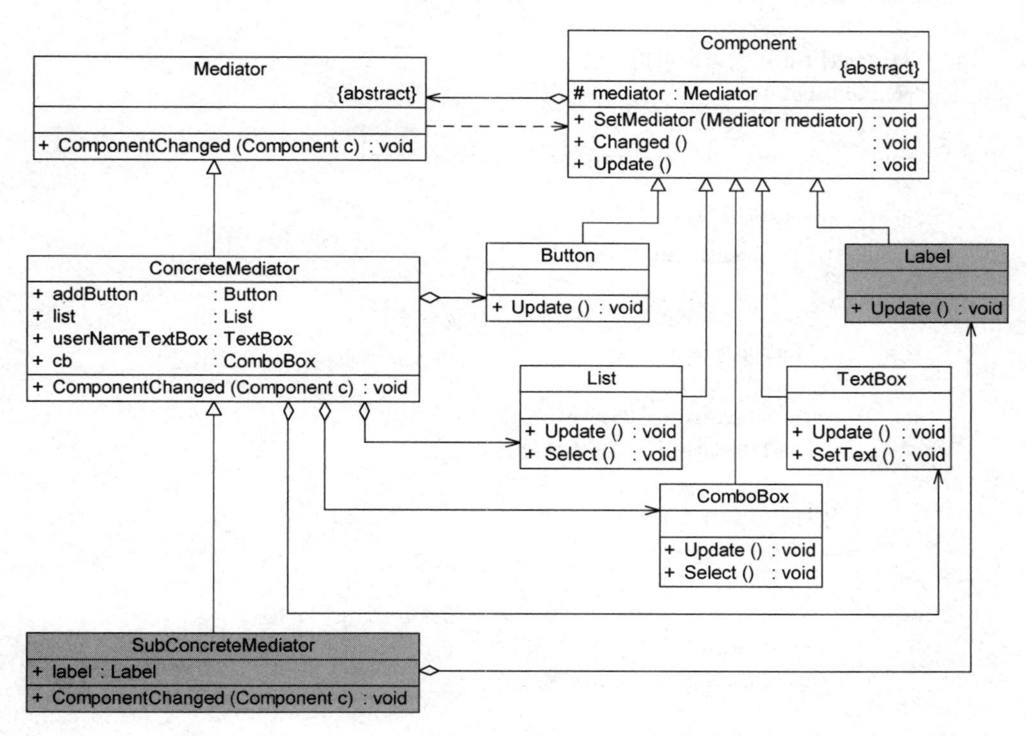

图 20-10　修改之后的"客户信息管理窗口"结构图

在图 20-10 中新增了具体同事类 Label 和具体中介者类 SubConcreteMediator，代码如下：

```
//Label.cs  文本标签类，充当具体同事类
using System;

namespace MediatorSample
{
```

```
    class Label : Component
    {
        public override void Update()
        {
            Console.WriteLine("文本标签内容改变,客户信息总数加1。");
        }
    }
}

//SubConcreteMediator.cs  新增具体中介者类
using System;

namespace MediatorSample
{
    class SubConcreteMediator : ConcreteMediator
    {
        //增加对Label对象的引用
        public Label label;

        public override void ComponentChanged(Component c)
        {
            //单击按钮
            if (c == addButton)
            {
                Console.WriteLine("--单击增加按钮--");
                list.Update();
                cb.Update();
                userNameTextBox.Update();
                label.Update(); //文本标签更新
            }
            //从列表框选择客户
            else if (c == list)
            {
                Console.WriteLine("--从列表框选择客户--");
                cb.Select();
                userNameTextBox.SetText();
            }
            //从组合框选择客户
            else if (c == cb)
            {
                Console.WriteLine("--从组合框选择客户--");
                cb.Select();
                userNameTextBox.SetText();
            }
        }
    }
}
```

修改客户端测试代码如下：

```
//Program.cs
using System;

namespace MediatorSample
{
    class Program
    {
        static void Main(string[] args)
        {
            //用新增具体中介者定义中介者对象
            SubConcreteMediator mediator;
            mediator = new SubConcreteMediator();

            Button addBT = new Button();
            List list = new List();
            ComboBox cb = new ComboBox();
            TextBox userNameTB = new TextBox();
            Label label = new Label();

            addBT.SetMediator(mediator);
            list.SetMediator(mediator);
            cb.SetMediator(mediator);
            userNameTB.SetMediator(mediator);
            label.SetMediator(mediator);

            mediator.addButton = addBT;
            mediator.list = list;
            mediator.cb = cb;
            mediator.userNameTextBox = userNameTB;
            mediator.label = label;

            addBT.Changed();
            Console.WriteLine("-------------------------------");
            list.Changed();

            Console.Read();
        }
    }
}
```

编译并运行程序，输出结果如下：

```
--单击增加按钮--
列表框增加一项：张无忌。
组合框增加一项：张无忌。
客户信息增加成功后文本框清空。
文本标签内容改变，客户信息总数加1。
-------------------------------
--从列表框选择客户--
组合框选中项：小龙女。
文本框显示：小龙女。
```

由于在本实例中不同的组件类(即不同的同事类)拥有的方法并不完全相同,因此,中介者类没有针对抽象同事类编程,导致在具体中介者类中需要维持对具体同事类的引用,客户端代码无法完全透明地对待所有同事类和中介者类。在某些情况下,如果设计得当,可以在客户端透明地对同事类和中介者类编程,这样系统将具有更好的灵活性和可扩展性。

在中介者模式的实际使用过程中,如果需要引入新的具体同事类,只需继承抽象同事类并实现其中的方法即可,由于具体同事类之间并无直接的引用关系,因此原有所有同事类无须进行任何修改,它们与新增同事对象之间的交互可以通过修改或者增加具体中介者类来实现;如果需要在原有系统中增加新的具体中介者类,只需继承抽象中介者类(或已有的具体中介者类)并覆盖其中定义的方法即可,在新的具体中介者中可以通过不同的方式来处理对象之间的交互,也可以增加对新增同事的引用和调用。在客户端中只需修改少许代码(如果引入配置文件可以不用修改任何代码)就可以实现中介者类的更换。

20.5 中介者模式的优缺点与适用环境

中介者模式将一个网状的系统结构变成一个以中介者对象为中心的星形结构,在这个星形结构中,使用中介者对象与其他对象的一对多关系来取代原有对象之间的多对多关系。中介者模式在事件驱动类软件中的应用较为广泛,特别是基于 GUI(Graphical User Interface,图形用户界面)的应用软件,此外,在类与类之间存在错综复杂的关联关系的系统中,中介者模式也得到了较好的应用。

20.5.1 中介者模式的优点

中介者模式的主要优点如下:

(1) 中介者模式简化了对象之间的交互,它用中介者和同事的一对多交互代替了原来同事之间的多对多交互,一对多关系更容易理解、维护和扩展,将原本难以理解的网状结构转换成相对简单的星形结构。

(2) 可将各同事对象解耦,中介者模式有利于各同事之间的松耦合,可以独立地改变和复用每一个同事和中介者,增加新的中介者类和新的同事类都比较方便,更好地符合开闭原则。

(3) 可以减少子类的生成,中介者模式将原本分布于多个对象间的行为集中在一起,改变这些行为只需生成新的中介者子类即可,这使得各个同事类可被重用,无须直接对同事类进行扩展。

20.5.2 中介者模式的缺点

中介者模式的主要缺点如下:

在具体中介者类中包含了大量的同事之间的交互细节,可能会导致具体中介者类非常复杂,使得系统难以维护。

20.5.3 中介者模式的适用环境

在以下情况下可以考虑使用中介者模式:

(1) 系统中对象之间存在着复杂的引用关系,系统结构混乱且难以理解。

(2) 一个对象由于引用了其他很多对象并且直接和这些对象通信,导致难以复用该对象。

(3) 用户想通过一个中间类来封装多个类中的行为,又不想生成太多的子类,此时可以通过引入中介者类来实现,在中介者中定义对象交互的公共行为,如果需要改变行为则可以增加新的具体中介者类。

20.6 本章小结

(1) 中介者模式通过定义一个对象来封装一系列对象的交互。中介者模式使各对象之间不需要显式地相互引用,从而使其耦合松散,而且让你可以独立地改变它们之间的交互。

(2) 中介者模式包含抽象中介者、具体中介者、抽象同事类和具体同事类4个角色。其中,抽象中介者定义一个接口,该接口用于和各同事对象之间进行通信;具体中介者是抽象中介者的子类,通过协调各个同事对象来实现协作行为,它维持了对各个同事对象的引用;抽象同事类定义各个同事类公有的方法,并声明了一些抽象方法供子类实现;具体同事类是抽象同事类的子类,每一个同事对象在需要和其他同事对象通信时,先与中介者通信,通过中介者间接完成与其他同事类的通信。

(3) 中介者模式的主要优点包括它简化了对象之间的交互,可将各同事对象解耦,还可以减少子类的生成。其主要缺点是在具体中介者类中包含了大量的同事之间的交互细节,可能会导致具体中介者类非常复杂,使得系统难以维护。

(4) 中介者模式适用的环境:系统中对象之间存在复杂的引用关系,系统结构混乱且难以理解;一个对象由于引用了其他很多对象并且直接和这些对象通信,导致难以复用该对象;用户想通过一个中间类来封装多个类中的行为,又不想生成太多的子类。

(5) 在中介者模式中,中介者类承担了中转和协调双重职责。

20.7 习题

1. 在图形界面系统开发中,如果界面组件之间存在着较为复杂的相互调用关系,为了降低界面组件之间的耦合度,让它们不产生直接的相互引用,可以使用(　　)模式。

A. 组合(Composite)　　B. 适配器(Adapter)

C. 中介者(Mediator)　　D. 状态(State)

2. 在中介者模式中通过中介者将同事类解耦,这是(　　)的具体应用。

A. 迪米特法则　　B. 接口隔离原则

C. 里氏代换原则　　D. 合成复用原则

3. 以下关于中介者模式的叙述错误的是(　　)。

A. 中介者模式用一个中介对象来封装一系列的对象交互

B. 中介者模式与观察者模式均可用于降低系统的耦合度,中介者模式用于处理对象之间一对多的调用关系,而观察者模式用于处理多对多的调用关系

C. 中介者模式简化了对象之间的交互,将原本难以理解的网状结构转换成相对简

单的星形结构

D. 中介者将原本分布于多个对象间的行为集中在一起，改变这些行为只需生成新的中介者子类即可，这使得各个同事类可被重用

4. 使用中介者模式来说明联合国的作用，要求绘制相应的类图并分析每个类的作用（可以将联合国定义为抽象中介者类，联合国下属机构如WTO、WHO等作为具体中介者类，国家作为抽象同事类，而将中国、美国等国家作为具体同事类）。

5. 某软件公司要开发一套图形界面类库。该类库需要包含若干预定义的窗格（Pane）对象，例如TextPane、ListPane、GraphicPane等，窗格之间不允许直接引用。基于该类库的应用由一个包含一组窗格的窗口（Window）组成，窗口需要协调窗格之间的行为。试采用中介者模式设计该系统，要求绘制相应的类图并使用C#语言编程模拟实现。

6. 如图20-11所示的温度转换器程序，该程序在同一个界面上显示华氏温度（Fahrenheit）和摄氏温度（Celsius）。用户可以通过“升高”、“降低”按钮或右边的温度调节条来调节温度，也可以直接通过文本框来设置温度，摄氏温度和华氏温度将同时改变，且温度调节条也将一起被调节。使用中介者模式设计该系统，绘制类图并使用C#语言编程模拟实现。

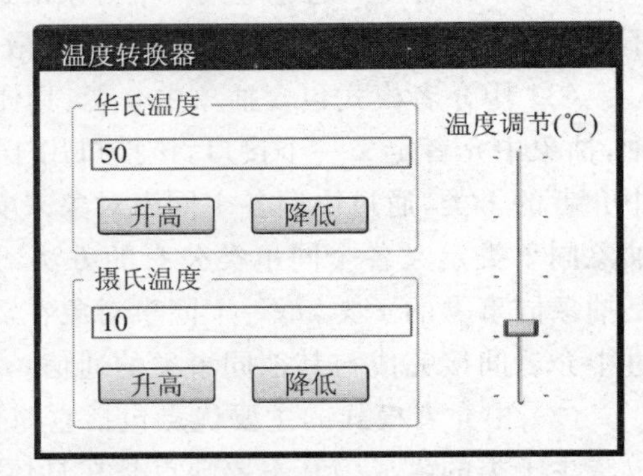

图20-11　温度转换器界面效果图

第21章

备忘录模式

本章导学

备忘录模式是软件系统的“月光宝盒”，它提供了一种对象状态的撤销实现机制，当系统中的某个对象需要恢复到某一历史状态时可以使用备忘录模式进行设计。

本章主要学习备忘录模式的定义与结构，学习如何使用 C# 语言实现备忘录模式，还将通过实例学习如何在软件项目中使用备忘录模式。

本章知识点

- 备忘录模式的定义。
- 备忘录模式的结构。
- 备忘录模式的实现。
- 备忘录模式的应用。
- 备忘录模式的优缺点。
- 备忘录模式的适用环境。
- 实现多次撤销。

21.1 备忘录模式概述

在使用软件的过程中大家难免会出现一些误操作，例如不小心删除了某些文字或图片，为了使软件更加人性化，对于这些误操作，需要提供一种类似“后悔药”的机制，让软件系统可以回到误操作前的状态，因此需要保存用户每一次操作时系统的状态，一旦出现误操作，把存储的历史状态取出即可回到之前的状态。现在大多数软件都有撤销(Undo)的功能，快捷键一般是 Ctrl+Z，目的是为了解决这个后悔的问题。

备忘录模式正为解决此类撤销问题而“诞生”，它为软件提供了“后悔药”，通过使用备忘录模式可以让系统恢复到某一特定的历史状态。在实现撤销时，必须首先保存软件系统的历史状态，当用户需要取消错误操作并且返回到某个历史状态时，可以取出事先保存的历史状态来覆盖当前状态，如图 21-1 所示。

备忘录模式提供了一种状态恢复的实现机制，使得用户可以方便地回到一个特定的历史步骤，当新的状态无效或者存在问题时，可以使用暂时存储起来的备忘录将状态复原，当前在很多软件所提供的撤销(Undo)操作中就使用了备忘录模式。

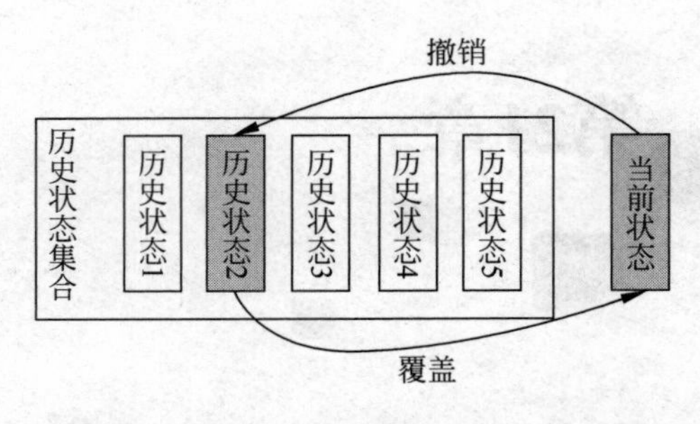

图 21-1　备忘录模式实现撤销操作示意图

备忘录模式的定义如下：

> **备忘录模式**：在不破坏封装的前提下，捕获一个对象的内部状态，并在该对象之外保存这个状态，这样就可以在以后将对象恢复到原先保存的状态。
>
> **Memento Pattern**: Without violating encapsulation, capture and externalize an object's internal state so that the object can be restored to this state later.

备忘录模式是一种对象行为型模式，其别名为标记(Token)模式。

21.2 备忘录模式的结构与实现

21.2.1 备忘录模式的结构

备忘录模式的核心是备忘录类(Memento)以及用于管理备忘录的负责人类(Caretaker)的设计，其结构如图 21-2 所示。

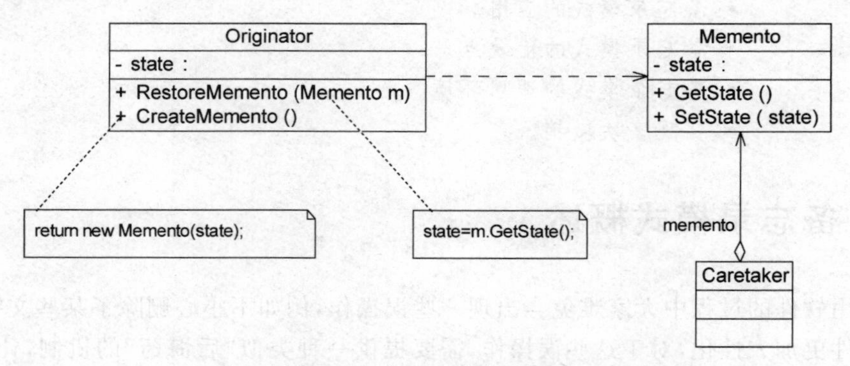

图 21-2　备忘录模式结构图

由图 21-2 可知，备忘录模式包含以下 3 个角色。

(1) **Originator(原发器)**：原发器是一个普通类，它通过创建一个备忘录来存储当前内部状态，也可以使用备忘录来恢复其内部状态，一般将系统中需要保存内部状态的类设计为原发器。

(2) **Memento(备忘录)**：备忘录用于存储原发器的内部状态，根据原发器来决定保存哪些内部状态。备忘录的设计一般可以参考原发器的设计，根据实际需要确定备忘录类中的属性。用户需要注意的是，除了原发器本身与负责人类之外，备忘录对象不能直接供其他类使用，原发器的设计在不同的编程语言中实现机制会有所不同。

(3) **Caretaker(负责人)**：负责人又称为管理者，它负责保存备忘录，但是不能对备忘录的内容进行操作或检查。在负责人类中可以存储一个或多个备忘录对象，它只负责存储对象，不能修改对象，也无须知道对象的实现细节。

21.2.2　备忘录模式的实现

备忘录模式的关键在于如何设计备忘录类和负责人类。由于在备忘录中存储的是原发器的中间状态，因此需要防止原发器以外的其他对象访问备忘录，特别是不允许其他对象来修改备忘录。

下面通过简单的示例代码来说明如何使用C#语言实现备忘录模式。

在使用备忘录模式时，首先应该存在一个原发器类Originator，在真实业务中，原发器类是一个具体的业务类，它包含一些用于存储成员数据的属性。其典型代码如下：

```
namespace MementoSample
{
    public class Originator
    {
        private string state;

        public Originator(string state)
        {
            this.state = state;
        }

        //创建一个备忘录对象
        internal Memento CreateMemento()
        {
            return new Memento(this);
        }

        //根据备忘录对象恢复原发器状态
        internal void RestoreMemento(Memento m)
        {
            state = m.GetState();
        }

        public void SetState(string state)
        {
            this.state = state;
        }

        public string GetState()
        {
            return this.state;
        }
    }
}
```

对于备忘录类 Memento 而言，它通常提供了与原发器相同的属性(可以是全部，也可以是部分)用于存储原发器的状态。典型的备忘录类代码如下：

```
namespace MementoSample
{
    //备忘录类,默认可见性,在程序集内可见
    internal class Memento
    {
        private string state;

        internal Memento(Originator o)
        {
            state = o.GetState();
        }

        internal void SetState(string state)
        {
            this.state = state;
        }

        internal string GetState()
        {
            return this.state;
        }
    }
}
```

在设计备忘录类时用户需要考虑封装性，除了 Originator 类，不允许其他类来调用备忘录类 Memento 的构造函数与相关方法。如果不考虑封装性，允许其他类调用 SetState()等方法，将导致在备忘录中保存的历史状态发生改变，通过撤销操作所恢复的状态就不再是真实的历史状态，备忘录模式也就失去了本身的意义。

为了实现对备忘录对象的封装，需要对备忘录的调用进行控制，对于原发器而言，它可以调用备忘录的所有信息，允许原发器访问返回到先前状态所需的所有数据；对于负责人而言，只负责备忘录的保存并将备忘录传递给其他对象；对于其他对象而言，只需要从负责人处取出备忘录对象并将原发器对象的状态恢复，而无须关心备忘录的保存细节。理想的情况是只允许生成该备忘录的原发器访问备忘录的内部状态。

在使用 C#语言实现备忘录模式时，一般通过将 Memento 类与 Originator 类定义在同一个程序集(Assembly)中来实现封装，在 C#语言中可以使用访问标识符 internal 来定义 Memento 类，即保证其在程序集内可见。只有 Originator 类可以对 Memento 进行访问，而限制了其他类对 Memento 的访问。在 Memento 中保存了 Originator 的 state 值，如果 Originator 中的 state 值改变之后需撤销，可以通过调用它的 RestoreMemento()方法进行恢复。除此之外，还可以将备忘录类作为原发器类的内部类，使得只有原发器才可以访问备忘录中的数据，其他对象都无法使用备忘录中的数据。在其他主流编程语言中封装备忘录的实现方法也不尽相同，例如在 C++ 中可以使用 friend 关键字，让原发器类和备忘录类成为友元类，相互之间可以访问对象的一些私有属性；在 Java 语言中可以将原发器类和备忘录类放在一个包中，让它们之间满足默认的包内可见性，当然，也可以将备忘录设计为原发器的内部类。

对于负责人类 Caretaker，它用于保存备忘录对象，并提供 GetMemento()方法用于向客户端返回一个备忘录对象，原发器通过使用这个备忘录对象可以回到某个历史状态。典型的负责人类代码如下：

```
namespace MementoSample
{
    public class Caretaker
    {
        private Memento memento;

        internal Memento GetMemento()
        {
            return memento;
        }

        internal void SetMemento(Memento memento)
        {
            this.memento = memento;
        }
    }
}
```

在 Caretaker 类中不应该直接调用 Memento 中的状态改变方法，它的作用仅仅是存储备忘录对象，将原发器备份生成的备忘录对象存储在其中，当用户需要对原发器进行恢复时再将存储在其中的备忘录对象取出。

在客户端代码中可以通过创建 Memento 对象来保存原发器的历史状态，在需要的时候再用历史状态来覆盖当前状态。客户端演示代码如下：

```
using System;

namespace MementoSample
{
    class Program
    {
        static void Main(string[] args)
        {
            //创建原发器对象
            Originator ori = new Originator("状态(1)");
            Console.WriteLine(ori.GetState());

            //创建负责人对象,保存创建的备忘录对象
            Caretaker ct = new Caretaker();
            ct.SetMemento(ori.CreateMemento());

            ori.SetState("状态(2)");
            Console.WriteLine(ori.GetState());

            //从负责人对象中取出备忘录对象,实现撤销
            ori.RestoreMemento(ct.GetMemento());
            Console.WriteLine(ori.GetState());

            Console.Read();
        }
```

```
    }
}
```

编译并运行程序,输出结果如下:

```
状态(1)
状态(2)
状态(1)
```

21.3 备忘录模式的应用实例

下面通过一个应用实例来进一步学习和理解备忘录模式。

1. 实例说明

某软件公司要使用C#语言开发一款可以运行在Windows Phone移动平台的触摸式中国象棋软件,由于考虑到有些用户是"菜鸟",经常不小心走错棋;还有些用户因为不习惯使用手指在手机屏幕上拖动棋子,常常出现操作失误,因此该中国象棋软件要提供"悔棋"功能,在用户走错棋或操作失误后可恢复到前一个步骤。该象棋软件界面示意图如图21-3所示。

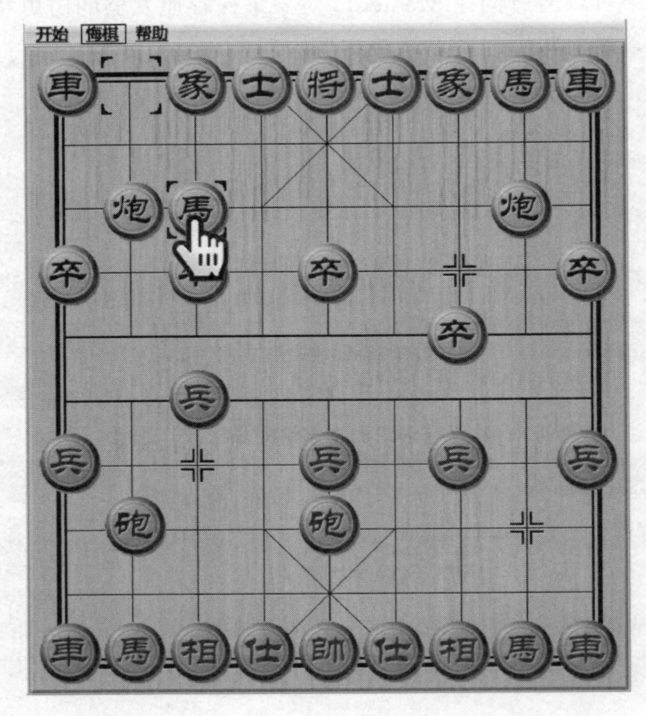

图21-3 中国象棋软件界面示意图

> 为了实现"悔棋"功能，现使用备忘录模式来设计该中国象棋软件。

2. 实例类图

通过分析，本实例的结构如图 21-4 所示。

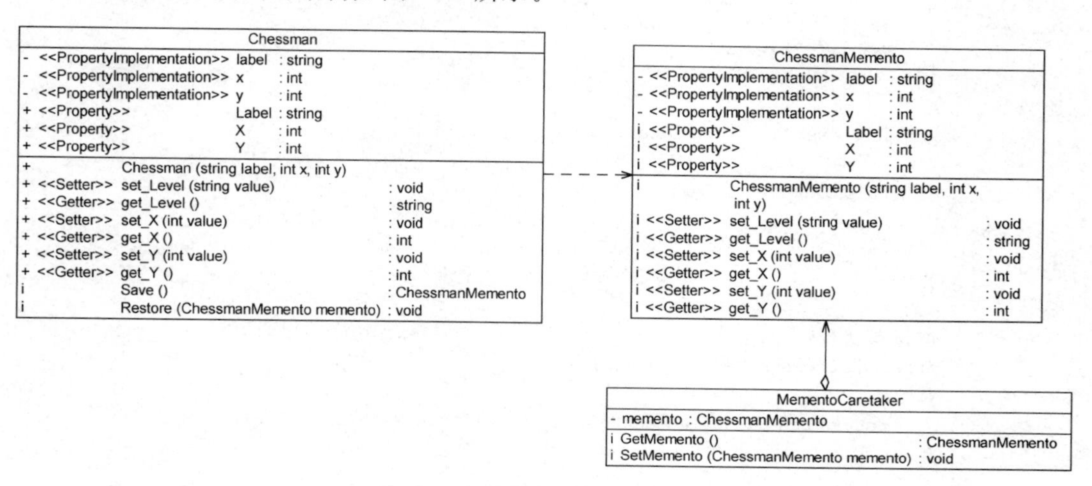

图 21-4　中国象棋棋子撤销功能结构图

在图 21-4 中，Chessman 充当原发器，ChessmanMemento 充当备忘录，MementoCaretaker 充当负责人，在 MementoCaretaker 中定义了一个 ChessmanMemento 类型的对象，用于存储备忘录。

3. 实例代码

(1) Chessman：象棋棋子类，充当原发器。

```
//Chessman.cs
namespace MementoSample
{
    class Chessman
    {
        private string label;
        private int x;
        private int y;

        public string Label
        {
            get { return label; }
            set { label = value; }
        }

        public int X
```

```
        {
            get { return x; }
            set { x = value; }
        }

        public int Y
        {
            get { return y; }
            set { y = value; }
        }

        public Chessman(string label, int x, int y)
        {
            this.label = label;
            this.x = x;
            this.y = y;
        }

        //保存状态
        internal ChessmanMemento Save()
        {
            return new ChessmanMemento(this.Label,this.X,this.Y);
        }

        //恢复状态
        internal void Restore(ChessmanMemento memento)
        {
            this.Label = memento.Label;
            this.X = memento.X;
            this.Y = memento.Y;
        }
    }
}
```

(2) ChessmanMemento：象棋棋子备忘录类，充当备忘录。

```
//ChessmanMemento.cs
namespace MementoSample
{
    internal class ChessmanMemento
    {
        private string label;
        private int x;
        private int y;

        internal string Label
        {
            get { return label; }
            set { label = value; }
        }

        internal int X
```

```
        {
            get { return x; }
            set { x = value; }
        }

        internal int Y
        {
            get { return y; }
            set { y = value; }
        }

        internal ChessmanMemento(string label, int x, int y)
        {
            this.label = label;
            this.x = x;
            this.y = y;
        }
    }
}
```

(3) MementoCaretaker：象棋棋子备忘录管理类，充当负责人。

```
//MementoCaretaker.cs
namespace MementoSample
{
    public class MementoCaretaker
    {
        private ChessmanMemento memento;

        internal ChessmanMemento GetMemento()
        {
            return memento;
        }

        internal void SetMemento(ChessmanMemento memento)
        {
            this.memento = memento;
        }
    }
}
```

(4) Program：客户端测试类。

```
//Program.cs
using System;

namespace MementoSample
{
    class Program
    {
        public static void Display(Chessman chess)
```

```
        {
            Console.WriteLine("棋子{0}的当前位置为：第{1}行第{2}列。",chess.Label, chess.X,
chess.Y);
        }

        static void Main(string[] args)
        {
            MementoCaretaker mc = new MementoCaretaker();
            Chessman chess = new Chessman("车",1,1);
            Display(chess);
            mc.SetMemento(chess.Save());                //保存状态
            chess.Y = 4;
            Display(chess);
            mc.SetMemento(chess.Save());                //保存状态
            Display(chess);
            chess.X = 5;
            Display(chess);
            Console.WriteLine("****** 悔棋 ******");
            chess.Restore(mc.GetMemento());             //恢复状态
            Display(chess);

            Console.Read();
        }
    }
}
```

4. 结果及分析

编译并运行程序，输出结果如下：

```
棋子车的当前位置为：第 1 行第 1 列。
棋子车的当前位置为：第 1 行第 4 列。
棋子车的当前位置为：第 1 行第 4 列。
棋子车的当前位置为：第 5 行第 4 列。
****** 悔棋 ******
棋子车的当前位置为：第 1 行第 4 列。
```

从运行结果可以看出，通过创建备忘录对象可以将象棋棋子的历史状态信息记录下来，在"悔棋"时取出存储在备忘录中的历史状态信息，用历史状态来覆盖当前状态，从而实现状态的撤销。

21.4 实现多次撤销

在 21.3 节的中国象棋棋子撤销功能实例中，只能实现一次撤销，即只能"悔棋"一次，因为在负责人类中只定义了一个备忘录对象来保存状态，后面保存的状态会将前一次保存的状态覆盖，但有时候用户需要撤销多步操作。如何实现多次撤销呢？本节将提供一种多次撤销的解决方案，那就是在负责人类中定义一个集合来存储多个备忘录，每个备忘录负责保存一个历史状态，在撤销时可以对备忘录集合进行逆向遍历，回到一个指定的历史状态，还可以对备忘录集合进行正向遍历，实现重做(Redo)或恢复操作，即取消撤销，让对象状态得到恢复。

改进之后的中国象棋棋子撤销功能结构如图 21-5 所示。

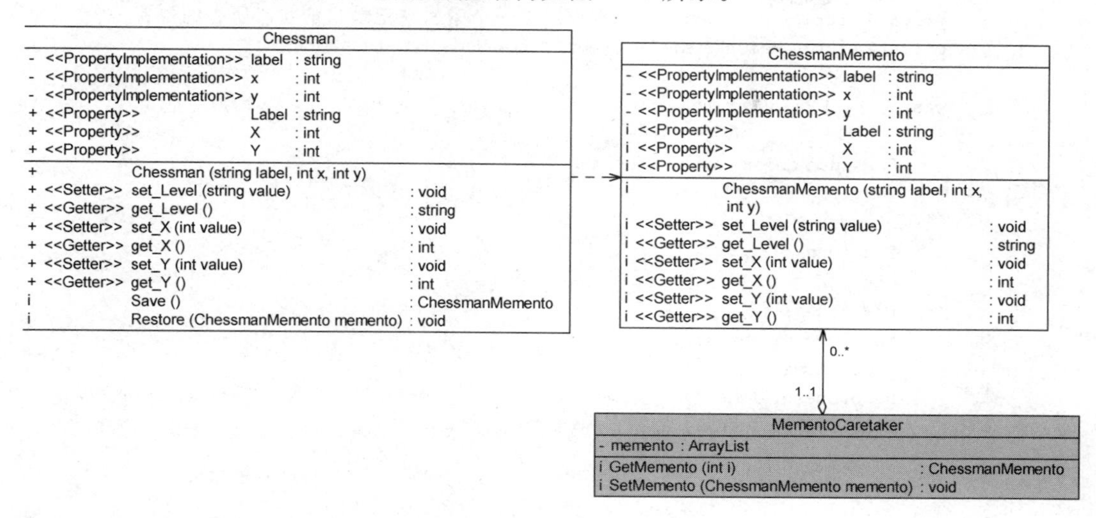

图 21-5 改进之后的中国象棋棋子撤销功能结构图

在图 21-5 中，对负责人类 MementoCaretaker 进行了修改，在其中定义了一个 ArrayList 类型的集合对象来存储多个备忘录。其代码如下：

```
using System.Collections;

namespace MementoSample
{
    public class MementoCaretaker
    {
        //定义一个集合来存储多个备忘录
        private ArrayList mementolist = new ArrayList();

        internal ChessmanMemento GetMemento(int i)
        {
            return (ChessmanMemento)mementolist[i];
        }

        internal void SetMemento(ChessmanMemento memento)
        {
            mementolist.Add(memento);
        }
    }
}
```

编写以下客户端测试代码：

```
using System;

namespace MementoSample
{
```

```
    class Program
    {
        private static int index = -1; //定义一个索引来记录当前状态所在的位置
        private static MementoCaretaker mc = new MementoCaretaker();

        static void Main(string[] args)
        {
            Chessman chess = new Chessman("车", 1, 1);
            Play(chess);
            chess.Y = 4;
            Play(chess);
            chess.X = 5;
            Play(chess);
            Undo(chess, index);
            Undo(chess, index);
            Redo(chess, index);
            Redo(chess, index);

            Console.Read();
        }

        //下棋
        public static void Play(Chessman chess)
        {
            mc.SetMemento(chess.Save());            //保存备忘录
            index ++;
            Console.WriteLine("棋子{0}的当前位置为：第{1}行第{2}列。",chess.Label, chess.
X, chess.Y);
        }

        //悔棋
        public static void Undo(Chessman chess, int i)
        {
            Console.WriteLine("******悔棋******");
            index --;
            chess.Restore(mc.GetMemento(i-1));     //撤销到上一个备忘录
            Console.WriteLine("棋子{0}的当前位置为：第{1}行第{2}列。", chess.Label, chess.
X, chess.Y);
        }

        //撤销悔棋
        public static void Redo(Chessman chess, int i)
        {
            Console.WriteLine("******撤销悔棋******");
            index ++;
            chess.Restore(mc.GetMemento(i+1));     //恢复到下一个备忘录
            Console.WriteLine("棋子{0}的当前位置为：第{1}行第{2}列。", chess.Label, chess
.X, chess.Y);
        }
    }
}
```

编译并运行程序,输出结果如下:

```
棋子车的当前位置为: 第 1 行第 1 列。
棋子车的当前位置为: 第 1 行第 4 列。
棋子车的当前位置为: 第 5 行第 4 列。
****** 悔棋 ******
棋子车的当前位置为: 第 1 行第 4 列。
****** 悔棋 ******
棋子车的当前位置为: 第 1 行第 1 列。
****** 撤销悔棋 ******
棋子车的当前位置为: 第 1 行第 4 列。
****** 撤销悔棋 ******
棋子车的当前位置为: 第 5 行第 4 列。
```

本实例只能实现最简单的撤销(Undo)和恢复(Redo)操作,并未考虑对象状态在操作过程中出现分支的情况。如果在撤销到某个历史状态之后用户再修改对象状态,此后执行撤销操作时可能会发生对象状态错误。在实际开发中,可以使用链表或者堆栈来处理有分支的对象状态改变,读者可通过链表或者堆栈对本实例进行改进。

21.5　备忘录模式的优缺点与适用环境

备忘录模式在很多软件中普遍存在,但是在应用软件开发中,它的使用频率并不太高,因为现在很多基于窗体和浏览器的应用软件并没有提供撤销操作。如果需要为软件提供撤销功能,备忘录模式无疑是一种很好的解决方案。在一些字处理软件、图像编辑软件、数据库管理系统等软件中备忘录模式都得到了很好的应用。

21.5.1　备忘录模式的优点

备忘录模式的主要优点如下:

(1) 备忘录模式提供了一种状态恢复的实现机制,使得用户可以方便地回到一个特定的历史步骤,当新的状态无效或者存在问题时,可以使用暂时存储起来的备忘录将状态复原。

(2) 备忘录模式实现了对信息的封装,一个备忘录对象是一种原发器对象状态的表示,不会被其他代码所改动。备忘录保存了原发器的状态,采用列表、堆栈等集合来存储备忘录对象,可以实现多次撤销操作。

21.5.2　备忘录模式的缺点

备忘录模式的主要缺点如下:

备忘录模式资源消耗过大,如果需要保存的原发器类的成员变量太多,就不可避免地需要占用大量的存储空间,每保存一次对象的状态都需要消耗一定的系统资源。

21.5.3　备忘录模式的适用环境

在以下情况下可以考虑使用备忘录模式:

(1) 保存一个对象在某一个时刻的全部状态或部分状态,这样以后需要时能够恢复到先前的状态,实现撤销操作。

(2) 防止外界对象破坏一个对象历史状态的封装性,避免将对象历史状态的实现细节暴露给外界对象。

21.6 本章小结

(1) 备忘录模式实现在不破坏封装的前提下,捕获一个对象的内部状态,并在该对象之外保存这个状态,这样就可以在以后将对象恢复到原先保存的状态。备忘录模式是一种对象行为型模式。

(2) 备忘录模式包含原发器、备忘录和负责人3个角色。其中,原发器是一个普通类,它通过创建一个备忘录来存储当前内部状态,也可以使用备忘录来恢复其内部状态;备忘录用于存储原发器的内部状态;负责人负责保存备忘录。

(3) 备忘录模式的主要优点在于提供了一种状态恢复的实现机制,使得用户可以方便地回到一个特定的历史步骤,此外,它还实现了对信息的封装。其主要缺点在于资源消耗过大,如果需要保存的原发器类的成员变量太多,就不可避免地需要占用大量的存储资源。

(4) 备忘录模式适用的环境:保存一个对象在某一个时刻的全部状态或部分状态,这样以后需要时它能够恢复到先前的状态,实现撤销操作;防止外界对象破坏一个对象历史状态的封装性,避免将对象历史状态的实现细节暴露给外界对象。

(5) 通过在负责人类中定义一个用于存储多个备忘录对象的集合,可以实现多次撤销操作。

21.7 习题

1. 很多软件都提供了撤销功能,(　　)模式可以用于实现该功能。

   A. 中介者　　B. 备忘录　　C. 迭代器　　D. 观察者

2. 以下关于备忘录模式的叙述错误的是(　　)。

   A. 备忘录模式的作用是在不破坏封装的前提下,捕获一个对象的内部状态,并在该对象之外保存这个状态,这样用户就可以在以后将对象恢复到原先保存的状态

   B. 备忘录模式提供了一种状态恢复的实现机制,使得用户可以方便地回到一个特定的历史步骤

   C. 备忘录模式的缺点在于资源消耗太大,如果类的成员变量太多,就不可避免地需要占用大量的内存,而且每保存一次对象的状态都需要消耗内存资源

   D. 备忘录模式属于对象行为型模式,负责人向原发器请求一个备忘录,保留一段时间后,将其送回给负责人,负责人负责对备忘录的内容进行操作和检查

3. 能否使用原型模式来创建备忘录对象?如果可以,如何实现?

4. 如何使用内部类来实现备忘录模式?试使用C#语言结合内部类来实现一个简单

的备忘录模式。

5. 使用C#语言中的栈(Stack)来实现多次撤销和重做(恢复)操作。在实现时,可以将备忘录对象保存在两个栈中,一个栈包含用于实现撤销操作的状态对象,另一个包含用于实现重做操作的状态对象。在实现撤销操作时,会弹出撤销栈栈顶对象以获取前一个状态并将其设置给应用程序;同样,在实现重做操作时,会弹出重做栈栈顶对象以获取下一个状态并将其设置给应用程序。

6. 某软件公司正在开发一款RPG网游,为了给玩家提供更多方便,在游戏过程中可以设置一个恢复点,用于保存当前的游戏场景,如果在后续游戏过程中玩家角色"不幸牺牲",可以返回到先前保存的场景,从所设恢复点开始重新游戏。试使用备忘录模式设计该功能,要求绘制相应的类图并使用C#语言编程模拟实现。

第22章

观察者模式

本章导学

在软件系统中，对象并不是孤立存在的，一个对象行为的改变可能会导致一个或多个其他与之存在依赖关系的对象行为发生改变。观察者模式用于描述对象之间的依赖关系，为实现多个对象之间的联动提供了一种解决方案，它是一种使用频率非常高的设计模式。

本章将学习观察者模式的定义与结构，分析观察者模式的实现原理，通过实例学习如何编程实现观察者模式并理解观察者模式在.NET事件处理中的应用。

本章知识点

- 观察者模式的定义。
- 观察者模式的结构。
- 观察者模式的实现。
- 观察者模式的应用。
- 观察者模式的优缺点。
- 观察者模式的适用环境。
- 观察者模式与.NET中的委托事件模型。

22.1 观察者模式概述

“红灯停，绿灯行”，在日常生活中，交通信号灯装点着城市，指挥着日益拥挤的城市交通。当红灯亮起，来往的汽车将停止；而绿灯亮起，汽车可以继续前行。在这个过程中，交通信号灯是汽车（更准确地说应该是汽车驾驶员）的观察目标，而汽车是观察者。随着交通信号灯的变化，汽车的行为也将随之变化，一盏交通信号灯可以指挥多辆汽车。交通信号灯与汽车示意图如图22-1所示。

在软件系统中，有些对象之间也存在着类似交通信号灯和汽车之间的关系，一个对象的状态或行为的变化将导致其他对象的状态或行为也发生改变，它们之间将产生联动，正所谓“牵一发而动全身”。为了更好地描述对象之间存在的这种一对多(包括一对一)的联动，观察者模式应运而生，它定义了对象之间一种一对多的依赖关系，让一个对象的改变能够影响其他对象。

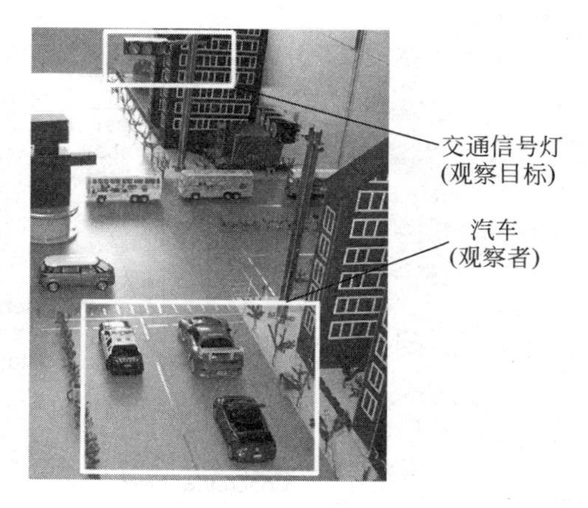

图 22-1 交通信号灯与汽车示意图

观察者模式是使用频率较高的设计模式之一，用于建立一种对象与对象之间的依赖关系，一个对象发生改变时将自动通知其他对象，其他对象将相应做出反应。在观察者模式中，发生改变的对象称为观察目标，被通知的对象称为观察者，一个观察目标可以对应多个观察者，而且这些观察者之间可以没有任何相互联系，用户可以根据需要增加和删除观察者，使得系统更易于扩展。

观察者模式的定义如下：

> **观察者模式**：定义对象之间的一种一对多依赖关系，使得每当一个对象状态发生改变时，其相关依赖对象都得到通知并被自动更新。
>
> **Observer Pattern**: Define a one-to-many dependency between objects so that when one object changes state, all its dependents are notified and updated automatically.

观察者模式又称为发布-订阅(Publish-Subscribe)模式、模型-视图(Model-View)模式、源-监听器(Source-Listener)模式或从属者(Dependents)模式。观察者模式是一种对象行为型模式。

22.2 观察者模式的结构与实现

22.2.1 观察者模式的结构

观察者模式结构中通常包括观察目标和观察者两个继承层次结构，其结构如图 22-2 所示。

由图 22-2 可知，观察者模式包含以下 4 个角色。

(1) **Subject(目标)**：目标又称为主题，它是指被观察的对象。在目标中定义了一个观察者集合，一个观察目标可以被任意数量的观察者观察，它提供一系列方法来增加和删除观察者对象，同时定义了通知方法 Notify()。目标类可以是接口，也可以是抽象类或具体类。

(2) **ConcreteSubject(具体目标)**：具体目标是目标类的子类，通常包含经常发生改变的数据，当它的状态发生改变时，将向它的各个观察者发出通知；同时它还实现了在目标类中定义的抽象业务方法(如果有)。如果无须扩展目标类，具体目标类则可以省略。

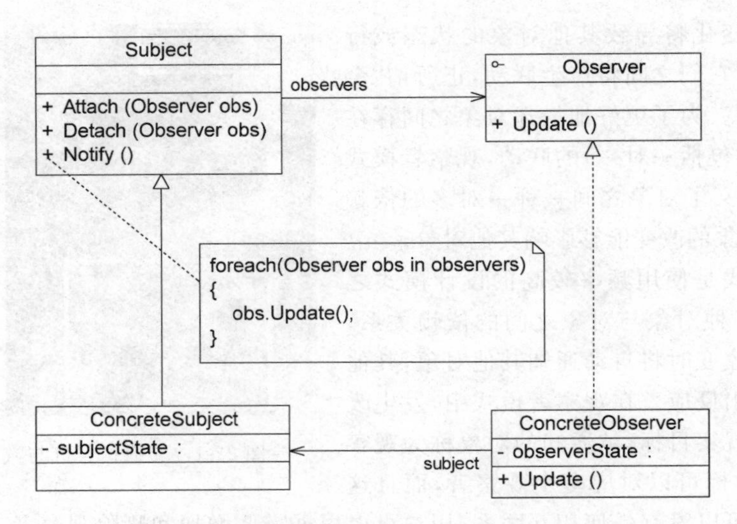

图 22-2 观察者模式结构图

(3) **Observer(观察者)**：观察者将对观察目标的改变做出反应,观察者一般定义为接口,该接口声明了更新数据的方法 Update(),因此又称为抽象观察者。

(4) **ConcreteObserver(具体观察者)**：在具体观察者中维护一个指向具体目标对象的引用,它存储具体观察者的有关状态,这些状态需要和具体目标的状态保持一致；它实现了在抽象观察者 Observer 中定义的 Update()方法。通常在实现时,可以调用具体目标类的 Attach()方法将自己添加到目标类的集合中或通过 Detach()方法将自己从目标类的集合中删除。

22.2.2 观察者模式的实现

观察者模式描述了如何建立对象与对象之间的依赖关系,以及如何构造满足这种需求的系统。观察者模式包含观察目标和观察者两类对象,一个目标可以有任意数目的与之相依赖的观察者,一旦观察目标的状态发生改变,所有的观察者都将得到通知。作为对这个通知的响应,每个观察者都将监视观察目标的状态,以使其状态与目标状态同步,这种交互也称为发布-订阅(Publish-Subscribe)。观察目标是通知的发布者,它发出通知时并不需要知道谁是它的观察者,可以有任意数目的观察者订阅它并接收通知。

下面通过演示代码来对观察者模式进行进一步分析。首先定义一个抽象目标类 Subject,其典型代码如下：

```
using System.Collection

abstract class Subject
{
    //定义一个观察者集合用于存储所有观察者对象
    protected ArrayList observers = new ArrayList();
    //声明抽象注册方法,用于向观察者集合中增加一个观察者
    public abstract void Attach(Observer observer);
    //声明抽象注销方法,用于在观察者集合中删除一个观察者
```

```
        public abstract void Detach(Observer observer);
        //声明抽象通知方法
        public abstract void Notify();
    }
```

具体目标类 ConcreteSubject 是实现了抽象目标类 Subject 的一个具体子类，它实现了上述 3 个方法，其典型代码如下：

```
class ConcreteSubject : Subject
{
    public override void Attach(Observer observer)
    {
        observers.Add(observer);
    }

    public override void Detach(Observer observer)
    {
        observers.Remove(observer);
    }

    //实现通知方法
    public override void Notify()
    {
        //遍历观察者集合,调用每一个观察者的响应方法
        foreach(object obs in observers)
        {
            ((Observer)obs).Update();
        }
    }
}
```

抽象观察者角色一般定义为一个接口，通常只声明一个 Update()方法，为不同观察者的更新(响应)行为定义相同的接口，这个方法在其子类中实现，不同的观察者具有不同的响应方法。抽象观察者 Observer 的典型代码如下：

```
interface Observer
{
    void Update();
}
```

在具体观察者 ConcreteObserver 中实现了 Update()方法，其典型代码如下：

```
class ConcreteObserver : Observer
{
    //实现响应方法
    public void Update()
    {
        //具体更新代码
    }
}
```

在有些更加复杂的情况下,具体观察者类 ConcreteObserver 的 Update()方法在执行时需要使用到具体目标类 ConcreteSubject 中的状态(属性),因此在 ConcreteObserver 与 ConcreteSubject 之间有时候还存在关联或依赖关系,在 ConcreteObserver 中定义一个 ConcreteSubject 实例,通过该实例获取存储在 ConcreteSubject 中的状态。如果 ConcreteObserver 的 Update()方法不需要使用 ConcreteSubject 中的状态属性,则可以对观察者模式的标准结构进行简化,在具体观察者 ConcreteObserver 和具体目标 ConcreteSubject 之间无须维持对象引用。

如果在具体层之间具有关联关系,系统的扩展性将受到一定的影响,增加新的具体目标类有时候需要修改原有观察者的代码,在一定程度上违背了开闭原则,如果原有观察者类无须关联新增的具体目标,则系统扩展性不受影响。

在客户端代码中,首先创建具体目标对象以及具体观察者对象,然后调用目标对象的 Attach()方法,将这个观察者对象在目标对象中登记,也就是将它加入到目标对象的观察者集合中,代码片段如下:

```
…
Subject subject = new ConcreteSubject();
Observer observer = new ConcreteObserver();
subject.Attach(observer);
subject.Notify();
…
```

客户端在调用目标对象的 Notify()方法时,将调用在其观察者集合中注册的观察者对象的 Update()方法。

22.3 观察者模式的应用实例

下面通过一个应用实例来进一步学习和理解观察者模式。

1. 实例说明

> 在某多人联机对战游戏中,多个玩家可以加入同一战队组成联盟,当战队中的某一成员受到敌人攻击时将给所有其他盟友发送通知,盟友收到通知后将做出响应。
>
> 现使用观察者模式设计并实现该过程,以实现战队成员之间的联动。

2. 实例类图

通过分析,不难发现在该系统中战队成员之间的联动过程可以简单描述如下:

联盟成员受到攻击→发送通知给盟友→盟友做出响应。

如果按照上述思路来设计系统,一个战队联盟成员在受到攻击时需要通知他的每一位盟友,每个联盟成员都需要持有其他所有盟友的信息,这将导致系统开销较大,因此可以引入一个新的角色——指挥部(战队控制中心)来负责维护和管理每个战队所有成员的信息。

当一个联盟成员受到攻击时，将向对应的指挥部发送求助信息，指挥部逐一通知每个盟友，盟友再做出响应，如图 22-3 所示。

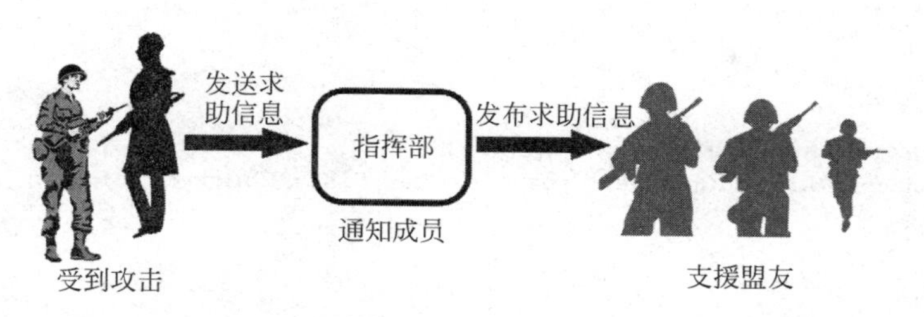

图 22-3 多人联机对战游戏中对象的联动

在图 22-3 中，受攻击的联盟成员将与指挥部产生联动，指挥部还将与其他盟友产生联动。

通过分析，本实例的结构如图 22-4 所示。

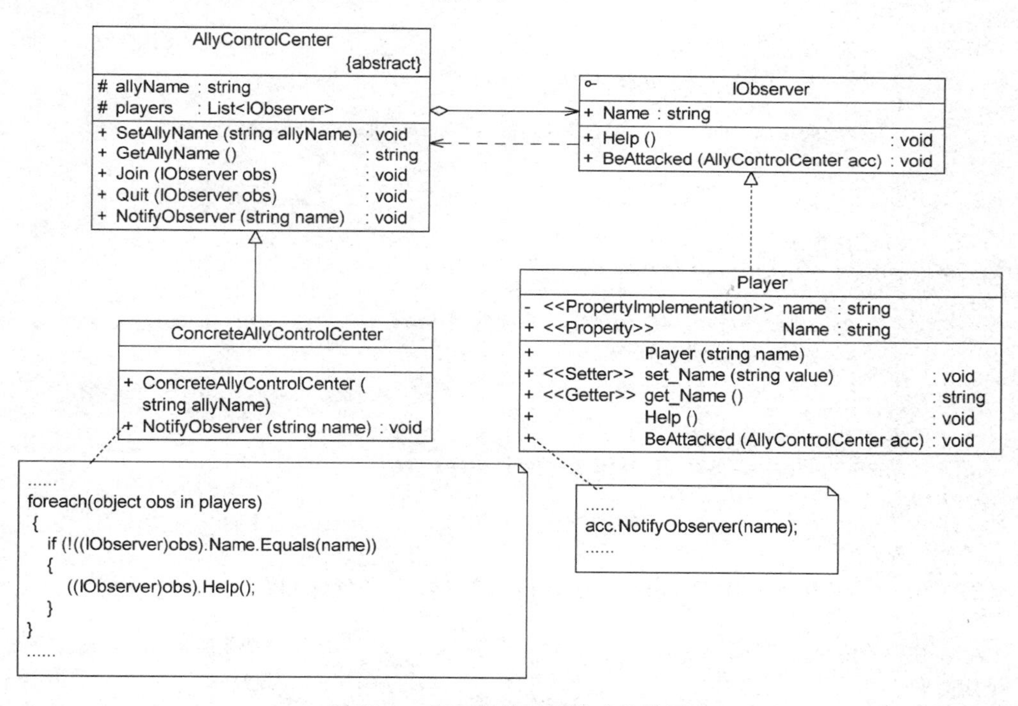

图 22-4 多人联机对战游戏结构图

在图 22-4 中，AllyControlCenter 充当抽象目标类，ConcreteAllyControlCenter 充当具体目标类，IObserver 充当抽象观察者，Player 充当具体观察者。

3. 实例代码

(1) AllyControlCenter：指挥部(战队控制中心)类，充当抽象目标类。

```
//AllyControlCenter.cs
using System;
```

```
using System.Collections.Generic;

namespace ObserverSample
{
    abstract class AllyControlCenter
    {
        protected string allyName; //战队名称
        protected List<IObserver> players = new List<IObserver>(); //定义一个集合用于存
//储战队成员

        public void SetAllyName(string allyName)
        {
            this.allyName = allyName;
        }
        public string GetAllyName()
        {
            return this.allyName;
        }

        //注册方法
        public void Join(IObserver obs)
        {
            Console.WriteLine("{0}加入{1}战队!", obs.Name, this.allyName);
            players.Add(obs);
        }

        //注销方法
        public void Quit(IObserver obs)
        {
            Console.WriteLine("{0}退出{1}战队!", obs.Name, this.allyName);
            players.Remove(obs);
        }

        //声明抽象通知方法
        public abstract void NotifyObserver(string name);
    }
}
```

(2) ConcreteAllyControlCenter：具体指挥部类，充当具体目标类。

```
//ConcreteAllyControlCenter.cs
using System;

namespace ObserverSample
{
    class ConcreteAllyControlCenter : AllyControlCenter
    {
        public ConcreteAllyControlCenter(string allyName)
        {
            Console.WriteLine("{0}战队组建成功!", allyName);
            Console.WriteLine("-------------------------------");
            this.allyName = allyName;
        }
```

```
        //实现通知方法
        public override void NotifyObserver(string name)
        {
            Console.WriteLine("{0}战队紧急通知,盟友{1}遭受敌人攻击!", this.allyName,
name);
            //遍历观察者集合,调用每一个盟友(自己除外)的支援方法
            foreach(object obs in players)
            {
                if (!((IObserver)obs).Name.Equals(name))
                {
                    ((IObserver)obs).Help();
                }
            }
        }
    }
}
```

(3) IObserver：抽象观察者类。

```
//IObserver.cs
namespace ObserverSample
{
    interface IObserver
    {
        string Name
        {
            get;
            set;
        }
        void Help();                              //声明支援盟友方法
        void BeAttacked(AllyControlCenter acc);  //声明遭受攻击方法
    }
}
```

(4) Player：战队成员类,充当具体观察者类。

```
//Player.cs
using System;

namespace ObserverSample
{
    class Player : IObserver
    {
        private string name;

        public Player(string name)
        {
            this.name = name;
        }

        public string Name
```

```
        {
            get { return name; }
            set { name = value; }
        }

        //支援盟友方法的实现
        public void Help()
        {
            Console.WriteLine("坚持住,{0}来救你!", this.name);
        }

        //遭受攻击方法的实现,当遭受攻击时将调用指挥部类的通知方法 NotifyObserver()来通
        //知盟友
        public void BeAttacked(AllyControlCenter acc)
        {
            Console.WriteLine("{0}被攻击!", this.name);
            acc.NotifyObserver(name);
        }
    }
}
```

(5) Program：客户端测试类。

```
//Program.cs
using System;

namespace ObserverSample
{
    class Program
    {
        static void Main(string[] args)
        {
            //定义观察目标对象
            AllyControlCenter acc;
            acc = new ConcreteAllyControlCenter("金庸群侠");

            //定义 4 个观察者对象
            IObserver player1, player2, player3, player4;

            player1 = new Player("杨过");
            acc.Join(player1);

            player2 = new Player("令狐冲");
            acc.Join(player2);

            player3 = new Player("张无忌");
            acc.Join(player3);

            player4 = new Player("段誉");
            acc.Join(player4);

            //某成员遭受攻击,触发联动
            player1.BeAttacked(acc);
```

```
                Console.Read();
            }
        }
    }
```

4. 结果及分析

编译并运行程序，输出结果如下：

```
金庸群侠战队组建成功!
----------------------------
杨过加入金庸群侠战队!
令狐冲加入金庸群侠战队!
张无忌加入金庸群侠战队!
段誉加入金庸群侠战队!
杨过被攻击!
金庸群侠战队紧急通知,盟友杨过遭受敌人攻击!
坚持住,令狐冲来救你!
坚持住,张无忌来救你!
坚持住,段誉来救你!
```

在本实例中，实现了两次对象之间的联动，当一个游戏玩家 Player 对象的 BeAttacked()方法被调用时，将调用指挥部 AllyControlCenter 的 NotifyObserver()方法来进行处理，而在 NotifyObserver()方法中又将调用其他 Player 对象的 Help()方法。Player 的 BeAttacked()方法、AllyControlCenter 的 NotifyObserver()方法以及 Player 的 Help()方法构成了一个联动触发链，执行顺序如下：

Player. BeAttacked()→AllyControlCenter. NotifyObserver()→Player. Help()。

22.4 观察者模式与.NET 中的委托事件模型

.NET 中的委托事件模型是观察者模式在.NET 中的经典应用。在 WinForm 编程中需要编写事件处理程序对所发生的事件(例如鼠标单击、菜单项选取等)做出反应，并执行相应的操作。事件被触发后，将执行响应该事件的一个或多个事件处理程序，可以将一个事件分配给多个事件处理程序(注册)，还可以根据需要动态更改处理事件的方法。产生事件的对象(例如按钮、文本框、菜单等)称为事件的发送者(事件源对象)，接收并响应事件的对象称为事件的接收者(事件处理对象)。与观察者模式相对应，事件源对象充当观察目标角色，事件处理对象充当具体观察者角色，如果事件源对象的某个事件触发，则调用事件处理对象中的事件处理程序对事件进行处理。

在.NET 中，如果需要从 WinForm 控件获取事件，先提供一个委托(Delegate)类型的 Event Handler，然后将它注册到事件源。在这里委托对象充当了抽象观察者的角色，所有事件处理方法都必须和委托方法具有相同的函数签名。

C#事件注册方法的语法如下：

```
eventSource.someEvent += new SomeEventHandler(someMethod);
```

在该语法中，eventSource 表示事件源，someEvent 表示定义在事件源中的事件，SomeEventHandler 表示用于处理事件的委托，someMethod 表示与委托 SomeEventHandler 具有相同函数签名的事件处理方法。用户只需修改 someMethod，即可实现相同的事件对应不同的事件处理程序。

在.NET 事件中，事件源并不需要知道哪些对象或方法会收到将要发生的通知，它只持有与签名相符合的方法的引用，即委托；还可以通过多重传送事件来实现一个事件有多个订阅者，即通过委托将多个方法添加到该事件中，当该事件被触发时，同时执行对应的多个事件处理方法。

下面通过一个简单的自定义事件来进一步说明.NET 事件中的观察者模式。首先定义一个包含委托和事件的类 EventTest，代码如下：

```
using System;

namespace ObserverExtend
{
    class EventTest
    {
        //定义一个委托
        public delegate void UserInput(object sender, EventArgs e);

        //定义一个此委托类型的事件
        public event UserInput OnUserInput;

        //模拟事件触发，当输入"0"时引发事件
        public void Method()
        {
            bool flag = false;
            Console.WriteLine("请输入数字：");
            while (!flag)
            {
                if (Console.ReadLine() == "0")
                {
                    OnUserInput(this, new EventArgs());
                }
            }
        }
    }
}
```

在类 EventTest 中定义了一个委托 UserInput 和一个事件 OnUserInput，EventTest 充当观察目标类的角色，而委托充当抽象观察者角色，在方法 Method()中引发了事件，即调用与委托具有相同函数签名的方法，方法 Method()即为目标类的通知方法。

在客户端测试类 Program 中提供了具体的事件处理方法，并将该方法和事件绑定在一起，这个过程称为订阅事件。Program 类的代码如下：

```
using System;

namespace ObserverExtend
{
```

```
    class Program
    {
        public Program(EventTest test)
        {
            //注册事件或订阅事件
            test.OnUserInput += new EventTest.UserInput(Handler);
            test.OnUserInput += new EventTest.UserInput(HandlerMore);
            //注销事件或取消订阅
            //test.OnUserInput -= new EventTest.UserInput(Handler);
        }
        public void Handler(object sender, EventArgs e)
        {
            Console.WriteLine("数据输入结束!");
        }

        public void HandlerMore(object sender, EventArgs e)
        {
            Console.WriteLine("真的结束了!");
        }

        static void Main(string[] args)
        {
            EventTest test = new EventTest();
            Program program = new Program(test);
            test.Method();
        }
    }
}
```

在 Program 的构造函数中订阅了事件，在此处，通过委托将两个方法添加到事件中，即该事件有两个订阅者，当事件触发时同时触发这些方法的执行。Program 类充当了具体观察者角色，可以对目标类的事件做出响应，在此，方法 Handler()和 HandlerMore()即为响应方法。编译并运行程序，输出结果如下：

```
请输入数字:
3
2
1
0
数据输入结束!
真的结束了!
```

如果在另一个类中也需要处理该事件，无须修改 EventTest 类的源代码，只需要按照委托的规范编写事件处理程序并订阅事件即可，系统具有很好的扩展性，相同的目标可以对应于不同的观察者，相同的事件可以对应于不同的事件处理程序。.NET 中的事件处理模型是观察者模式的一种变形，它与观察者模式的实现原理本质上是一致的。

22.5 观察者模式与 MVC

在当前流行的 MVC(Model-View-Controller)架构中也应用了观察者模式，MVC 是一种架构模式，它包含 3 个角色：模型(Model)、视图(View)和控制器(Controller)。其中，模型可对应于观察者模式中的观察目标，而视图对应于观察者，控制器可充当两者之间的中介者。当模型层的数据发生改变时，视图层将自动改变其显示内容。MVC 结构示意图如图 22-5 所示。

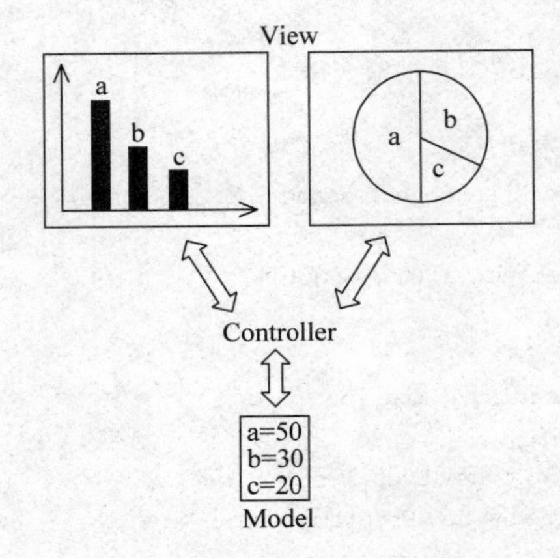

图 22-5　MVC 结构示意图

在图 22-5 中，模型层提供的数据是视图层所观察的对象，在视图层中包含两个用于显示数据的图表对象，一个是柱状图，一个是饼状图，相同的数据拥有不同的图表显示方式，如果模型层的数据发生改变，两个图表对象将随之发生变化，这意味着图表对象依赖模型层提供的数据对象，因此数据对象的任何状态改变都应立即通知它们。同时，这两个图表之间相互独立，不存在任何联系，而且图表对象的个数没有任何限制，用户可以根据需要再增加新的图表对象，例如折线图。在增加新的图表对象时，无须修改原有类库，符合开闭原则。

22.6 观察者模式的优缺点与适用环境

观察者模式是一种使用频率非常高的设计模式，无论是移动应用、Web 应用还是桌面应用，观察者模式几乎无处不在，它为实现对象之间的联动提供了一套完整的解决方案，凡是涉及一对一或者一对多的对象交互场景都可以使用观察者模式。观察者模式广泛应用于各种编程语言的 GUI 事件处理的实现，在基于事件的 XML 解析技术以及 Web 事件处理中也都使用了观察者模式。

22.6.1 观察者模式的优点

观察者模式的主要优点如下：

(1) 观察者模式可以实现表示层和数据逻辑层的分离，定义了稳定的消息更新传递机制，并抽象了更新接口，使得可以有各种各样不同的表示层充当具体观察者角色。

（2）在观察目标和观察者之间建立一个抽象的耦合，观察目标只需要维持一个抽象观察者的集合，无须了解其具体观察者。由于观察目标和观察者没有紧密地耦合在一起，因此它们可以属于不同的抽象化层次。

（3）观察者模式支持广播通信，观察目标会向所有已注册的观察者对象发送通知，简化了一对多系统设计的难度。

（4）观察者模式符合开闭原则，增加新的具体观察者无须修改原有系统代码，在具体观察者与观察目标之间不存在关联关系的情况下增加新的观察目标也很方便。

22.6.2　观察者模式的缺点

观察者模式的主要缺点如下：

（1）如果一个观察目标对象有很多直接和间接观察者，将所有的观察者都通知到会花费很多时间。

（2）如果在观察者和观察目标之间存在循环依赖，观察目标会触发它们进行循环调用，可能导致系统崩溃。

（3）观察者模式没有相应的机制让观察者知道所观察的目标对象是怎么发生变化的，而只是知道观察目标发生了变化。

22.6.3　观察者模式的适用环境

在以下情况下可以考虑使用观察者模式：

（1）一个抽象模型有两个方面，其中一个方面依赖于另一个方面，将这两个方面封装在独立的对象中使它们可以各自独立地改变和复用。

（2）一个对象的改变将导致一个或多个其他对象发生改变，且不知道具体有多少对象将发生改变，也不知道这些对象是谁。

（3）需要在系统中创建一个触发链，A 对象的行为将影响 B 对象，B 对象的行为将影响 C 对象……可以使用观察者模式创建一种链式触发机制。

22.7　本章小结

（1）在观察者模式中，定义了对象之间的一种一对多依赖关系，使得每当一个对象状态发生改变时，其相关依赖对象都得到通知并被自动更新。观察者模式是一种对象行为型模式。

（2）观察者模式包含目标、具体目标、观察者和具体观察者 4 个角色。其中，目标是指被观察的对象；具体目标是目标类的子类，通常包含经常发生改变的数据，当它的状态发生改变时，将向它的各个观察者发出通知；观察者将对观察目标的改变做出反应；具体观察者是观察者的子类，实现在观察者中声明的更新数据的方法。

（3）观察者模式的主要优点是可以实现表示层和数据逻辑层的分离；在观察目标和观察者之间建立一个抽象的耦合；支持广播通信且符合开闭原则。其主要缺点是将所有的观察者都通知到会花费很多时间；如果存在循环调用可能导致系统崩溃；没有相应的机制让观察者知道所观察的目标对象是怎么发生变化的，而只是知道观察目标发生了变化。

(4) 观察者模式适用的环境：一个抽象模型有两个方面，其中一个方面依赖于另一个方面，将这两个方面封装在独立的对象中使它们可以各自独立地改变和复用；一个对象的改变将导致一个或多个其他对象也发生改变，且并不知道具体有多少对象将发生改变，也不知道这些对象是谁；需要在系统中创建一个触发链。

(5) .NET 中的委托事件模型是观察者模式在.NET 中的经典应用。事件源对象充当观察目标角色，事件处理对象充当具体观察者角色，如果事件源对象的某个事件触发，则调用事件处理对象中的事件处理程序对事件进行处理。

(6) MVC 架构中应用了观察者模式，其中模型对应于观察者模式中的观察目标，视图对应于观察者，控制器可充当两者之间的中介者。

22.8 习题

1. (　　)模式定义了对象间的一种一对多的依赖关系，以便当一个对象的状态发生改变时，所有依赖于它的对象都得到通知并自动刷新。

A. 适配器(Adapter)　　B. 迭代器(Iterator)

C. 原型(Prototype)　　D. 观察者(Observer)

2. 在观察者模式中，(　　)。

A. 一个 Subject 对象可对应多个 Observer 对象

B. Subject 只能有一个 ConcreteSubject 子类

C. Observer 只能有一个 ConcreteObserver 子类

D. 一个 Subject 对象必须至少对应一个 Observer 对象

3. 下面这句话隐含了(　　)模式。

我和妹妹跟妈妈说："妈妈，我和妹妹在院子里玩。饭做好了叫我们一声。"

A. 适配器　　B. 职责链

C. 观察者　　D. 迭代器

4. "猫(Cat)大叫一声，老鼠(Mouse)开始逃跑，主人(Master)被惊醒"。这个过程蕴含了哪种设计模式，绘制相应的类图并使用 C#语言编程模拟此过程。

5. 某高校教学管理系统需要实现以下功能：

如果某个系的系名发生改变，则该系所有教师和学生的所属系名称也将发生改变。试使用观察者模式实现该功能，要求绘制相应的类图并使用 C#语言编程实现。

6. 某实时在线股票软件需要提供以下功能：

当股票购买者所购买的某支股票价格变化幅度达到 5%时，系统将自动发送通知(包括新价格)给购买该股票的所有股民。试使用观察者模式设计并实现该系统，要求绘制相应的类图并使用 C#语言编程模拟实现。

第23章

状态模式

本章导学

状态模式是一种较为复杂的设计模式，用于解决系统中复杂对象的状态转换以及不同状态下行为的封装问题。当系统中的某个对象存在多个状态，这些状态之间可以进行转换，而且对象在不同状态下行为不相同时可以使用状态模式。

本章将学习状态模式的定义与结构，分析状态模式的特点，并结合实例学习状态模式的实现过程，学会如何在实际软件项目开发中应用状态模式。

本章知识点

- 状态模式的定义。
- 状态模式的结构。
- 状态模式的实现。
- 状态模式的应用。
- 状态模式的优缺点。
- 状态模式的适用环境。
- 共享状态。
- 使用环境类实现状态的转换。

23.1 状态模式概述

"人有悲欢离合，月有阴晴圆缺"，包括人在内，很多事物都具有多种状态，而且在不同状态下会具有不同的行为，这些状态在特定条件下还将发生相互转换。就像水，它可以凝固成冰，也可以受热蒸发后变成水蒸气，水可以流动，冰可以雕刻，水蒸气可以扩散。可以用UML状态图来描述 H_2O 的3种状态，如图23-1所示。

在软件系统中，有些对象也像水一样具有多种状态，这些状态在某些情况下能够相互转换，而且对象在不同的状态下也将具有不同的行为。通常可以使用复杂的条件判断语句(例

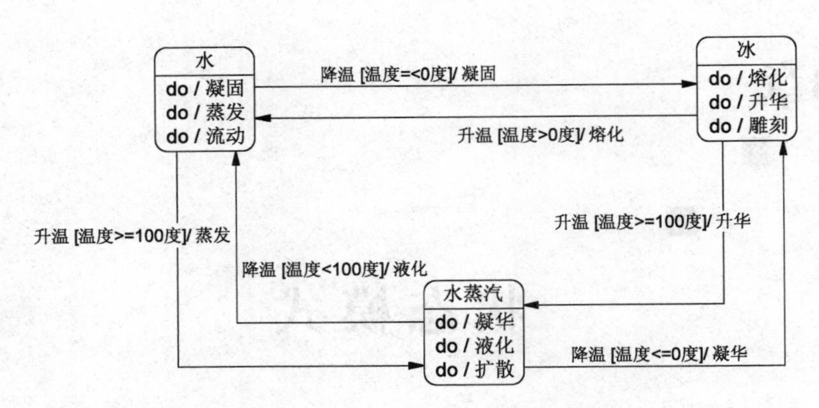

图 23-1 H_2O 的 3 种状态(未考虑临界点)

如 if…else…语句)来进行状态的判断和转换操作,这会导致代码的可维护性和灵活性下降,特别是出现新的状态时,代码的扩展性很差,客户端代码也需要进行相应的修改,违背了开闭原则。为了解决状态的转换问题,并降低客户端代码与对象状态之间的耦合度,可以使用一种被称为状态模式的设计模式。

状态模式用于解决系统中复杂对象的状态转换以及不同状态下行为的封装问题。当系统中的某个对象存在多个状态,这些状态之间可以进行转换,而且对象在不同状态下行为不相同时可以使用状态模式。状态模式将一个对象的状态从该对象中分离出来,封装到专门的状态类中,使得对象状态可以灵活变化。对于客户端而言,无须关心对象状态的转换以及对象所处的当前状态,无论对于何种状态的对象,客户端都可以一致处理。

状态模式的定义如下:

> **状态模式**:允许一个对象在其内部状态改变时改变它的行为。对象看起来似乎修改了它的类。
>
> **State Pattern**: Allow an object to alter its behavior when its internal state changes. The object will appear to change its class.

状态模式又称为状态对象(Objects for States),它是一种对象行为型模式。

23.2 状态模式的结构与实现

23.2.1 状态模式的结构

在状态模式中引入了抽象状态类和具体状态类,它们是状态模式的核心,其结构如图 23-2 所示。

由图 23-2 可知,状态模式包含以下 3 个角色。

(1) **Context(环境类)**:环境类又称为上下文类,它是拥有多种状态的对象。由于环境类的状态存在多样性,且在不同状态下对象的行为有所不同,所以将状态独立出去形成单独的状态类。在环境类中维护一个抽象状态类 State 的实例,这个实例定义当前状态,在具体

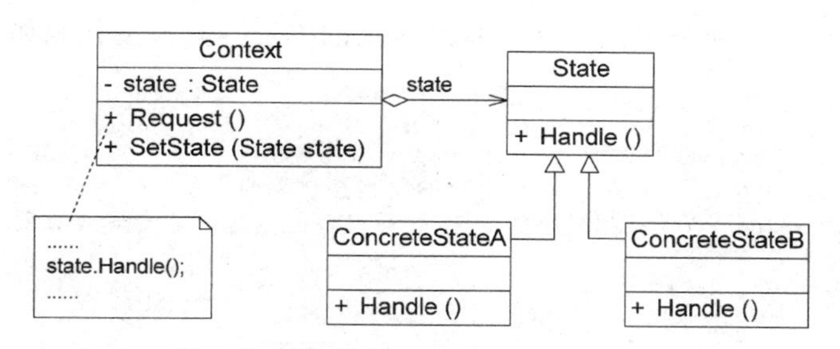

图 23-2 状态模式结构图

实现时，它是一个 State 子类的对象。

(2) **State(抽象状态类)**：它用于定义一个接口以封装与环境类的一个特定状态相关的行为，在抽象状态类中声明了各种不同状态对应的方法，而在其子类中实现了这些方法，由于不同状态下对象的行为可能不同，因此在不同子类中方法的实现可能存在不同，相同的方法可以写在抽象状态类中。

(3) **ConcreteState(具体状态类)**：它是抽象状态类的子类，每一个具体状态类实现一个与环境类的一个状态相关的行为，对应环境类的一个具体状态，不同的具体状态类其行为有所不同。

23.2.2 状态模式的实现

在状态模式中，将对象在不同状态下的行为封装到不同的状态类中，为了让系统具有更好的灵活性和可扩展性，同时对各状态下的共有行为进行封装，需要对状态进行抽象化，引入了抽象状态类角色。其典型代码如下：

```
abstract class State
{
        //声明抽象业务方法,不同的具体状态类可以有不同的实现
        public abstract void Handle();
}
```

在抽象状态类的子类(即具体状态类)中实现了在抽象状态类中声明的业务方法，不同的具体状态类可以提供完全不同的方法实现。实际使用时，在一个状态类中可能包含多个业务方法，如果在具体状态类中某些业务方法的实现完全相同，则可以将这些方法移至抽象状态类，实现代码的复用。典型的具体状态类代码如下：

```
class ConcreteState : State
{
    public override void Handle()
    {
        //方法具体实现代码
    }
}
```

环境类维持一个对抽象状态类的引用，通过 SetState()方法可以向环境类注入不同的

状态对象，再在环境类的业务方法中调用状态对象的方法。其典型代码如下：

```
class Context
{
    private State state;        //维持一个对抽象状态对象的引用
    private int value;          //其他属性值,该属性值的变化可能会导致对象的状态发生变化

    //设置状态对象
    public void SetState(State state)
    {
        this.state = state;
    }

    public void Request()
    {
        //其他代码
        state.Handle();        //调用状态对象的业务方法
        //其他代码
    }
}
```

环境类实际上是真正拥有状态的对象，只是将环境类中与状态有关的代码提取出来封装到专门的状态类中。在状态模式结构图中，环境类 Context 与抽象状态类 State 之间存在着单向关联关系，在 Context 中定义了一个 State 对象。在实际使用时，它们之间可能存在更为复杂的关系，State 与 Context 之间可能也存在依赖或者双向关联关系。

在状态模式的使用过程中，一个对象的状态之间还可以进行相互转换，通常有两种实现状态转换的方式。

(1) 统一由环境类来负责状态之间的转换，此时，环境类还充当了状态管理器(State Manager)角色，在环境类的业务方法中通过对某些属性值的判断实现状态转换，也可以提供一个专门的方法用于实现属性判断和状态转换，代码片段如下：

```
…
public void ChangeState()
{
    //判断属性值,根据属性值进行状态转换
    if (value == 0)
    {
        this.SetState(new ConcreteStateA());
    }
    else if (value == 1)
    {
        this.SetState(new ConcreteStateB());
    }
    …
}
…
```

(2) 由具体状态类来负责状态之间的转换，可以在具体状态类的业务方法中判断环境类的某些属性值，再根据情况为环境类设置新的状态对象，实现状态转换。同样，也可以提

供一个专门的方法来负责属性值的判断和状态转换。此时,状态类与环境类之间将存在依赖或关联关系,因为状态类需要访问环境类中的属性值,具体状态类 ConcreteStateA 的代码片段如下:

```
...
public void ChangeState(Context ctx)
{
    //根据环境对象中的属性值进行状态转换
    if (ctx.Value == 1)
    {
        ctx.SetState(new ConcreteStateB());
    }
    else if (ctx.Value == 2)
    {
        ctx.SetState(new ConcreteStateC());
    }
    ...
}
...
```

23.3 状态模式的应用实例

下面通过一个应用实例来进一步学习和理解状态模式。

1. 实例说明

某软件公司要为一银行开发一套信用卡业务系统,银行账户(Account)是该系统的核心类之一,通过分析,该软件公司开发人员发现在系统中账户存在3种状态,且在不同状态下账户存在不同的行为,具体说明如下:

(1) 如果账户中余额大于等于0,则账户的状态为正常状态(Normal State),此时用户既可以向该账户存款也可以从该账户取款。

(2) 如果账户中余额小于0,并且大于-2000,则账户的状态为透支状态(Overdraft State),此时用户既可以向该账户存款也可以从该账户取款,但需要按天计算利息。

(3) 如果账户中余额等于-2000,那么账户的状态为受限状态(Restricted State),此时用户只能向该账户存款,不能再从中取款,同时也将按天计算利息。

(4) 根据余额的不同,以上3种状态可发生相互转换。

现使用状态模式设计并实现银行账户状态的转换。

2. 实例类图

通过对银行账户类进行分析,可以绘制出图 23-3 所示的 UML 状态图。

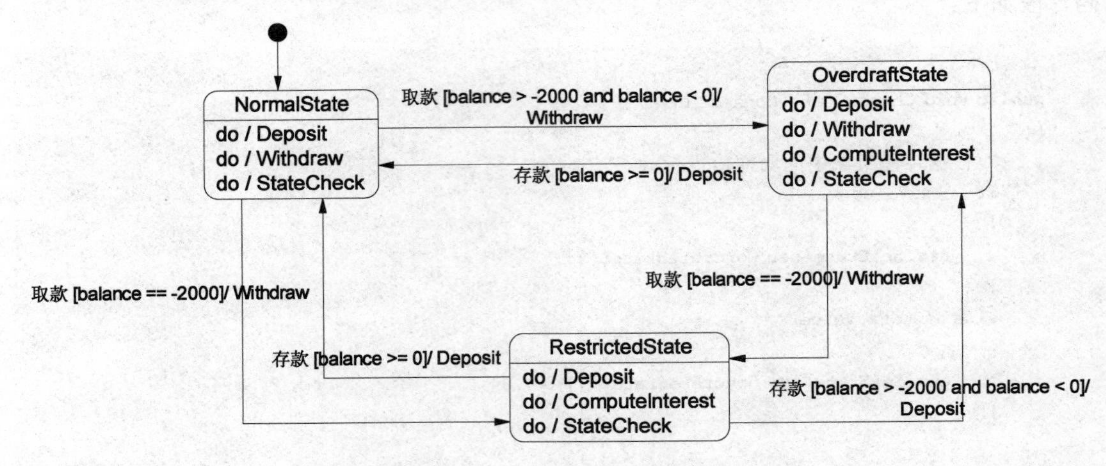

图 23-3 银行账户状态图

在图 23-3 中,NormalState 表示正常状态,OverdraftState 表示透支状态,RestrictedState 表示受限状态。在这 3 种状态下账户对象拥有不同的行为,方法 Deposit()用于存款,Withdraw()用于取款,ComputeInterest()用于计算利息,StateCheck()用于在每一次执行存款和取款操作后根据余额来判断是否要进行状态转换并实现状态转换,相同的方法在不同的状态下可能会有不同的实现。

使用状态模式对银行账户状态进行设计,所得的结构如图 23-4 所示。

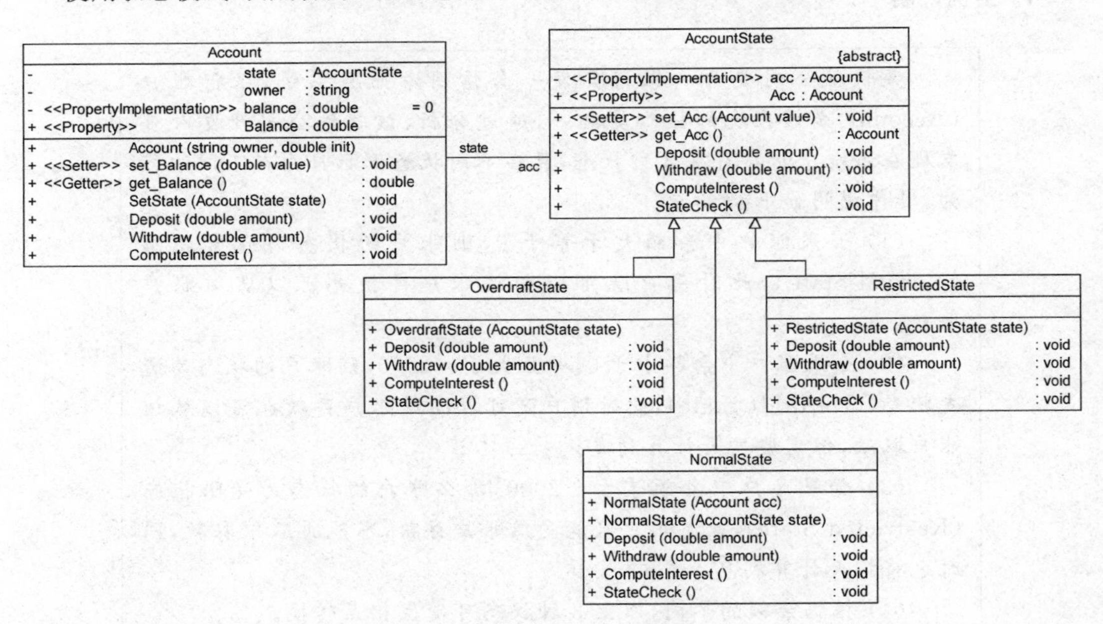

图 23-4 银行账户结构图

在图 23-4 中,Account 充当环境类角色,AccountState 充当抽象状态类角色,NormalState、

OverdraftState 和 RestrictedState 充当具体状态类角色。

3. 实例代码

(1) Account：银行账户，充当环境类。

```
//Account.cs
using System;

namespace StateSample
{
    class Account
    {
        private AccountState state;     //维持一个对抽象状态对象的引用
        private string owner;           //开户名
        private double balance = 0;     //账户余额

        public Account(string owner, double init)
        {
            this.owner = owner;
            this.balance = init;
            this.state = new NormalState(this);                      //设置初始状态
            Console.WriteLine("{0}开户,初始金额为{1}", this.owner ,init);
            Console.WriteLine("---------------------------------------------");
        }

        public double Balance
        {
            get { return balance; }
            set { balance = value; }
        }

        public void SetState(AccountState state)
        {
            this.state = state;
        }

        public void Deposit(double amount)
        {
            Console.WriteLine("{0}存款{1}", this.owner,amount);
            state.Deposit(amount);    //调用状态对象的Deposit()方法
            Console.WriteLine("现在余额为{0}", this.Balance);
            Console.WriteLine("现在账户状态为{0}",this.state.GetType().ToString());
            Console.WriteLine("---------------------------------------------");
        }

        public void Withdraw(double amount)
        {
            Console.WriteLine("{0}取款{1}",this.owner, amount);
            state.Withdraw(amount);   //调用状态对象的Withdraw()方法
            Console.WriteLine("现在余额为{0}", this.Balance);
            Console.WriteLine("现在账户状态为{0}", this.state.GetType().ToString());
            Console.WriteLine("---------------------------------------------");
        }
```

```
        public void ComputeInterest()
        {
            state.ComputeInterest(); //调用状态对象的 computeInterest()方法
        }
    }
}
```

(2) AccountState：账户状态类，充当抽象状态类。

```
//AccountState.cs
namespace StateSample
{
    abstract class AccountState
    {
        private Account acc;

        public Account Acc
        {
            get { return acc; }
            set { acc = value; }
        }
        public abstract void Deposit(double amount);
        public abstract void Withdraw(double amount);
        public abstract void ComputeInterest();
        public abstract void StateCheck();
    }
}
```

(3) NormalState：正常状态类，充当具体状态类。

```
//NormalState.cs
using System;

namespace StateSample
{
    class NormalState : AccountState
    {
        public NormalState(Account acc)
        {
            this.Acc = acc;
        }

        public NormalState(AccountState state)
        {
            this.Acc = state.Acc;
        }

        public override void Deposit(double amount)
        {
            Acc.Balance = Acc.Balance + amount;
            StateCheck();
        }
```

```
        public override void Withdraw(double amount)
        {
            Acc.Balance = Acc.Balance - amount;
            StateCheck();
        }
        public override void ComputeInterest()
        {
            Console.WriteLine("正常状态,无须支付利息!");
        }

        //状态转换
        public override void StateCheck()
        {
            if (Acc.Balance > -2000 && Acc.Balance <= 0)
            {
                Acc.SetState(new OverdraftState(this));
            }
            else if (Acc.Balance == -2000)
            {
                Acc.SetState(new RestrictedState(this));
            }
            else if (Acc.Balance < -2000)
            {
                Console.WriteLine("操作受限!");
            }
        }
    }
}
```

(4) OverdraftState：透支状态类，充当具体状态类。

```
//OverdraftState.cs
using System;

namespace StateSample
{
    class OverdraftState : AccountState
    {
        public OverdraftState(AccountState state)
        {
            this.Acc = state.Acc;
        }

        public override void Deposit(double amount)
        {
            Acc.Balance = Acc.Balance + amount;
            StateCheck();
        }

        public override void Withdraw(double amount)
        {
            Acc.Balance = Acc.Balance - amount;
```

```
            StateCheck();
        }

        public override void ComputeInterest()
        {
            Console.WriteLine("计算利息!");
        }

        //状态转换
        public override void StateCheck()
        {
            if (Acc.Balance > 0)
            {
                Acc.SetState(new NormalState(this));
            }
            else if (Acc.Balance == -2000)
            {
                Acc.SetState(new RestrictedState(this));
            }
            else if (Acc.Balance < -2000)
            {
                Console.WriteLine("操作受限!");
            }
        }
    }
}
```

(5) RestrictedState：受限状态类，充当具体状态类。

```
//RestrictedState.cs
using System;

namespace StateSample
{
    class RestrictedState : AccountState
    {
        public RestrictedState(AccountState state)
        {
            this.Acc = state.Acc;
        }

        public override void Deposit(double amount)
        {
            Acc.Balance = Acc.Balance + amount;
            StateCheck();
        }

        public override void Withdraw(double amount)
        {
            Console.WriteLine("账号受限,取款失败");
        }
```

```
        public override void ComputeInterest()
        {
            Console.WriteLine("计算利息!");
        }
        //状态转换
        public override void StateCheck()
        {
            if (Acc.Balance > 0)
            {
                Acc.SetState(new NormalState(this));
            }
            else if (Acc.Balance > - 2000)
            {
                Acc.SetState(new OverdraftState(this));
            }
        }
    }
}
```

（6）Program：客户端测试类。

```
//Program.cs
using System;

namespace StateSample
{
    class Program
    {
        static void Main(string[] args)
        {
            Account acc = new Account("段誉", 0.0);
            acc.Deposit(1000);
            acc.Withdraw(2000);
            acc.Deposit(3000);
            acc.Withdraw(4000);
            acc.Withdraw(1000);
            acc.ComputeInterest();

            Console.Read();
        }
    }
}
```

4. 结果及分析

编译并运行程序，输出结果如下：

```
段誉开户,初始金额为 0
---------------------------------------------
段誉存款 1000
现在余额为 1000
```

```
现在账户状态为 StateSample.NormalState
---------------------------------------------
段誉取款 2000
现在余额为 -1000
现在账户状态为 StateSample.OverdraftState
---------------------------------------------
段誉存款 3000
现在余额为 2000
现在账户状态为 StateSample.NormalState
---------------------------------------------
段誉取款 4000
现在余额为 -2000
现在账户状态为 StateSample.RestrictedState
---------------------------------------------
段誉取款 1000
账号受限,取款失败
现在余额为 -2000
现在账户状态为 StateSample.RestrictedState
---------------------------------------------
计算利息!
```

加粗部分对应客户端代码中 3 次调用取款方法 Withdraw()的输出结果,由于对象状态不一样,因此这 3 次输出结果有所差异。第一次取款后账户状态由正常状态(Normal State)变为透支状态(Overdraft State);第二次取款后账户状态由正常状态(Normal State)变为受限状态(Restricted State);在第三次取款时,由于账户状态已经为受限状态,因此取款失败。这 3 次取款操作体现了对象在不同状态下具有不同的行为,而且对象的转换是自动的,客户端无须关心其转换细节。

23.4 共享状态

在有些情况下,多个环境对象可能需要共享同一个状态,如果希望在系统中实现多个环境对象共享一个或多个状态对象,那么需要将这些状态对象定义为环境类的静态成员对象。

下面通过一个简单实例来说明如何实现共享状态。

> 某系统要求两个开关对象要么都处于开的状态,要么都处于关的状态,在使用时它们的状态必须保持一致,开关可以由开转换到关,也可以由关转换到开。
>
> 试使用状态模式来实现开关的设计。

通过分析,其结构如图 23-5 所示。

开关类的代码如下:

```
//Switch.cs
using System;
```

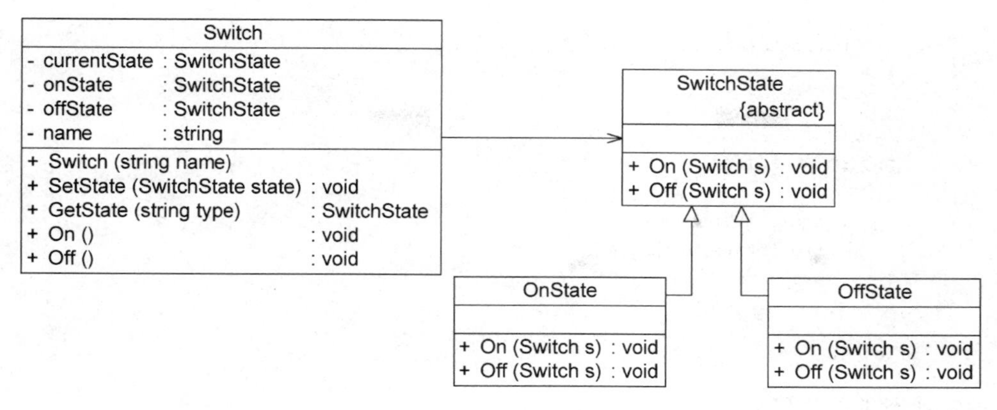

图 23-5 开关及其状态设计结构图

```
namespace SwitchStateSample
{
    class Switch
    {
        private static SwitchState currentState, onState, offState;
                                                        //定义 3 个静态的状态对象
        private string name;

        public Switch(string name)
        {
            this.name = name;
            onState = new OnState();
            offState = new OffState();
            currentState = onState;
        }

        public void SetState(SwitchState state)
        {
            currentState = state;
        }

        public static SwitchState GetState(string type)
        {
            if (type.Equals("on"))
            {
                return onState;
            }
            else
            {
                return offState;
            }
        }

        //打开开关
        public void On()
        {
            Console.Write(name);
```

```
            currentState.On(this);
        }

        //关闭开关
        public void Off()
        {
            Console.Write(name);
            currentState.Off(this);
        }
    }
}
```

抽象状态类的代码如下：

```
//SwitchState.cs
namespace SwitchStateSample
{
    abstract class SwitchState
    {
        public abstract void On(Switch s);
        public abstract void Off(Switch s);
    }
}
```

两个具体状态类的代码如下：

```
//OnState.cs 打开状态类
using System;

namespace SwitchStateSample
{
    class OnState : SwitchState
    {
        public override void On(Switch s)
        {
            Console.WriteLine("已经打开!");
        }

        public override void Off(Switch s)
        {
            Console.WriteLine("关闭!");
            s.SetState(Switch.GetState("off"));
        }
    }
}
--------------------------------------------------------------------------
//OffState.cs 关闭状态类
using System;

namespace SwitchStateSample
{
```

```
    class OffState : SwitchState
    {
        public override void On(Switch s)
        {
            Console.WriteLine("打开!");
            s.SetState(Switch.GetState("on"));
        }

        public override void Off(Switch s)
        {
            Console.WriteLine("已经关闭!");
        }
    }
}
```

编写以下客户端代码进行测试：

```
//Program.cs
using System;

namespace SwitchStateSample
{
    class Program
    {
        static void Main(string[] args)
        {
            Switch s1, s2;
            s1 = new Switch("开关 1");
            s2 = new Switch("开关 2");

            s1.On();
            s2.On();
            s1.Off();
            s2.Off();
            s2.On();
            s1.On();

            Console.Read();
        }
    }
}
```

输出结果如下：

```
开关 1 已经打开!
开关 2 已经打开!
开关 1 关闭!
开关 2 已经关闭!
开关 2 打开!
开关 1 已经打开!
```

从输出结果可以得知：两个开关共享相同的状态，如果第一个开关关闭，则第二个开关也将关闭，再次关闭时将输出“已经关闭”，打开时也将得到类似结果。

23.5 使用环境类实现状态的转换

在状态模式中实现状态转换时,具体状态类可通过调用环境类 Context 的 SetState() 方法进行状态的转换操作,也可以统一由环境类 Context 实现状态的转换。此时,增加新的具体状态类可能需要修改其他具体状态类或者环境类的源代码,否则系统无法转换到新增状态。但是对于客户端而言,无须关心状态类,可以为环境类设置默认的状态类,而将状态的转换工作交给具体状态类或环境类来完成,具体的转换细节对于客户端而言是透明的。

在 23.3 节的"银行账户状态转换"实例中,通过具体状态类来实现状态的转换,在每一个具体状态类中都包含一个 StateCheck()方法,在该方法内部实现状态的转换。除此之外,还可以通过环境类来实现状态转换,环境类作为一个状态管理器,统一实现各种状态之间的转换操作。

下面通过一个包含循环状态的简单实例来说明如何使用环境类实现状态转换。

> 现要开发一个屏幕放大镜工具,其具体功能描述如下:
>
> 用户单击"放大镜"按钮之后屏幕将放大一倍,再单击一次"放大镜"按钮屏幕再放大一倍,第三次单击该按钮后屏幕将还原到默认大小。
>
> 试使用状态模式来设计该屏幕放大镜工具。

通过分析,可以定义 3 个屏幕状态类 NormalState、LargerState 和 LargestState 来对应屏幕的 3 种状态,分别是正常状态、二倍放大状态和四倍放大状态,屏幕类 Screen 充当环境类,其结构如图 23-6 所示。

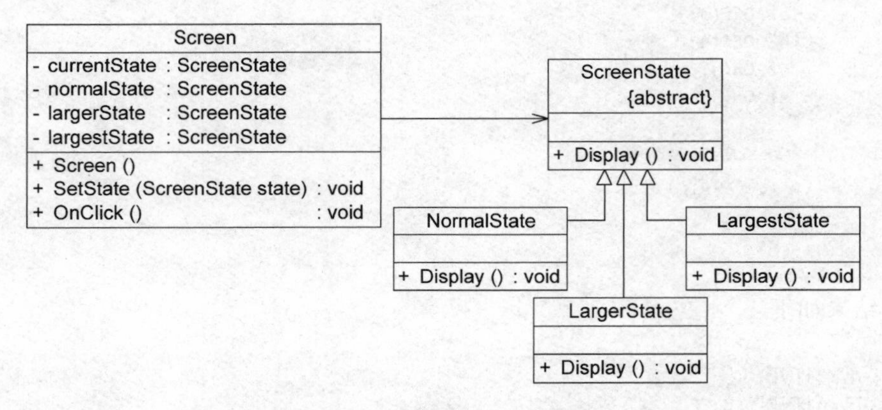

图 23-6 屏幕放大镜工具结构图

本实例的核心代码如下:

```
//Screen.cs 屏幕类
using System;
```

```
namespace ScreenStateSample
{
    class Screen
    {
        //枚举所有的状态,currentState表示当前状态
        private ScreenState currentState, normalState, largerState, largestState;

        public Screen()
        {
            this.normalState = new NormalState();      //创建正常状态对象
            this.largerState = new LargerState();      //创建二倍放大状态对象
            this.largestState = new LargestState();    //创建四倍放大状态对象
            this.currentState = normalState;           //设置初始状态
            this.currentState.Display();
        }

        public void SetState(ScreenState state)
        {
            this.currentState = state;
        }

        //单击事件处理方法,封装了对状态类中业务方法的调用和状态的转换
        public void OnClick()
        {
            if (this.currentState == normalState)
            {
                this.SetState(largerState);
                this.currentState.Display();
            }
            else if (this.currentState == largerState)
            {
                this.SetState(largestState);
                this.currentState.Display();
            }
            else if (this.currentState == largestState)
            {
                this.SetState(normalState);
                this.currentState.Display();
            }
        }
    }
}
-----------------------------------------------------------------------
//ScreenState.cs 抽象状态类
using System;

namespace ScreenStateSample
{
    abstract class ScreenState
    {
        public abstract void Display();
    }
}
```

```
-------------------------------------------------------------------------
//NormalState.cs 正常状态类
using System;

namespace ScreenStateSample
{
    class NormalState : ScreenState
    {
        public override void Display()
        {
            Console.WriteLine("正常大小!");
        }
    }
}
-------------------------------------------------------------------------
//LargerState.cs 二倍状态类
using System;
namespace ScreenStateSample
{
    class LargerState : ScreenState
    {
        public override void Display()
        {
            Console.WriteLine("二倍大小!");
        }
    }
}
-------------------------------------------------------------------------
//LargestState.cs 四倍状态类
using System;

namespace ScreenStateSample
{
    class LargestState : ScreenState
    {
        public override void Display()
        {
            Console.WriteLine("四倍大小!");
        }
    }
}
```

在上述代码中,所有的状态转换操作都由环境类 Screen 来实现,此时,环境类充当了状态管理器角色。如果需要增加新的状态,例如“八倍状态类”,需要修改环境类,这在一定程度上违背了开闭原则,但对其他状态类没有任何影响。

编写以下客户端代码进行测试:

```
using System;

namespace ScreenStateSample
{
```

```
class Program
{
    static void Main(string[] args)
    {
        Screen screen = new Screen();
        screen.OnClick();
        screen.OnClick();
        screen.OnClick();

        Console.Read();
    }
}
}
```

输出结果如下：

```
正常大小!
二倍大小!
四倍大小!
正常大小!
```

23.6 状态模式的优缺点与适用环境

状态模式将一个对象在不同状态下的不同行为封装在一个个状态类中，通过设置不同的状态对象可以让环境对象拥有不同的行为，而状态转换的细节对于客户端而言是透明的，方便了客户端的使用。在实际开发中，状态模式具有较高的使用频率，在工作流、游戏等软件中状态模式都得到了广泛的应用，例如公文状态的转换、游戏中角色的升级等。

23.6.1 状态模式的优点

状态模式的主要优点如下：

(1) 状态模式封装了状态的转换规则，在状态模式中可以将状态的转换代码封装在环境类或者具体状态类中，可以对状态转换代码进行集中管理，而不是分散在一个个业务方法中。

(2) 状态模式将所有与某个状态有关的行为放到一个类中，只需注入一个不同的状态对象即可使环境对象拥有不同的行为。

(3) 状态模式允许状态转换逻辑与状态对象合成一体，而不是提供一个巨大的条件语句块，状态模式可以避免使用庞大的条件语句将业务方法和状态转换代码交织在一起。

(4) 状态模式可以让多个环境对象共享一个状态对象，从而减少系统中对象的个数。

23.6.2 状态模式的缺点

状态模式的主要缺点如下：

(1) 状态模式会增加系统中类和对象的个数，导致系统运行开销增大。

(2) 其结构与实现都较为复杂，如果使用不当将导致程序结构和代码混乱，增加系统设计的难度。

(3) 状态模式对开闭原则的支持并不太好,增加新的状态类需要修改负责状态转换的源代码,否则无法转换到新增状态,而且修改某个状态类的行为也需要修改对应类的源代码。

23.6.3 状态模式的适用环境

在以下情况下可以考虑使用状态模式:

(1) 对象的行为依赖于它的状态(例如某些属性值),状态的改变将导致行为的变化。

(2) 在代码中包含大量与对象状态有关的条件语句,这些条件语句的出现会导致代码的可维护性和灵活性变差,不能方便地增加和删除状态,并且导致客户类与类库之间的耦合增强。

23.7 本章小结

(1) 在状态模式中,允许一个对象在其内部状态改变时改变它的行为,对象看起来似乎修改了它的类。状态模式是一种对象行为型模式。

(2) 状态模式包含环境类、抽象状态类和具体状态类3个角色。其中,环境类是拥有多种状态的对象;抽象状态类用于定义一个接口以封装与环境类的一个特定状态相关的行为,在抽象状态类中声明了各种不同状态对应的方法,而在其子类中实现了这些方法;具体状态类是抽象状态类的子类,每一个具体状态类实现一个与环境类的一个状态相关的行为,对应环境类的一个具体状态,不同的具体状态类其行为有所不同。

(3) 状态模式的主要优点包括它封装了状态的转换规则,可以对状态转换代码进行集中管理,而不是分散在一个个业务方法中;允许状态转换逻辑与状态对象合成一体,而不是提供一个巨大的条件语句块;可以让多个环境对象共享一个状态对象,从而减少系统中对象的个数。其主要缺点包括状态模式会增加系统中类和对象的个数,导致系统运行开销增大;如果使用不当将导致程序结构和代码混乱,增加系统设计的难度;此外,状态模式对开闭原则的支持并不太好。

(4) 状态模式适用的环境:对象的行为依赖于它的状态,状态的改变将导致行为的变化;在代码中包含大量与对象状态有关的条件语句。

(5) 如果需要在系统中实现多个环境对象共享一个或多个状态对象,可以将这些状态对象定义为环境类的静态成员对象。

(6) 在状态模式中,可以在具体状态类中实现状态之间的转换,也可以统一由环境类来负责状态之间的转换。

23.8 习题

1. 以下关于状态模式的叙述错误的是(　　)。

A. 状态模式允许一个对象在其内部状态改变时改变它的行为,对象看起来似乎修

改了它的类

B. 状态模式中引入了一个抽象类来专门表示对象的状态，而具体的状态都继承了该类，并实现了不同状态的行为，包括各种状态之间的转换

C. 状态模式使得状态的变化更加清晰明了，也很容易创建对象的新状态

D. 状态模式完全符合开闭原则，增加新的状态类无须对原有类库进行任何修改

2. 下列(　　)不是状态模式的实例。

A. 银行账户根据余额不同拥有不同的存/取款操作

B. 游戏软件中根据虚拟角色级别的不同拥有不同的权限

C. 某软件在不同的操作系统中呈现不同的外观

D. 会员系统中会员等级不同可以实现不同的行为

3. 分析以下代码：

```
class TestXYZ
{
    int behaviour;
    //Getter and Setter
    …
    public void HandleAll()
    {
        if (behaviour == 0)
        { //do something }
        else if (behaviour == 1)
        { //do something }
        else if (behaviour == 2)
        { //do something }
        else if (behaviour == 3)
        { //do something }
        … some more else if …
    }
}
```

为了提高代码的扩展性和健壮性，可以使用(　　)模式进行重构。

A. 访问者(Visitor)　　B. 外观(Facade)

C. 备忘录(Memento)　　D. 状态(State)

4. 传输门是传输系统中的重要装置。传输门具有 Open(打开)、Closed(关闭)、Opening(正在打开)、StayOpen(保持打开)、Closing(正在关闭)5 种状态。触发状态的转换事件有 click、complete 和 timeout 3 种。事件与其相应的状态转换如图 23-7 所示。

试使用状态模式对传输门进行状态模拟，要求绘制相应的类图并使用 C# 语言编程模拟实现。

5. 在某论坛系统中，用户可以发表留言，发表留言将增加积分；用户也可以回复留言，回复留言也将增加积分；用户还可以下载文件，下载文件将扣除积分。该系统用户分为 3 个等级，分别是新手、高手和专家，这 3 个等级对应 3 种不同的状态，对这 3 种状态分别定义如下：

(1) 如果积分小于 100 分，则为新手状态，用户可以发表留言、回复留言，但是不能下载

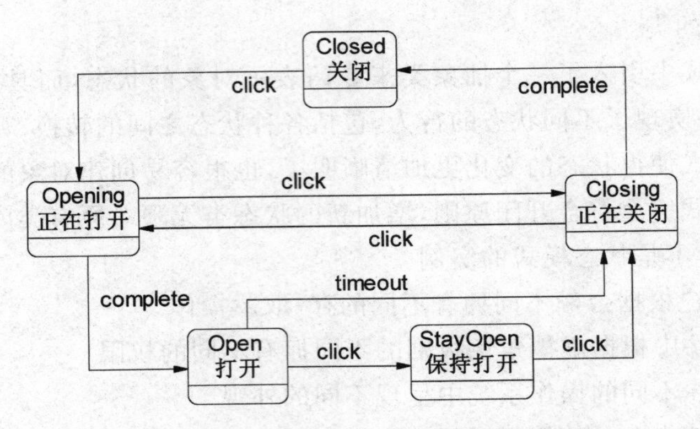

图 23-7　传输门响应事件与其状态转换图

文件；如果积分大于等于1000分，则转换为专家状态；如果积分大于等于100分，则转换为高手状态。

(2) 如果积分大于等于100分但小于1000分，则为高手状态，用户可以发表留言、回复留言，还可以下载文件，而且用户在发表留言时可以获取双倍积分；如果积分小于100分，则转换为新手状态；如果积分大于等于1000分，则转换为专家状态；如果下载文件后积分小于0，则不能下载该文件。

(3) 如果积分大于等于1000分，则为专家状态，用户可以发表留言、回复留言和下载文件，用户除了在发表留言时可以获取双倍积分外，下载文件只扣除所需积分的一半；如果积分小于100分，则转换为新手状态；如果积分小于1000分但大于等于100，则转换为高手状态；如果下载文件后积分小于0，则不能下载该文件。

试使用状态模式来设计该系统，要求绘制相应的类图并使用C♯语言编程模拟实现。

6. 在某纸牌游戏软件中，人物角色具有入门级(Primary)、熟练级(Secondary)、高手级(Professional)和骨灰级(Final)4种等级，角色的等级与其积分相对应，游戏胜利将增加积分，失败则扣除积分。入门级具有最基本的游戏功能Play()，熟练级增加了游戏胜利积分加倍功能DoubleScore()，高手级在熟练级基础上再增加换牌功能ChangeCards()，骨灰级在高手级基础上再增加偷看他人的牌功能PeekCards()。试使用状态模式来设计该系统，绘制相应的类图并使用C♯语言编程模拟实现。

第24章

策略模式

本章导学

策略模式用于算法的自由切换和扩展,它是使用较为广泛的设计模式之一。策略模式对应于解决某一问题的一个算法族,允许用户从该算法族中任选一个算法解决某一问题,同时可以方便地更换算法或者增加新的算法。策略模式实现了算法定义和算法使用的分离,它通过继承和多态的机制实现对算法族的使用和管理,是一个简单实用的设计模式。

本章将学习策略模式的定义及结构,结合实例学习如何在软件开发中使用策略模式,并理解策略模式的优缺点。

本章知识点

- 策略模式的定义。
- 策略模式的结构。
- 策略模式的实现。
- 策略模式的应用。
- 策略模式的优缺点。
- 策略模式的适用环境。

24.1 策略模式概述

在很多情况下,人们实现某个目标的途径不止一条,例如在外出旅游时游客可以选择多种不同的出行方式,如骑自行车、坐汽车、坐火车或者坐飞机,可根据实际情况(目的地距离、旅游预算、旅游时间等)来选择一种最适合的出行方式。在制订旅行计划时,如果目的地较远、时间不多,但不差钱,可以选择坐飞机去旅游;如果目的地虽远,但假期长,且需控制旅游成本可以选择坐火车或汽车;如果从健康和环保的角度考虑,而且有足够的毅力,自行车游或者徒步旅游是不错的选择,如图 24-1 所示。

在软件开发中,用户常常会遇到类似的情况,实现某一个功能(例如排序、查找等)有多种算法，一种常用的方法是通过硬编码(Hard Coding)将所有的算法集中在一个类中，在该类中提供多个方法，每一个方法对应一个具体的算法；当然，也可以将这些算法封装在一个统一的方法中，通过 if…else…等条件判断语句来进行选择。这两种实现方法都可以称为硬编码，如果需要增加一种新的算法，则需要修改算法类的源代码；更换算法，也需要修改客户端调用代码。在这个统一的算法类中封装了大量算法，代码非常复杂，维护也很困难。

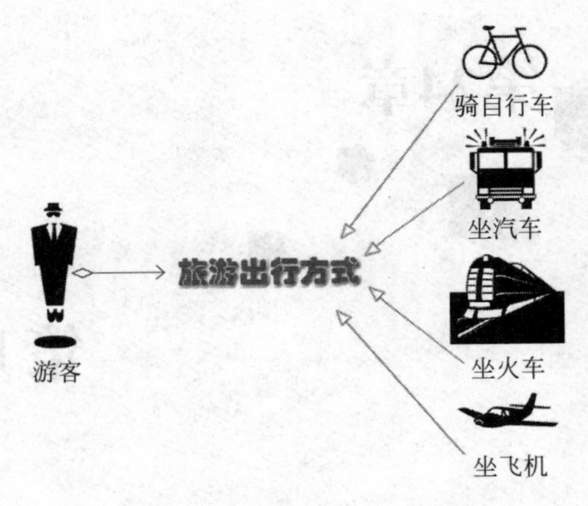

图 24-1　旅游出行方式示意图

此时可以使用一种设计模式来灵活地选择算法，还能够方便地增加新的算法，该设计模式就是策略模式。在策略模式中，可以定义一些独立的类来封装不同的算法，每一个类封装一种具体的算法，在这里，每一个封装算法的类都可以称为一种策略(Strategy)，为了保证这些策略在使用时具有一致性，一般会提供一个抽象的策略类来做算法的声明，而每种算法则对应于一个具体策略类。

策略模式的定义如下：

> **策略模式**：定义一系列算法，将每一个算法封装起来，并让它们可以相互替换。策略模式让算法可以独立于使用它的客户变化。
>
> **Strategy Pattern**: Define a family of algorithms, encapsulate each one, and make them interchangeable. Strategy lets the algorithm vary independently from clients that use it.

策略模式又称为政策(Policy)模式，它是一种对象行为型模式。

24.2　策略模式的结构与实现

24.2.1　策略模式的结构

策略模式结构并不复杂，其结构如图 24-2 所示。

由图 24-2 可知，策略模式包含以下 3 个角色。

(1) Context(环境类)：环境类是使用算法的角色，它在解决某个问题(即实现某个功能)时可以采用多种策略。在环境类中维持一个对抽象策略类的引用实例，用于定义所采用的策略。

(2) Strategy(抽象策略类)：抽象策略类为所支持的算法声明了抽象方法，是所有策略类的父类，它可以是抽象类或具体类，也可以是接口。

(3) ConcreteStrategy(具体策略类)：具体策略类实现了在抽象策略类中声明的算法，在运行时，具体策略类对象将覆盖在环境类中定义的抽象策略类对象，使用一种具体的算法实现某个业务功能。

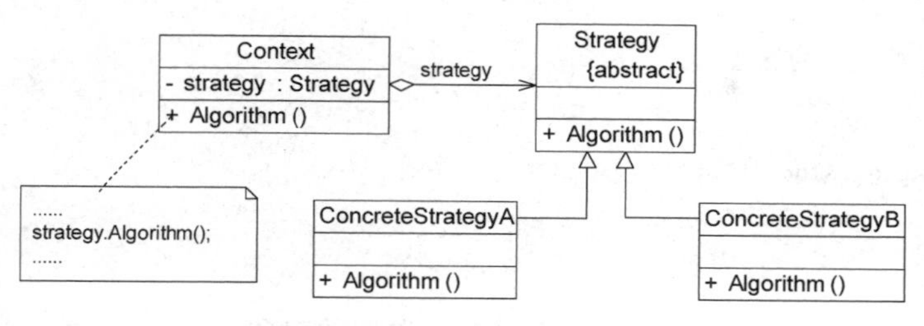

图 24-2 策略模式结构图

24.2.2 策略模式的实现

策略模式是一个很容易理解和使用的设计模式，策略模式是对算法的封装，它把算法的责任和算法本身分开，委派给不同的对象管理。策略模式通常把一个系列的算法封装到一系列具体策略类里面，作为抽象策略类的子类。在策略模式中，对环境类和抽象策略类的理解非常重要，环境类是需要使用算法的类。在一个系统中可以存在多个环境类，它们可能需要重用一些相同的算法。

在使用策略模式时，需要将算法从环境类 Context 中提取出来，首先应该创建一个抽象策略类，其典型代码如下：

```
abstract class AbstractStrategy
{
    public abstract void Algorithm();          //声明抽象算法
}
```

然后将封装每一种具体算法的类作为该抽象策略类的子类，其代码如下：

```
class ConcreteStrategyA : AbstractStrategy
{
    //算法的具体实现
    public override void Algorithm()
    {
        //算法 A
    }
}
```

其他具体策略类与之类似，对于 Context 类而言，在它与抽象策略类之间建立一个关联关系。其典型代码如下：

```
class Context
{
    private AbstractStrategy strategy;       //维持一个对抽象策略类的引用

    public void SetStrategy(AbstractStrategy strategy)
    {
```

```
        this.strategy = strategy;
    }
    //调用策略类中的算法
    public void Algorithm()
    {
        strategy.Algorithm();
    }
}
```

在 Context 类中定义一个 AbstractStrategy 类型的对象 strategy,通过注入的方式在客户端传入一个具体策略对象,客户端代码片段如下:

```
...
Context context = new Context();
AbstractStrategy strategy;
strategy = new ConcreteStrategyA();    //可在运行时指定类型,通过配置文件和反射机制实现
context.SetStrategy(strategy);
context.Algorithm();
...
```

在客户端代码中只需注入一个具体策略对象,可以将具体策略类类名存储在配置文件中,通过反射来动态创建具体策略对象,从而使用户能够灵活地更换具体策略类,增加新的具体策略类也很方便。策略模式提供了一种可插入式(Pluggable)算法的实现方案。

24.3 策略模式的应用实例

下面通过一个应用实例来进一步学习和理解策略模式。

1. 实例说明

> 某软件公司为某电影院开发了一套影院售票系统,在该系统中需要为不同类型的用户提供不同的电影票打折方式,具体打折方案如下:
>
> (1) 学生凭学生证可享受票价8折优惠。
>
> (2) 年龄在10周岁及以下的儿童可享受每张票减免10元的优惠(原始票价需大于等于20元)。
>
> (3) 影院VIP用户除享受票价半价优惠外还可进行积分,积分累计到一定额度可换取电影院赠送的奖品。
>
> 该系统在将来可能还要根据需要引入新的打折方式。现使用策略模式设计该影院售票系统的打折方案。

2. 实例类图

通过分析,本实例的结构如图24-3所示。

在图24-3中,MovieTicket充当环境类,Discount充当抽象策略类,StudentDiscount、

ChildrenDiscount 和 VIPDiscount 充当具体策略类。

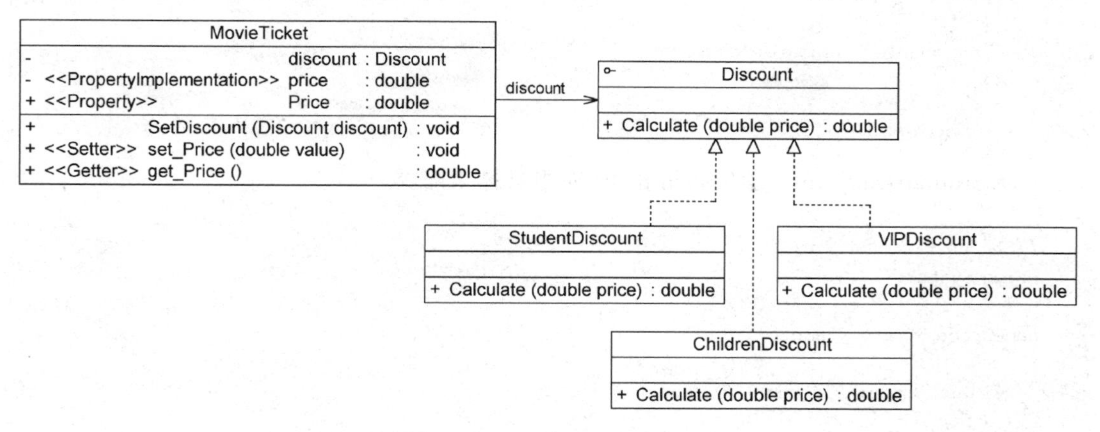

图 24-3　电影票打折方案结构图

3. 实例代码

(1) MovieTicket：电影票类，充当环境类。

```
//MovieTicket.cs
namespace StrategySample
{
    class MovieTicket
    {
        private double price;
        private Discount discount; //维持一个对抽象折扣类的引用

        //注入一个折扣类对象
        public void SetDiscount(Discount discount)
        {
            this.discount = discount;
        }

        public double Price
        {
            get {
                //调用折扣类的折扣价计算方法
                return discount.Calculate(this.price);
            }
            set { price = value; }
        }
    }
}
```

(2) Discount：折扣类，充当抽象策略类。

```
//Discount.cs
namespace StrategySample
{
```

```
    interface Discount
    {
        double Calculate(double price);
    }
}
```

(3) StudentDiscount：学生票折扣类，充当具体策略类。

```
//StudentDiscount.cs
using System;

namespace StrategySample
{
    class StudentDiscount : Discount
    {
        private const double DISCOUNT = 0.8;
        public double Calculate(double price)
        {
            Console.WriteLine("学生票：");
            return price * DISCOUNT;
        }
    }
}
```

(4) ChildrenDiscount：儿童票折扣类，充当具体策略类。

```
//ChildrenDiscount.cs
using System;

namespace StrategySample
{
    class ChildrenDiscount : Discount
    {
        private const double DISCOUNT = 10;
        public double Calculate(double price)
        {
            Console.WriteLine("儿童票：");
            return price - DISCOUNT;
        }
    }
}
```

(5) VIPDiscount：VIP 会员票折扣类，充当具体策略类。

```
//VIPDiscount.cs
using System;

namespace StrategySample
{
    class VIPDiscount : Discount
    {
```

```
        private const double DISCOUNT = 0.5;
        public double Calculate(double price)
        {
            Console.WriteLine("VIP 票: ");
            Console.WriteLine("增加积分!");
            return price * DISCOUNT;
        }
    }
}
```

(6) 配置文件 App.config：在配置文件中存储了具体折扣类的类名。

```
<?xml version = "1.0" encoding = "utf-8" ?>
<configuration>
    <appSettings>
        <add key = "discountType" value = "StrategySample.StudentDiscount"/>
    </appSettings>
</configuration>
```

(7) Program：客户端测试类。

```
//Program.cs
using System;
using System.Configuration;
using System.Reflection;

namespace StrategySample
{
    class Program
    {
        static void Main(string[] args)
        {
            MovieTicket mt = new MovieTicket();
            double originalPrice = 60.0;
            double currentPrice;

            mt.Price = originalPrice;
            Console.WriteLine("原始价为: {0}",originalPrice);
            Console.WriteLine("---------------------------------");

            Discount discount;
            //读取配置文件
            string discountType = ConfigurationManager.AppSettings["discountType"];
            //反射生成具体折扣对象
            discount = (Discount)Assembly.Load("StrategySample").CreateInstance(discountType);
            //注入折扣对象
            mt.SetDiscount(discount);

            currentPrice = mt.Price;
            Console.WriteLine("折后价为: {0}",currentPrice);
            Console.Read();
        }
```

```
    }
}
```

4. 结果及分析

编译并运行程序,输出结果如下:

```
原始价为: 60
----------------------------------
学生票:
折后价为: 48
```

如果需要更换具体策略类,无须修改源代码,只需修改配置文件即可。例如将学生票改为儿童票,只需将存储在配置文件中的具体策略类 StudentDiscount 改为 ChildrenDiscount,代码如下:

```
<?xml version = "1.0" encoding = "utf - 8" ?>
<configuration>
    <appSettings>
        <add key = "discountType" value = "StrategySample.ChildrenDiscount"/>
    </appSettings>
</configuration>
```

重新运行客户端程序,输出结果如下:

```
原始价为: 60
----------------------------------
儿童票:
折后价为: 50
```

如果需要增加新的打折方式,原有代码均无须修改,只需增加一个新的折扣类作为抽象折扣类的子类,实现在抽象折扣类中声明的打折方法,然后修改配置文件,将原有具体折扣类类名改为新增折扣类类名即可,完全符合开闭原则。

24.4 PetShop 4.0 中的订单处理

在微软公司提供的演示项目 PetShop 4.0 中使用策略模式来处理同步订单和异步订单的问题。在 PetShop 4.0 的 BLL(Business Logic Layer,业务逻辑层)子项目中有一个 OrderAsynchronous 类和一个 OrderSynchronous 类,它们都继承自 IOrderStrategy 接口,如图 24-4 所示。

在图 24-4 中,OrderSynchronous 以一种同步的方式处理订单,而 OrderAsynchronous 先将订单存放在一个队列中,然后再对队列里的订单进行处理,以一种异步方式对订单进行处理。BLL 的 Order 类通过反射机制从配置文件中读取策略配置的信息,以决定到底使用哪种订单处理方式。配置文件 web.config 中的代码片段如下:

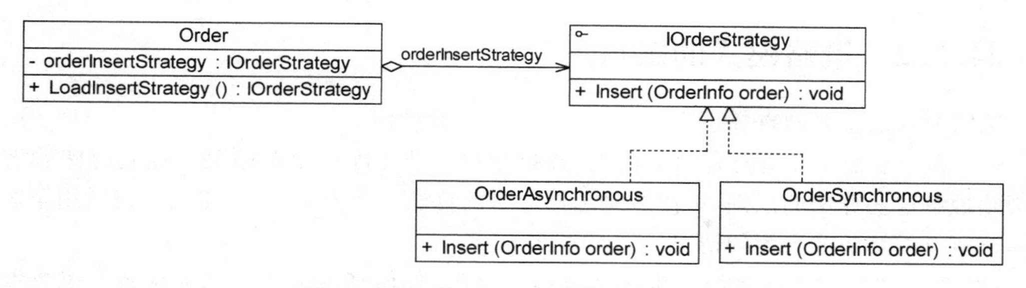

图 24-4　PetShop 4.0 订单策略类结构图

```
...
<add key = "OrderStrategyClass" value = "PetShop.BLL.OrderSynchronous"/>
...
```

用户只需修改配置文件即可更改订单处理方式，提高了系统的灵活性。

24.5　策略模式的优缺点与适用环境

策略模式用于算法的自由切换和扩展，它是应用较为广泛的设计模式之一。策略模式对应于解决某一问题的一个算法族，允许用户从该算法族中任选一个算法来解决某一问题，同时可以方便地更换算法或者增加新的算法，只要涉及算法的封装、复用和切换都可以考虑使用策略模式。

24.5.1　策略模式的优点

策略模式的主要优点如下：

(1) 策略模式提供了对开闭原则的完美支持，用户可以在不修改原有系统的基础上选择算法或行为，也可以灵活地增加新的算法或行为。

(2) 策略模式提供了管理相关的算法族的办法。策略类的等级结构定义了一个算法或行为族，恰当地使用继承可以把公共的代码移到抽象策略类中，从而避免代码重复。

(3) 策略模式提供了一种可以替换继承关系的办法。如果不使用策略模式，那么使用算法的环境类就可能会有一些子类，每一个子类提供一种不同的算法。但是，这样一来算法的使用就和算法本身混在一起，不符合单一职责原则，决定使用哪一种算法的逻辑和该算法本身混合在一起，从而不可能再独立演化，而且使用继承无法实现算法或行为在程序运行时的动态切换。

(4) 使用策略模式可以避免多重条件选择语句。多重条件选择语句不易维护，它把采取哪一种算法或行为的逻辑与算法或行为本身的实现逻辑混合在一起，将它们全部硬编码在一个庞大的多重条件选择语句中，比直接继承环境类的办法还要原始和落后。

(5) 策略模式提供了一种算法的复用机制，由于将算法单独提取出来封装在策略类中，因此不同的环境类可以方便地复用这些策略类。

24.5.2 策略模式的缺点

策略模式的主要缺点如下：

(1) 客户端必须知道所有的策略类，并自行决定使用哪一个策略类。这就意味着客户端必须理解这些算法的区别，以便适时选择恰当的算法。换而言之，策略模式只适用于客户端知道所有的算法或行为的情况。

(2) 策略模式将造成系统产生很多具体策略类，任何细小的变化都将导致系统要增加一个新的具体策略类。

(3) 无法同时在客户端使用多个策略类，也就是说，在使用策略模式时，客户端每次只能使用一个策略类，不支持使用一个策略类完成部分功能后再使用另一个策略类来完成剩余功能的情况。

24.5.3 策略模式的适用环境

在以下情况下可以考虑使用策略模式：

(1) 一个系统需要动态地在几种算法中选择一种，那么可以将这些算法封装到一个个具体算法类中，而这些具体算法类都是一个抽象算法类的子类。换而言之，这些具体算法类均有统一的接口，根据里氏代换原则和面向对象的多态性，客户端可以选择使用任何一个具体算法类，并只需要维持一个数据类型是抽象算法类的对象。

(2) 一个对象有很多的行为，如果不用恰当的模式，这些行为则只能使用多重条件选择语句来实现。此时，使用策略模式，把这些行为转移到相应的具体策略类里面，就可以避免使用难以维护的多重条件选择语句。

(3) 不希望客户端知道复杂的、与算法相关的数据结构，在具体策略类中封装算法与相关的数据结构，可以提高算法的保密性与安全性。

24.6 本章小结

(1) 在策略模式中定义一系列算法，将每一个算法封装起来，并让它们可以相互替换。策略模式让算法可以独立于使用它的客户而变化。策略模式又称为政策模式，它是一种对象行为型模式。

(2) 策略模式包含环境类、抽象策略类和具体策略类 3 个角色。其中，环境类是使用算法的角色，它在解决某个问题(即实现某个功能)时可以采用多种策略；抽象策略类为所支持的算法声明了抽象方法，是所有策略类的父类；具体策略类实现了在抽象策略类中声明的算法。

(3) 策略模式的主要优点是用户可以在不修改原有系统的基础上选择算法或行为，也可以灵活地增加新的算法或行为；提供了一种管理相关的算法族的办法和替换继承关系的办法，可以避免多重条件选择语句；此外，策略模式还提供了一种算法的复用机制。其主要缺点是客户端必须知道所有的策略类，并自行决定使用哪一个策略类；将造成系统产生很多具体策略类，而且无法同时在客户端使用多个策略类。

(4) 策略模式适用的环境：一个系统需要动态地在几种算法中选择一种；避免使用难以维护的多重条件选择语句；不希望客户端知道复杂的、与算法相关的数据结构。

(5) 在微软公司提供的演示项目 PetShop 4.0 中使用策略模式来处理同步订单和异步订单的问题。

24.7　习题

1. 在某系统中用户可以动态选择某种排序算法(例如选择排序、冒泡排序、插入排序)来实现某功能,该系统的设计可以使用(　　)模式。

A. 状态　　B. 策略　　C. 模板方法　　D. 工厂方法

2. 以下关于策略模式的叙述错误的是(　　)。

A. 策略模式是对算法的包装,它把算法的责任和算法本身分开,委派给不同的对象管理

B. 在 Context 类中,维护了所有 ConcreteStrategy 的引用实例

C. 策略模式让算法独立于使用它的客户变化

D. 在策略模式中定义一系列算法,将每一个算法封装起来,并让它们可以相互替换

3. 以下关于策略模式的优缺点描述错误的是(　　)。

A. 在策略模式中,客户端无须知道所有的策略类,系统必须自行提供一个策略类

B. 策略模式可以避免使用多重条件转移语句

C. 策略模式会导致产生大量的策略类

D. 策略模式提供了管理相关算法族的办法

4. 在策略模式中,一个环境类 Context 能否对应多个不同的策略等级结构？如何设计？

5. 某系统需要对重要数据(如用户密码)进行加密,并提供了几种加密方案(例如凯撒加密、求模加密等)。试对该加密模块进行设计,使得用户可以动态选择加密方式,要求绘制相应的类图并使用 C# 语言编程实现。

6. 某系统提供了一个用于对数组数据进行操作的类,该类封装了对数组的常见操作,如查找数组元素、对数组元素进行排序等。现以排序操作为例,使用策略模式设计该数组操作类,使得客户端可以动态地更换排序算法,可以根据需要选择冒泡排序、选择排序或插入排序,还能够灵活地增加新的排序算法。要求绘制相应的类图并使用 C# 语言编程实现。

7. 某软件公司要开发一款飞机模拟系统,该系统主要模拟不同种类飞机的飞行特征与起飞特征,需要模拟的飞机种类及其特征如表 24-1 所示。

表 24-1　飞机种类及特征一览表

飞机种类	起飞特征	飞行特征
直升机(Helicopter)	垂直起飞(VerticalTakeOff)	亚音速飞行(SubSonicFly)
客机(AirPlane)	长距离起飞(LongDistanceTakeOff)	亚音速飞行(SubSonicFly)
歼击机(Fighter)	长距离起飞(LongDistanceTakeOff)	超音速飞行(SuperSonicFly)
鹞式战斗机(Harrier)	垂直起飞(VerticalTakeOff)	超音速飞行(SuperSonicFly)

为将来能够模拟更多种类的飞机,试采用策略模式设计该飞机模拟系统。

第25章

模板方法模式

本章导学

模板方法模式是结构最简单的行为型设计模式，它是一种类行为模式，在其结构中只存在父类与子类之间的继承关系。通过使用模板方法模式，可以将一些复杂流程的实现步骤封装在一系列基本方法中，在抽象父类中提供了一个称为模板方法的方法来定义这些基本方法的执行次序，而通过其子类来覆盖某些步骤，从而使得相同的算法框架可以有不同的执行结果。模板方法模式提供了具体的模板方法来定义算法结构，而具体步骤的实现可以在其子类中完成。

本章将学习模板方法模式的定义与结构，学习模板方法模式中所包含的几种不同的方法，并通过实例来学习模板方法模式的应用，学会如何在实际软件项目开发中合理地使用模板方法模式。

本章知识点

- 模板方法模式的定义。
- 模板方法模式的结构。
- 模板方法模式的实现。
- 模板方法模式的应用。
- 模板方法模式的优缺点。
- 模板方法模式的适用环境。
- 钩子方法的使用。

25.1 模板方法模式概述

在现实生活中，很多事情都包含几个实现步骤，例如请客吃饭，无论吃什么，一般都包含点单、吃东西、买单等几个步骤，通常情况下这几个步骤的次序是：点单→吃东西→买单。在这3个步骤中，点单和买单大同小异，最大的区别在于第二步——吃什么，吃面条和吃满汉全席可大不相同。请客吃饭示意图如图 25-1 所示。

在软件开发中，开发人员有时也会遇到类似的情况，某个方法的实现需要多个步骤(类似“请客”)，其中有些步骤是固定的(类似“点单”和“买单”)，而有些步骤并不固定，存在可变性(类似“吃东西”)。为了提高代码的复用性和系统的灵活性，可以使用一种称为模板方法模式的设计模式来对这类情况进行设计。在模板方法模式中，将实现功能的每一个步骤所对应的方法称为基本方法(例如“点单”、“吃东西”和“买单”)，而调用这些基本方法同时定义基本方法的执行次序的方法称为模板方法(例如“请客”)。在模板方法模式中，可以将相同的代码放在父类中，例如将模板方法“请客”以及基本方法“点单”和“买单”的实现放在父类中，而对于基本方法“吃东西”，在父类中只做一个声明，将其具体实现放在不同的子类中，在一个子类中提供“吃面条”的实现，而另一个子类提供“吃满汉全席”的实现。通过使用模板方法模式，一方面提高了代码的复用性；另一方面还可以利用面向对象的多态性，在运行时选择一种具体子类，实现完整的“请客”方法，提高系统的灵活性和可扩展性。

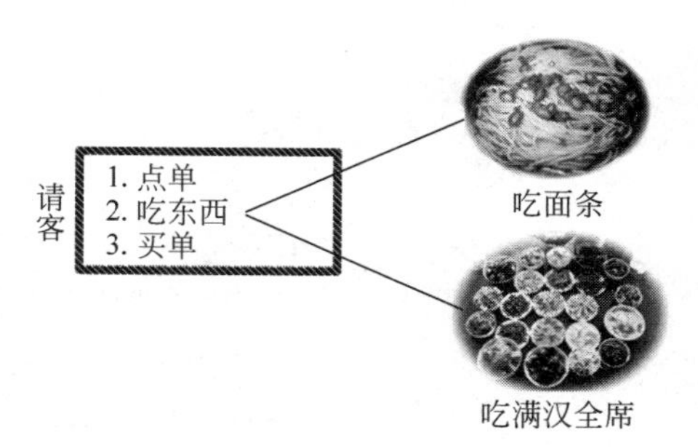

图 25-1 请客吃饭示意图

模板方法模式的定义如下：

> **模板方法模式**：定义一个操作中算法的框架，而将一些步骤延迟到子类中。模板方法模式使得子类不改变一个算法的结构即可重定义该算法的某些特定步骤。
>
> **Template Method Pattern**: Define the skeleton of an algorithm in an operation, deferring some steps to subclasses. Template Method lets subclasses redefine certain steps of an algorithm without changing the algorithm's structure.

模板方法模式是一种基于继承的代码复用技术，它是一种类行为型模式。

模板方法模式是结构最简单的行为型设计模式，在其结构中只存在父类与子类之间的继承关系。通过使用模板方法模式，可以将一些复杂流程的实现步骤封装在一系列基本方法中，在抽象父类中提供一个称为模板方法的方法来定义这些基本方法的执行次序，而通过其子类来覆盖某些步骤，从而使得相同的算法框架可以有不同的执行结果。模板方法模式提供了一个模板方法来定义算法框架，而某些具体步骤的实现可以在其子类中完成。

25.2 模板方法模式的结构与实现

25.2.1 模板方法模式的结构

模板方法模式的结构比较简单，其核心是抽象类和其中的模板方法的设计，其结构如

图 25-2 所示。

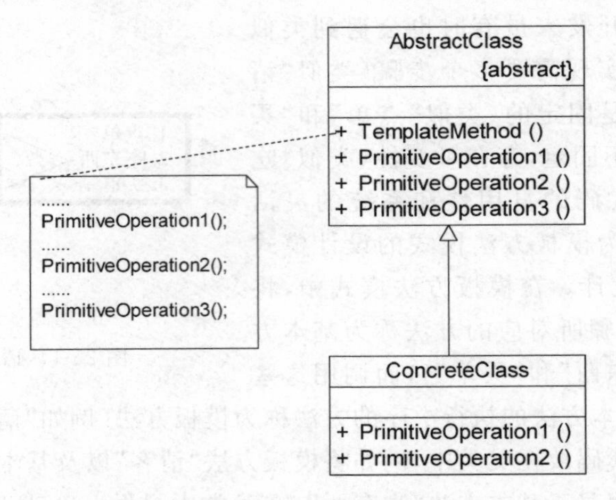

图 25-2 模板方法模式结构图

由图 25-2 可知，模板方法模式包含以下两个角色。

(1) **AbstractClass**(抽象类)：在抽象类中定义了一系列基本操作(Primitive Operations)，这些基本操作可以是具体的，也可以是抽象的，每一个基本操作对应算法的一个步骤，在其子类中可以重定义或实现这些步骤。同时，在抽象类中实现了一个模板方法(Template Method)，用于定义一个算法的框架，模板方法不仅可以调用在抽象类中实现的基本方法，也可以调用在抽象类的子类中实现的基本方法，还可以调用其他对象中的方法。

(2) **ConcreteClass**(具体子类)：它是抽象类的子类，用于实现在父类中声明的抽象基本操作，以完成子类特定算法的步骤，也可以覆盖在父类中已经实现的具体基本操作。

25.2.2 模板方法模式的实现

在实现模板方法模式时，开发抽象类的软件设计师和开发具体子类的软件设计师之间可以进行协作。一个设计师负责给出一个算法的轮廓和框架，另一些设计师则负责给出这个算法的各个逻辑步骤。实现这些具体逻辑步骤的方法即为基本方法，而将这些基本方法汇总起来的方法即为模板方法，模板方法模式的名字也因此而来。下面详细介绍模板方法和基本方法。

1. 模板方法

一个模板方法是定义在抽象类中的、把基本操作方法组合在一起形成一个总算法或一个总行为的方法。这个模板方法定义在抽象类中，并由子类不加以修改地完全继承下来。模板方法是一个具体方法，它给出了一个顶层逻辑框架，而逻辑的组成步骤在抽象类中可以是具体方法，也可以是抽象方法。由于模板方法是具体方法，因此，模板方法模式中的抽象层只能是抽象类，而不是接口。

2. 基本方法

基本方法是实现算法各个步骤的方法，是模板方法的组成部分。基本方法又可以分为 3 种，即抽象方法(Abstract Method)、具体方法(Concrete Method)和钩子方法(Hook Method)。

(1) 抽象方法：一个抽象方法由抽象类声明、其具体子类实现。在C#语言中，一个抽象方法以abstract关键字标识。

(2) 具体方法：一个具体方法由一个抽象类或具体类声明并实现，其子类可以进行覆盖也可以直接继承。

(3) 钩子方法：一个钩子方法由一个抽象类或具体类声明并实现，而其子类可能会加以扩展。通常，在父类中给出的实现是一个空实现(可使用virtual关键字将其定义为虚函数)，并以该空实现作为方法的默认实现，当然，钩子方法也可以提供一个非空的默认实现。

在模板方法模式中，钩子方法有两类：第一类钩子方法可以与一些具体步骤"挂钩"，以实现在不同条件下执行模板方法中的不同步骤，这类钩子方法的返回类型通常是bool类型，方法名一般为IsXXX()，用于对某个条件进行判断，如果条件满足，则执行某一步骤，否则不执行，代码片段如下：

```
…
//模板方法
public void TemplateMethod()
{
    Open();
    Display();
    //通过钩子方法来确定某步骤是否执行
    if (IsPrint())
    {
        Print();
    }
}

//钩子方法
public bool IsPrint()
{
    return true;
}
…
```

在该段代码中，IsPrint()方法即钩子方法，它可以决定Print()方法是否执行，一般情况下，钩子方法的返回值为true，如果不希望某方法执行，可以在其子类中覆盖钩子方法，将其返回值改为false即可，这种类型的钩子方法可以控制方法的执行，对一个算法进行约束。

还有一类钩子方法就是实现体为空的具体方法，子类可以根据需要覆盖或者继承这些钩子方法，与抽象方法相比，这类钩子方法的好处在于子类如果没有覆盖父类中定义的钩子方法，编译可以正常通过，但是如果没有覆盖父类中声明的抽象方法，编译将报错。

在模板方法模式中，抽象类的典型代码如下：

```
abstract class AbstractClass
{
    //模板方法
    public void TemplateMethod()
```

```
    {
        PrimitiveOperation1();
        PrimitiveOperation2();
        PrimitiveOperation3();
    }

    //基本方法——具体方法
    public void PrimitiveOperation1()
    {
        //实现代码
    }
    //基本方法——抽象方法
    public abstract void PrimitiveOperation2();

    //基本方法——钩子方法
    public virtual void PrimitiveOperation3()
    {    }
}
```

在抽象类中，模板方法TemplateMethod()定义了算法的框架，在模板方法中调用基本方法以实现完整的算法，每一个基本方法(如PrimitiveOperation1()、PrimitiveOperation2()等)均实现了算法的一部分，对于所有子类都相同的基本方法可以在父类提供具体实现，例如PrimitiveOperation1()，否则在父类声明为抽象方法或钩子方法，由不同的子类提供不同的实现，例如PrimitiveOperation2()和PrimitiveOperation3()。

用户可在抽象类的子类中提供抽象步骤的实现，也可覆盖父类中已经实现的具体方法，具体子类的典型代码如下：

```
class ConcreteClass : AbstractClass
{
    public override void PrimitiveOperation2()
    {
        //实现代码
    }

    public override void PrimitiveOperation3()
    {
        //实现代码
    }
}
```

在模板方法模式中，由于面向对象的多态性，子类对象在运行时将覆盖父类对象，子类中定义的方法也将覆盖父类中定义的方法，因此程序在运行时，具体子类的基本方法将覆盖父类中定义的基本方法，子类的钩子方法将覆盖父类的钩子方法，从而可以通过在子类中实现的钩子方法对父类方法的执行进行约束，实现子类对父类行为的反向控制。

25.3 模板方法模式的应用实例

下面通过一个应用实例来进一步学习和理解模板方法模式。

1. 实例说明

> 某软件公司要为某银行的业务支撑系统开发一个利息计算模块，利息的计算流程如下：
>
> (1) 系统根据账号和密码验证用户信息，如果用户信息错误，则系统显示出错提示。
>
> (2) 如果用户信息正确，则根据用户类型的不同使用不同的利息计算公式计算利息(如活期账户和定期账户具有不同的利息计算公式)。
>
> (3) 系统显示利息。
>
> 现使用模板方法模式设计该利息计算模块。

2. 实例类图

通过分析，本实例的结构如图 25-3 所示。

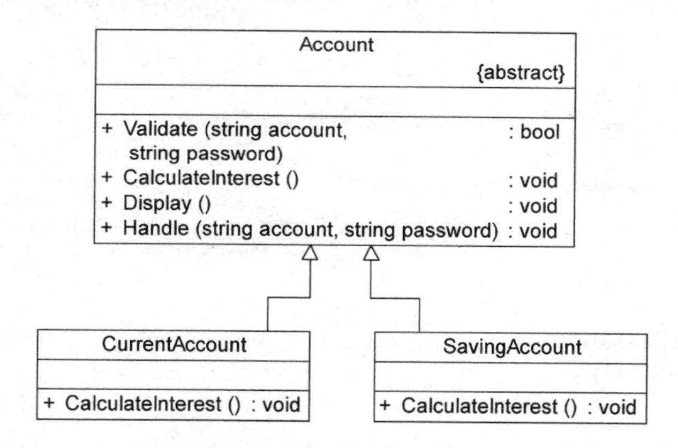

图 25-3 银行利息计算模块结构图

在图 25-3 中，Account 充当抽象类角色，CurrentAccount 和 SavingAccount 充当具体子类角色。

3. 实例代码

(1) Account：账户类，充当抽象类。

```
//Account.cs
using System;

namespace TemplateMethodSample
{
```

```
    abstract class Account
    {
        //基本方法——具体方法
        public bool Validate(string account, string password)
        {
            Console.WriteLine("账号：{0}", account);
            Console.WriteLine("密码：{0}", password);
            //模拟登录
            if (account.Equals("张无忌") && password.Equals("123456"))
            {
                return true;
            }
            else
            {
                return false;
            }
        }

        //基本方法——抽象方法
        public abstract void CalculateInterest();

        //基本方法——具体方法
        public void Display()
        {
            Console.WriteLine("显示利息!");
        }

        //模板方法
        public void Handle(string account, string password)
        {
            if (!Validate(account,password))
            {
                Console.WriteLine("账户或密码错误!");
                return;
            }
            CalculateInterest();
            Display();
        }
    }
}
```

(2) CurrentAccount：活期账户类，充当具体子类。

```
//CurrentAccount.cs
using System;

namespace TemplateMethodSample
{
    class CurrentAccount : Account
    {
        //覆盖父类的抽象基本方法
```

```
        public override void CalculateInterest()
        {
            Console.WriteLine("按活期利率计算利息!");
        }
    }
}
```

(3) SavingAccount：定期账户类，充当具体子类。

```
//SavingAccount.cs
using System;

namespace TemplateMethodSample
{
    class SavingAccount : Account
    {
        //覆盖父类的抽象基本方法
        public override void CalculateInterest()
        {
            Console.WriteLine("按定期利率计算利息!");
        }
    }
}
```

(4) 配置文件 App.config：在配置文件中存储了具体子类的类名。

```
<?xml version = "1.0" encoding = "utf - 8" ?>
< configuration >
    < appSettings >
        < add key = "subClass" value = "TemplateMethodSample.CurrentAccount"/>
    </appSettings >
</configuration >
```

(5) Program：客户端测试类。

```
//Program.cs
using System;
using System.Configuration;
using System.Reflection;

namespace TemplateMethodSample
{
    class Program
    {
        static void Main(string[] args)
        {
            Account account;
            //读取配置文件
            string subClassStr = ConfigurationManager.AppSettings["subClass"];
            //反射生成对象
            account = (Account)Assembly.Load("TemplateMethodSample").CreateInstance
            (subClassStr);
```

```
                account.Handle("张无忌", "123456");
                Console.Read();
            }
        }
    }
```

4. **结果及分析**

编译并运行程序，输出结果如下：

```
账号：张无忌
密码：123456
按活期利率计算利息！
显示利息！
```

如果需要更换具体子类，无须修改源代码，只需修改配置文件 App.config 即可。例如将活期账户(Current Account)改为定期账户(Saving Account)，只需将存储在配置文件中的具体子类 CurrentAccount 改为 SavingAccount，代码如下：

```
<?xml version = "1.0" encoding = "utf - 8" ?>
<configuration>
    <appSettings>
        <add key = "subClass" value = "TemplateMethodSample.SavingAccount"/>
    </appSettings>
</configuration>
```

重新运行客户端程序，输出结果如下：

```
账号：张无忌
密码：123456
按定期利率计算利息！
显示利息！
```

如果需要增加新的具体子类(新的账户类型)，原有代码无须修改，完全符合开闭原则。

25.4 钩子方法的使用

在模板方法模式中，父类提供了一个定义算法框架的模板方法，还提供了一系列抽象方法、具体方法和钩子方法，其中，钩子方法的引入使得子类可以控制父类的行为。最简单的钩子方法就是空方法，其代码如下：

```
public virtual void Display() {}
```

当然，用户也可以在钩子方法中定义一个默认的实现，如果子类不覆盖钩子方法，则执行父类的默认实现代码。

另一种钩子方法可以实现对其他方法进行约束，这种钩子方法通常返回一个 bool 类型，即返回 true 或 false，用来判断是否执行某一个基本方法。下面通过一个实例来说明这种钩子方法的使用。

> 某软件公司要为销售管理系统提供一个数据图表显示功能，该功能的实现包括以下几个步骤：
>
> (1) 从数据源获取数据。
>
> (2) 将数据转换为 XML 格式。
>
> (3) 以某种图表方式显示 XML 格式的数据。
>
> 该功能支持多种数据源和多种图表显示方式，但所有的图表显示操作都基于 XML 格式的数据，因此可能需要对数据进行转换，如果从数据源获取的数据已经是 XML 数据，则无须转换。

由于该数据图表显示功能的 3 个步骤次序是固定的，且存在公共代码（例如数据格式转换代码），满足模板方法模式的适用条件，可以使用模板方法模式对其进行设计。因为数据格式不同，XML 数据可以直接显示，而其他格式的数据需要进行转换，因此第(2)步“将数据转换为 XML 格式”的执行存在不确定性，为了解决这个问题，可以定义一个钩子方法 IsNotXMLData()对数据转换方法进行控制。通过分析，该图表显示功能的基本结构如图 25-4 所示。

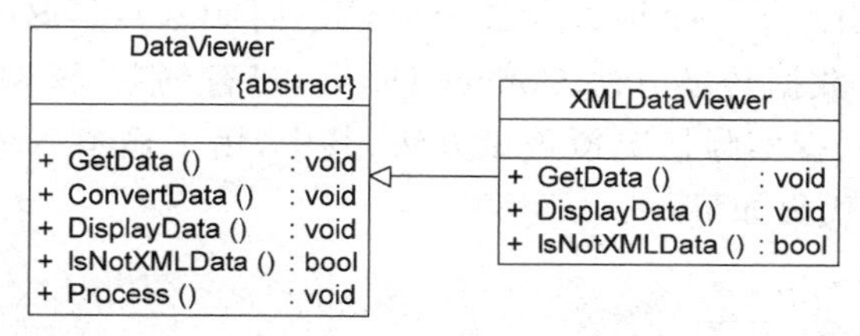

图 25-4 数据图表显示功能结构图

用户可以将公共方法和框架代码放在抽象父类中，其代码如下：

```
//DataViewer.cs
using System;

namespace TemplateMethodSample
{
    abstract class DataViewer
    {
        //抽象方法：获取数据
        public abstract void GetData();

        //具体方法：转换数据
        public void ConvertData()
        {
            Console.WriteLine("将数据转换为 XML 格式。");
        }
```

```
        //抽象方法：显示数据
        public abstract void DisplayData();

        //钩子方法：判断是否为 XML 格式的数据
        public virtual bool IsNotXMLData()
        {
            return true;
        }

        //模板方法
        public void Process()
        {
            GetData();
            //如果不是 XML 格式的数据则进行数据转换
            if (IsNotXMLData())
            {
                ConvertData();
            }
            DisplayData();
        }
    }
}
```

在上面的代码中，引入了一个钩子方法 IsNotXMLData()，其返回类型为 bool 类型，在模板方法中通过它来对数据转换方法 ConvertData()进行约束，该钩子方法的默认返回值为 true，在子类中可以根据实际情况覆盖该方法，其中，用于显示 XML 格式数据的具体子类 XMLDataViewer 的代码如下：

```
//XMLDataViewer.cs
using System;
namespace TemplateMethodSample
{
    class XMLDataViewer : DataViewer
    {
        //实现父类方法：获取数据
        public override void GetData()
        {
            Console.WriteLine("从 XML 文件中获取数据。");
        }

        //实现父类方法：显示数据，默认以柱状图方式显示，可结合桥接模式来改进
        public override void DisplayData()
        {
            Console.WriteLine("以柱状图显示数据。");
        }

        //覆盖父类的钩子方法
        public override bool IsNotXMLData()
        {
            return false;
        }
```

```
        }
    }
```

在具体子类 XMLDataViewer 中覆盖了钩子方法 IsNotXMLData()，返回 false，表示该数据已为 XML 格式，无须执行数据转换方法 ConvertData()。客户端代码如下：

```
//Program.cs
using System;

namespace TemplateMethodSample
{
    class Program
    {
        static void Main(string[] args)
        {
            DataViewer dv;
            dv = new XMLDataViewer();
            dv.Process();
            Console.Read();
        }
    }
}
```

该程序的运行结果如下：

```
从 XML 文件中获取数据。
以柱状图显示数据。
```

25.5 模板方法模式的优缺点与适用环境

模板方法模式是基于继承的代码复用技术，它体现了面向对象的诸多重要思想，是一种使用较为频繁的模式。模板方法模式被广泛应用于框架设计中，以确保通过父类来控制处理流程的逻辑顺序（如框架的初始化、测试流程的设置等）。

25.5.1 模板方法模式的优点

模板方法模式的主要优点如下：

(1) 在父类中形式化地定义一个算法，而由它的子类来实现细节的处理，在子类实现详细的处理算法时并不会改变算法中步骤的执行次序。

(2) 模板方法模式是一种代码复用技术，在类库设计中尤为重要，它提取了类库中的公共行为，将公共行为放在父类中，而通过其子类来实现不同的行为，它鼓励用户恰当地使用继承来实现代码复用。

(3) 模板方法模式可实现一种反向控制结构，通过子类覆盖父类的钩子方法来决定某一特定步骤是否需要执行。

(4) 在模板方法模式中可以通过子类来覆盖父类的基本方法，不同的子类可以提供基本方法的不同实现，更换和增加新的子类很方便，符合单一职责原则和开闭原则。

25.5.2 模板方法模式的缺点

模板方法模式的主要缺点如下：

模板方法模式需要为每一个基本方法的不同实现提供一个子类，如果父类中可变的基本方法太多，将会导致类的个数增加，系统会更加庞大，设计也会更加抽象，此时，可结合桥接模式来进行设计。

25.5.3 模板方法模式的适用环境

在以下情况下可以考虑使用模板方法模式：

(1) 对一些复杂的算法进行分割，将其算法中固定不变的部分设计为模板方法和父类具体方法，而将一些可以改变的细节由其子类来实现，即一次性实现一个算法的不变部分，并将可变的行为留给子类来实现。

(2) 各子类中公共的行为应被提取出来，并集中到一个公共父类中，以避免代码重复。

(3) 需要通过子类来决定父类算法中的某个步骤是否执行，实现子类对父类的反向控制。

25.6 本章小结

(1) 在模板方法模式中，定义一个操作中算法的框架，而将一些步骤延迟到子类中。模板方法模式使得子类不改变一个算法的结构即可重定义该算法的某些特定步骤。模板方法模式是一种基于继承的代码复用技术，它是一种类行为型模式。

(2) 模板方法模式包含抽象类和具体子类两个角色。其中，在抽象类中定义了一系列基本操作并实现了一个模板方法，模板方法用于定义一个算法的框架；具体子类是抽象类的子类，用于实现在父类中声明的抽象基本操作以完成子类特定算法的步骤，也可以覆盖在父类中已经实现的具体基本操作。

(3) 模板方法模式的主要优点是在父类中形式化地定义一个算法，而由它的子类来实现细节的处理，在子类实现详细的处理算法时并不会改变算法中步骤的执行次序；提取了类库中的公共行为，将公共行为放在父类中，而通过其子类来实现不同的行为；可实现一种反向控制结构，且具有良好的可扩展性，符合单一职责原则和开闭原则。其主要缺点在于需要为每一个基本方法的不同实现提供一个子类，如果父类中可变的基本方法太多，将会导致类的个数增加，系统会更加庞大，设计也更加抽象。

(4) 模板方法模式适用的环境：一次性实现一个算法的不变部分，并将可变的行为留给子类来实现；各子类中公共的行为应被提取出来，并集中到一个公共父类中，以避免代码重复；需要通过子类来决定父类算法中的某个步骤是否执行，实现子类对父类的反向控制。

(5) 在模板方法模式中，模板方法是一个具体方法，它给出了一个顶层逻辑框架，而逻辑的组成步骤在抽象类中可以是具体方法，也可以是抽象方法。基本方法是实现算法各个步骤的方法，是模板方法的组成部分，基本方法又可以分为抽象方法、具体方法和钩子方法。

25.7　习题

1. 某系统中的某子模块需要为其他模块提供访问不同数据库系统(如 Oracle、SQL Server、DB2 等)的功能,这些数据库系统提供的访问接口有一定的差异,但访问过程却是相同的,例如,先连接数据库,再打开数据库,最后对数据进行查询,可使用(　　)模式抽象出相同的数据库访问过程。

A. 观察者　　B. 访问者　　C. 模板方法　　D. 策略

2. 以下关于模板方法模式的叙述错误的是(　　)。

A. 模板方法模式定义了一个操作中算法的骨架,而将一些步骤延迟到子类中

B. 模板方法模式是一种对象行为型模式

C. 模板方法使得子类不改变一个算法的结构即可重定义该算法的某些特定步骤

D. 模板方法不仅可以调用原始的操作,还可以调用定义于 AbstractClass 中的方法或其他对象中的方法

3. 关于 C# 语言中与继承有关的几个关键字,以下叙述有误的一项是(　　)。

A. 在父类中使用 abstract 关键字声明的抽象方法必须在非抽象具体子类中提供实现

B. 在父类中使用 virtual 关键字声明的方法在子类中可以使用 override 关键字实现覆盖

C. 在父类中没有使用关键字 abstract、virtual 或 override 声明的方法在子类中可以使用 override 关键字来实现覆盖

D. 在父类中使用 virtual 关键字声明的方法在子类中可以使用 new 关键字来实现隐藏

4. 在模板方法模式中,钩子方法如何实现子类控制父类的行为?

5. 在银行办理业务时,一般都包含几个基本步骤,首先需要取号排队,然后办理具体业务,最后需要对银行工作人员进行评分。无论具体业务是取款、存款还是转账,其基本流程都一样。试使用模板方法模式模拟银行业务办理流程,要求绘制相应的类图并使用 C# 语言编程模拟。

6. 某软件公司要开发一套客户信息管理系统,其中客户信息查询是其核心功能之一,具体来说,查询客户信息包含以下 3 个步骤:

(1) 对查询关键词进行检查与处理,例如判断查询关键词是否为空,去掉关键词前后的空格等。

(2) 根据用户指定的条件进行查询,可以根据客户姓名、客户编号、客户单位名称等来查询,而且在将来可能还需要引入新的查询方式。

(3) 显示查询结果,系统提供多种显示样式,例如完整模式、精简模式等,用户可以选择不同的显示样式。

现需要在一个业务类中提供一个统一的方法来调用以上 3 个步骤,由于第(2)步和第(3)步存在可变性,因此使用模板方法模式和桥接模式联用来设计该功能,试绘制相应的结构图并给出核心实现代码。

第26章

访问者模式

本章导学

访问者模式是一种较为复杂的行为型设计模式，它包含访问者和被访问元素两个主要组成部分，这些被访问元素具有不同的类型，且不同的访问者可以对其施加不同的访问操作。访问者模式使得用户可以在不修改现有系统的情况下扩展系统的功能，为这些不同类型的元素增加新的操作。

本章将学习访问者模式的定义与结构，理解访问者模式中对象结构的作用以及学会如何编程实现访问者模式，并掌握元素类和访问者类的设计原理及实现过程。

本章知识点

- 访问者模式的定义。
- 访问者模式的结构。
- 访问者模式的实现。
- 访问者模式的应用。
- 访问者模式的优缺点。
- 访问者模式的适用环境。
- 访问者模式与组合模式联用。

26.1 访问者模式概述

在医生开具处方单(药单)后，很多医院都存在着这样的处理流程：划价人员拿到处方单之后根据药品名称和数量计算总价，药房工作人员根据药品名称和数量准备药品，如图 26-1 所示。

在图 26-1 中，可以将处方单看成一个药品信息的集合，其中包含了一种或多种不同类型的药品信息，不同类型的工作人员(例如划价人员和药房工作人员)在操作同一个药品信息集合时将提供不同的处理方式，而且可能会增加新类型的工作人员来操作处方单。

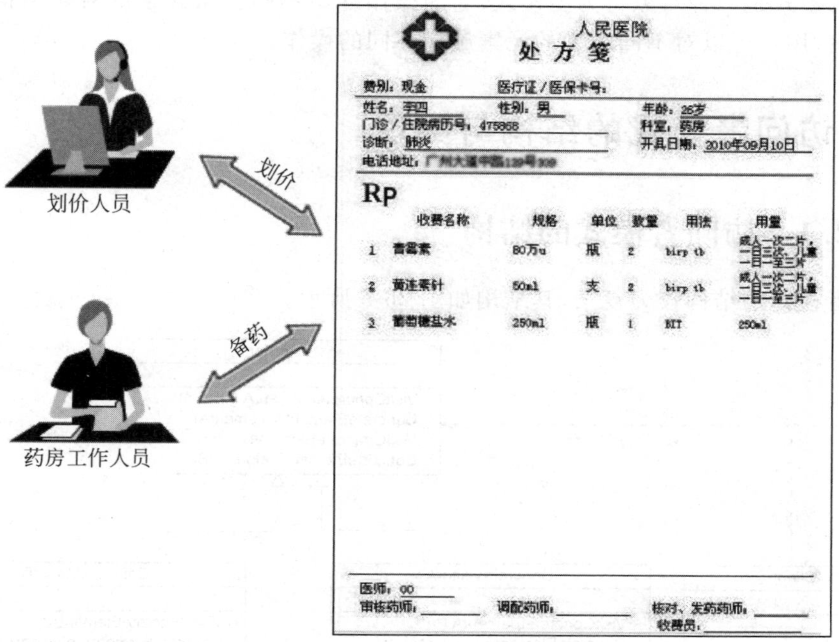

图 26-1 医院处方单处理示意图

在软件开发中，有时也需要处理像处方单这样的集合对象结构，在该对象结构中存储了多种不同类型的对象信息，而且对同一对象结构中的元素的操作方式并不唯一，可能需要提供多种不同的处理方式，还有可能增加新的处理方式。在设计模式中，有一种模式可以满足上述要求，它以不同的方式操作复杂对象结构，该模式就是访问者模式。

访问者模式是一种较为复杂的行为型设计模式，它包含访问者和被访问元素两个主要组成部分，这些被访问的元素通常具有不同的类型，且不同的访问者可以对它们进行不同的访问操作。例如处方单中的各种药品信息就是被访问的元素，而划价人员和药房工作人员就是访问者。访问者模式使得用户可以在不修改现有系统的情况下扩展系统的功能，为这些不同类型的元素增加新的操作。

在使用访问者模式时，被访问元素通常不是单独存在的，它们存储在一个集合中，这个集合被称为“对象结构”，访问者通过遍历对象结构实现对其中存储的元素的逐个操作。

访问者模式的定义如下：

> **访问者模式**：表示一个作用于某对象结构中的各个元素的操作。访问者模式让你可以在不改变各元素的类的前提下定义作用于这些元素的新操作。
>
> **Visitor Pattern**: Represent an operation to be performed on the elements of an object structure. Visitor lets you define a new operation without changing the classes of the elements on which it operates.

访问者模式是一种对象行为型模式，它为操作存储不同类型元素的对象结构提供了一种解决方案，用户可以对不同类型的元素施加不同的操作。

26.2 访问者模式的结构与实现

26.2.1 访问者模式的结构

访问者模式的结构较为复杂，其结构如图 26-2 所示。

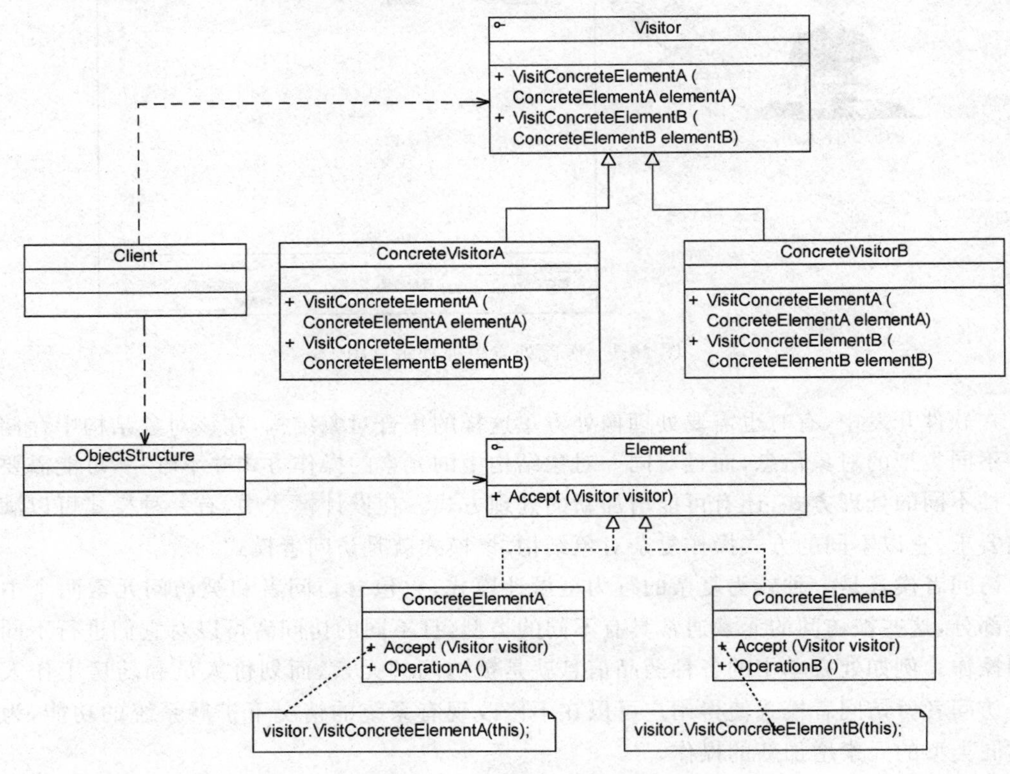

图 26-2 访问者模式结构图

由图 26-2 可知，访问者模式包含以下 5 个角色。

(1) **Visitor(抽象访问者)**：抽象访问者为对象结构中的每一个具体元素类声明一个访问操作，从这个操作的名称或参数类型大家可以清楚地知道需要访问的具体元素的类型，具体访问者需要实现这些操作方法，定义对这些元素的访问操作。

(2) **ConcreteVisitor(具体访问者)**：具体访问者实现了每个由抽象访问者声明的操作，每一个操作用于访问对象结构中一种类型的元素。

(3) **Element(抽象元素)**：抽象元素一般是抽象类或者接口，它声明了一个 Accept()方法，用于接受访问者的访问操作，该方法通常以一个抽象访问者作为参数。

(4) **ConcreteElement(具体元素)**：具体元素实现了 Accept()方法，在 Accept()方法中调用访问者的访问方法以便完成对一个元素的操作。

（5）**ObjectStructure（对象结构）**：对象结构是一个元素的集合，用于存放元素对象，并且提供了遍历其内部元素的方法。对象结构可以结合组合模式来实现，也可以是一个简单的集合对象。

26.2.2　访问者模式的实现

在访问者模式中，对象结构存储了不同类型的元素对象，以供不同的访问者访问。访问者模式包括两个层次结构：一个是访问者层次结构，提供了抽象访问者和具体访问者；另一个是元素层次结构，提供了抽象元素和具体元素。相同的访问者可以以不同的方式访问不同的元素，相同的元素可以接受不同访问者以不同的方式访问。在访问者模式中，增加新的访问者无须修改原有系统，系统具有较好的可扩展性。

在访问者模式中，抽象访问者定义了访问元素对象的方法，通常为每一种类型的元素对象都提供一个访问方法，而具体访问者可以实现这些访问方法。这些访问方法的命名一般有两种方式：一种是直接在方法名中标明待访问元素对象的具体类型，例如 VisitElementA(ElementA elementA)；另一种是统一命名为 Visit()，通过参数类型的不同来定义一系列重载的 Visit()方法。当然，如果所有的访问者对某一类型的元素的访问操作都相同，可以将操作代码移到抽象访问者类中，其典型代码如下：

```
abstract class Visitor
{
    public abstract void Visit(ConcreteElementA elementA);
    public abstract void Visit(ConcreteElementB elementB);

    public void Visit(ConcreteElementC elementC)
    {
        //元素 ConcreteElementC 的操作代码
    }
}
```

在这里使用了重载 Visit()方法的方式来定义多个方法，用于操作不同类型的元素对象。在抽象访问者 Visitor 类的子类 ConcreteVisitor 中实现了抽象的访问方法，用于定义对不同类型元素对象的操作。具体访问者类的典型代码如下：

```
class ConcreteVisitor : Visitor
{
    public override void Visit(ConcreteElementA elementA)
    {
        //元素 ConcreteElementA 的操作代码
    }

    public override void Visit(ConcreteElementB elementB)
    {
        //元素 ConcreteElementB 的操作代码
    }
}
```

对于元素类而言，在其中一般都定义了一个 Accept()方法，用于接收访问者的访问。

典型的抽象元素类代码如下：

```
interface Element
{
    void Accept(Visitor visitor);
}
```

需要注意的是，该方法传入了一个抽象访问者 Visitor 类型的参数，即针对抽象访问者进行编程，而不是具体访问者，在程序运行时再确定具体访问者的类型，并调用具体访问者对象的 Visit()方法实现对元素对象的操作。在抽象元素类 Element 的子类中实现了 Accept()方法，用于接受访问者的访问，在具体元素类中还可以定义不同类型的元素所特有的业务方法。其典型代码如下：

```
class ConcreteElementA : Element
{
    public void Accept(Visitor visitor)
    {
        visitor.Visit(this);
    }

    public void OperationA()
    {
        //业务方法
    }
}
```

在具体元素类 ConcreteElementA 的 Accept()方法中，通过调用 Visitor 类的 Visit()方法实现对元素的访问，并以当前对象作为 Visit()方法的参数。其具体执行过程如下：

(1) 调用具体元素类的 Accept(Visitor visitor)方法，并将 Visitor 子类对象作为其参数。

(2) 在具体元素类 Accept(Visitor visitor)方法内部调用传入的 Visitor 对象的 Visit()方法，例如 Visit(ConcreteElementA elementA)，将当前具体元素类对象(this)作为参数，例如 visitor. Visit(this)。

(3) 执行 Visitor 对象的 Visit()方法，在其中还可以调用具体元素对象的业务方法。

这种调用机制也称为“双重分派”，正因为使用了双重分派机制，使得增加新的访问者无须修改现有类库代码，只需将新的访问者对象作为参数传入具体元素对象的 Accept()方法，程序运行时将回调在新增 Visitor 类中定义的 Visit()方法，从而增加新的元素访问方式。

在访问者模式中，对象结构是一个集合，用于存储元素对象并接受访问者的访问。其典型代码如下：

```
using System;
using System.Collections.Generic;
```

```
class ObjectStructure
{
    private List<Element> list = new List<Element>(); //定义一个集合用于存储元素对象
    //接受访问者的访问操作
    public void Accept(Visitor visitor)
    {
        foreach (Object obj in list)
        {
            ((Element)obj).Accept(visitor);          //遍历访问集合中的每一个元素
        }
    }

    public void AddElement(Element element)
    {
        list.Add(element);
    }

    public void RemoveElement(Element element)
    {
        list.Remove(element);
    }
}
```

在对象结构中可以使用迭代器对存储在集合中的元素对象进行遍历,并逐个调用元素对象的 Accept()方法,实现对元素对象的访问操作。

26.3 访问者模式的应用实例

下面通过一个应用实例来进一步学习和理解访问者模式。

1. 实例说明

> 某公司 OA 系统中包含一个员工信息管理子系统,该公司员工包括正式员工和临时工,每周人力资源部和财务部等部门需要对员工数据进行汇总,汇总数据包括员工工作时间、员工工资等。该公司的基本制度如下:
>
> (1) 正式员工每周工作时间为 40 小时,不同级别、不同部门的员工每周基本工资不同;如果超过 40 小时,超出部分按照 100 元/小时作为加班费;如果少于 40 小时,所缺时间按照请假处理,请假所扣工资以 80 元/小时计算,直到基本工资扣除到零为止。除了记录实际工作时间外,人力资源部需记录加班时长或请假时长,作为员工平时表现的一项依据。
>
> (2) 临时工每周工作时间不固定,基本工资按小时计算,不同岗位的临时工小时工资不同。人力资源部只需记录实际工作时间。

> 人力资源部和财务部工作人员可以根据各自的需要对员工数据进行汇总处理，人力资源部负责汇总每周员工工作时间，而财务部负责计算每周员工工资。
>
> 现使用访问者模式设计该系统，绘制类图并使用C#语言编程实现。

2. 实例类图

通过分析，本实例的结构如图26-3所示。

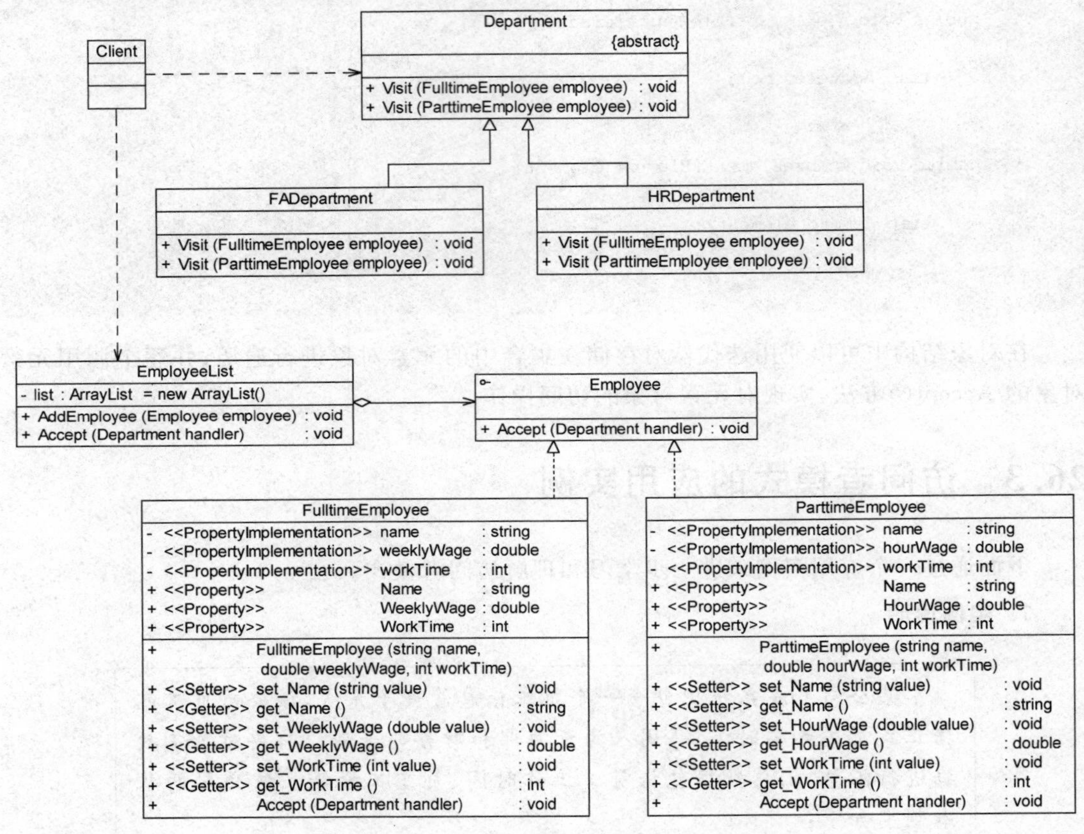

图26-3 员工数据汇总模块结构图

在图26-3中，FADepartment表示财务部，HRDepartment表示人力资源部，它们充当具体访问者类，其抽象父类Department充当抽象访问者类；EmployeeList充当对象结构，用于存储员工列表；FulltimeEmployee表示正式员工，ParttimeEmployee表示临时工，它们充当具体元素类，其父接口Employee充当抽象元素类。

3. 实例代码

(1) Employee：员工类，充当抽象元素类。

```
//Employee.cs
namespace VisitorSample
{
    interface Employee
    {
        void Accept(Department handler); //接受一个抽象访问者访问
    }
}
```

(2) FulltimeEmployee：全职员工类，充当具体元素类。

```
//FulltimeEmployee.cs
namespace VisitorSample
{
    class FulltimeEmployee : Employee
    {
        private string name;                    //员工姓名
        private double weeklyWage;              //员工周薪
        private int workTime;                   //工作时间

        public FulltimeEmployee(string name, double weeklyWage, int workTime)
        {
            this.name = name;
            this.weeklyWage = weeklyWage;
            this.workTime = workTime;
        }

        public string Name
        {
            get { return name; }
            set { name = value; }
        }

        public double WeeklyWage
        {
            get { return weeklyWage; }
            set { weeklyWage = value; }
        }

        public int WorkTime
        {
            get { return workTime; }
            set { workTime = value; }
        }

        public void Accept(Department handler)
        {
            handler.Visit(this);                //调用访问者的访问方法
        }
    }
}
```

(3) ParttimeEmployee：兼职员工类，充当具体元素类。

```
//ParttimeEmployee.cs
namespace VisitorSample
{
    class ParttimeEmployee : Employee
    {
        private string name;              //员工姓名
        private double hourWage;          //员工时薪
        private int workTime;             //工作时间

        public ParttimeEmployee(string name, double hourWage, int workTime)
        {
            this.name = name;
            this.hourWage = hourWage;
            this.workTime = workTime;
        }

        public string Name
        {
            get { return name; }
            set { name = value; }
        }

        public double HourWage
        {
            get { return hourWage; }
            set { hourWage = value; }
        }

        public int WorkTime
        {
            get { return workTime; }
            set { workTime = value; }
        }

        public void Accept(Department handler)
        {
            handler.Visit(this);          //调用访问者的访问方法
        }
    }
}
```

(4) Department：部门类，充当抽象访问者类。

```
//Department.cs
namespace VisitorSample
{
    abstract class Department
    {
        //声明一组重载的访问方法,用于访问不同类型的具体元素
        public abstract void Visit(FulltimeEmployee employee);
```

```
        public abstract void Visit(ParttimeEmployee employee);
    }
}
```

(5) FADepartment：财务部类，充当具体访问者类。

```
//FADepartment.cs
using System;

namespace VisitorSample
{
    class FADepartment : Department
    {
        //实现财务部对全职员工的访问
        public override void Visit(FulltimeEmployee employee)
        {
            int workTime = employee.WorkTime;
            double weekWage = employee.WeeklyWage;
            if(workTime > 40)
            {
                weekWage = weekWage + (workTime - 40) * 100;
            }
            else if(workTime < 40)
            {
                weekWage = weekWage - (40 - workTime) * 80;
                if(weekWage < 0)
                {
                    weekWage = 0;
                }
            }
            Console.WriteLine("正式员工{0}的实际工资为：{1}元。", employee.Name,weekWage);
        }

        //实现财务部对兼职员工的访问
        public override void Visit(ParttimeEmployee employee)
        {
            int workTime = employee.WorkTime;
            double hourWage = employee.HourWage;
            Console.WriteLine("临时工{0}的实际工资为：{1}元。", employee.Name, workTime *
hourWage);
        }
    }
}
```

(6) HRDepartment：人力资源部类，充当具体访问者类。

```
//HRDepartment.cs
using System;

namespace VisitorSample
{
```

```
    class HRDepartment : Department
    {
        //实现人力资源部对全职员工的访问
        public override void Visit(FulltimeEmployee employee)
        {
            int workTime = employee.WorkTime;
            Console.WriteLine("正式员工{0}的实际工作时间为：{1}小时。", employee.Name,
workTime);
            if(workTime > 40)
            {
                Console.WriteLine("正式员工{0}的加班时间为：{1}小时。", employee.Name,
workTime - 40);
            }
            else if(workTime < 40)
            {
                Console.WriteLine("正式员工{0}的请假时间为：{1}小时。", employee.Name,40
- workTime);
            }
        }

        //实现人力资源部对兼职员工的访问
        public override void Visit(ParttimeEmployee employee)
        {
            int workTime = employee.WorkTime;
            Console.WriteLine("临时工{0}的实际工作时间为：{1}小时。", employee.Name,
workTime);
        }
    }
}
```

(7) EmployeeList：员工列表类，充当对象结构。

```
//EmployeeList.cs
using System;
using System.Collections;

namespace VisitorSample
{
    class EmployeeList
    {
        //定义一个集合用于存储员工对象
        private ArrayList list = new ArrayList();

        public void AddEmployee(Employee employee)
        {
            list.Add(employee);
        }

        //遍历访问员工集合中的每一个员工对象
        public void Accept(Department handler)
        {
            foreach(Object obj in list)
```

```
                {
                    ((Employee)obj).Accept(handler);
                }
            }
        }
    }
```

(8) 配置文件 App.config：在配置文件中存储了具体访问者类的类名。

```
<?xml version = "1.0" encoding = "utf - 8" ?>
<configuration>
    <appSettings>
        <add key = "visitor" value = "VisitorSample.FADepartment"/>
    </appSettings>
</configuration>
```

(9) Program：客户端测试类。

```
// Program.cs
using System;
using System.Configuration;
using System.Reflection;

namespace VisitorSample
{
    class Program
    {
        static void Main(string[] args)
        {
            EmployeeList list = new EmployeeList();
            Employee fte1, fte2, fte3, pte1, pte2;

            fte1 = new FulltimeEmployee("张无忌", 3200.00, 45);
            fte2 = new FulltimeEmployee("杨过", 2000.00, 40);
            fte3 = new FulltimeEmployee("段誉", 2400.00, 38);
            pte1 = new ParttimeEmployee("洪七公", 80.00, 20);
            pte2 = new ParttimeEmployee("郭靖", 60.00, 18);

            list.AddEmployee(fte1);
            list.AddEmployee(fte2);
            list.AddEmployee(fte3);
            list.AddEmployee(pte1);
            list.AddEmployee(pte2);

            Department dep;
            //读取配置文件
            string visitorStr = ConfigurationManager.AppSettings["visitor"];
            //反射生成对象
            dep = (Department)Assembly.Load("VisitorSample").CreateInstance(visitorStr);
```

```
            list.Accept(dep);

            Console.Read();
        }
    }
}
```

4. 结果及分析

编译并运行程序,输出结果如下:

```
正式员工张无忌的实际工资为: 3700 元。
正式员工杨过的实际工资为: 2000 元。
正式员工段誉的实际工资为: 2240 元。
临时工洪七公的实际工资为: 1600 元。
临时工郭靖的实际工资为: 1080 元。
```

如果需要更换具体访问者类,无须修改源代码,只需修改配置文件即可。例如将访问者类由财务部改为人力资源部,只需将存储在配置文件 App. config 中的具体访问者类 FADepartment 改为 HRDepartment,代码如下:

```
<?xml version = "1.0" encoding = "utf - 8" ?>
<configuration>
    <appSettings>
        <add key = "visitor" value = "VisitorSample.HRDepartment"/>
    </appSettings>
</configuration>
```

重新运行客户端程序,输出结果如下:

```
正式员工张无忌的实际工作时间为: 45 小时。
正式员工张无忌的加班时间为: 5 小时。
正式员工杨过的实际工作时间为: 40 小时。
正式员工段誉的实际工作时间为: 38 小时。
正式员工段誉的请假时间为: 2 小时。
临时工洪七公的实际工作时间为: 20 小时。
临时工郭靖的实际工作时间为: 18 小时。
```

如果要在系统中增加一种新的访问者,无须修改源代码,只需增加一个新的具体访问者类即可,在该具体访问者中封装了新的操作元素对象的方法。从增加新的访问者的角度来看,访问者模式符合开闭原则。

如果要在系统中增加一种新的具体元素,例如增加一种新的员工类型为"退休人员",由于原有系统并未提供相应的访问接口(在抽象访问者中没有声明任何访问"退休人员"的方法),所以必须对原有系统进行修改,在原有的抽象访问者类和具体访问者类中增加相应的访问方法。从增加新的元素的角度来看,访问者模式违背了开闭原则。

综上所述,访问者模式与抽象工厂模式类似,对开闭原则的支持具有倾斜性,可以很方便地添加新的访问者,但是添加新的元素较为麻烦。

26.4 访问者模式与组合模式联用

在访问者模式中，包含一个用于存储元素对象集合的对象结构，通常可以使用迭代器来遍历对象结构，同时具体元素之间可以存在整体与部分关系，有些元素作为容器对象，有些元素作为成员对象，因此可以使用组合模式来组织元素。引入组合模式后的访问者模式结构如图 26-4 所示。

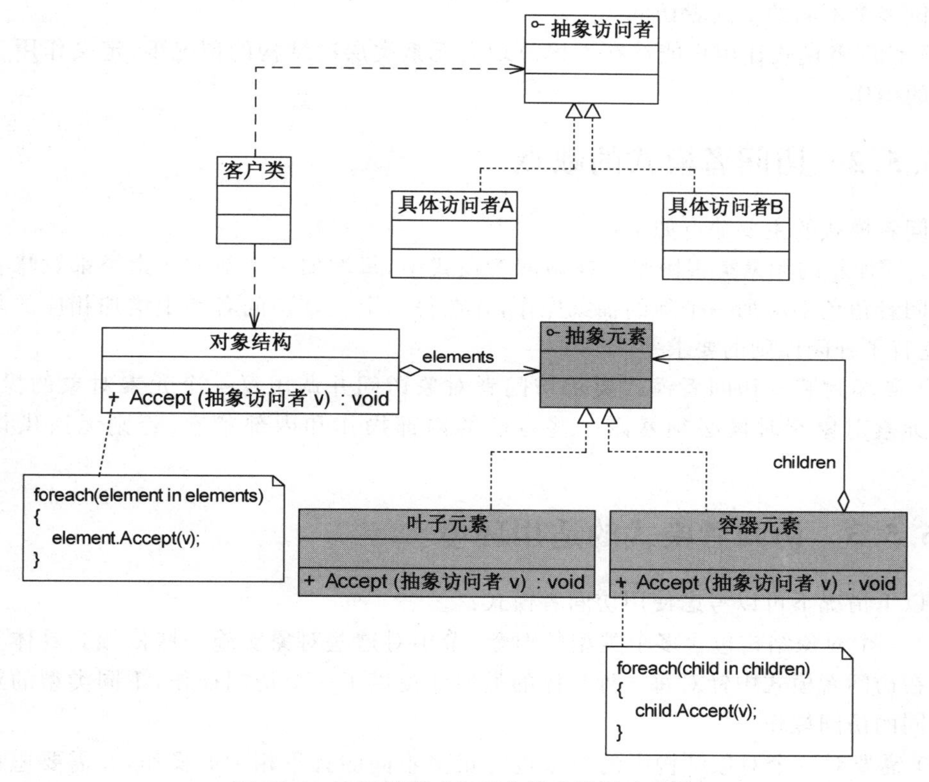

图 26-4 访问者模式与组合模式联用示意图

需要注意的是，在图 26-4 所示的结构中，由于叶子元素的遍历操作已经在容器元素中完成，因此要防止单独将已增加到容器元素中的叶子元素再次加入到对象结构中，对象结构中只保存容器元素和孤立的叶子元素。

26.5 访问者模式的优缺点与适用环境

由于访问者模式的使用条件较为苛刻，本身结构也较为复杂，所以在实际应用中的使用频率不是特别高。当系统中存在一个较为复杂的对象结构，且不同访问者对其所采取的操作也不相同时，可以考虑使用访问者模式进行设计。在 XML 文档解析、编译器的设计、复杂集合对象的处理等领域访问者模式得到了一定的应用。

26.5.1 访问者模式的优点

访问者模式的主要优点如下：

(1) 访问者模式增加新的访问操作很方便。使用访问者模式，增加新的访问操作就意味着增加一个新的具体访问者类，实现简单，无须修改源代码，符合开闭原则。

(2) 访问者模式将有关元素对象的访问行为集中到一个访问者对象中，而不是分散在一个个的元素类中。类的职责更加清晰，有利于对象结构中元素对象的复用，相同的对象结构可以供多个不同的访问者访问。

(3) 访问者模式让用户能够在不修改现有元素类层次结构的情况下，定义作用于该层次结构的操作。

26.5.2 访问者模式的缺点

访问者模式的主要缺点如下：

(1) 增加新的元素类很困难。在访问者模式中，每增加一个新的元素类都意味着要在抽象访问者角色中增加一个新的抽象操作，并在每一个具体访问者类中增加相应的具体操作，这违背了开闭原则的要求。

(2) 破坏封装。访问者模式要求访问者对象访问并调用每一个元素对象的操作，这意味着元素对象有时候必须暴露一些自己的内部操作和内部状态，否则无法供访问者访问。

26.5.3 访问者模式的适用环境

在以下情况下可以考虑使用访问者模式：

(1) 一个对象结构包含多个类型的对象，希望对这些对象实施一些依赖其具体类型的操作。在访问者模式中针对每一种具体的类型都提供了一个访问操作，不同类型的对象可以有不同的访问操作。

(2) 需要对一个对象结构中的对象进行很多不同的且不相关的操作，并需要避免让这些操作“污染”这些对象的类，也不希望在增加新操作时修改这些类。访问者模式使得用户可以将相关的访问操作集中起来定义在访问者类中，对象结构可以被多个不同的访问者类所使用，将对象本身与对象的访问操作分离。

(3) 对象结构中对象对应的类很少改变，但经常需要在此对象结构上定义新的操作。

26.6 本章小结

(1) 访问者模式用于表示一个作用于某对象结构中的各个元素的操作。访问者模式让你可以在不改变各元素的类的前提下定义作用于这些元素的新操作。访问者模式是一种对象行为型模式。

(2) 访问者模式包含抽象访问者、具体访问者、抽象元素、具体元素和对象结构 5 个角色。其中，抽象访问者为对象结构中的每一个具体元素类声明一个访问操作；具体访问者实现了每个由抽象访问者声明的操作；抽象元素声明了一个 Accept()方法，用于接受访问者的访问操作；具体元素实现了 Accept()方法，在 Accept()方法中调用访问者的访问方法以便完成对一个元素的操作；对象结构是一个元素的集合，用于存放元素对象，并且提供了遍历其内部元素的方法。

(3) 访问者模式的主要优点是增加新的访问操作很方便；将有关元素对象的访问行为集中到一个访问者对象中，而不是分散在一个个的元素类中，类的职责更加清晰；让用户能够在不修改现有元素类层次结构的情况下，定义作用于该层次结构的操作。其主要缺点是增加新的元素类很困难，而且可能破坏系统的封装性。

(4) 访问者模式适用的环境：一个对象结构包含多个类型的对象，希望对这些对象实施一些依赖其具体类型的操作；需要对一个对象结构中的对象进行很多不同的且不相关的操作，并需要避免让这些操作"污染"这些对象的类，也不希望在增加新操作时修改这些类；对象结构中对象对应的类很少改变，但经常需要在此对象结构上定义新的操作。

(5) 在访问者模式中，包含一个用于存储元素对象集合的对象结构，通常可以使用迭代器来遍历对象结构，同时具体元素之间可以存在整体与部分关系，有些元素作为容器对象，有些元素作为成员对象，因此可以使用组合模式来组织元素。

26.7　习题

1. 关于访问者模式中的对象结构，以下描述错误的是(　　)。
   A. 它实现了 Accept()方法，该方法以一个具体访问者作为参数
   B. 可以提供一个高层的接口，以允许访问者访问它的元素
   C. 可以是一个组合模式的应用实例或者是一个集合
   D. 能够枚举其中包含的元素
2. 以下关于访问者模式的叙述错误的是(　　)。
   A. 访问者模式表示一个作用于某对象结构中的各元素的操作
   B. 访问者模式使用户可以在不改变各元素的类的前提下定义作用于这些元素的新操作
   C. 在访问者模式中，ObjectStructure 提供一个高层接口，以允许访问者访问它的元素
   D. 在访问者模式中增加新的元素很容易
3. 什么是双重分派机制？如何用代码实现？
4. 顾客在超市中将选择的商品(如苹果、图书等)放在购物车中，然后到收银员处付款。在购物过程中，顾客需要对这些商品进行访问，以便确认这些商品的质量，之后收银员计算价格时也需要访问购物车内顾客所选择的商品。此时，购物车作为一个对象结构用于存储各种类型的商品，而顾客和收银员作为访问这些商品的访问者，他们需要对商品进行检查和计价。不同类型的商品其访问形式也可能不同，如苹果需要过秤之后再计价，而图书不需要。使用访问者模式来模拟该购物过程，要求绘制对应的类图并使用 C# 语言模拟编程实现。

5. 某软件公司要为某高校开发一套奖励审批系统，该系统可以实现教师奖励和学生奖励的审批(Award Check)，如果教师发表论文数超过10篇或者学生论文超过两篇可以评选科研奖，如果教师教学反馈分大于等于90分或者学生平均成绩大于等于90分可以评选成绩优秀奖。试使用访问者模式设计并实现该系统，以判断候选人集合中的教师或学生是否符合某种获奖要求。

附录A

UML 类 图

A.1 UML 概述

UML(Unified Modeling Language,统一建模语言)是当前面向对象软件系统建模的标准语言,它融合了众多软件建模技术的优点,通过一系列标准的图形符号来描述系统。在设计模式的学习和使用过程中用户需要掌握一些 UML 相关技术,尤其是 UML 类图。通过类图,用户可以更好地理解每一个设计模式的结构并对每一个模式实例进行分析。

UML 诞生于 20 世纪 90 年代,在 20 世纪 80 年代至 90 年代,面向对象分析和设计方法发展迅速,随着面向对象技术的广泛应用,其相关研究也十分活跃,涌现了大量的方法和技术,据不完全统计,最多的时候高达 50 多种,其中最具代表性的是 Grady Booch 的 Booch 方法、Jim Rumbaugh 的 OMT(Object Modeling Technology,对象建模技术)和 Ivar Jacobson 的 OOSE(Object Oriented Software Engineering,面向对象软件工程)等,而 UML 正是在这三位大师的联手之下共同打造而成的,现在它已经成为面向对象软件分析与设计建模的事实标准。

UML 是一个通用的可视化建模语言,不同于编程语言,它通过一些标准的图形符号和文字来对系统进行建模,用于对软件进行描述、可视化处理、构造和建立软件系统制品的文档。UML 适用于各种软件开发方法、软件生命周期的各个阶段、各种应用领域以及各种开发工具,UML 是一套总结了以往建模技术的经验并吸收了当今最优秀成果的标准建模方法。

UML 是一种主要由图形符号表达的建模语言,其结构主要包括以下 4 个部分。

(1) 视图(View): UML 视图用于从不同的角度来表示待建模系统。视图是由许多图形组成的一个抽象集合,在建立一个系统模型时,只有通过定义多个视图,以每个视图显示该系统的一个特定方面,才能构造出该系统的完整蓝图,视图也将建模语言链接到开发所选择的方法和过程。UML 视图包括用户视图、结构视图、行为视图、实现视图和环境视图。

(2) 图(Diagram): UML 图是描述 UML 视图内容的图形。UML 2.0 提供了 13 种图,分别是用例图(Use Case Diagram)、类图(Class Diagram)、对象图(Object Diagram)、包图

(Package Diagram)、组合结构图(Composite Structure Diagram)、状态图(State Diagram)、活动图(Activity Diagram)、顺序图(Sequence Diagram)、通信图(Communication Diagram)、定时图(Timing Diagram)、交互概览图(Interaction Overview Diagram)、组件图(Component Diagram)和部署图(Deployment Diagram),通过它们之间的相互组合可提供待建模系统的所有视图。

(3) 模型元素(Model Element):模型元素是指 UML 图中所使用的一些概念,它们对应于普通的面向对象概念,如类、对象、消息以及这些概念之间的关系,例如关联关系、依赖关系、泛化关系等。同一个模型元素可以在多个不同的 UML 图中使用,但是,无论在哪个图中,同一个模型元素都必须保持相同的意义并具有相同符号。

(4) 通用机制(General Mechanism):UML 提供的通用机制为模型元素提供额外的注释、语义和其他信息,这些通用机制也提供了扩展机制,允许用户对 UML 进行扩展,如定义新的建模元素、扩展原有元素的语义、添加新的特殊信息来扩展模型元素的规则说明等,以便适用于一个特定的方法或过程、组织或用户。

A.2 类与类的 UML 表示

在 UML 2.0 的 13 种图形中,类图是使用最广泛的图形之一,它用于描述系统中所包含的类以及它们之间的相互关系,每一个设计模式的结构都可以使用类图来表示。类图帮助人们简化对系统的理解,是系统分析和设计阶段的重要产物,也是系统编码的重要模型依据。

1. 类

类(Class)封装了数据和行为,是面向对象的重要组成部分,它是具有相同属性、操作、关系的对象集合的总称。在系统中,每个类都具有一定的职责,职责指的是类要完成什么样的功能,要承担什么样的义务。一个类可以有多种职责,设计得好的类通常有且仅有一种职责。在定义类的时候,将类的职责分解成为类的属性和操作(即方法)。类的属性即类的数据职责,类的操作即类的行为职责。设计类是面向对象设计中最重要的组成部分,也是最复杂和最耗时的部分。

在软件系统运行时,类将被实例化成对象(Object),对象对应于某个具体的事物,是类的实例(Instance)。

类图(Class Diagram)使用出现在系统中的不同类来描述系统的静态结构,它用来描述不同的类以及它们之间的关系。

2. 类的 UML 图示

在 UML 中,类使用包含类名、属性和操作且带有分隔线的长方形来表示,例如定义一个 Employee 类,它包含属性 name、age 和 email,以及操作 ModifyInfo(),在 UML 类图中该类如图 A-1 所示。

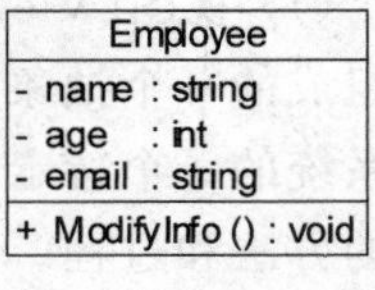

Employee
- name : string - age : int - email : string
+ ModifyInfo () : void

图 A-1 类的 UML 图示

图 A-1 对应的 C#代码片段如下:

```
public class Employee
{
    private string name;
    private int age;
    private string email;

    public void ModifyInfo()
    {
        …
    }
}
```

在 UML 类图中,类一般由三部分组成:

(1) 第一部分是类名,每个类都必须有一个名字,类名是一个字符串。

(2) 第二部分是类的属性(Attributes),属性是指类的性质,即类的成员变量。一个类可以有任意多个属性,也可以没有属性。

UML 规定属性的表示方式如下:

```
可见性 名称:类型 [ = 默认值 ]
```

其中:

① "可见性"表示该属性对于类外的元素而言是否可见,包括公有(public)、私有(private)和受保护(protected) 3 种,在类图中分别用符号"+"、"-"和"#"表示。在 C# 语言中还新增了 internal 和 protected internal 两种可见性,其中,internal 表示程序集内可见,protected internal 表示程序集内可见或者子类可见,分别用符号"i"和"r"表示。为了保证数据的封装性,属性的可见性通常为 private,它们通过公有的 Getter 方法和 Setter 方法供外界使用。

② "名称"表示属性名,用一个字符串表示,按照 C# 语言的命名规范,属性命名采用驼峰命名法(Camel Case),即属性名中的第一个单词全小写,之后每个单词的首字母大写。

③ "类型"表示属性的数据类型,可以是基本数据类型,也可以是用户自定义类型。

④ "默认值"是一个可选项,即属性的初始值。

(3) 第三部分是类的操作(Operations),操作是类的任意一个实例对象都拥有的行为,是类的成员方法。

UML 规定操作的表示方式如下:

```
可见性 名称(参数列表) [ : 返回类型]
```

其中:

① "可见性"的定义与属性的可见性定义相同。

② "名称"即方法名或操作名,用一个字符串表示,按照 C# 语言的命名规范,方法命名采用帕斯卡命名法(Pascal Case),即方法名中的每个单词首字母都大写。

③ "参数列表"表示方法的参数,其语法与属性的定义相似,参数个数是任意的,多个参数之间用逗号","隔开。

④“返回类型”是一个可选项，表示方法的返回值类型，依赖于具体的编程语言，可以是基本数据类型，也可以是用户自定义类型，还可以是空类型(void)，如果是构造方法，则无返回类型。

A.3 类之间的关系

在软件系统中，类并不是孤立存在的，类与类之间存在着各种关系，对于不同类型的关系，UML 提供了不同的表示方式。

1. 关联关系

关联(Association)关系是类与类之间最常用的一种关系，它是一种结构化关系，用于表示一类对象与另一类对象之间有联系，如汽车和轮胎、师傅和徒弟、班级和学生等。在 UML 类图中，用实线连接有关联关系的对象所对应的类，在使用 C#、C++和 Java 等编程语言实现关联关系时，通常将一个类的对象作为另一个类的成员变量。在使用类图表示关联关系时可以在关联线上标注角色名，一般使用一个表示两者之间关系的动词或者名词表示角色名(有时该名词为实例对象名)，关系的两端代表两种不同的角色，因此在一个关联关系中可以包含两个角色名，角色名不是必需的，可以根据需要增加，其目的是使类之间的关系更加明确。

例如在一个登录界面类 LoginForm 中包含一个 Button 类型的注册按钮 loginButton，它们之间可以表示为关联关系，代码实现时可以在 LoginForm 中定义一个名为 loginButton 的属性对象，其类型为 Button，如图 A-2 所示。

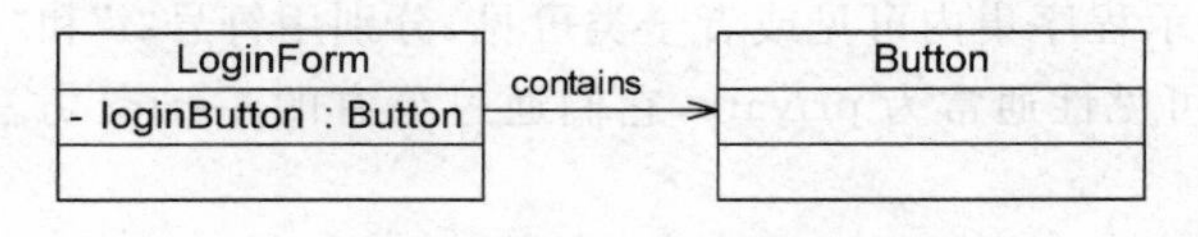

图 A-2 关联关系实例

图 A-2 对应的 C#代码片段如下：

```
public class LoginForm
{
    private Button loginButton;
    …
}

public class Button
{
    …
}
```

在 UML 中，关联关系通常又包含以下几种形式。

(1) 双向关联：默认情况下，关联是双向的。例如顾客(Customer)购买商品(Product)并拥有商品，反之，卖出的商品总有某个顾客与之相关联。因此，Customer 类和 Product 类之间具有双向关联关系，如图 A-3 所示。

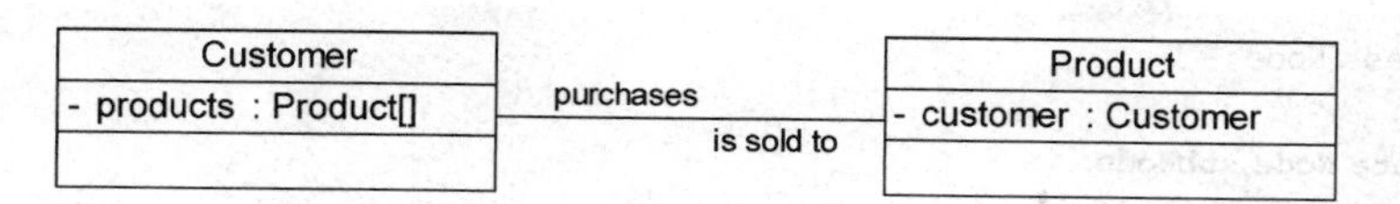

图 A-3 双向关联实例

图 A-3 对应的 C#代码片段如下：

```
public class Customer
{
    private Product[ ] products;
    …
}

public class Product
{
    private Customer customer;
    …
}
```

(2) 单向关联：类的关联关系也可以是单向的，单向关联用带箭头的实线表示。例如顾客(Customer)拥有地址(Address)，则 Customer 类与 Address 类具有单向关联关系，如图 A-4 所示。

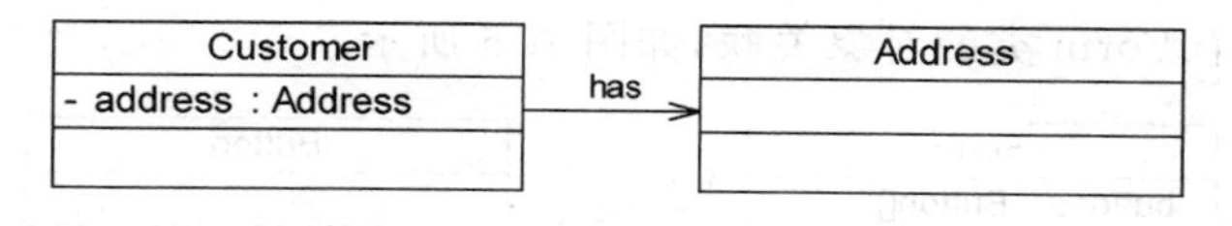

图 A-4 单向关联实例

图 A-4 对应的 C#代码片段如下：

```
public class Customer
{
    private Address address;
    …
}

public class Address
{
    …
}
```

(3) 自关联：在系统中可能会存在一些类的属性对象类型为该类本身，这种特殊的关联关系称为自关联。例如，一个结点类(Node)的成员又是结点 Node 类型的对象，如图 A-5 所示。

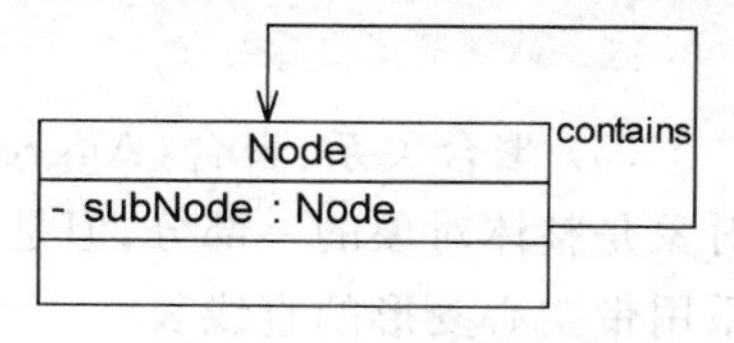

图 A-5 自关联实例

图 A-5 对应的 C#代码片段如下：

```
public class Node
{
    private Node subNode;
    …
}
```

(4) 多重性关联：多重性关联关系又称为重数性(Multiplicity)关联关系，表示两个关联对象在数量上的对应关系。在 UML 中，对象之间的多重性可以直接在关联直线上用一个数字或一个数字范围表示。

对象之间可以存在多种多重性关联关系，常见的多重性表示方式如表 A-1 所示。

表 A-1 多重性表示方式列表

表示方式	多重性说明
1..1	表示另一个类的一个对象只与该类的一个对象有关系
0.. *	表示另一个类的一个对象与该类的零个或多个对象有关系
1.. *	表示另一个类的一个对象与该类的一个或多个对象有关系
0..1	表示另一个类的一个对象没有或只与该类的一个对象有关系
m..n	表示另一个类的一个对象与该类最少 m 个最多 n 个对象有关系($m \leqslant n$)

例如一个界面(Form)可以拥有零个或多个按钮(Button)，但是一个按钮只能属于一个界面，因此，一个 Form 类的对象可以与零个或多个 Button 类的对象相关联，但一个 Button 类的对象只能与一个 Form 类的对象关联，如图 A-6 所示。

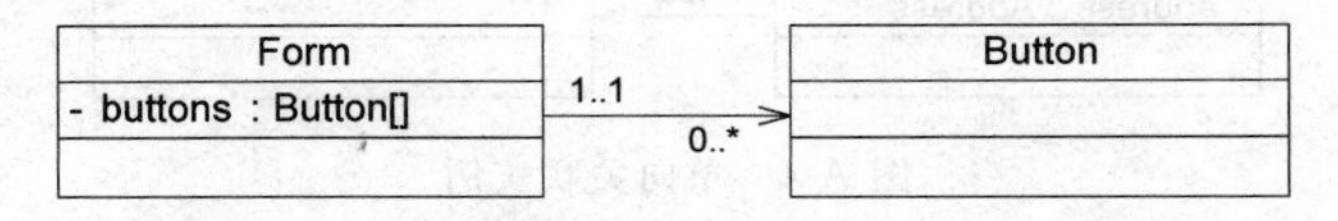

图 A-6 多重性关联实例

图 A-6 对应的 C# 代码片段如下：

```
public class Form
{
    private Button[ ] buttons;     //定义一个集合对象
    …
}

public class Button
{
    …
}
```

(5) 聚合关系：聚合(Aggregation)关系表示整体与部分的关系。在聚合关系中，成员对象是整体对象的一部分，但是成员对象可以脱离整体对象独立存在。在 UML 中，聚合关系用带空心菱形的直线表示。例如汽车发动机(Engine)是汽车(Car)的组成部分，但是汽车发动机可以独立存在，因此，汽车和发动机是聚合关系，如图 A-7 所示。

在用代码实现聚合关系时，成员对象通常作为构造方法、Setter 方法或业务方法的参数注入整体对象中。图 A-7 对应的 C# 代码片段如下：

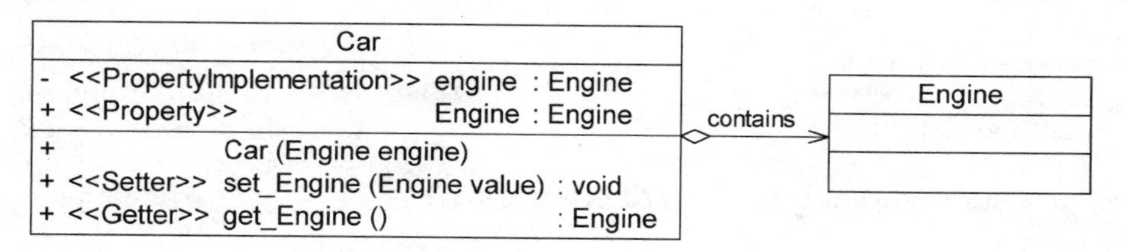

图 A-7 聚合关系实例

```
public class Car
{
    private Engine engine;

    //构造注入
    public Car(Engine engine)
    {
        this.engine = engine;
    }

    public Engine Engine
    {
        get { return engine; }
        set { engine = value; }        //设值注入
    }
    ...
}

public class Engine
{
    ...
}
```

(6) 组合关系：组合(Composition)关系也表示类之间整体和部分的关系，但是在组合关系中整体对象可以控制成员对象的生命周期，一旦整体对象不存在，成员对象也将不存在，成员对象与整体对象之间具有同生共死的关系。在 UML 中，组合关系用带实心菱形的直线表示。例如人的头(Head)与嘴巴(Mouth)，嘴巴是头的组成部分之一，如果头没了，嘴巴也就没了，因此头和嘴巴是组合关系，如图 A-8 所示。

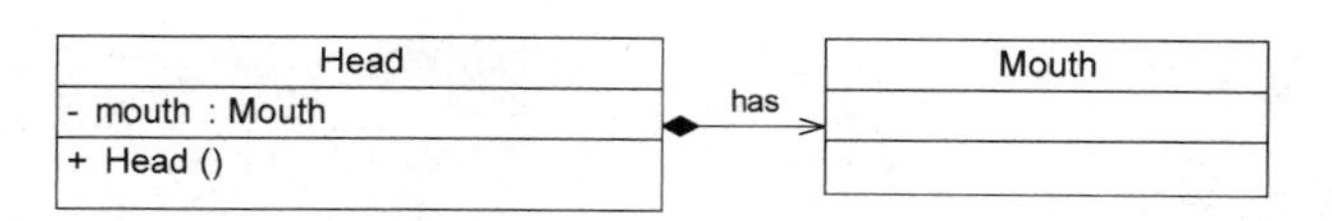

图 A-8 组合关系实例

在用代码实现组合关系时，通常在整体类的构造方法中直接实例化成员类。图 A-8 对应的 C# 代码片段如下：

```
public class Head
{
    private Mouth mouth;

    public Head()
    {
        mouth = new Mouth();        //实例化成员类
    }
    …
}

public class Mouth
{
    …
}
```

2. 依赖关系

依赖(Dependency)关系是一种使用关系，特定事物的改变有可能会影响到使用该事物的其他事物，在需要表示一个事物使用另一个事物时使用依赖关系。大多数情况下，依赖关系体现在某个类的方法使用另一个类的对象作为参数。在UML中，依赖关系用带箭头的虚线表示，由依赖的一方指向被依赖的一方。例如驾驶员开车，在Driver类的Drive()方法中将Car类型的对象car作为一个参数传递，以便在Drive()方法中能够调用car的Move()方法，驾驶员的Drive()方法依赖车的Move()方法，因此类Driver依赖类Car，如图A-9所示。

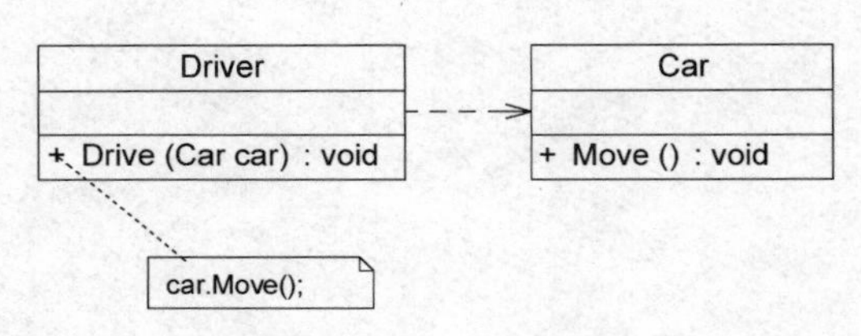

图A-9 依赖关系实例

在系统实施阶段，依赖关系通常通过3种方式来实现，第一种也是最常用的一种方式，如图A-9所示，将一个类的对象作为另一个类中方法的参数，第二种方式是在一个类的方法中将另一个类的对象作为其局部变量，第三种方式是在一个类的方法中调用另一个类的静态方法。图A-9对应的C#代码片段如下：

```
public class Driver
{
    public void Drive(Car car)
    {
        car.Move();
    }
    …
}
```

```
public class Car
{
    public void Move()
    {
        ...
    }
    ...
}
```

3. 泛化关系

泛化(Generalization)关系也就是继承关系，用于描述父类与子类之间的关系，父类又称为基类或超类，子类又称为派生类。在 UML 中，泛化关系用带空心三角形的直线来表示。在用代码实现时，使用面向对象的继承机制来实现泛化关系，在 C＃中使用冒号"："来实现。例如 Student 类和 Teacher 类都是 Person 类的子类，Student 类和 Teacher 类继承了 Person 类的属性和方法，Person 类的属性包含姓名(name)和年龄(age)，每一个 Student 和 Teacher 也都具有这两个属性，另外，Student 类增加了属性学号(studentNo)，Teacher 类增加了属性教师编号(teacherNo)，Person 类的方法包括行走 Move()和说话 Say()，Student 类和 Teacher 类继承了这两个方法，而且 Student 类还新增了方法 Study()，Teacher 类还新增了方法 Teach()，如图 A-10 所示。

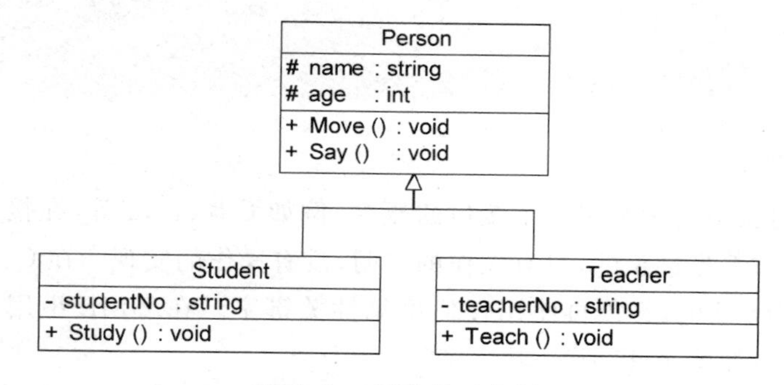

图 A-10 泛化关系实例

图 A-10 对应的 C＃代码片段如下：

```
//父类
public class Person
{
    protected string name;
    protected int age;

    public void Move()
    {
        ...
    }
    public void Say()
    {
```

```
        ...
    }
}

//子类
public class Student : Person
{
    private string studentNo;

    public void Study()
    {
        ...
    }
}

//子类
public class Teacher : Person
{
    private string teacherNo;

    public void Teach()
    {
        ...
    }
}
```

4. 接口与实现关系

在很多面向对象语言中都引入了接口的概念，例如 C#、Java 等，在接口中通常没有属性，而且所有的操作都是抽象的，只有操作的声明，没有操作的实现。在 C# 中，接口中的方法默认可见性均为 public，无须再使用任何可见性关键字。在 UML 中用与类的表示法类似的方式表示接口，如图 A-11 所示。

接口之间也可以有与类之间关系类似的继承关系和依赖关系，但是接口和类之间还存在一种实现(Realization)关系，在这种关系中，类实现了接口，类中的操作实现了接口中所声明的操作。在 UML 中，类与接口之间的实现关系用带空心三角形的虚线来表示。例如定义了一个交通工具接口 Vehicle，包含一个抽象操作 Move()，在类 Ship 和类 Car 中都实现了该 Move()操作，不过具体的实现细节将会不一样，如图 A-12 所示。

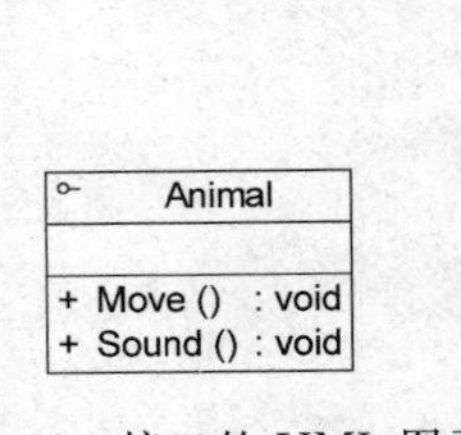

图 A-11 接口的 UML 图示

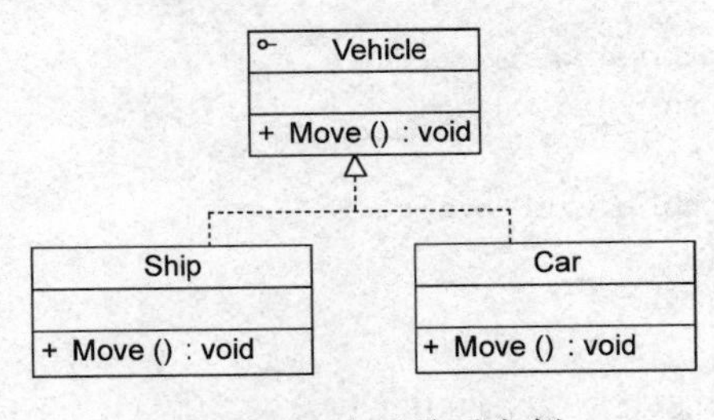

图 A-12 实现关系实例

实现关系在用代码实现时，不同的面向对象语言也提供了不同的语法，在 C＃中使用冒号"："来实现。图 A-12 对应的 C＃代码片段如下：

```
public interface Vehicle
{
    void Move();
}

public class Ship : Vehicle
{
    public void Move()
    {
        ...
    }
}

public class Car : Vehicle
{
    public void Move()
    {
        ...
    }
}
```

附录B

设计模式模拟试题

B.1 模拟试题一

注:《模拟试题一》总分为100分,参考测试时间为120分钟。

一、单项选择题(每题2分,共30分)

1. 在面向对象软件开发过程中,采用设计模式(　　)。

   A. 可以减少在设计和实现过程中需要创建的实例对象的数量

   B. 可以保证程序的运行速度达到最优值

   C. 可以复用相似问题的相同解决方案

   D. 允许在非面向对象程序设计语言中使用面向对象的概念

2. (　　)全为对象结构型设计模式。

   A. 组合模式、桥接模式和代理模式

   B. 单例模式、原型模式和建造者模式

   C. 外观模式、享元模式和策略模式

   D. 状态模式、命令模式和迭代器模式

3. 以下关于面向对象设计的描述正确的是(　　)。

   A. 针对接口编程,而不是针对实现编程

   B. 尽可能合并类的职责

   C. 接口与实现不可分割

   D. 优先使用继承而非组合

4. (　　)可以避免在程序代码中使用复杂的条件判断语句。

   A. 桥接模式和单例模式

   B. 职责链模式和备忘录模式

   C. 模板方法模式和适配器模式

   D. 工厂方法模式和策略模式

5. (　　)不是实现单例模式的要点。

A. 构造函数为私有

B. 单例类不能被继承

C. 由单例类自行创建单个实例

D. 必须自行向整个系统提供唯一实例

6. 某公司要开发一个即时聊天软件,用户在聊天过程中可以与多位好友同时聊天,在私聊时将产生多个聊天窗口,在创建聊天窗口时为了提高效率,要求根据第一个窗口快速地创建其他窗口。针对这一需求,采用(　　)最为恰当。

A. 享元模式　　B. 单例模式　　C. 原型模式　　D. 组合模式

7. 当不能采用生成子类的方法进行扩展时,可采用(　　)动态地给一个对象添加一些额外的职责。

A. 外观模式　　B. 单例模式　　C. 组合模式　　D. 装饰模式

8. 某视频播放软件要求能够支持 AVI、WMA、RMVB 等多种视频文件格式,并且能够在 Windows、Linux 和 UNIX 等多种操作系统上运行。为满足上述需求并减少所需生成的子类数量,可以使用(　　)对该视频播放软件进行设计。

A. 适配器模式　　B. 桥接模式　　C. 装饰模式　　D. 命令模式

9. 某公司要开发一个图表显示工具,该工具提供了一系列图表生成器,其中,曲线图生成器可以创建曲线图、曲线图图例和曲线图数据标签,柱状图生成器可以创建柱状图、柱状图图例和柱状图数据标签。用户要求可以很方便地增加新类型的图形,系统需具备较好的可扩展能力。针对这种需求,公司采用(　　)最为恰当。

A. 抽象工厂模式　　B. 状态模式　　C. 职责链模式　　D. 享元模式

10. 以下关于代理模式的叙述错误的是(　　)。

A. 代理模式能够协调调用者和被调用者,从而在一定程序上降低系统的耦合度

B. 控制对一个对象的访问,给不同的用户提供不同级别的使用权限时可以考虑使用虚拟代理

C. 代理模式的缺点是请求的处理速度可能会变慢,并且实现代理模式需要额外的工作

D. 代理模式给某一个对象提供一个代理,并由代理对象控制对原对象的引用

11. 某音乐播放器在播放歌曲时需要执行文件导入、音频解码、歌词导入、将音频数据输出到扬声器等多步操作,不同格式(例如 WAV、MP3、OGG 等)的音乐文件具有不同解码过程。为了减少代码重复,提高系统的可扩展性,可采用(　　)设计该音乐播放器。

A. 状态模式　　B. 策略模式　　C. 模板方法模式　　D. 工厂方法模式

12. 迭代器模式用于处理具有(　　)性质的类。

A. 聚集　　B. 抽象　　C. 单例　　D. 共享

13. 在图形界面系统开发中,如果界面组件之间存在较为复杂的相互调用关系,为了降低界面组件之间的耦合度,让它们不产生直接的相互引用,可以使用(　　)。

A. 组合模式　　B. 适配器模式　　C. 中介者模式　　D. 状态模式

14. 很多软件都提供了撤销功能,(　　)可以用于实现该功能。

A. 中介者模式　　B. 备忘录模式　　C. 迭代器模式　　D. 观察者模式

15. 以下关于命令模式的叙述错误的是(　　)。

A. 命令模式将一个请求封装为一个对象,从而可用不同的请求对客户进行参数化

B. 命令模式实现请求发送者和请求接收者解耦

C. 使用命令模式会导致某些系统有过多的具体命令类

D. 命令模式是对命令的封装,命令模式把发出命令的责任和执行命令的责任集中在同一个类中

二、填空题(每题 1 分,共 10 分)

1～2 题说明:请填写对应的面向对象设计原则名称。

1. 在面向对象设计原则中,________是指子类应该可以替换父类并出现在父类能够出现的任何地方。

2. 为了防止界面组件之间产生复杂的引用关系,可以提供一个中央控制器来专门负责控制界面组件之间的相互引用,这是使用________的重构实例。

3～10 题说明:请填写对应的设计模式名称,中英文名均可。

3. ________模式可以根据参数的不同返回不同类的实例。

4. 当需要创建的对象具有复杂的内部结构时,为了逐步构造一个完整的对象,并使得对象的创建更具弹性,可以使用________模式。

5. 已知某子系统为外界提供功能服务,但该子系统中存在很多粒度十分小的类,不便被外界系统直接使用,采用________模式可以定义一个高层接口,这个接口使得这一子系统更加容易使用。

6. 当应用程序由于使用大量的对象造成很大的存储开销时,可以通过________模式运用共享技术有效地支持大量细粒度对象的重用。

7. 在某电子商务系统中,站内检索功能的基本实现过程为:先搜索商品表查询相关信息,再搜索商品类型表查询相关信息,然后搜索新闻表查询相关信息。该搜索次序可以灵活地调整并且可能会加入新的待查询的数据表。对于该站内检索功能,可采用________模式进行设计。

8. 某软件公司计划开发一套简单的数据库同步指令,通过这套指令用户可以对数据库中的数据和结构进行快速备份,例如输入指令“MOVE VIEW v_FemaleEmployee FROM srcDB to desDB”表示将数据库 srcDB 中的视图 v_FemaleEmployee 移动到数据库 desDB 中。针对以上需求,可以使用________模式设计该数据库同步指令系统。

9. ________模式允许一个对象在其内部状态改变时改变它的行为。

10. 如果需要对一个集合对象中不同类型的元素施加不同的操作,可以采用________模式。

三、综合应用题(每题 12 分,共 60 分)

1. 结合工厂方法模式,谈谈你对开闭原则的理解(要求在解答时给出开闭原则的定义并结合代码片段进行说明,编程语言不限)。

2. 在某系统的图表处理模块中,需要将图表(Chart)显示和图表数据采集(DataCollection)分离,系统可支持多种图表(例如柱状图 BarChart、饼状图 PieChart 等),也提供了多种数据采集方式,例如可以从文本文件中读取数据(TxtDataCollection),也可以从数据库中读取数据(DBDataCollection),还可以从 Excel 文件中获取数据(ExcelDataCollection)。

如果需要从 Excel 文件中获取数据，则需要调用与 Excel 相关的 API，例如读取 Excel 文件的 ExcelReader 类，而这个 API 是现有系统所不具备的。选择两种合适的设计模式来设计该模块(要求给出设计模式名称并结合场景绘制结构图)。

3. 某公司准备使用面向对象技术开发一套个性化的界面控件库，界面控件(UIComponent)分为两大类，一类是容器控件(Container)，例如窗体(Form)、面板(Panel)等；另一类是基本控件，例如按钮(Button)、文本框(TextBox)等。试使用组合模式设计该界面控件库(要求给出结构图并说明组合模式的适用环境)。

4. 选择合适的设计模式设计以下场景：

猫(Cat)大叫一声，老鼠(Mouse)开始逃跑，主人(Master)被惊醒。

要求：① 要有联动性，老鼠和主人的行为是被动的；② 考虑可扩展性，猫的叫声可能引起其他联动效应；③ 给出模式名称及定义，并结合场景绘制结构图。

5. 某电影院售票系统为不同类型的用户提供了不同的电影票(CinemaTicket)打折方式(Discount)，学生凭学生证可享受 8 折优惠(StudentDiscount)，儿童可享受减免 10 元的优惠(ChildrenDiscount)，VIP 用户除享受半价优惠外还可以进行积分(VIPDiscount)。选择一种合适的设计模式来设计该系统(要求给出该模式的名称及定义，并结合场景绘制结构图)。

B.2 模拟试题二

注：《模拟试题二》总分为 100 分，参考测试时间为 120 分钟。

一、单项选择题(每题 2 分，共 20 分)

1. (　　)全为对象行为型设计模式。

A. 单例模式、建造者模式和工厂方法模式

B. 组合模式、桥接模式和代理模式

C. 职责链模式、备忘录模式和访问者模式

D. 迭代器模式、解释器模式和模板方法模式

2. 如果一个方法能够接受一个基类对象作为其参数，必然可以接受一个子类对象。该陈述是(　　)原则的定义。

A. 依赖倒转　　B. 里氏代换

C. 合成复用　　D. 接口隔离

3. 迪米特法则要求一个软件实体应当尽可能少的与其他软件实体发生相互作用，这样，当修改一个模块时，就会尽量少的影响其他模块，扩展就会相对容易。为了满足迪米特法则，一种常见的方法是在系统中适当引入一些“第三者”类，通过这些“第三者”类来降低系统的耦合度，这种思想在某些设计模式中得以实现，(　　)模式是迪米特法则的具体实现。

A. 抽象工厂和策略　　B. 组合和迭代器

C. 享元和单例　　D. 外观和中介者

4. 撤销(Undo)操作是很多软件系统的基本功能之一，在设计模式中，(　　)模式可用于设计和实现撤销功能。

A. 适配器或代理　　B. 访问者或观察者

C. 命令或备忘录　　　　　　　　　D. 职责链或迭代器

5. (　)可以避免在设计方案中使用庞大的多层继承结构，从而减少系统中类的总数量。

A. 桥接模式和装饰模式　　　　　　B. 适配器模式和职责链模式
C. 策略模式和模板方法模式　　　　D. 中介者模式和迭代器模式

6. 在某飞行器模拟系统中，用户通过调节参数可以得到飞机的燃油消耗曲线和发动机燃烧效率曲线，用户可以向文本框输入参数值，也可以通过滑块来设置参数值，还可以通过下拉列表框来选择参数值，系统界面如图 B-1 所示，在该系统的设计中可以使用(　)模式。

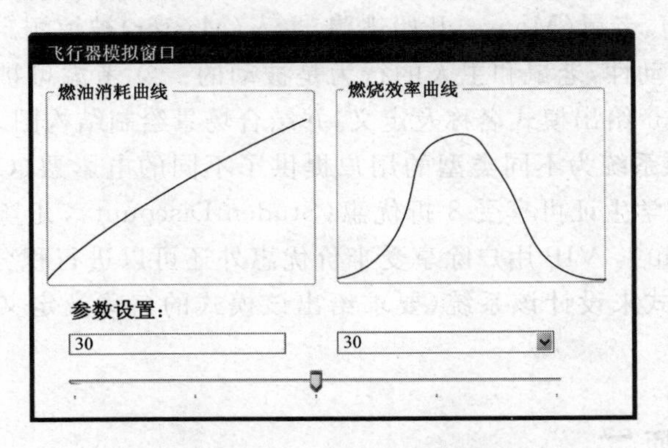

图 B-1　某飞行器模拟系统界面图

A. 适配器或命令　　　　　　　　　B. 工厂方法或外观
C. 中介者或观察者　　　　　　　　D. 策略或模板方法

7. (　　)模式可用于将请求发送者与请求接收者解耦，请求在发送完之后，客户端无须关心请求的接收者是谁，系统根据预定义的规则将请求转发给指定的对象处理。

A. 状态和策略　　　　　　　　　　B. 观察者和访问者
C. 解释器和迭代器　　　　　　　　D. 职责链和命令

8. (　　)模式考虑到了系统的性能，它们的引入将使得程序在运行时能够节约一定的系统资源。

A. 工厂方法和模板方法　　　　　　B. 单例和享元
C. 访问者与迭代器　　　　　　　　D. 适配器和建造者

9. 单一职责原则要求一个类只负责一个功能领域中的相应职责，在设计模式中，(　　)模式体现了单一职责原则。

A. 单例模式和适配器　　　　　　　B. 模板方法模式和外观
C. 代理模式和中介者　　　　　　　D. 迭代器模式和工厂方法

10. 有些设计模式的目的是处理一些较为复杂的算法问题，(　　)模式用于在应用程序中分离一些复杂的算法。

A. 策略模式和访问者　　　　　　　B. 状态模式和组合
C. 代理模式和外观　　　　　　　　D. 模板方法模式和解释器

二、连线题(每题 10 分，共 20 分)

1. 将以下设计模式名与对应的模式描述用线段连接在一起。

(1) 工厂方法模式	A. 将抽象部分与它的实现部分分离，使它们都可以独立地变化。
(2) 建造者模式	B. 允许一个对象在其内部状态改变时改变它的行为。
(3) 适配器模式	C. 动态地给一个对象增加一些额外的职责。
(4) 桥接模式	D. 通过运用共享技术有效地支持大量细粒度对象的复用。
(5) 装饰模式	E. 提供了一种方法来访问聚合对象，而不用暴露这个对象的内部表示。
(6) 外观模式	F. 将类的实例化操作延迟到子类中完成，即由子类来决定究竟应该实例化哪一个类。
(7) 享元模式	G. 定义一个操作中算法的骨架，而将一些步骤延迟到子类中。
(8) 迭代器模式	H. 将一个复杂对象的构建与它的表示分离，使得同样的构建过程可以创建不同的表示。
(9) 模板方法模式	I. 为复杂子系统提供一个一致的接口。
(10) 状态模式	J. 将一个接口转换成客户希望的另一个接口，从而使接口不兼容的那些类可以一起工作。

2. 将以下应用场景与对应的设计模式名用线段连接在一起。

(1) 某系统中的物品采购单采用逐级审批机制，不同金额的采购单由不同级别的领导来审批。	A. 抽象工厂模式
(2) 某国际象棋软件需要提供“悔棋”功能。	B. 单例模式
(3) 某系统提供了多种数据加密算法，用户可以根据需要来动态选择其中的一种。	C. 解释器模式
(4) 在某基于GUI的系统中界面组件之间存在复杂的引用关系。	D. 代理模式
(5) 某数据库管理系统需提供一个唯一的序号生成器。	E. 职责链模式
(6) 为了提升运行速度，某系统在加载时先使用简单符号来表示一些大图像文件。	F. 备忘录模式
(7) 某系统提供了一个皮肤库，其中包含多套皮肤，在每一套皮肤中对不同界面组件的显示风格都进行了定制。	G. 原型模式
(8) 某系统需要自定义一组指令，通过这组指令可以实现对XML文档的增、删、改、查等操作。	H. 中介者模式
(9) 某系统提供一个资讯订阅功能，所有已订阅的用户将会以邮件的方式定时接收到相应的资讯。	I. 策略模式
(10) 某系统中经常需要重复创建一些相同或者相似的对象。	J. 观察者模式

三、综合应用题(每题 10 分,共 60 分)

1. 使用C#语言编程实现一个多例模式(Multition Pattern),确保系统中某个类的对象只能存在有限多个,例如两个或3个。

2. 使用UML图来表示Windows下的文件目录结构,分析其中所使用的设计模式。

3. 电视机遥控器的设计原理中蕴含了哪些设计模式,列举两个,绘制这两种设计模式的结构图并简单论述其适用环境。

4. 在面向对象编程中往往提倡尽量不使用条件判断语句(例如 if/else 语句或者 switch/case 语句)。选择一种有助于避免使用条件判断语句的设计模式,结合文字说明和代码片段来解释它是如何避免的。

5. 某房地产公司准备开发一套房产信息管理系统,在该系统中,当销售人员登录系统并登记房屋销售信息时,相关主管都将收到相应的销售消息。选择一种合适的设计模式设计该系统,绘制结构图并编写核心代码。

6. 结合一种合适的设计模式,谈谈你对依赖倒转原则的理解,要求给出依赖倒转原则的定义并结合代码片段及结构图进行说明。

B.3 模拟试题三

注:《模拟试题三》总分为 100 分,参考测试时间为 120 分钟。

一、判断题(每题 1 分,共 20 分)

1. 一个类承担的职责越多,越容易复用,被复用的可能性越大。

2. 工厂方法模式对应唯一一个产品等级结构,而抽象工厂模式则需要面对多个产品等级结构。

3. 命令模式将一个请求封装为一个对象,从而使我们可用不同的请求对客户进行参数化。

4. 在某酒店客房预订系统中,房间具有空闲、已预订、已入住等多个不同的状态,且在不同的状态下用户对于房间具有不同的操作行为,例如空闲的房间不支持退房操作,已入住的房间不支持再次入住操作等。可使用状态模式来设计该系统,状态模式可以封装对象状态的转换过程,增加新的状态无须修改已有代码,完全符合开闭原则。

5. 在某系统中经常需要重复创建一些相同或者相似的对象,可以考虑采用模板方法模式。

6. 控制对一个对象的访问,给不同的用户提供不同级别的使用权限时可以考虑使用虚拟代理。

7. 在某电子商务系统中,站内检索功能的基本实现过程为:先搜索商品表查询相关信息,再搜索商品类型表查询相关信息,然后搜索新闻表查询相关信息。该搜索次序可以灵活地调整并且可能会加入新的待查询的数据表。对于该站内检索功能,可采用职责链模式进行设计。

8. Windows操作系统中的应用程序桌面快捷方式体现了代理模式。

9. 建造者模式允许用户可以只通过指定复杂对象的类型就可以创建它们,而不需要知道内部的具体构建细节。

10. Windows 中的目录结构蕴含了组合模式，其中，具体类型的文件充当叶子构件，文件夹充当容器构件。

11. 合成复用将已有对象纳入新对象中，使之成为新对象的一部分，新对象可以调用已有对象的方法，从而实现行为的复用。

12. 一个软件实体应当尽可能少地与其他软件实体发生相互作用，这样，当一个模块修改时，就会尽量少地影响其他模块，扩展会相对容易。

13. 接口应该尽量细化，同时接口中的方法应该尽可能少，理想情况是在每个接口中只定义一个方法，该接口使用起来最为方便。

14. 在某多功能文本编辑器中允许用户插入图片、动画和视频等多媒体素材，为了节约系统资源，可使用享元模式来处理相同的素材。

15. 在某财务系统中，需要将阿拉伯数字（例如 1，2，3……等）转换成中文大写数字（例如壹、贰、叁……等），并且系统需要支持中文大写数字的基本数学运算，例如“壹拾贰加贰拾捌”可计算得到“肆拾”。可以使用解释器模式来设计和实现该数字转换和计算功能。

16. 某数据处理软件需要提供一个数据恢复功能，用户在操作过程中如果发生异常操作，可以将数据恢复到某一个历史状态。针对该需求可以采用备忘录模式来设计该数据恢复功能。

17. 访问者模式让我们可以在不改变各元素对应的类的前提下定义作用于这些元素的新操作，在访问者模式中，增加新的操作和元素都很方便，完全符合开闭原则。

18. 采用模板方法模式可以定义一个操作中算法的骨架，而将一些步骤延迟到子类中实现。模板方法模式是一种代码复用技术，可让系统更加符合合成复用原则。

19. 中介者模式通过引入一个中介对象来封装一系列其他对象之间的交互，降低对象之间的耦合度，使得系统更加符合迪米特法则。

20. 电视机遥控器的设计中蕴含了迭代器模式和命令模式的思想。

二、（15 分） 什么是开闭原则？简要说明如何实现开闭原则。分别讨论三种工厂模式（简单工厂模式、工厂方法模式、抽象工厂模式）是否支持开闭原则，并结合类图加以说明。

三、（10 分） 在某图形绘制软件中，提供了多种不同类型的图形，例如圆形（Circle）、三角形（Triangle）、长方形（Rectangle）等，并为每种图形提供了多种样式（Style），例如平面（Plane）图形、立体（Stereo）图形等。该软件需经常增加新的图形及新的图形样式，其初始设计方案如图 B-2 所示。

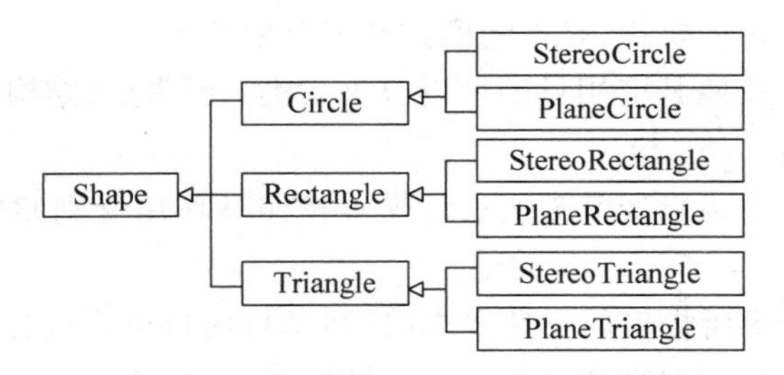

图 B-2 某图形绘制软件初始设计方案图

结合面向对象设计原则分析该设计方案存在的问题。选择一种合适的设计模式对该方案进行重构，请给出设计模式的名称以及重构之后的设计方案。

四、(15分) 某工业控制系统的“主控界面(MainFrame)”说明如下：

(1) 该主控界面所占内存较多,需采用一种合适的解决方案控制主控界面实例数量,进而节约系统资源,提高系统性能。

(2) 该主控界面需提供“一键启动”和“一键停止”功能,通过该功能可以一次性控制多台设备(Device)的启动和关闭。

根据以上说明,选择两种合适的设计模式设计该“主控界面”,请给出设计模式的名称和定义,并结合实例绘制解决方案的结构图。(类名、方法名和属性名可自行定义)

五、(15分) 某会议管理系统的“会议通知发送”模块说明如下：

(1) 行政管理人员可以给某个或某些员工(Employee)发送会议通知,也可以给某个部门(Department)发送通知,如果给某个部门发送通知,将逐个给该部门每个员工发送会议通知。

(2) 如果员工或者部门希望能够收到会议通知,必须先注册到一个会议列表(MeetingList)中,在发送通知时,系统将遍历会议列表,逐个将会议通知发送给注册用户(User)。

根据以上说明,选择两种合适的设计模式设计该“会议通知发送”模块,请给出设计模式的名称和定义,并结合实例绘制解决方案的结构图。(类名、方法名和属性名可自行定义)

六、(25分) 某软件企业为XYZ影音产品销售公司开发一套在线销售系统,以提升服务的质量和效率。项目组经过讨论后决定采用面向对象方法开发该系统。在设计建模阶段需要满足以下设计要求：

(1) XYZ公司经常进行促销活动。根据不同的条件(如订单总额、商品数量、产品种类等),公司可以提供百分比折扣或现金减免等多种促销方式供提交订单的用户选择。实现每种促销活动的代码量很大,且会随促销方式不同经常修改。系统设计中需要考虑现有的促销和新的促销,而不用经常重写控制器类代码。

(2) 该在线销售系统需要计算每个订单的税率,不同商品的税率及计算方式会有所区别。所以XYZ公司决定在系统中直接调用不同商品供应商提供的税率计算类,但每个供应商的类提供了不同的调用方法。系统设计中需要考虑如果公司更换了供应商,应该尽可能少地在系统中修改或创建新类。

项目组架构师决定采用设计模式来满足上述设计要求,并确定从当前已经熟练掌握的设计模式中进行选择,这些设计模式包括：适配器模式、单例模式、命令模式、组合模式、抽象工厂模式、原型模式、代理模式、职责链模式和策略模式等。

【问题1】设计模式按照其应用目的可以分为三类：创建型、结构型和行为型,请简要说明三类设计模式的作用。(6分)

【问题2】请将该项目组已经掌握的设计模式按照其作用分别归类到创建型、结构型和行为型模式中。(9分)

【问题3】针对题目中所提出的设计要求(1)和(2),项目组应该分别选择何种设计模式?请给出设计模式的名称并分别绘制解决方案的结构图。(10分)

参 考 文 献

[1] Martin Fowler. 重构：改善既有代码的设计[M]. 侯捷，熊节，译. 北京：中国电力出版社，2003.

[2] Erich Gamma，Richard Helm，Ralph Johnson，John Vlissides. 设计模式：可复用面向对象软件的基础[M]. 李英军，马晓星，蔡敏，刘建中，等译. 北京：机械工业出版社，2004.

[3] 阎宏. Java 与模式[M]. 北京：电子工业出版社，2004.

[4] Grady Booch，Ivar Jacobson，James Rumbaugh. UML 参考手册[M]. 2 版. UMLChina，译. 北京：机械工业出版社，2005.

[5] Steven John Metsker. C＃设计模式[M]. 颜炯，译. 北京：中国电力出版社，2005.

[6] Grady Booch，James Rumbaugh，Ivar Jacobson. UML 用户指南[M]. 2 版. 邵维忠，麻志毅，等译. 北京：人民邮电出版社，2006.

[7] 莫勇腾. 深入浅出设计模式(C＃/Java)[M]. 北京：清华大学出版社，2006.

[8] Elisabeth Freeman，Eric Freeman，Kathy Sierra，Bert Bates. Head First 设计模式[M]. O'Reilly Taiwan 公司，译. 北京：中国电力出版社，2007.

[9] 程杰. 大话设计模式[M]. 北京：清华大学出版社，2007.

[10] Judith Bishop. C＃3.0 设计模式[M]. 王江平，译. 北京：机械工业出版社，2009.

[11] Robert C. Martin，Micah Martin. 敏捷软件开发：原则、模式与实践(C＃版)[M]. 邓辉，孙鸣，译. 北京：人民邮电出版社，2010.

[12] Joshua Kerievsky. 重构与模式[M]. 杨光，刘基诚，译. 北京：清华大学出版社，2010.

[13] 秦小波. 设计模式之禅[M]. 北京：机械工业出版社，2010.

[14] 陈臣，王斌. 研磨设计模式[M]. 北京：清华大学出版社，2010.

[15] James W. Cooper. C＃设计模式[M]. 叶斌，译. 北京：科学出版社，2011.

[16] 刘伟，胡志刚，郭克华. 设计模式[M]. 北京：清华大学出版社，2011.

[17] 刘伟. 设计模式实训教程[M]. 北京：清华大学出版社，2012.

[18] 王翔，孙逊. 模式——工程化实现及扩展(设计模式 C＃版)[M]. 北京：电子工业出版社，2012.

[19] 瑞典 Linkoping 大学计算机与信息科学系设计模式课程网站. http://www.ida.liu.se/～TDDB84/.

[20] .NET Design Patterns and Architectures in C＃ and VB. http://www.dofactory.com/Default.aspx.

图书资源支持

感谢您一直以来对清华版图书的支持和爱护。为了配合本书的使用，本书提供配套的资源，有需求的读者请扫描下方的"书圈"微信公众号二维码，在图书专区下载，也可以拨打电话或发送电子邮件咨询。

如果您在使用本书的过程中遇到了什么问题，或者有相关图书出版计划，也请您发邮件告诉我们，以便我们更好地为您服务。

我们的联系方式：

地　　址：北京海淀区双清路学研大厦A座707

邮　　编：100084

电　　话：010－62770175－4604

资源下载：http://www.tup.com.cn

电子邮件：weijj@tup.tsinghua.edu.cn

QQ：883604（请写明您的单位和姓名）

资源下载、样书申请

书圈

用微信扫一扫右边的二维码，即可关注清华大学出版社公众号"书圈"。